高等院校药学与制药工程专业规划教材

Biosynthetic Pharmaceutics

生物药物合成学

主　编　杨根生

副主编　欧志敏　郭钫元

主　审　姚善泾

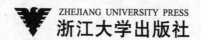

ZHEJIANG UNIVERSITY PRESS
浙江大学出版社

高等院校药学与制药工程专业规划教材

审稿专家委员会名单

（以姓氏拼音为序）

序

我国制药产业的不断发展、新药的不断发现和临床治疗方法的巨大进步，促使医药工业发生了非常大的变化，对既具有制药知识，又具有其他相关知识的复合型人才的需求也日益旺盛，其中，较为突出的是对新型制药工程师的需求。

考虑到行业对新型制药工程师的强烈需求，教育部于1998年在本科专业目录上新增了"制药工程专业"。为规范国内制药工程专业教学，教育部委托教育部高等学校制药工程专业教学指导分委员会正在制订具有专业指导意义的制药工程专业规范，已经召开过多次研讨会，征求各方面的意见，以求客观把握制药工程专业的知识要点。

制药工程专业是一个化学、药学（中药学）和工程学交叉的工科专业，涵盖了化学制药、生物制药和现代中药制药等多个应用领域，以培养从事药品制造、新工艺、新设备、新品种的开发、放大和设计的人才为目标。这类人才必须掌握最新技术和交叉学科知识、具备制药过程和产品双向定位的知识及能力，同时了解密集的工业信息并熟悉全球和本国政策法规。

高等院校药学与制药工程专业发展很快，目前已经超过200所高等学校设置了制药工程专业，包括综合性大学、医药类院校、理工类院校、师范院校、农科院校等。专业建设是一个长期而艰巨的任务，尤其在强调培养复合型人才的情况下，既要符合专业规范要求，还必须体现各自的特色，其中教材建设是一项主要任务。由于制药工程专业还比较年轻，教材建设显得尤为重要，虽然经过近10年的努力已经出版了一些比较好的教材，但是与一些办学历史比较长的专业相比，无论在数量、质量，还是在系统性上都有比较大的差距。因此，编写一套既能紧扣专业知识要点、又能充分显示特色的教材，将会极大地丰富制药工程专业的教材库。

很欣慰，浙江大学出版社已经在做这方面的尝试。通过多次研讨，浙江大学出版社与国内多所理工类院校制药工程专业负责人及一线教师达成共识，编写了一套适合于理工类院校药学与制药工程专业学生的就业目标和培养模式的系列教材,以知识性、应用性、实践性为切入点,重在培养学生的创新能力和实践能力。目前,这套由全国二十几所高校的一线教师共同研究和编写的、名为"高等院校药学与制药工程专业规划教材"正式出版,非常令人鼓舞。这套教材体现了以下几个特点:

1. 依照高等学校制药工程专业教学指导分委员会制订的《高等学校制药工程专业指导性专业规范》(征求意见稿)的要求,系列教材品种主要以该规范下的专业培养体系的核心课程为基本构成。

2. 突出基础理论、基本知识、基本技能的介绍,融科学性、先进性、启发性和应用性于一体,深入浅出、循序渐进,与相关实例有机结合,便于学生理解、掌握和应用,有助于学生打下坚实的制药工程基础知识。

3. 注重学科新理论、新技术、新产品、新动态、新知识的介绍,注意反映学科发展和教学改革成果,有利于培养学生的创新思维和实践能力、有利于培养学生的工程开发能力和综合能力。

相信这套精心策划、认真组织编写和出版的系列教材会得到从事制药工程专业教学的广大教师的认可,对于推动制药工程专业的教学发展和教材建设起到积极的作用。同时这套教材也有助于学生对新药开发、药物制造、药品管理、药物营销等知识的了解,对培养具有不断创新、勇于探索的精神,具有适应市场激励竞争的能力,能够接轨国际市场、适应社会发展需要的复合型制药工程人才做出应有的贡献。

姚善泾

浙江大学教授

教育部高等学校制药工程专业教学指导分委员会副主任

前　言

当今世界,生物技术的突飞猛进为人类医药产业的发展提供了前所未有的动力,特别是人类基因组计划的实施,基因技术、蛋白质工程、化学生物学等学科的发展,使药物筛选和制备技术发生了巨大的改变。利用生物细胞的初级代谢和次级代谢产生有价值的产物;通过在活的生物细胞内进行基因操作,局部设计、改造和更新固有的代谢途径,能达到认识生命,改造生命和优化生命;生物细胞和生物酶对天然产物的修饰及其专一性的转化等等,这一切使得药物的研究和制备进入到新的阶段。

生物药物合成学是一门以生物学理论及生物技术为主导,集生物学、生物技术、合成化学和药学等多学科知识来认识和研制药物的科学。这些生物学科涉及细胞生物学、生物化学、动物学、植物学、微生物学、分子生物学、化学生物学等,也包括生物代谢和代谢调控技术、生物催化技术和 DNA 重组,细胞培养技术、单克隆抗体、基因治疗等新生物技术等,是一门涉及生物化学、微生物学、动物学、植物学、药理学、有机化学和分子生物学等多门学科的相互渗透的综合性学科。药物的生物合成途径、代谢调控原理、作用机制、生物特异性的转化(催化)、特性物种的选育及其寻找新药的基本方法和途径等是生物合成药物学研究的基本内容。

本书试图从生物细胞内代谢途径的分析及基本的生物代谢反应入手,揭示初级代谢与次级代谢之间的关系;从分子学的角度,研讨生物酶对底物的相对专一性和立体选择性,从基因水平上认识酶和酶设计,建立细胞的代谢体系。应当指出的是,生物药物合成学是一个研究领域、知识范畴广泛的学科,多学科交叉催生出新的增长点。越来越多的新的研究进展和不断涌现的新的成果挑战着本书的编写工作。纠结时常困扰着编者,纠结的是内容多,内容新,许多地方总觉得无法穷尽;另一个令编者纠结的是作为教材内容的广度和深度怎样适合当下专业培养的需要。历经 4 年的教学和汲取各方专家和学者的意见,编者几经修改后成就此

稿奉献给读者。面对生物技术这一博大精深的领域,限于笔者的学识水平,难免
会有错误和遗漏之处,在此,恳请广大读者指正。

　　本书的出版得到了浙江工业大学重点教材建设项目的资助。在本书编写时
得到了许多国内外专家的指点,在此表示衷心的感谢。汤力、袁小芬等在本书的
图文制作上给予了大力协助,在此深表谢意。

　　真诚欢迎专家和读者对本书提出宝贵意见。

杨根生

目　录

第1章

绪　　论

生物医药产业被誉为"朝阳工业",是现代医药产业的热门领域之一,代表着现代药物研究和制备技术发展和产业发展的方向。所谓的现代生物技术是指对生物有机体在分子、细胞或个体水平上通过一定的技术手段进行设计操作,以改良物种和生命大分子特性或生产特殊用途的生命大分子物质等。现代生物技术包括基因工程、细胞工程、酶工程、发酵工程,其中基因工程为核心技术。由于生物技术将会为解决人类面临的重大问题如粮食、健康、环境、能源等开辟广阔的前景,它与计算机微电子技术、新材料、新能源、航天技术等被列为高科技,被认为是21世纪科学技术的核心。目前生物技术最活跃的应用领域是生物医药行业,生物制药被投资者认为是成长性最高的产业之一。

1.1　生物药物合成学的概念

生物药物合成学(Biosynthetic Pharmaceutics)是药物化学的一个新的分支,它的研究内容包括药物的生物合成途径、代谢调控原理、作用机制、产生生物的物种选育及寻找新药的基本方法和途径等。生物药物合成学是一门以生物学理论及生物技术为主导,集生物学、生物技术、合成化学和药学等多学科知识来认识研制药物的科学。这些生物学科包括细胞生物学、生物化学、动物学、植物学、微生物学、分子生物学、化学生物学等,同样也包括生物代谢和代谢调控技术、生物催化技术和DNA重组,细胞培养技术、单克隆抗体、基因治疗等新生物技术等。生物药物合成学是一门涉及生物化学、微生物学、动物学、植物学、药理学、有机化学和分子生物学等多门学科的相互渗透的综合性学科。

1.2　生物药物合成学的发展

生物药物合成学是随着抗生素、维生素、氨基酸、核酸药物、酶和酶抑制剂等由微生物发酵代谢所产生的生物合成药物的发现和由微生物转化反应所共同来完成的甾体激素类药物,新青霉素和新头孢菌素等半合成药物的诞生而成长的,也伴随着生物技术的不断发展其内涵也在不断扩大和充实。

1.2.1 传统生物技术与生物合成药物

生物技术是人类实践的最古老的技术之一。众所周知,在 4000 多年前的我国夏禹时期,人们就掌握了运用生物技术开始酿酒和制醋。传统生物技术主要是酿造技术,但是这时的生物技术完全凭借经验,处于不知所以然的状态。直到 1857 年,才有巴斯德证实了酒精发酵是活酵母引起的,其他不同的发酵产物也是由不同微生物的作用而形成。1897 年,人们研究发现磨碎的"死"酵母仍能使糖发酵而形成乙醇,并将其中所含的活性物质称为"酶"。而且其产物酒和醋在古代也常作为药物用于治疗,或者用作炮制传统药物的手段来提高药效。

从 19 世纪末到 20 世纪 30 年代这段时间开创了工业微生物的新纪元,不少工业发酵过程陆续出现,出现了许多与医药有关的产品,如乳酸、核黄素、甘油、葡萄糖酸、柠檬酸等。至此,以工业微生物过程生产产品为代表的真正意义上的生物工程才正式诞生。但是,上述生产过程的原料和产物的化学结构都较简单,代谢形成的过程比较简单,代谢类型大多数是分解代谢嫌气发酵过程,属于初级代谢产物,发酵条件调控简单,大多为表面培养,生产过程比较简单,对设备的要求不高,规模一般不大。

1.2.2 近代生物技术与生物合成药物

1928 年,英国科学家 Fleming 在研究中发现含有金黄色葡萄球菌的培养基平板上污染了青霉菌,同时也惊奇地发现在青霉菌菌落的周围细菌不能生长的现象。在把青霉菌分离后加以培养发现其培养液能抑制各种细菌生长,并经动物实验证实其没有毒性,他依照产生菌的名字将其中的活性成分命名为青霉素(penicillin)。虽然,当时 Fleming 没有分离出这种物质,但提示了将其运用到临床作为治疗药物的可能性。1929 年 Fleming 在《不列颠实验病理学杂志》上发表了《关于霉菌培养的杀菌作用》的研究论文,但未引起人们的注意。Fleming 指出,青霉素将会有重要的用途,但他自己无法发明一种提纯青霉素的技术,致使此药一直未能制备。10 年后的 1939 年,德国出生的 Chain 和在英国的澳大利亚人 Florey 重复了 Fleming 的工作,证实了他的结果,经过进一步研究制备得到了青霉素结晶的干制品而运用于临床,1941 年给病人使用成功,证明了它是一种有效的抗菌物质,为使用抗生素治疗传染病开辟了道路。1945 年 Fleming 与 Chain 和 Florey 共同荣获诺贝尔生理学或医学奖。

Alexander Fleming

Ernst Boris Chain

Howard Walter Florey

图 1-1　因青霉素而获诺贝尔奖的三位杰出科学家

20 世纪 40 年代初,由于第二次世界大战的爆发,战争需要一种有效而副作用小的抗细菌感染的药物来治疗因创伤引起的感染及继发性疾病。虽然 1928 年就由英国人 Fleming 发现了青霉素,后由 Chain 和 Florey 实现人工提取并经过临床证实具有卓越疗效和低毒的特点,但是大规模制备非常困难。1941 年,美国和英国开始合作对青霉素的大规模生产技术进行研究和开发。1943 年,一个崭新的青霉素沉浸培养工艺终于诞生了,此工艺把花费大量劳动力(从清洗、装料、灭菌、接种及培养到出料等纷繁的过程)和占用大量空间(生产 1 kg 含量为 20% 的青霉素要用约 80000 个 1 L 的培养瓶)的表面培养方法以及价格昂贵发展为适合工业生产的发酵技术。此工艺采用 X 射线照射法诱变育种提高产生青霉素能力,使用玉米浆培养基进行发酵,采用带有机械搅拌和通气设备的密闭式发酵罐(发酵罐的体积达 5m³),对适用于沉浸技术的青霉菌进行培养并用离心萃取机和冷冻干燥机把青霉素从发酵液中提取和精制,使青霉素的产量和质量大幅度提高,生产成本显著下降,从而获得了青霉素工业生产的成功,开创了抗生素时代。

青霉素在临床上的奇异疗效,激发了全世界各国学者的研究热情。1946 年,美国科学家 Waksman 在继 Fleming 发现青霉素并应用于临床治疗后,宣布其实验室发现了第二种应用于临床的抗生素——链霉素,其对抗结核杆菌有特效。人类战胜结核病的新纪元自此开始。与青霉素不同的是,链霉素的发现绝非偶然,而是精心设计的、有系统的长期研究的结果。Waksman 因此荣获 1952 年诺贝尔医学或生理学奖。更为可贵的是,Waksman 根据自己的研究工作,提出了一整套较为系统的如何从微生物中寻找抗生素的方法,这为以后有目的地从微生物中筛选抗生素奠定了基础。

图 1-2　著名微生物学家 Selman Abraham Waksman

在以后的 20 年时间内人们陆续发现了众多的抗生素品种,形成了以青霉素、头孢菌素为代表的 β-内酰胺类抗生素、氨基糖苷类抗生素[如 1957 年日本科学家 Hamao Umezawa(梅泽滨夫)发现的对耐药菌有效的卡那霉素;1963 年由 Weinstein 发现的毒性较小的庆大霉素]、大环内酯类抗生素(1952 年 McGuire 发现的红霉素,以及后来发现的麦迪霉素、螺旋霉素和柱晶白霉素等等)三大类天然抗生素。除了以上三大类天然抗生素不断被发现和临床应用,其他类别的各种天然抗生素也不断被发现,如 1939 年 Oxford 等从青霉菌(*Penicillium griseofulvum*)菌丝体中分离得到的第一个抗真菌的含氯的次级代谢产物——灰黄霉素,其后又发现了制霉菌素和两性霉素 B 等具有临床应用价值的抗真菌抗生素;1947 年发现了第一个广谱抗生素——氯霉素;1948 年 Dugger 发现了第一个可供口服的抗生素品种——金霉素,这代表着四环类抗生素的诞生,以后又得到了土霉素和毒性较低的四环素;1953 年,香豆素类抗生素的代表药物新生霉素的发现和临床上治疗革兰阳性菌感染疾病的迅速应用。1957 年,Sensi 发现了安莎类抗生素的第一个成员——利福霉素,后期在利福霉素基础上经结构改造得到了利福平和其他一些衍生物,成为治疗结核病的有效药物;1962 年,Godtfredsen 报道了第一个甾体抗生素——夫西地酸;同年又报道了林可霉素;1967 年发现了磷霉素;1974 年我国发现了具有独特化学结构的创新霉素,它对痢疾杆菌和大肠杆菌感染的小鼠都表现一定的保护作用。目前临床应用的大多数天然抗生素都是 20 世纪 50—60 年代发现的。

20 世纪 40—50 年代以抗生素为首的生物合成药物工业的兴起使工业微生物的生产进入了一个新的阶段,无论在菌种的筛选、培养、诱变和训育,还是深层多级发酵的发酵、提取技术都达到了一个新的高度。

到了 20 世纪 60 年代,人们在继续寻找抗生素的同时,开始从微生物代谢产物中寻找具有其他生理活性的物质。抗肿瘤抗生素、用于治疗家畜疾病的抗虫抗生素、农用抗生素和抗病毒抗生素的筛选工作由此蓬勃开展。抗肿瘤抗生素中有糖肽类的博来霉素、蒽环类的丝裂霉素 C、柔红霉素,抗虫抗生素盐霉素、莫能霉素、阿弗米丁,农用抗生素春雷霉素、有效霉素、井冈霉素,抗病毒抗生素阿糖腺苷、偏端霉素 A 等天然抗生素。

随着青霉素的大量使用和其他抗生素的使用,临床上出现了耐药性,过敏反应也时有发生,这就促使药物化学家试图寻找在临床上能够对付耐药菌和提高疗效的新型药物。对原有抗生素进行结构改造来寻求具有更好临床效果的新衍生物就是一个方向,因此,抗生素发展到 60 年代出现了一个新的研究领域,即开始进入了半合成抗生素的时代。

1959 年,英国的 Chain 利用大肠杆菌酰胺酶裂解青霉素 G 制成了 6 - 氨基青霉烷酸 (6 - aminopenicillanic acid, 6 - APA)。同年,英国 Beecham 公司从 6 - APA 合成了苯乙青霉素,以后又合成了耐青霉素的甲氧苯青霉素。接着,合成了耐酶、可供口服和注射的苯唑青霉素和抗菌谱广的氨苄青霉素,广泛地应用于临床,从此半合成抗生素的时代来到了。真正将半合成抗生素推向黄金时期的是半合成头孢菌素类抗生素的出现。60 年代在半合成青霉素发展的启发下,Glanxo 公司的研究人员从低活性的头孢菌素 C 经化学裂解得到了 7 - 氨基头孢烷酸 (7 - aminocephaloranic acid, 7 - ACA) 母核,从此半合成头孢菌素的工作开始活跃起来,先后合成了如头孢噻吩、头孢唑啉、头孢噻肟和头孢他啶等抗菌活性较强的半合成头孢菌素类抗生素。

与第一代生物工程产品相比,40 年代以后以抗生素为代表的一类由次级代谢产物产生的生物合成药物具有如下特点:形成途径复杂,发酵周期长,产物结构较原料复杂和不稳定,生产过程在纯种或无菌条件下进行,绝大多数属于好氧发酵,通气量要求大,氧供应要求高。

1.2.3　现代生物技术与生物合成药物

1953 年 Watson 和 Crick 共同提出了 DNA 的双螺旋结构,为 DNA 的重组奠定了基础,同时也开创了以分子生物学为主导的现代生物技术的新纪元。1974 年美国的 Boyer 和 Cohen 首次在实验室中成功实现了基因的转移,为基因工程开启了通向现实的大门,从而使人们有可能在实验室中组建按照人们意志设计的新生命体。基因工程是把外源基因在体外与载体 DNA 连接以后导入宿主细胞,使之能复制和表达外源基因的克隆,从而可以获得所需要的目标产品。

图 1 - 3　基因工程之父 Herbert Wayne Boyer

图 1 - 4　基因工程创始人 Stanley Norman Cohen

20 世纪 70 年代以后随着基因重组、原生质体融合、突变生物合成技术、杂交瘤技术、细胞和组织培养、酶的固定化、动植物细胞的大规模培养、现代化生物反应器和单克隆抗体等技术的迅速发展,促使生物合成药物再度飞跃式发展。这期间的现代生物技术及其产品的特点是运用了 DNA 重组、细胞融合等技术的成果。开发或已经开始生产的与医药有关的 DNA 重组技术产品有干扰素、胰岛素、生长激素及其相关因子、淋巴细胞活素、血纤维蛋白溶解剂、疫苗、胸腺素、白蛋白、血因子、促红细胞生长素、促血小板生长素、降血钙素、绒毛膜促性腺激素、抗血友病因子Ⅷ、乙型肝炎疫苗等等。这些产品对于医治一些过去人们束手无策的疑难杂症、遗传性疾病等有良好的前景。

1.2.3.1　基因药物是现代生物合成药物研发的主要方向

应用基因技术研制和开发的药物称为基因工程药物,它是通过重组 DNA 等技术将治疗疾病的蛋白质、肽类激素、酶、核酸和其他药物基因转移至宿主细胞进行繁殖和表达,最终获得相应药物。这些药物包括蛋白质类生物大分子、初级代谢产物,如苯丙氨酸及丝氨酸等以及次生代谢产物抗生素等 10 多种类型。

从生物技术的发展来看,20 世纪 70 年代限制性核酸内切酶的发现(1970 年)和重组 DNA 技术相继成功(1972)使得基因药物的生产成为可能。1976 年,美国加州大学旧金山分校 Boyer 教授首次将外源基因——生长抑制素释放因子以质粒为载体转入大肠杆菌并获表达。企业家 Swanson 闻讯拜访了 Boyer 并协议建立了基因公司,当年世界上第一家应用生物技术开发新药的公司(Genetech 公司)建立,并于 1977 年生产出治疗肢端肥大、隐性胰腺炎的生长抑制素释放因子。而以往常规生产是从动物的下丘脑提取,每获 1mg 需 10 万只羊;该技术的成功则使每克价格降至 300 美元。该公司相继推出基因工程新产品:人胰岛素(1978 年)、胸腺素 α-1(1979 年)、干扰素 α,β(1980 年)和 γ(1981 年)、纤溶酶原激活剂(TPA,1982 年)、肿瘤坏死因子和凝血因子Ⅷ(1984 年),至 1986 年,仅 TPA 年营业额即高达 10 亿美元。基因工程转化为生产力并产生巨大经济效益,不仅震惊世界,并从而赋予生物技术这一概念以特定含义。1982 年美国 Lilly 公司首先将重组胰岛素投放市场,标志着世界第一个基因工程药物的诞生。基因药物因为其疗效好,副作用小,应用范围广,成为各国政府和企业投资开发的热点领域。

1989 年,我国批准了第一个在我国生产的基因工程药物——重组人干扰素 α1b,标志着我国生产的基因工程药物实现了零的突破。重组人干扰素 α1b 是世界上第一个采用中国人基因克隆和表达的基因工程药物,也是第一个我国自主研制成功的拥有自主知识产权的基因工程一类新药。从此以后,我国基因工程制药产业从无到有,不断发展壮大。

综观这 20 年来,新崛起的基因工程技术在医药研制方面的应用已取得了十分显著的成效。首先,基因工程技术能明显提高生化药物的生产效率,降低生产成本和改进医疗效果。其次,基因工程提供了大规模制取人体内活性物质的技术。人体内的许多生物活性极强、含量极微的活性物质,用传统技术难以制备,而用基因工程技术则可以在极其复杂的机体细胞内提取出所需的基因,生产出比原来多数百倍乃至数千倍的该类物质。其三,基因工程药物对以往难以治疗的病症有特效,如人的促红细胞生长素是治疗由肾功能衰竭引起的贫血的特效药。其四,基因工程药物大多来自人体内蛋白质、激素或活性多肽,一般毒副作用较少。最后,生产基因工程药物与生产化学合成药物不同,一般不需要庞大的厂房,污染问题也比较容易解决,新药开发周期较短。这些都昭示着医药工业体系正在发生着划时代的变革。

基因工程技术的运用使药品开发发生了根本性的转变，治疗性蛋白质分子设计与工程化已取得突破性进展，如今基因工程药物已进入第三代蛋白质治疗药物发展阶段。通过基因工程手段可以使过去一些生产困难的产品，如激素、酶、抗体等生物活性物质明显提高产品质量与收率，同时大幅度降低生产成本，降低患者的用药费用，提高患者的生活质量。

1.2.3.2 单克隆抗体与现代生物合成药物

抗体作为药物用于人类疾病的治疗已有很长的历史。最初的抗体药物源于动物多价抗血清即第一代抗体药物，主要用于一些细菌感染性疾病的早期被动免疫治疗。虽然有一定的疗效，但异源性蛋白引起的较强的人体免疫反应限制了这类药物的应用，因而逐渐被抗生素类药物所代替。1975 年，德国学者 Köhler 和英国学者 Milsetein 首创杂交瘤技术，他们成功地将骨髓瘤细胞和产生抗体的 B 淋巴细胞融合，定向地产生只作用于某抗原决定簇的单克隆抗体，由此开创了单克隆技术，也使抗体药物再次进入人们的视野。第二代抗体药物就是利用杂交瘤技术制备的单克隆抗体及其衍生物。良好的均一性和高度的特异性，使单克隆抗体被广泛应用于疾病的诊断和科学实验研究中。1982 年，美国斯坦福医学中心的 Levy 等人制备了一个针对 B 细胞淋巴瘤患者瘤细胞的单抗，临床应用显示治疗后患者病情得到有效缓解，瘤体消失，取得很好效果。1986 年美国 FDA 批准了世界上第一个单抗治疗性药物——抗 CD3 单抗 OKT3 用于抗移殖排斥反应。此时抗体药物的研制和应用达到了高潮，但是由于大多数单抗均为鼠源性，其对人体的毒副作用日渐显现。鼠源单抗在人体内反复使用引起人抗鼠抗体（HAMA）反应，从而降低疗效，引起过敏反应。20 世纪 90 年代初的抗内毒素单抗治疗脓毒败血症的失败就是一个代表。随后开始采用基因工程的方法生产人源或人源化的单抗以及嵌合型的单抗。抗体药物的研发进入第三代即基因工程抗体的时代。与第二代单抗相比，基因工程抗体能降低抗体的鼠源性，降低甚至消除人体对抗体的排斥反应。1984 年第一个基因工程抗体人-鼠嵌合抗体诞生，随后多种新型基因工程抗体不断出现，如人源化抗体、单价小分子抗体（Feb、单链抗体、单域抗体、超变区多肽等）、多价小分子抗体（双链抗体、三链抗体、微型抗体）、双特异抗体、抗原化抗体、细胞内抗体、催化抗体、免疫脂质体以及抗体融合蛋白（免疫毒素、免疫粘连素）等。用于制备新型抗体的噬菌体抗体库技术成为继杂交瘤技术之后生物科学研究中又一突破性进展。近些年在噬菌体抗体库基础上，又发展了核糖体展示抗体库技术。这一技术筛选抗体的整个过程在体外进行，不经过大肠杆菌转化的步骤，因此可以构建高容量、高质量的抗体库。进入 21 世纪，抗体技术和抗体药物研发上市的速度明显加快。

单克隆抗体是生物医药产业中增长最快的领域之一，占到全球生物制药市场的 35% 左右。单克隆抗体具有三种独特的作用机制，分别为靶向效应、阻断效应和信号传导效应。单克隆抗体药物主要用来治疗肿瘤、自身免疫性疾病和感染性疾病，尤其是在癌症治疗方面的疗效突出。单克隆抗体作为诊断试剂也已经被广泛应用，如快速乙肝表面抗原酶标诊断试剂盒、对肿瘤的诊断和检测试剂等。近年来单抗治疗药物发展迅速，一些已经被应用于临床。单抗药物一般分为治疗疾病（尤其是肿瘤）的单抗药剂、抗肿瘤单抗偶联物、治疗其他疾病的单抗药物。单抗药剂针对的靶点通常为细胞表面的疾病相关抗原或特定的受体，如最早被美国 FDA 批准用于治疗肿瘤的单抗药物利妥昔单抗；抗肿瘤单抗偶联物，也称免疫偶联物（immunoconjugate），由单抗与有治疗作用的物质（如放射性核素、毒素和药物等）两部分构成，其中包括放射免疫偶联物、免疫毒素、化学免疫偶联物，此外还有酶结合单抗偶联物、光敏剂结合单抗偶联物等。

1.2.3.3　选择性催化与手性药物的生物合成

随着科学技术的发展,人们越来越认识到药物分子的不同光学异构体具有不同生物利用度、分布、代谢和排泄特点。当手性药物分子进入生物体后,在体内与具有手性的生物大分子作用时,手性药物的对映异构体之间就会产生差异,从而导致药效学和毒性的差别。因此,外消旋药物开始引起人们的重视,重视手性药物及其药理学的研究。自 20 世纪 90 年代开始,各国药政部门规定开发新药时应将立体异构体分开,分别进行药理、毒理、代谢研究。1992 年 3 月 FDA 发布了手性药物的指导原则,明确要求在向 FDA 提交的有关新药申请中,必须说明包括对映体的不同生理活性、药理作用、代谢过程和药物动力学情况以及临床作用的所有信息。这极大地推动了全球范围内手性药物的研究和发展。随着手性药物的深入研究,对手性药物临床作用的认识不断深入。手性药物的市场一直保持快速($>20\%$)增长的趋势。在我国,2006 年 12 月国家食品药品监督管理局(SFDA)发布了《手性药物质量控制研究技术指导原则》。由此,我国手性药物的研究与开发以较高的水平和速度前进。

综观这些年来的研究,制备手性药物的技术主要有三类:① 色谱法;② 化学不对称合成与拆分;③ 生物合成与拆分。前两种方法均是以手性换手性,需要使用手性源,如手性配基、手性试剂、手性催化剂及手性溶剂,因此,造成了成本高,特别是化学不对称合成需要使用的催化剂大多为过渡族金属元素的有机配合物,价格昂贵而且不环保,医药上受到一定的限制。手性的生物合成、转化和拆分不需要手性源,反应条件温和,立体选择性强,副反应少,产率高,产品的光学纯度高。生物技术的飞速发展中,选择性强的生物催化能合成各种复杂的立体结构,同时也能适应大规模的工业生产。生物催化反应具有高度的化学、区域和立体选择性,特别适用于医药、食品和农药等精细化工产品的合成制备,这些领域对单一对映体功能化合物的需求量正在逐年增加。生物催化法在手性药物合成中发挥着重要作用,并将会得到更广泛的应用。生物催化过程一般无污染或污染较少、能耗相对较低,是一种环境友好的合成方法,它将会为绿色化学工业做出贡献。更奇妙的是,通过生物定向改造技术设计和制备的酶(如抗体酶等)进行生物催化合成还能完成许多现有的化学合成难以完成的,甚至不能做到的不对称合成反应。生物酶或细胞法实现手性药物的生物合成与转化的发展前景非常诱人,各种新的方法与技术正在不断出现,抗体酶、交联酶晶体、反胶束酶、固定化酶、酶的修饰及非水相酶学等都是当今酶学研究的活跃领域,这些技术的发展与完善必将推动手性药物转化的研究发展。

1.2.3.4　基因工程技术在药物制备中的应用

(1) 基因工程疫苗

基因工程疫苗是将病原的保护性抗原编码的基因片段克隆入表达载体,用以转染细胞或真核细胞微生物及原核细胞微生物后得到的产物,或者将病原的毒力相关基因删除掉,使之成为不带毒力相关基因的基因缺失苗。应用基因工程技术能制备出不含感染性物质的亚单位疫苗、稳定的减毒疫苗及能预防多种疾病的多价疫苗。如把编码乙型肝炎表面抗原的基因插入酵母菌基因组,制成 DNA 重组乙型肝炎疫苗;把乙肝表面抗原、流感病毒血凝素、单纯疱疹病毒基因插入牛痘苗基因组中制成的多价疫苗等。1986 年美国正式批准基因工程乙肝疫苗投放市场。我国科技工作者也克隆得到在我国流行的乙肝病毒亚型的 HBsAg 的基因,研制了适合我国国情的乙肝基因工程疫苗。

(2) 应用基因工程技术改良菌种

发酵工业用菌是发酵工业的核心,优良的菌种是提高发酵产物的质量和产量的首要条件。

基因工程技术改良菌种随着现代分子生物学和基因工程技术的发展而发展。利用基因工程技术，不仅可以在基因水平上对微生物自身的靶基因进行精确修饰，改变微生物的遗传性状，还可以通过分离供体生物中的目的基因，并将该基因导入受体菌中，使外源目的基因在受体菌中进行正常复制和表达，从而使受体菌生产出自身本来不能合成的新物质。20 世纪 80 年代之后，由于生物技术，特别是基因工程技术的迅速发展，将能够产生各种药物的外源基因转移到微生物中，获得基因工程菌，利用工程菌的生长快、容易大规模培养、生产产量高的特点，进行"借腹生子"，生产微生物不能生产的产品，如各种药物。利用基因工程技术构建能够产生新物质及改善生产工艺的基因工程菌已经构建了许多能够产生新的次级代谢产物和具有优良生产特性的基因工程菌。通过基因工程方法生产的药物、疫苗、单克隆抗体及诊断试剂等已有几十种产品批准上市；通过基因工程方法已获得头孢菌素 C 等的工程菌，大幅度提高了生产能力；通过基因工程方法改造传统发酵工艺也获得了巨大进展，如与氧传递有关的血红蛋白基因克隆到远青链霉菌（*Streptomyces azureus*）上，降低了对氧的敏感性，在通气不足时，其目的产物放线红菌素产量可提高 4 倍。应用基因工程技术改造产生新的杂合抗生素，为微生物药物提供了一个新的来源。例如，1985 年英国 Hopwood 等人应用基因重组技术获得新杂合抗生素 mederrhodin A 和双氢榴紫红素。

（3）应用基因工程技术建立新药的筛选模型

基因工程技术的发展已导致新药筛选方法的革命，为发现有新颖药理作用的先导化合物提供了重要手段。在新药研究开发中日益广泛使用的各种酶、受体筛选模型所需的靶酶和受体往往来自动物体内，因而数量有限，不利于采用机器人进行大量筛选。应用基因重组技术把受体或受体亚型的基因从人体组织中克隆出来，再在微生物或哺乳动物细胞内表达。这样有效地解决了大量表达制备受体的问题，并能得到只在特定组织中存在或用传统制备方法难以获得的受体；再者，用克隆方法可以得到纯的受体；重组受体包含了细胞内或细胞膜上 G 蛋白等信号转导系统，这样更接近人体的自然状态。如 β-肾上腺受体、5-HT 受体和毒蕈碱 M 受体等均已在大肠杆菌或酵母菌中表达成功，并已证实这些受体的功能与来自哺乳动物组织的受体完全相同。美国 Synaptic 制药公司克隆了许多能调节神经系统功能的肾上腺素受体亚型、含 5-HT 的受体亚型及人类转移因子受体亚型等受体用于筛选治疗精神失常及神经功能失调引起的其他疾病的药物。

利用转基因动物建立敏感动物系以及人类相同疾病的动物模型用于药物筛选也是一种利用生物科技手段的新方法。这一方法避免了传统的动物模型与人类相似的疾病致病原因、机理不尽相同的缺点，其结果准确、经济，试验次数少，实验时间大大缩短，现已成为人们进行药物"快速筛选"的一种手段，目前已经培育出较多的转基因动物用于药物筛选研究，并已在抗肿瘤药物、抗艾滋病病毒药物、抗肝炎病毒药物、肾脏疾病药物的筛选中取得突破性进展。转基因动物是当今分子药理学研究的重要手段，是作为疾病模型用于药物筛选的一种重要工具。

基因探针技术应用于新药筛选是新药研究者尝试的一种方法。还有利用 PCR 技术来筛选作用于 DNA 结构的微生物药物的新的筛选方法。

（4）利用转基因动、植物生产蛋白质类药物

现代重组 DNA 技术特别是基因显微注射技术的发展，奠定了转基因动、植物发展的基础。1982 年，Palmiter 等将克隆的生长素基因用显微注射的方法直接导入小鼠受精卵细胞核内，所得转基因小鼠的肝、肌、心等组织都能产生生长素。这说明转基因技术的巨大潜力和良

好的应用前景,转基因动、植物将发展成为生物药品的"新一代药厂",具有光明的前景和广阔的市场。如人体蛋白 AAT 的国际市场价格为 10 万美元 1g,而转基因羊的羊奶中的含量就可达 20g/L。2009 年 2 月,美国 FDA 首次批准用转基因山羊奶研制而成的生物制品 ATryn(α-antithrombin)上市。这是人类第一个转基因动物生产的药物上市用于临床。该药品是从经过基因修饰山羊分泌出的羊奶中提取纯化,它是用于治疗一种被称为遗传性抗凝血酶缺乏症的疾病。这种药物是由美国麻省生物技术公司(GTC Biotherapeutics)研发的,它的上市标志着转基因动物药物真正迈入产业化时代。据《纽约时报》最近消息,一家名为 Pharming 药业的公司正计划申请一种从转基因兔的奶中表达和提取的用于治疗某种遗传性蛋白质缺陷症药物;而另一家公司也在研制一种转基因山羊表达的药物,用于治疗神经毒气中毒的患者。

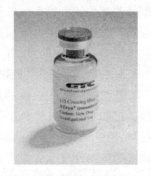

图 1-5　FDA 首次批准用转基因山羊奶制成的 ATryn

1.2.3.5　细胞培养技术等生物新技术在植物药中的应用

利用特殊设计的适于植物细胞培养的发酵罐,经过细胞系筛选,条件优化的植物细胞,可获得有经济价值的次生代谢产物,它们常常是药物。1983 年,日本利用紫草细胞培养工业化生产紫草素,是世界上第一个利用植物细胞培养工业化生产次生代谢产物的例子。此外,由于培养中细胞变异以及培养条件的影响,可产生自然界不存在的新的药物。还可利用固定化植物细胞转化价廉的底物成价值高的药物。

中药材是一个具有数千年历史的医药宝库,传统的中药材中 80％以上为野生。由于盲目采掘,使得野生药材资源日益减少。而人工栽培品种面临着品质退化、农药污染和种子问题等等,利用细胞培养和原生质体培养等生物技术可以达到保护和发展我国传统中药材,另外利用细胞克隆技术来构建具有更高价值的药用植物。

1.3　生物合成药物现状和发展趋势

生物合成药物是指运用生物学、医学、生物化学等的研究成果,从生物体、生物组织、细胞、体液等,综合利用物理学、化学、生物化学、生物技术和药学等学科的原理和方法制造的一类用于预防、治疗和诊断的制品。

1.3.1　微生物代谢产物的药物

微生物代谢产物的药物通常也称为微生物药物,是指那些由微生物在其生命活动过程中产生的具有药理活性的次级代谢(有些著作也将一些具有药理活性的初级代谢产物归于微生物药物)及其衍生物。主要包括具有抗微生物感染、抗肿瘤等作用的抗生素,也包括近年来不断发现和开发成功的具有诸如特异性酶抑制作用、免疫调节作用和受体拮抗作用等生理活性物质。

1.3.1.1　维生素类药物

维生素是人体生命活动必需的要素,主要以辅酶或辅基的形式参与生物体各种生化反应。

维生素作为药物在医疗中发挥了重要作用,如维生素 B 族用于治疗神经炎、角膜炎等多种炎症,维生素 D 是治疗佝偻病的重要药物等等。维生素的制备以采用化学合成法多,后来人们发现某些微生物可以完成维生素合成中的某些重要步骤;在此基础上,化学合成与生物转化相结合的半合成法在维生素生产中得到了广泛应用。目前可以用发酵法或半合成法生产的维生素有维生素 C、维生素 B_1、维生素 B_2、维生素 B_{12}、维生素 D、维生素 H 以及 β-胡萝卜素等。

1.3.1.2　氨基酸类药物

氨基酸是构成蛋白质的基本单位,赋予蛋白质特定的分子结构形态,使它的分子具有生化活性。比如:精氨酸对治疗高氨血症、肝功能障碍等疾病颇有效果;天冬氨酸的钾镁盐可用于抗疲劳;治疗低钾症心脏病、肝病等。半胱氨酸能促进毛发的生长,可用于治疗秃发症;甲酯盐酸盐可用于治疗支气管炎等;组氨酸可扩张血管,降低血压,用于心绞痛、心功能不全等疾病的治疗。许多氨基酸有其特定的药理效应:① 临床上常通过直接输入氨基酸制剂改善患者营养状况,增加治疗机会,促进康复;② 谷氨酸和甘氨酸及其衍生物可治疗消化道疾病;③ 治疗肝病的氨基酸及其衍生物,主要有精氨酸盐酸盐、磷葡氨酸、谷氨酸钠、蛋氨酸、瓜氨酸、赖氨酸盐酸盐等;④ 治疗脑及神经系统疾病的氨基酸及其衍生物;⑤ 用于肿瘤治疗的氨基酸及其衍生物;⑥ 其他氨基酸类药物的临床应用。

氨基酸的生产方法主要有天然蛋白质(毛发、血粉及废蚕丝等和一些植物蛋白)水解法、微生物发酵法、酶转化法及化学合成法等四种。化学合成法产生的氨基酸为 DL-构型混合消旋体,需要拆分才能得到光学纯的氨基酸。天然蛋白质的水解则受原材料的限制。发酵法和酶法可以直接生产大量的光学纯氨基酸。

1.3.1.3　生物碱类药物

虽然生物碱大部分由植物合成,但某些微生物也能合成生物碱如麦角生物碱。麦角生物碱在临床上主要用来防止产后出血、治疗交感神经过敏、周期性偏头痛和降低血压等疾病。由于生物碱类物质一般毒性较大,多年来药物化学和有机化学家致力于其结构改造。但是由于生物碱的分子结构问题,如多手性,造成合成困难,所以人们一直在探索用微生物转化或酶催化的方法来进行生物碱的结构修饰。如对异喹啉类生物碱、鸦片生物碱及衍生物、吲哚生物碱等的结构修饰。最近通过对海洋微生物的研究发现了吲哚生物碱类的生物活性物质。

1.3.1.4　抗生素类药物

抗生素是人们熟悉的一类药物。自从 20 世纪 40 年代青霉素的临床应用以来,抗生素为人类做出了卓越的贡献。1942 年链霉素的发现者 Waksman 首先对抗生素下定义为:抗生素是微生物在其代谢过程中产生的具有抑制它种微生物生长及活动甚至杀灭它种微生物性能的化学物质。随着科技的发展,抗肿瘤、抗寄生虫等抗生素的不断出现,原来定义的"抗生素"一词的含义远远超出了对微生物作用范围。所以人们将抗生素的定义改为:抗生素是在低浓度下有选择地抑制或影响它种生物机能的微生物次级代谢产物及其衍生物,当然也包括用半合成法制造的相同或类似的物质。

目前,世界上生产的抗生素已达 200 多种,作为饲料添加剂的有 60 多种。Swan(1968)将抗生素分为治疗用抗生素和饲料用抗生素两类。这一划分主要是考虑人类的安全、药物的残留和交叉抗药性。依其化学结构,抗生素可分为以下几类:

(1) β-内酰胺类:此类抗生素是指化学结构中具有 β-内酰胺环的一大类抗生素,是临床应用最多的一类抗生素。主要有青霉素、头孢菌素等,以及新发展的头霉素类、硫霉素类、单环

β-内酰胺类、碳青霉烯类抗生素等其他非典型 β-内酰胺类抗生素。此类抗生素具有杀菌活性强、毒性低、适应证广及临床疗效好的优点。本类药化学结构,特别是侧链的改变形成了许多不同抗菌谱和抗菌作用以及各种临床药理学特性的抗生素。此类抗生素具有杀菌活性强、毒性低、适应证广及临床疗效好等优点。各种 β-内酰胺类抗生素的作用机制均相似,都能抑制胞壁黏肽合成酶,即青霉素结合蛋白(PBPS),从而阻止细菌细胞壁黏肽合成,使细胞壁缺损,菌体膨胀裂解而死亡。

(2)大环内酯类:此类抗生素是利用链霉菌或小单孢菌等产生的具有大环内酯环的抗生素的总称,因含有氨基糖而呈碱性。该类抗生素对革兰阳性菌、一些革兰阴性菌、耐青霉素的葡萄球菌、支原体都有抑制作用。同类中不同的产品生物活性有很大差别,如十六环大环内酯类抗生素生物活性最强,对多种耐药细菌有抗药活性。此类抗生素主要从肠道中吸收,能产生交叉耐药性,主要包括红霉素、麦迪霉素、克拉霉素、罗红霉素、泰乐菌素、北里霉素、螺旋霉素等。

(3)多肽类:多肽类抗生素的结构中含有多种氨基酸,经肽键缩合成线状、环状(如短杆菌肽)或带侧链的环状多肽,分子量比较大。此类抗生素吸收差、排泄快、无残留、不易产生抗药性,不易与人用抗生素发生交叉耐药性。属于此类抗生素的主要有杆菌肽锌、黏杆菌素、维吉尼亚霉素、硫肽霉素、持久霉素、恩拉霉素和阿伏霉素等。一般是细菌里的芽孢杆菌或放线菌,也有少数是由真菌产生的。多肽类抗生素大致可分为抗菌抗生素(如杆菌肽)和抗癌抗生素(如博来霉素),还有一部分是酶抑制剂和免疫抑制剂(如环孢菌素)。

(4)氨基糖苷类:氨基糖苷类抗生素是分子中含有一个环己醇的配基,以糖苷键或与氨基糖相结合(有的与中性糖结合)的化合物,也称氨基环醇类抗生素。此类抗生素有两种完全不同的作用,一种是抗菌性抗生素,如新霉素,状观霉素和安普霉素,另一种是驱线虫性抗生素,如越霉素 A 和潮霉素 B。尽管作用不同,但此类抗生素有一个共同点,即在肠道内不易被吸收。由于此类药物常有比较严重的耳毒性和肾毒性,使其应用受到一定限制,正在逐渐淡出一线用药的行列。氨基糖苷类药物是通过干扰细菌蛋白质合成而发挥抗菌作用的。

(5)四环素类:四环素类抗生素是四环素、土霉素和金霉素等具有氢并四苯核为母核的抗生素的总称,均由链霉菌发酵产生。四环素类抗生素为广谱抗生素,对畜禽呼吸系统疾病和家畜的细菌性腹泻非常有效,连续低浓度投药有好的促生长效果,而且还能促进产蛋和增加泌乳量。但因四环素类抗生素属人畜共用抗生素,易产生抗药性。欧洲已禁止该类抗生素作为促生长抗生素应用,美国和日本仍在使用金霉素和土霉素季铵盐,我国仍大量使用土霉素钙盐。

(6)含磷多糖类:此类抗生素对革兰阳性菌的耐药菌株特别有效,因其分子量大、不易被消化吸收、排泄快,在欧美广泛使用。常用的有黄霉素和碳霉素。

(7)聚醚类抗生素:此类抗生素分子含有众多的环状醚键,显酸性,具有亲脂性,不溶于水,可溶于有机溶剂,成盐后的溶解性也相似。聚醚类抗生素抗菌谱广,具有离子运输的作用,它既是很好的促生长剂,又是有效的抗球虫剂。在动物消化道内几乎不被吸收,无残留。常用的有莫能菌素、盐霉素、拉沙里霉素和马杜霉素。

1.3.2 半合成药物

半合成药物是指一个药物其中部分结构从天然资源或应用生物转化反应来解决药物合成

中难以合成的某些中间体而制得的药物。青霉素广泛使用后,由于金黄色葡萄球菌等细菌能产生β-内酰胺酶,例如青霉素酶、头孢菌素酶等使青霉素分解失去活性。对青霉素进行结构改造,在6位侧链酰胺基上引入具有较大空间位阻的基团,阻止药物与酶的活性中心作用,保护药物分子中的β-内酰胺环。用于临床的药物例如苯唑西林(oxacilline)、氯唑西林(cloxacillin)等。半合成β-内酰胺环抗生素可以用化学或酶法将青霉素和头孢菌素等天然β-内酰胺环类抗生素水解来获得母核,然后连接人工合成的各种酰基侧链制得新的β-内酰胺环类抗生素。1952年,研究发现用微生物黑根霉一步转化孕酮成11α-羟基孕酮,实现了体内含量极微的甾体激素考的松的大量工业生产,从而开始了利用微生物转化反应来进行有机反应。特别是固定化酶和固定化微生物技术的发展,使得生物转化能跟化学合成一样连续化。生物法半合成技术已经广泛地应用到甾体激素、维生素、氨基酸和抗生素等各类药物制备中了。

1.3.3　酶类药物

早期酶类药物在临床上主要用于消化及消炎,特别是利用酶作为消化促进剂改善胃肠道功能早已为人们所采用。如 Accelerase 主要是胰酶(淀粉酶、脂肪酶、蛋白酶)等。这类酶的作用是水解和消化食物中的各种成分,主要为消化水解蛋白质、脂质类和糖类。一些蛋白水解酶,主要有胰蛋白酶、菠萝蛋白酶、木瓜蛋白酶和各种微生物蛋白酶临床上用于治疗急慢性副鼻窦炎、中耳炎、咳痰困难、外伤血肿、脓胸、溃疡、炎症、浮肿等。用纤溶酶溶解纤维蛋白治疗血栓是有效方法,主要包括纤溶酶原激活剂、纤溶酶原或纤溶酶以及其他具有溶解纤维蛋白活力的酶制剂。天冬酰胺酶是抗肿瘤的酶类药物,能治疗多种白血病和实体瘤。还有多种药用酶,如治疗青霉素引起过敏反应的青霉素酶、分解粘多糖的玻璃酸酶、预防龋齿的葡聚糖酶以及治疗与血管收缩有关循环障碍的激肽释放酶。

1.3.4　酶抑制剂药物

20世纪60年代初,Umezawa 提出了酶抑制的概念,从而将抗生素的研究扩大到酶抑制剂的新领域。在目前上市的药物中,以受体为作用靶点的药物占52%,以酶为靶点的药物占22%,以离子通道为靶点的药物占6%,以核酸为靶点的药物占3%。可见,酶抑制剂的开发是新药来源的一个主要途径。

已经上市的酶抑制剂药物的种类很多,针对各种疾病筛选出的酶抑制剂新药不断地出现。血管紧张素转换酶抑制剂(ACEI)是治疗心血管疾病的一类重要药物,最早上市的血管紧张酶抑制剂药物是卡托普利(captopril),以后陆续上市了依那普利(enalapril)、赖诺普利(lisinopril)、西拉普利(cilazapril)、雷米普利(ramipril)、培哚普利(perindopril)、福辛普利(fosinopril)等。羟甲戊二酰辅酶 A(HMG - CoA)的抑制剂是一类降血脂药,如洛伐他丁(lovastatin)、西伐他丁(simvastatin)、普伐他丁(pravastatin)、氟伐他丁(fluvastatin)和辛伐他丁(simvastatin)等。20世纪90年代上市的治疗糖尿病的药物阿卡波糖(acarbose)和伏格列波糖(voglibose)是α-葡萄糖苷酶抑制剂。抗肿瘤方面有 TOPO I 抑制剂拓扑替康(topotecan)和伊立替康(irinotecan)等,TOPO II 抑制剂有 DNA 嵌入型的阿霉素衍生物去甲柔红霉素(idarubicin)、吡喃阿霉素(pirarubicin)及非 DNA 嵌入型的鬼臼毒素类药物替尼泊甙(teniposide)等。抗 HIV 方面,已上市的有沙奎那韦(saquinavir)、利托那韦(ritonavir)、奈非那韦(nalfinavir)、茚地那韦(indinavir)和洛匹那韦(lopinavir)。

1976 年,英国 Beechem 公司的研究人员从棒状链霉菌的培养液中分离得到增加青霉素抗耐药菌能力的 β-内酰胺酶抑制剂——棒酸。同样青霉烷砜也具有一样的作用。还有解热镇痛抗炎的环氧合酶抑制剂:阿司匹林、吲哚美辛、塞来昔布、布洛芬等。抗痛风的黄嘌呤氧化酶抑制剂:别嘌呤等。

1.3.5 基因工程技术应用于生物合成药物

基因工程药物是将目的基因用 DNA 重组的方法连接在载体上,然后将载体导入靶细胞(微生物、哺乳动物细胞或人体组织靶细胞),使目的基因在靶细胞中得到表达,最后将表达的目的蛋白质提纯及做成制剂,从而成为蛋白类药或疫苗。若目的基因直接在人体组织靶细胞内表达,就成为基因治疗,但目前尚没有基于基因治疗技术的药物被正式批准用于临床。基因工程技术是现代生物技术的主导技术,广泛地应用于药物的研究和制备以及医疗和诊断上。基因工程技术在制药工业中主要是重组蛋白质药物(如胰岛素、干扰素、人血清白蛋白等)疫苗、单克隆抗体及各种细胞生长因子等的研制工作,提高和改造抗生素、维生素和氨基酸等传统发酵工业及甾体激素、维生素 C 和新青霉菌素、新头孢菌素等生物半合成制药工业的生物转化。再者,基因工程在改进传统生物合成药物生产工艺上的引用。

1.3.5.1 基因工程药物

自 DNA 重组技术于 1972 年诞生以来,作为现代生物技术核心的基因工程技术得到飞速的发展。1982 年美国 Lilly 公司首先将重组胰岛素投放市场,标志着世界第一个基因工程药物的诞生。迄今为止,已有 50 多种基因工程药物上市,近千种处于研发状态,形成一个巨大的高新技术产业,产生了不可估量的社会效益和经济效益。

到 2004 年 2 月为止,美国 FDA 批准的基因药物按照不同的表达系统主要有:

(1)大肠杆菌表达的重组生物技术药物有 18 种,分别是甲状旁腺激素(1-34)、利尿钠肽、胰岛素及其 2 种突变体、生长激素、干扰素 α、β 和 γ、G-CSF、白介素-1Ra、白介素-2、白介素-11、rPA、白喉毒素-IL2 融合蛋白、OspA 脂蛋白等。

(2)酵母表达的基因重组药物有 8 种,分别是尿酸水解酶 rasburicase、胰高血糖 GlucaGen、GM-CSF、血小板衍生生长因子(rhPDGF-BB)、乙肝疫苗(小 S)、胰岛素 Novolin 及其突变体 NovoLog、水蛭素等。

(3)哺乳动物细胞表达或生产的药物有 53 种,其中激素类有 5 种,分别是人生长激素、促滤泡素-α、促滤泡素-β、人绒毛膜促性腺激素、促甲状腺素;酶有 7 种,分别是组织型纤溶酶原激活剂(tPA)、尿激酶(urokinase)、粘多糖-α-L-艾杜糖醛酸水解酶(laronidase)、葡糖脑苷酯酶(Imiglucerase)、半乳糖苷酶-β(Algasidase beta)、DNA 酶(dornase alfa)、t-PA 突变体 TNK-tPA 等。细胞因子有 7 种,分别是干扰素 α-N3、干扰素 α-N1、干扰素 β-1a、EPO-α 和 EPO-α 突变体 Aranesp、骨形成蛋白 2(rhBMP-2)和骨形成蛋白 7(rhBMP-7)。凝血因子 Ⅷ(Helixate,BHK 表达)、凝血因子 Ⅷ(ReFacto,CHO 表达),以及凝血因子 Ⅸ(BeneFix,CHO 表达)。治疗性抗体有 17 种,分别是 Avastin、Bexxar、Campath、Erbitux、Herceptin、Humira、Mylotarg、Orthoclone OKT3、Raptiva、Remicade、ReoPro、Rituxan、Simulect、Synagis、Xolair、Zenapax 和 Zevalin。有 5 种体内诊断用抗体 CEA-Scan、MyoScint、OncoScint、ProstaScint 和 Verluma。其他还有两种受体-Fc 融合蛋白(Amevive、Enbrel)和活化蛋白 C(Xigris)。

表 1-1 美国 FDA 批准的基因工程药物(至 2004 年 2 月)

产　品	商品名	公　司	首次批准时间	适应证
大肠杆菌表达的产品(produced by *E. coli*)				
一、多肽(Polypeptides)				
Teriparatide(甲状旁腺激素 1-34)	FORTEO	Eli Lilly	2002.11	骨质疏松
Nesiritide(利尿钠肽，hBNP)	Natrecor	Scios	2001.8	充血性心力衰竭
二、激素(Hormones)				
human somatropin（人生长激素）	BioTropin	Biotech General	1995.5	矮小症
	GenoTropin	Pharmacia	1995.8	
	Humatrope	Eli Lilly	1996.8	
	Norditropin	Novo Nordisk	1995.5	
	Nutropin Depon	Genentech	1999.12	
	Nutropin AQ	Genentech	1993.11	
	Protropin	Genentech	1985.1	
	SOMAVERT(PEG 化)	Nektar/Pfizer	2003.3	肢端肥大症
human insulin（胰岛素）	Humulin	Eli Lilly	1982.1	糖尿病
insulin lispro（胰岛素突变体）	Humalog	Eli Lilly	1996.6	糖尿病
	Humalog Mix75/25	Eli Lilly		糖尿病
insulin glargine（胰岛素突变体）	Lantus	Aventis	2000.4	糖尿病
三、酶(Enzymes)				
Reteplase(t-PA 突变体)	Retavase	Centocor	1996.1	急性心梗
四、细胞因子(Cytokines)				
rhG-CSF(粒细胞集落刺激因子)	Neupogen	Amgen	1991.2	白细胞减少
	Neulasta(PEG 化)	Amgen	2002.1	
rh IL-1 Ra(IL-1 拮抗剂)	Kineret	Amgen	2001.11	类风湿关节炎
Interleukin eleven (IL-11)	Neumega	Wyeth	1997.11	血小板减少
Interleukin two (IL-2)	Proleukin	Chiron	1992.5	肾瘤、黑色素瘤

续　表

产　　品	商品名	公　司	首次批准时间	适应证
interferon alfacon - 1	Infergen	InterMune/Amgen	1997.1	丙肝
interferon α-2a(干扰素 α - 2a)	Roferon - A	Hoffmann - La Roche	1986.6	乙肝、丙肝、白血病、Kaposi's 肉瘤等
	Pegasys(PEG 化)	Roche/Nektar	2002.1	
Interferon β - 2b（干扰素 - 2b）	Intron A	Schering - Plough	1986.6	乙肝、丙肝、非甲非乙型肝炎、白血病、Kaposis 肉瘤等
	PEG - Intron(PEG 化)	Enzon/Schering - Plough	2001.8	
	Rebetron(联合病毒唑)	Schering - Plough	1998.6	
Interferon β - 1b（干扰素 β - 1b）	Betaseron	Berlex/Chiron	1993.8	多发性硬皮病
interferon γ - 1b(干扰素 γ - 1b)	Actimmune	InterMune	1990.12	慢性肉芽肿病，重度恶性骨骼石化症
五、疫苗（Vaccine）				
OspA lipoprotein（OspA 脂蛋白）	LYMErix	GlaxoSmithKline	1998.12	预防莱姆病
六、其他				
denileukin diftitox（白喉毒素 - IL2 融合蛋白）	Ontak	Ligand Pharmaceuticals	1999.2	T 细胞淋巴瘤
酵母表达的产品（Produced by Yeast）				
一、多肽（Polypeptides）				
Glucagon（胰高血糖素）	GlucaGen	Novo Nordisk	1998.6	低血糖症
二、激素（Hormones）				
human insulin（胰岛素）	Novolin	Novo Nordisk	1982.1	糖尿病
	Novolin L	Novo Nordisk	1991.6	
	Novolin N	Novo Nordisk	1991.7	
	Novolin R	Novo Nordisk	1991.6	
	Novolin 70/30	Novo Nordisk	1991.6	
	Velosulin	Novo Nordisk	1999.7	
insulin aspart（胰岛素突变体）	NovoLog	Novo Nordisk	2000.5	糖尿病
三、酶（Enzymes）				
Rasburicase（尿酸降解酶）	Elitek	Sanofi - Synthelabo	2002.7	血浆尿酸症

续 表

产 品	商品名	公司	首次批准时间	适应证
四、细胞因子(Cytokines)				
rhGM－SCF	Leukine(sargarmostim)	Berlex Laboratories	1991.3	自体骨髓移植,急性髓性白血病化疗引起的白细胞中毒
rhPDGF－BB(血小板衍生生长因子)	Regranex Gel(gel beca-plermin)	Chiron	1997.12	糖尿病足溃疡
五、疫苗(Vaccine)				
hepatitis B vaccine(乙肝疫苗)	Engerix－B	GlaxoSmithKline	1989.9	预防乙肝
	Recombivax－HB	Merck	1986.7	
六、其他				
Lepirudin(水蛭素)	Refludan	Berlex Laboratories	1998.3	抗凝
哺乳动物细胞表达的产品(括号中为宿主细胞)				
一、激素(Hormones)				
human somatropin(人生长激素)	Saizen(Mouse C127)	SeronoS. A.	1996.1	矮小症
	Zorbtive(Mouse C127)	SeronoS. A.	1996.8	
follitropin beta(促滤泡素-β)	Follistim(CHO)	Akzo Nobel	1997.9	不孕症
follitropin alfa(促滤泡素-α)	Gonal－F(CHO)	SeronoS. A.	1998.9	不孕症
human chorionic gon-adotropin(人绒毛膜促性腺激素)	Ovidrel	SeronoS. A.	2000.9	不孕症
thyrotropin alfa(促甲状腺素)	Thyrogen(CHO)	Genzyme	1998.12	血清甲状腺球蛋白测试
二、酶(Enzymes)				
alteplase,tPA	Activase(CHO)	Genentech	1987.11	急性心梗、肺栓塞、急性脑卒中
Urokinase(尿激酶)	Abbokinase(胎肾细胞培养)	Abbott	2002.1	肺栓塞
Laronidase(粘多糖-α-L-艾杜糖醛酸水解酶)	Aldnrazyme(CHO)	Genzyme	2003.4	粘多糖贮积病
Imiglucerase(葡糖脑苷酯酶)	Cerezyme(CHO)	Genzyme	1994.5	Gauchers病

产　品	商品名	公　司	首次批准时间	适应证
Algasidase beta（半乳糖苷酶–β）	Fabrazyme(CHO)	Genzyme	2003.4	Fabrys 病
dornase alfa（DNA酶）	Pulmozyme(CHO)	Genentech	1993.12	囊性纤维化
Tenecteplase(t–PA突变体)	TNKase(CHO)	Genentech	2000.6	急性心梗
三、凝血因子（Blood clotting factors）				
coagulation factor Ⅶa	NovoSeven(BHK)	Novo Nordisk	1999.3	血友病 A 或 B
coagulation factor Ⅸ	BeneFix(CHO)	Wyeth	1997.2	血友病 B
antihemophilic factor Ⅷ	Bioclate	Aventis Behring	1993.12	血友病 A
antihemophilic factor Ⅷ	Helixate(BHK)	Aventis Behring	1994.2	血友病 A
	Kogenate FS(BHK)	Bayer	1989.9	
antihemophilic factor Ⅷ	Recombinate rAHF(CHO)	Baxter Healthcare	1992.2	血友病 A
Factor Ⅷ（无 B 链）	ReFacto(CHO)	Wyeth	2000.3	血友病 A
四、细胞因子（Cytokines）				
interferon α – N3（干扰素 α – N3）	Alferon（人白细胞培养诱导）	Interferon Sciences	1989.1	生殖器疱疹
interferon α – N1（干扰素 α – N1）	Wellferon	GlaxoSmithKline	1999.3	丙肝
Interferon β – 1a（干扰素 β – 1a）	Avonex(CHO)	Biogen/Idec	1996.5	多发性硬皮病
	Rebif(CHO)	Serono S. A. /Pfizer	2002.3	
darbepoetin alfa（EPO突变体）	Aranesp(CHO)	Amgen	2001.9	肾性贫血
epoietin alfa（EPO 促红细胞生成素）	Epogen(CHO)	Amgen	1989.6	肾性贫血
	Procrit	Ortho Biotech	1990.12	
rh Bone morphogenetic protein – 2，rhBMP – 2	INFUSE Bone	Wyeth and Medtronic	2002.7	脊骨退行性病变的脊骨融合
	Graft/LT –CAGE(CHO)	Sofamor Danek		
rh Osteogenic protein 1，BMP – 7	Osigraft(CHO)	Stryker	2001.8	胫骨骨折

续　表

产　　品	商品名	公　司	首次批准时间	适应证
五、治疗性抗体（Therapeutical Monoclonal Antibodies）				
Bevacizumab (anti – EGFR)	Avastin（人源化，CHO）	Genentech	2004. 2	转移性结肠癌或直肠癌
I – 131 Tositumomab (Anti – CD20)	Bexxar（鼠源，杂交瘤）	Corixa Corp. and Glaxo-SmithKline	2003. 6	non-Hodgkin 淋巴瘤
Alemtuzumab (anti – CD52)	Campath（人源化，CHO）	Ilex Oneology / Millennium Pharmaceuticals / Berlex Laboratories	2001. 5	B 细胞慢性淋巴细胞白血病
Cetuximab(anti – EGFR)	Erbitux（嵌合，鼠骨髓瘤）	ImClone/BMS	2004. 2	转移性结肠癌或直肠癌
Trastuzumab (antiHER – 2)	Herceptin（人源化，CHO）	Genentech	1998. 9	转移性乳腺癌
Adalimumab (anti – TNFα)	Humira（人源）	CAT/Abbott	2002. 12	重度类风湿性关节炎
Gemtuzumab ozogamicin(Anti – CD33)	Mylotarg（人源化，NSO）	Celltech/Wyeth	2000. 5	CD33$^+$ 急性髓性白血病
Muromomab – CD33 (anti – CD33)	Orthoclone OKT3（鼠源，杂交瘤）	Ortho Biotech	1986. 6	肾移植急性排斥
Efalizumab (anti – CD11a)	Raptive（人源化，CHO）	Xoma/Genentech	2003. 1	慢性中、重度银屑病
Infliximab (anti – TNFα)	Remicade（嵌合，NSO）	Centocor	1998. 8	Crohn 病，类风湿关节炎
Abciximan (Anti – GPⅡb/Ⅲa	ReoPro（嵌合，NSO）	Centocor	1994. 12	抗凝
Rituximab (Anti – CD20)	Rituxan（嵌合，CHO）	IDEC/Genentech	1997. 11	CD20$^+$ B 细胞 non – Hodgkin 淋巴瘤
Basiliximab (Anti – CD25)	Simulect（嵌合，鼠骨髓瘤）	Novartis	1998. 5	肾移植急性排斥
Palivizumab(Anti – F protein of RSV)	Synagis（人源化，NSO）	MedImmune	1998. 6	防治小儿下呼吸道合胞病毒感染
Omalizumab（Anti – IgE）	Xolair（人源化，CHO）	Genentech/Tanox/Novartis	2003. 6	中、重度持续性哮喘
Ibritumomab tiuxetan(Anti – CD20)	Zevalin（鼠源，杂交瘤）	Hoffmann – La Roche	1997. 12	肾移植急性排斥

续　表

产　品	商品名	公　司	首次批准时间	适应证
体内诊断用鼠源单抗成像剂（Imaging agents of murine monoclonal antibodies）				
Technetium‑99 acritumomab	CEA‑Scan	Immunomedics	1996.6	转移性直肠或结肠癌成像
Indium‑111 Imciromab pentetate,Anti‑human cardiac myosin	MyoScint *not on market*	Centocor	1996.5	心肌梗死成像
Technetium‑99 Nofetumomab,Anti‑carcinoma‑associated antigen	Verlima *not on market*	Boehringer Ingelheim/NeoRx	1996.8	小细胞肺癌成像
Indium‑111 Capromab pendetide,Anti‑PSMA, a tumor surface antigen	ProstaScint	Cytogen	1996.1	前列腺癌成像
Imdium‑111 satumomab pendetide, Anti‑TAG‑72, a tumor‑associated glycoprotein	OncoScint CR/OV *not on market*	Cytogen	1992.12	结肠、直肠、卵巢癌成像
cell/tissue therapy(tissue engineering products)				
Living human skin substitute,组织工程皮肤	Apligraf	Organogenesis/Novartis	1998.5	胫静脉溃疡；糖尿病足部溃疡
autologous cultured chondrocytes,组织工程软骨	Carticel	Genzyme	1997.8	重建受损膝盖关节软骨
human dermal substitute,组织工程皮肤	Dermagraft	Advanced Tissue Sciences Inc./Smith& Nephew plc	2001.9	糖尿病足部溃疡
composite cultured skin,组织工程皮肤	OrCel	Ortec International	2001.2	烧伤
Alefacept, LFA3‑Fc 融合蛋白	Amevive(CHO)	Biogen/Idec	2003.1	中、重度银屑病
Etanercept, TNFR‑Fc 融合蛋白	ENBREL(CHO)	Amgen/Wyeth	1998.11	中、重度类风湿关节炎,银屑病
Drotrecogin alfa,活化蛋白 C	Xigris(CHO)	Eli Lilly	2001.11	脓毒症

截止到 2003 年年底,欧盟 EMEA 批准的所有基因重组的药物见表 1-2 所示。欧盟批准了 49 种基因重组蛋白质药物、11 种基因重组治疗性抗体和 5 种基因重组疫苗。在这些药物中大部分是美国 FDA 首先批准再在欧盟获批准的,因此与美国 FDA 有雷同。

表 1-2　欧盟 EMEA 批准的所有基因重组的药物

药　物	适应证	公　司	首次批准时间	表达系统
基因重组治疗性蛋白				
Insulin(胰岛素)	糖尿病	Lilly Industries	1987.12	*E. coli* Yeast
		Novo Nordisk Hoechst		
Interleukin-2[白介素-2(IL-2)]	肾瘤,黑色素瘤	Chiron	1989.12	*E. coli*
Somatotropin(人生长激素)	矮小症	Lilly	1991.2	*E. coli*
		Pharmacia		C127
		Serono Pharma		细胞
		Novo Nordisk		
Glucagon(胰高血糖素)	低血糖症	Novo Nordisk	1992.3	Yeast
Erythropoietin β[促红细胞生成素-β(EPO-β)]	肾性贫血	Boehringer Mannheim	1992.5	CHO
Interferon β-1b(干扰素 β-1b)	慢性肉芽肿病	Boehringer Ingelheim	1992.6	*E. coli*
Interferon α-2b(干扰素 α-2b)	白血病、肿瘤、疱疹	Essex Pharma	1993.3	*E. coli*
Erythropoietin α[促红细胞生成素-α(EPO-α)]	肾性贫血	Janssen-Cilag	1993.4	CHO
GM-CSF (Molgramostim)	白细胞减少	Essex Pharma	1993.4	Yeast
Interferon α-2a(干扰素 α-2a)	白血病、肿瘤、疱疹	Hoffmann-La Roche kohl pharma	1993.4	*E. coli*
Factor Ⅷ(凝血因子 Ⅷ)	血友病 A	Bayer	1993.7	BHK
		Baxter Deutschl		CHO
		Armour Pharma		

药　　物	适应证	公　司	首次批准时间	表达系统
G－CSF(glycosylated)(糖基化 G－CSF⁻)	白细胞减少	Rhöne－Poulenc	1993.10	CHO
		Rorer GmbH		
		Chugai		
tissue plasminogen activator[组织型纤溶酶源激活剂(t－PA)]	急性心肌梗死	Dr. Karl Thomae	1994.4	CHO
Glucocerebrosidase(葡糖脑苷酯酶)	Gaucher 病	Genzyme B. V.	1994.6	CHO
G－CSF(粒细胞集落刺激因子)	白细胞减少	Hoffmann－La Roche kohl pharma	1994.8	$E.\ coli$
human DNAse(DNA 酶)	囊性纤维化	Hoffmann－La Roche	1994.9	CHO
Follitropin alpha(促滤泡素)	不孕症	Serono	1995.10	CHO
Interferon β－1b(干扰素 β－1b)	多发性硬皮症	Schering AG	1995.11	$E.\ coli$
Factor Ⅷ(凝血因子Ⅷ)	血友病 A 和 B	Novo Nordisk	1996.2	BHK
Insulin, Lispro[胰岛素突变体(速效)]	糖尿病	Lilly	1996.5	$E.\ coli$
Follitropn－β,(促滤泡素－β)	不孕症	Organon	1996.10	CHO
Reteplase(t－PA 突变体)r－PA	急性心肌梗死	Bochringer Mannheim	1996.11	$E.\ coli$
Factor Ⅸ(凝血因子Ⅸ)	血友病 B	Genetics Institute	1997.8	BHK
Interferon beta－1a(干扰素 β－1a)	多发性硬皮病	BiogenFrance B. A.	1997.3	CHO
		Ares－Serono		
Hirudine(水蛭素)	抗凝	Behringwerke	1997.3	Yeast
Desirudine(水蛭素突变体*)	抗凝	Ciba Europharm	1997.3	Yeast
Caleitonin(降血钙素*)	骨质疏松,Paget 病,高钙血症	Unigene UK	1999.1	CHO

续 表

药　　物	适应证	公　司	首次批准时间	表达系统
Interferon alfacon – 1（超级 α 干扰素）	丙肝	Yamanouchi	1999.2	*E. coli*
rhPDGF（血小板衍生生长因子）	糖尿病溃疡	Janssen – Cilag	1999.3	Yeast
TNFα – 1a（肿瘤坏死因子 α - 1a*）	肿瘤手术后的辅助治疗	Boehringer Ingelheim	1999.4	*E. coli*
Moroctocog α[凝血因子Ⅷ（无 B 链）]	血友病	Genetics Institute	1999.4	CHO
Thyrotropin alfa(TSH)（促甲状腺素）	甲状腺扫描检查	Genzyme	1999.7	CHO
Insulin aspart[胰岛素突变体（速效）]	糖尿病	Novo Nordisk	1999.9	Yeast
Peginterferon α – 2b（PEG 化干扰素 α - 2b)	丙肝	Schering – Plough	2000.5	*E. coli*
Insulin glargin[胰岛素突变体（长效）]	糖尿病	HMR Deutschland/ Aventis S. A.	2000.6	*E. coli*
Etanercept（TNFαR - Fc 融合蛋白）	类风湿性关节炎	Wyeth – Lederle	2000.2	CHO
Rasburicase（尿酸水解酶）	肿瘤诱发的高尿酸症	Sanofi S. A.	2001.2	Yeast
Tenecteplase（t - PA 突变体)(TNK - tPA)	急性心肌梗死	Boehringer Ingelheim	2001.2	CHO
Choriogonadotropin α(绒膜促性腺激素)（hCG)	不孕症	Ares – Serono	2001.2	CHO
Lutropin α（促滤泡素突变体*）	不孕症	Ares – Serono	2001.2	CHO
Darbepoetin α（EPO 突变体）	肾性贫血	Amgen Europe	2001.6	CHO
Agalsidase – α（半乳糖苷酶- α*）（α - galactosidase)	Fabty 病	TKTEurope	2001.8	CHO
Agalsidase – β（半乳糖苷酶- β*）（β - galactosidase)	Fabty 病	Genzyme	2001.8	CHO

续 表

药 物	适应证	公 司	首次批准时间	表达系统
Anakinra(IL－1Ra)(IL－1 受体拮抗剂)	类风湿性关节炎	Amgen GmbH	2002.3	*E. coli*
Dynepo(EPO－α*)	肾性贫血	Aventis S. A.	2002.2	CHO
Pegfilgrastim（PEG 化 G－CSF）	白细胞减少	Amgen Europe	2002.8	*E. coli*
Drotrecogin α（活化蛋白 C）	严重脓毒症	Eli Lilly	2002.8	CHO
Dibotermin α［骨形成蛋白(BMP)］	胫骨骨折	Genetics Institute	2002.9	CHO
Aldurazyme(粘多糖－α－L－艾杜糖醛酸水解酶)(Laronidase)	粘多糖贮积病	Genzyme	2003.6	CHO
重组治疗性抗体				
Abciximab(ReoPro®)	抗血小板凝聚	Centocor	1995.5	NSO
Votumumab(Humaspect®*)	结肠癌体内检测	Organon Teknika	1996.11	动物细胞
Rituximab(Mabthera®)	non-Hodgkin 淋巴瘤	Roche	1998.6	CHO
Basiliximab(Simulect®)	肾移植急性排斥	Novartis	1998.10	鼠骨髓瘤
Dacliznmab(Zenapax®)	肾移植急性排斥	Roche	1999.2	CHO
Palicizumab(Synagis®)	呼吸道合胞病毒感染	Abbott	1999.5	NSO
Infliximab(Remicade®)	Crohn 病,类风湿性关节炎	Centocor	1999.8	NSO
Trastuzumab(Herceptin®)	转移性乳腺癌	Roche	2000.9	CHO
Alemtuzumab(Campath®)	慢性淋巴细胞白血病	Millenium/Ilex	2001.3	CHO

续　表

药　物	适应证	公　司	首次批准时间	表达系统
Adalimumab（Humira®）	重度类风湿性关节炎	Abbott	2003.3	动物细胞
Cetuximab（Erbitux®）	转移性结肠癌或直肠癌	ImClone/Merck	2004.2	鼠骨髓瘤
基因重组疫苗				
hepatitis - B antigen（乙肝小 S 疫苗）	预防乙肝感染	SmithKline	1989.9	Yeast
Triacelluvax®，three recombbinant B，pertussis toxins*	预防破伤风、白喉、百日咳	Chiron S. p. A.	1999.1	
乙肝大 S 抗原（pre - S1，pre - S2，S）*	预防乙肝感染	Medeva Pharma	2000.3	CHO
glycosylated recombinant diphteria toxin CRM197*（糖基化重组白喉毒素）	预防肺炎球菌感染	Wyeth - Lederle	2001.2	
Lyme disease vaccine（莱姆病疫苗）	预防莱姆病	Wyeth - Lederle	2001.2	*E. coli*

* 为获得 EMEA 批准还未获得 FDA 批准的药。

表 1 - 3　为我国 SFDA 批准上市的与基因技术有关的药物

名　称	适应证	生产企业
干扰素		
IFN - α1b*	乙肝、丙肝	深圳科兴、上海生研所、北京三元
IFN - α1b（滴眼液）	病毒性角膜炎	长春生研所
IFN - α2a	乙肝、丙肝	长春生研所、长生药业、三生药业、新大洲、辽宁卫星、上海万兴
IFN - α2a（栓剂）	妇科病	武汉天奥
IFN - α2b	乙肝、丙肝	安科、汉生、华新、鼎力、远策、华立达、英特龙、里亚哈尔、长春生研所
IFN - α2b（凝胶剂）	疱疹等	合肥兆峰
IFN - γ	类风湿关节炎	上海生研所、克隆、丽珠

续 表

名 称	适应症	生产企业
白介素 2		
IL－2	癌症辅助治疗	四环、华新、长春生研所、三生、长生、金泰、瑞德、金丝利、科兴、康利
125Ala IL－2*	癌症辅助治疗	北京双鹭
125Ser IL－2*	癌症辅助治疗	山东泉港、辽宁卫星
G－CSF	白细胞减少症	杭州九源、北京双鹭、长春金赛、苏州中凯、上海三维、北海方舟、待宝、山东科兴、新鹏、格兰百克、齐鲁、成都蓉生、里亚哈尔、华北制药、汉进
GM－CSF	白细胞减少症	厦门特宝、华北制药、北医联合、里亚哈尔、海南华康、顺德南方、上海海济、金赛、淮南福寿、辽宁卫星、上海华新
rhTNFα**	肿瘤辅助治疗	三九、昂立等
红细胞生成素 EPO	肾性贫血	三生、华欣、山东科兴、克隆、成都地奥、山东阿华、四环生物、华北制药
重组链激酶 SK*	溶栓	上海医大实业、金泰
重组葡激酶 SAK*	溶栓	中科院上海植生所等
碱性成纤维细胞生长因子(bFGF)*		
人 bFGF	创伤、烧伤(外用)	北京双鹭
牛 bFGF 融合蛋白	创伤、烧伤(外用)	珠海东大、长生药业
表皮生长因子 EGF*	创伤、烧伤	上海大江、四环生物
EGF 衍生物*	创伤、烧伤	深圳华生元
生长激素 GH	矮小症	金赛、安科、恒通、联合赛尔、医进
人胰岛素	糖尿病	通化东宝、科兴、医进
白介素 11(IL－11)	血小板减少症	北京双鹭
抗 IL－8 鼠源单抗凝胶剂*	银屑病	东莞宏远逸士
Anti－CD3 鼠源单抗	抑制移植排斥	武汉生研所等
[¹³1I]肿瘤细胞核嵌合抗体注射液*	实体瘤	上海华晨
乙肝疫苗	预防乙肝	深证康泰、北京生研所、华北制药
痢疾疫苗*	预防痢疾	兰州生研所、军科院
霍乱疫苗*	预防霍乱	军科院(联合赛尔)
p53 重组腺病毒注射液*	肿瘤	深圳赛百诺

　　* 为欧盟和美国都尚未批准的生物技术药物；** 为 TNFα 欧盟已批准但未获得美国 FDA 批准的生物技术药物。

　　(表 1-1,1-2,1-3 引自胡显文等.美国、欧盟和中国生物技术药物的比较.中国生物工程杂志,2005,25(2):82～94)

1.3.5.2 基因工程技术在传统生物合成药物中的应用

（1）应用基因技术提高目标产物的代谢流

通过增强代谢途径中限速步骤酶编码基因的拷贝数，或者强化以启动子为主的关键基因的表达系统，灭活目标途径中的编码基因，阻断与目标途径相竞争的代谢途径等战略手段提高目标产物的代谢流，达到产物积累。部分应用基因技术提高目标产物的代谢流的实例如表1-4所示。

表1-4　部分应用基因技术提高目标产物的代谢流

药　　物	细　　胞	备　　注
泰乐菌素	*Streptomyces fradine*	引入 *E. coli* 的 *tylF*
头霉素 C	*Streptomyces lactamgens*	引入 *S. cattleya* 的基因
头霉素 C	*Cephalosporium acremonium*	引入 *defEF* 基因
阿霉素	*Streptomyces peucetius*	增加基因拷贝数
螺旋霉素	*Streptomyces ambofacients*	
生物素	*E. coli*	克隆五个生物素合成基因，解除了反馈抑制
L-天冬氨酸	*Serratria marcescens*	强化表达天冬酶基因
L-苏氨酸	*Serratria marcescens*	强化表达 *ppc*(*phosphoenolpyruvate carbosylase*) 基因
L-精氨酸	*Corynebacterium baevibacterium*	克隆 *Corynebacterium acetoacidophilum* 的精氨酸生物合成基因
L-谷氨酸 L-脯氨酸	*Corynebacterium baevibacterium*	引入 *E.coli* 的柠檬酸合成基因
L-谷氨酸	*Corynebacterium baevibacterium*	表达磷酸果糖激酶基因
L-苯丙氨酸	*E. coli*	引入 L-Phe 生物合成基因，解除分支酸变位酶反馈抑制
L-苯丙氨酸	*E. coli*	表达 *pheA*, *aroF* 基因，并接入噬菌体 λ 温度敏感型启动子
L-苯丙氨酸 L-色氨酸	*Corynebacterium glutarmicum*	强化表达预酚脱氢酶，分支酸变位酶(CM)、D-阿拉伯糖-庚酮糖酸(DAHP)合成酶
细菌纤维素	*Actetobacte xylinum*	克隆表达纤维素合成操纵子
S-D-谷胱甘肽	*E. coli*	强化表达 *Psudomonas putida* 乙二醛酶 I 基因
谷胱甘肽及衍生物	*E. coli*	强化表达谷胱甘肽合成基因
S-腺苷甲硫氨酸	*Sacchromyces cerevisiae*, *E. coli*	强化表达 S-腺苷甲硫氨酸(SAM)基因

（2）应用基因技术利用已有途径构建新的代谢旁路

利用多基因间的协同作用构建新的代谢途径。借助少数几个精心选择的异源基因的安装使一些天然的生物物种通过天然代谢途径得到的天然的代谢物可以转化为更为优良的新型产物，如表1-5所示。

表 1-5　通过基因技术改造达到产生细胞本身不能合成的新物质

药　物	细　胞	备　注
麦迪霉素	*Streptomyces sp.*, *S. violaceoruber*	引入 *S. coelicolor* 抗生素基因簇
红霉素	*S. lividans*	引入 *S. erythreus* 的基因
修饰型红霉素	*Saccharopolyspora erythreea*	灭活 *eryF* 基因,产生 6-脱氧红霉素 A
异戊酰螺旋霉素	*S. ambofaciens*	引入 *S. thermotolerans* 的基因
青霉素 V	*Neurospora crassa*, *Aspergillusniger*	引入 *Penicillium chrysogenum* 的青霉素合成基因簇
螺旋霉素	*S. ambofaciens*	利用螺旋霉素生物合成基因的缺陷株
β-胡萝卜素	*Zymomonas mobilis*, *Agrobacterium tumefaciens*	引入 *Erwinia uredovra*, *crtl*,*crtY* 基因
生物碱	*Atropa belladonna*, *Nicotianna tabacum*, *Solanum tuberosum*	引入 *Agrobacterium* 的 Ti 和 Ri 质粒
木糖醇	*Saccharomyces cerevisiae*	引入 *Pichia stipitis* 木糖还原酶

将编码某一完整生物合成途径的基因转移至宿主受体细胞中,提高目标产物的产率,或者使其利用相对廉价的原材料,对生物物种内特定多步代谢途径的调控和功能的诠释。例如将来自天蓝色链霉菌(*Streptomyces coelicolor*)的部分放线菌紫素(actinorhodin)生物合成基因转化曼德尔霉素(medermycin)生产菌,获得的转化子能合成一种新型杂合抗生素曼德尔紫红素(mederrhodin),结构与曼德尔霉素相似,但在 6 位上引入了一个羟基。

1.3.6　应用现代生物技术开发和研究中药

1.3.6.1　应用细胞培养技术来获得传统的植物药材活性成分

根据植物细胞具有全能性和立体培养细胞具有整株植物合成代谢物质能力的特性,可以应用细胞大规模培养技术来代替采集和人工种植生产。可以解决耕地,培养时间大为缩短。如采用植物细胞培养制备黄连素、地高辛、小檗碱、紫杉醇、紫草素、花青素和血根碱等植物药材的活性成分。

1.3.6.2　大规模的规范化培养试管植物和液体培养一方面保证植物的一致性,同时也可以保存稀有的珍贵物种,防止品质的退化

从 1960 年代开始的我国中药离体培养和试管繁殖研究,到目前为止已有 100 多种药用植物经离体培养获得试管植株。其中有的还利用试管繁殖技术生产用于栽培种植的药材,如苦丁茶、芦荟、怀地黄、枸杞、金线莲等。宁夏农林科学院枸杞研究所利用试管繁殖与嫩枝扦插相结合的繁殖方法繁殖枸杞新品种"宁杞 1 号"和"宁杞 2 号"苗木 100 多万株,加速了该品种的推广。

在我国已经建立了三七、三分三、人参、西洋参、三尖杉、紫草、洋地黄、长春花、丹参、红豆杉等十几种药用植物的液体培养系统,已使有效成分达到或超过原植株。在此基础上,并对长春花、三七、三分三、人参、紫草、红豆杉等进行大规模培养的探索。中国药科大学组培室进行了人参的 10 升体积的大规模培养并对其培养细胞进行化学成分(皂甙,灰分,金属离子,氨基

酸)和药理活性(急性毒性,镇静作用,抗疲劳作用,抗高温作用,吞噬机能)比较分析,结果与种植人参无明显差异。

1.3.6.3　以生物转化技术来研制中药

传统的中药发酵多是在天然条件下进行的,而现在的中药发酵制药技术是在充分吸收了近代微生态学、生物工程学的研究成果而逐渐形成的。20世纪80年代,中药发酵仅是对真菌类自身发酵,如灵芝菌丝体、冬虫夏草菌丝体、槐耳发酵等,大多是单一发酵。虽有报道加入中药,但也仅是将中药当做菌丝体发酵的菌质,同时研究发现,含有中药的菌质对原发酵物的功效有影响,只是未见深入研究。从90年代开始陆续有相关的研究和生产的报道。日本人小桥恭一发现中草药成分如番泻叶苷可借助肠道细菌转化为致泻有效成分而起到治疗作用。又有报道,在中药有效成分与细菌的生物转化过程,许多苷类、黄酮类、黄酮醇、黄烷酮类、香豆素类等均经过肠道菌进行了化学修饰。

【参考文献】

[1] 褚志义.生物合成药物学.北京:化学工业出版社,2000.

[2] Sedlak B J. Signal transduction technology firms find no magic molecular buttons. Genet Eng News. 1996,16(1):8~12.

[3] 顾觉奋.国内外微生物药物生产状况及市场分析.北京:化学工业出版社,2010.

[4] Allen T M. The use of glycolipids and hydropilic polymers in avoiding rapid uptake of liposomes by the mononuclear phagocyte system. Advanced Drug Delivery Review, 2007, 13(2):283~291.

[5] 朱宝泉.生物制药技术.北京:化学工业出版社,2004.

[6] 张会展,贾林芝.基因工程(第二版).北京:高等教育出版社,2010.

[7] 毛建平,毛秉智.基因药物研究现状和对策.中国生物化学与分子生物学学报,2004,20(2):143~148.

[8] 吴梧桐.生化药物与生物技术药物研究开发进展.沪、苏、闽暨全军生物技术药物研讨大会,2006:8~25.

[9] 朱迅.医药生物技术及生物技术药物(一).中国医药技术经济与管理,2009,3(10):45~52.

[10] David A Williams. Rapid development of pluripotent stem cells as a potenyial therapeutic modality. Mol Ther, 2009, 17:929~930.

[11] 吴梧桐,王友同,吴文俊.天然生化药物的研究与发展.中国天然药物,2004,2(2):70~74.

[12] 张天民,宗爱珍,王凤山,2007年我国生化药物研究进展,中国药学杂志,2008,43(18):1364~1368.

[13] 袁勤生.生化药物的研究现状及发展思路.中国天然药物,2006,4(4):246~249.

[14] Gary W. Second-generation biopharamaceuticals. Eur J Pharm Biopharm, 2004,58(2):185~196.

[15] 丁锡申.中国基因工程药物产业化发展历史现状、存在问题与国际的差距和发展趋势.生物工程进展,1999,19(1):3~5.

[16] 周斌.21世纪生物医药的发展.中国药业,2004,58(2):3~4.

[17] 王光寅,谭婷婷,潘祖亭,罗运柏.生化药物和基因工程药物研究概述.河北化工,2009,32(10):5~7.

[18] Arthur J G, Anthony M. Characterizing biological products and assessing comparability following manufacturing changes. Nature Biotechnology, 2004, 22(11):1381~190.

[19] Crommelin D J, Storm G, Verrijk R, de Leede L, Jiskoot W, Hennink W E. Shifting paradigms:biopharmaceuticals versus low molecular weight drugs. International Journal of Pharmaceutics, 2003, 266(1~2):3~16.

［20］胡显文，陈惠鹏，汤仲明，马清钧.美国、欧盟和中国生物技术药物的比较.中国生物工程杂志，2005，25(2)：82～94.

［21］徐明波，何玮，马清钧.生物技术药品产业化的现状及前景.见：国家发展计划委员会高技术产业发展司，中国生物工程学会编，中国生物技术产业报告(2002).北京：化学工业出版社，2003：35～43.

［22］Kretzmer G. Industrial processes with animal cells. Appl Microbial Biotechnol，2002，59：135～142.

［23］Pavlou A，Reichert J. Monoclonal antibodies market. Nutura Reviews Drug Discovery，2004，3：383～384.

［24］Russell R，Paterson M. *Ganoderma*—A theraputic fungal biofactory. Phytochemistry，2006，67：1985～2001.

［25］Zhang W Z，Song Y C，Tan R X. Biology and chemistry of endophytes. Natural Products Reports，2006，23(6)：753～771.

［26］刘晓兰，周东坡，孙剑秋.树状多节孢发酵生产紫杉醇工艺条件的初步研究.菌物系统，2002，21(2)：246～251.

［27］纪元，毕建男，严冰，朱旭东.产紫杉醇真菌的研究概况与紫杉醇工业生产的一个新思路.生物工程学报，2006，22(1)：1～6.

［28］陈代杰，朱宝泉.微生物转化技术在现代医药工业中的应用.中国抗生素杂志，2006，31(2)：43～56.

［29］陈代杰.微生物药物学.上海：华东理工大学出版社，1999.

［30］Wang Z L，Zhao F S，Chen D J. Biotransformation of phytosterol to produce androsta-dine-dione by resting cells of *Mycobacterium* in cloud point system. Process Biochem，2006，42(3)：557～561.

［31］Patel R N. Microbial/enzymatic synthesis of chiral drug intermediates.，Adv Appl Microbiol. 2000，47：33～78.

第2章

生物途径中的主要反应类型

2.1 生物分子中的官能团

生物代谢是指发生在生物体内的各种分解代谢反应和合成代谢反应,实质就是由一系列酶催化的级联化学反应。化学家已经得出了这样的经验:有机化合物可以根据结构特征分成不同的种类,同一种类的化合物具有相似的反应性,可以起到这样的分类目的的特征结构被称为官能团。在反应中不同分子中的同一官能团的化学反应基本相同。如酯在水中通常会发生水解反应生成羧酸和醇等。生物分子中常见的官能团如表 2-1 所示。

表 2-1 生物分子中常见的官能团及其极性

名 称	结 构
烯烃双键	
芳香基	
胺	
亚胺	

名　称	结　构
醇	
醚	
羰基	醛　 酮　 羧酸　 酯　 硫酯　 酰胺　 酰基磷酸　 羧酸酐

续　表

名　称	结　构
硫醇	
硫醚	
硫化物	
磷酸酯	

2.2　生物途径中产物的基本构造单元

生物体内进行的代谢反应错综复杂,生物体总是在动态平衡状态下生存发育的。因此,任何一类生化反应都应有一定的约束条件,并在最优化原理的支配下完成。生物中的代谢产物的构造来源于生物合成的产物。常用的构造单元数量不多,但就从这为数不多的几个基本构造单元出发可以合成大量的物质。

(1) 一碳单元(C_1)是最简单的构造单元,最常见的是甲基。甲基通常与氧或氮原子相连,偶有与碳原子相连。它可以来自 L-甲硫氨酸(L-methionine)的 S-甲基,也可以来自二氧亚甲基(OCH_2O)。

(2) 二碳单元(C_2)来自乙酰辅酶 A(acetyl-CoA)。它可以是简单酯中的乙酰基团,也可以是链烃(如脂肪酸)或芳香环(如酚类)的一个组成部分。特别值得一提的是,在合成链烃或芳香环之前,乙酰辅酶 A 首先转化为活性更高的丙二酰辅酶 A(malonyl-CoA)。

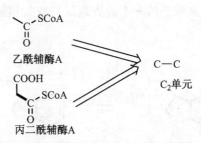

（3）C$_5$单元：支链的 C$_5$异戊二烯单元是甲羟戊酸（mevalonate）和磷酸脱氧木糖（deoxyxylulose phosphate）衍生的特征结构化合物。甲羟戊酸本身由三个乙酰辅酶 A 分子合成。甲羟戊酸的六个碳脱去一个羧基，贡献出五个碳原子。另一前体物质来自磷酸脱氧木糖这一个直链的糖衍生物，经骨架重排形成支链异戊二烯单元。

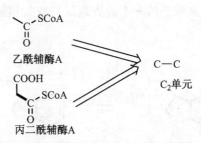

（4）C$_6$C$_3$单元：从莽草酸途径产生的芳香族氨基酸 L - 苯丙氨酸（L - phenylalanine）或 L - 酪氨酸（L - tyrosine）在脱去氨基就形成了苯丙素单元（C$_6$C$_3$单元）。其中 C$_3$ 可以是饱和、也可以是不饱和或氧化状态存在，也可能经裂解反应后脱去一个或两个碳，形成 C$_6$C$_2$ 或 C$_6$C$_1$ 单元。

（5）C$_6$C$_3$N 单元：这一单元与 C$_6$C$_3$ 单元的来源一样，为 L - 苯丙氨酸（L - phenylalanine）或 L - 酪氨酸（L - tyrosine），当它们脱去羧基碳就产生 C$_6$C$_2$N 单元。其中 L - 酪氨酸衍生的 C$_6$C$_2$N 单元更为常见。

（6）C_2N 单元：C_2N 单元来源于另一个芳香族氨基酸 L-色氨酸（L-tryptophan）经脱羧后形成。

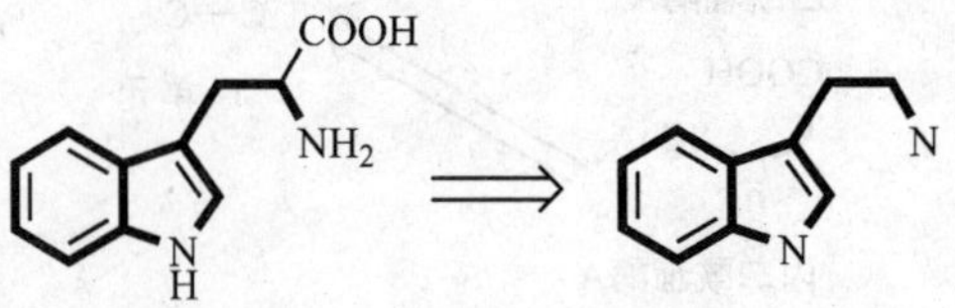

L-色氨酸　　　　　　　　吲哚C_2N单元

（7）C_4N 单元：C_4N 单元通常在杂环吡咯烷中出现，来自非蛋白质氨基酸 L-鸟氨酸（L-ornithine）经脱羧和 α-氨基氮，保留 δ-氨基产生的。

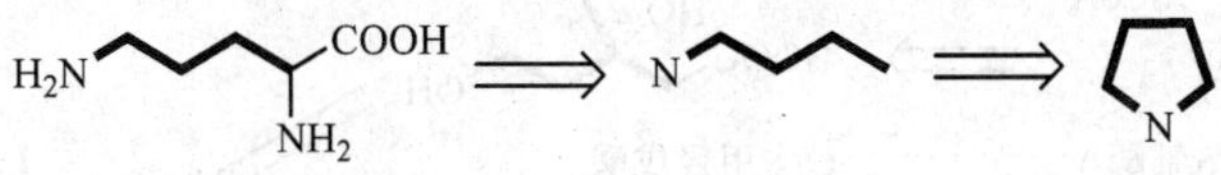

L-鸟氨酸　　　　　　　C_4N单元

（8）C_5N 单元：类似于 C_4N 单元的构建，只是来自于 L-赖氨酸（L-lysine），其中的 ε-氨基氮保留在单元中。

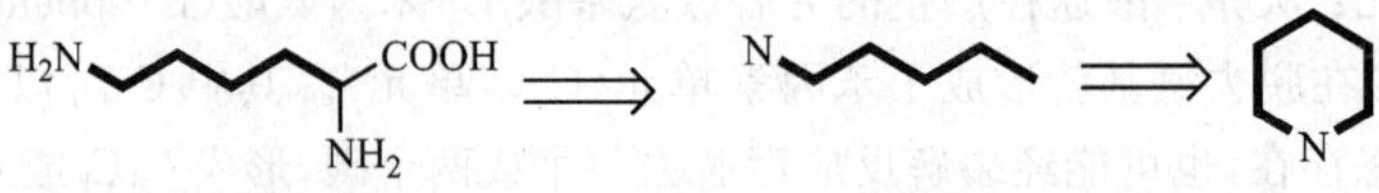

L-赖氨酸　　　　　　　C_5N单元

以上只是生物代谢天然产物的构造的基本碳骨架单元，产物往往是这些基本构造单元经不同的酶催化合成过程和分子的重排，有些会发生一个或多个碳原子被氧消除等形成，所以得到的生物代谢产物结构纷繁复杂，其生物学的功能也就丰富多彩了。例如可卡因（见图 2-1）从基本的构造单元来说其分子就有 C_6C_1、C_4N 和 2 个 C_1、2 个 C_2 等组成。鬼臼毒素是由 2 个 C_6C_3 和 4 个 C_1 等单元构成的（见图 2-1）。

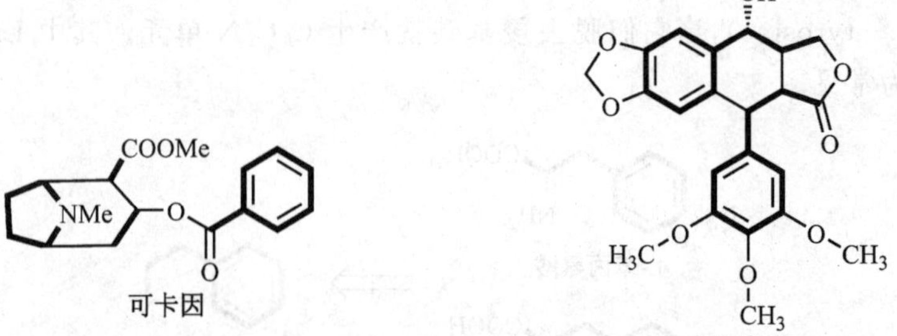

可卡因　　　　　　　　　　　　　　　鬼臼毒素

图 2-1　药物分子的结构与构造单元

2.3 生物途径中的基本反应及机理

生物中发生反应同样属于有机反应，只是它发生在生物有机体内，尽管反应所处的"溶剂"环境不同，温度等外界条件不同，但催化剂是生物酶，其专一性和高效性使其副反应少甚至没有。其反应的机理可以用有机反应机理来得到理解。下面从化学反应的角度介绍生物过程中常见的基本反应。

2.3.1 亲核取代的烃化反应

本部分内容以烃化加成的角度来看其中的亲核取代反应。一般来说，烃化反应都是按照 S_N1 和 S_N2 亲核取代机理进行的。具体的机理取决于反应物及其他的条件，也就是说带负电荷或具有未共用电子对的氧、氮等向烃化剂带正电的原子作亲核进攻。下面以 C_1 构造单元为例来描述生物过程的亲核取代反应。

如上一节所述，L-蛋氨酸可经亲核取代反应而提供 C_1 构造单元（甲基）。其过程是 L-蛋氨酸首先生成更易失去 C_1 单元的 S-腺苷甲硫氨酸（S-adenosylmethionine，SAM）（见图 2-2）。

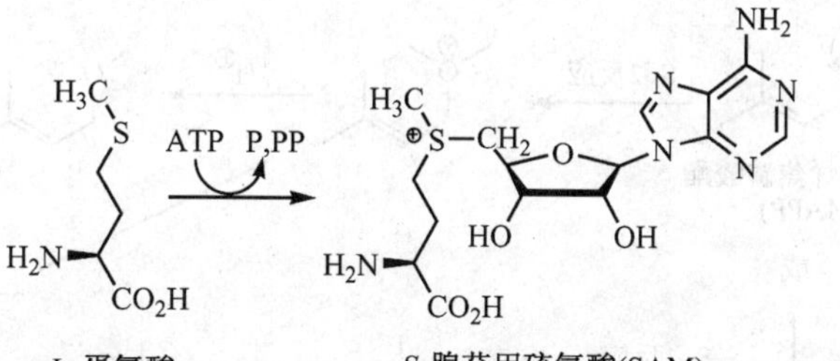

图 2-2 SAM 的形成

S-腺苷甲硫氨酸分子因含有硫阳离子致使 S_N2 型亲核取代反应更易发生。SAM 将甲基转移至亲核的羟基和氨基官能团上，形成 O-甲基和 N-甲基，见图 2-3 所示。

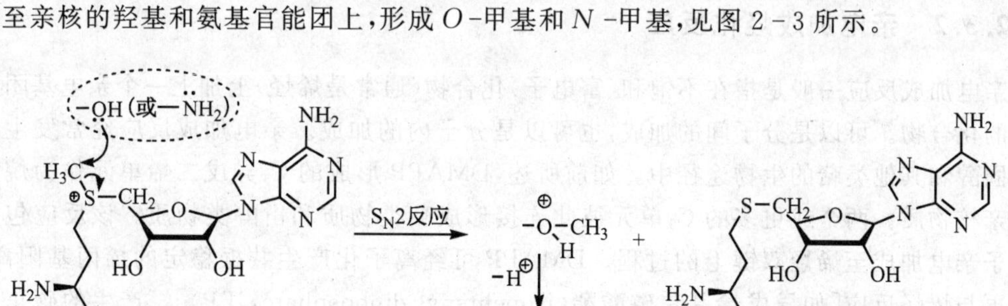

图 2-3 SAM 作用下的 O-烃化和 N-烃化

C-甲基的形成则需要亲核碳的参与才能实现。酚羟基的邻位、对位以及羰基的邻位易于接受甲基形成 C-甲基。

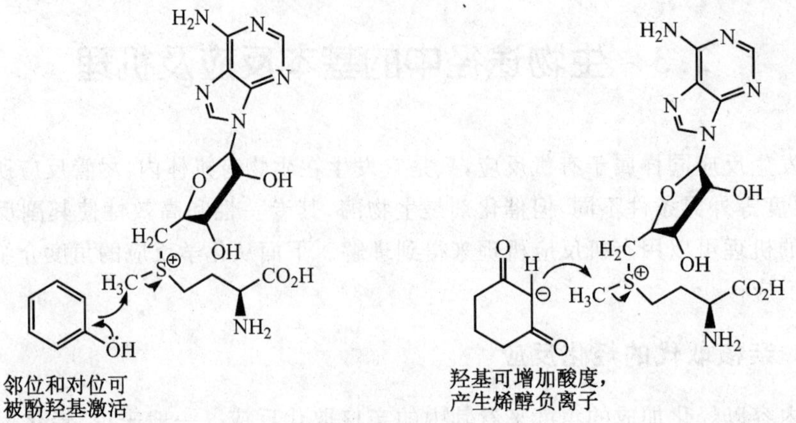

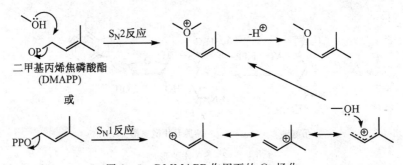

图 2-4 SAM 作用下的 C-烃化

另外，C_5 异戊二烯构造单元的二甲基烯丙基焦磷酸酯（dimethylallyl diphosphate，DMMAPP）形式也可作为烷化剂攻击亲核物质，发生类似的 S_N2 亲核取代反应，同时脱去焦磷酸基团，焦磷酸是优良的离去基团。亦有证据表明，二甲基烯丙基焦磷酸酯可首先离子化为共振稳定的烯丙基阳离子，然后发生 S_N1 反应，二甲基烯丙基焦磷酸酯易发生 C-烃化反应的位点与 C-甲基化类似。在生物途径中存在两个或更多的 C_5 单元彼此连接形成萜类物质和甾醇类物质。

图 2-5 DMMAPP 作用下的 O-烃化

2.3.2 亲电加成烃化反应

亲电加成反应一般是指在不饱和（富电子）化合物（通常是烯烃）上加上一个亲电基团形成饱和的化合物。可以是分子间的加成，也可以是分子内的加成。亲电加成反应经常发生在生成类固醇和其他类萜的生物途径中。如前所述，DMAPP 形成的 C_5 异戊二烯单元作为烷化剂攻击亲核物质。两个或更多的 C_5 单元彼此连接形成萜类物质和甾醇类物质。该反应包括碳正离子亲电加成至烯烃双键上的过程。DMAPP 可经离子化产生共振稳定的烯丙基阳离子，然后再与烯烃反应［如异戊烯基焦磷酸酯（isopentenyl diphosphate，IPP）］。产生的碳正离子可失去一个质子生成中性的香叶基焦磷酸酯（geranyl diphosphate，GPP）。当烯烃双键和碳正离子出现在同一分子上时，即发生亲电加成形成环。碳正离子的产生可有多个途径脱去离去基团（如 S_N1 型离子化时脱去焦磷酸）、烯烃的质子化以及环氧化合物的质子化开环过程均可产生碳正离子。另外，S-腺苷甲基硫氨酸（S-adenosylmethionine）也可经过亲电加成机制将一个碳单位转移至烯烃中，生成一个烯烃碳正离子中间体。

（1）分子间的加成

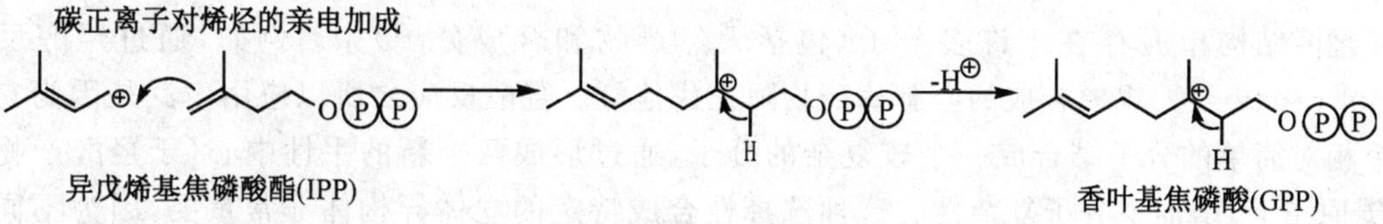

碳正离子对烯烃的亲电加成

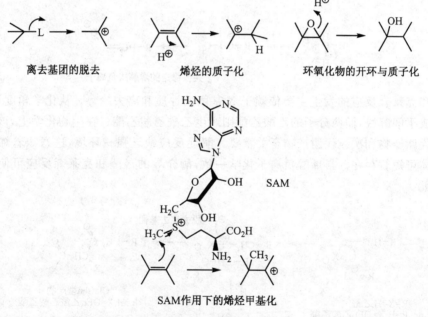

异戊烯基焦磷酸酯(IPP)　　　　　　　　　　　　　　　　　　　　　香叶基焦磷酸(GPP)

图 2-6　分子间的亲电加成

（2）分子内的加成成环

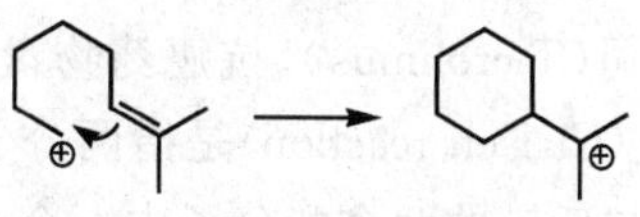

图 2-7　分子内的加成反应成环

（3）碳正离子的产生途径

离去基团的脱去　　　　　烯烃的质子化　　　　环氧化物的开环与质子化

SAM

SAM作用下的烯烃甲基化

图 2-8　碳正离子的产生途径

（4）碳正离子的脱去途径

碳正离子可形成烯烃或环丙烷而失去质子,亦可与合适的亲核试剂(如水)结合而猝灭。

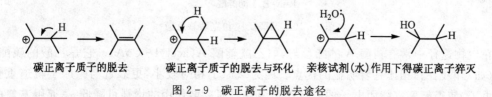

碳正离子质子的脱去　　碳正离子质子的脱去与环化　亲核试剂(水)作用下得碳正离子猝灭

图 2-9　碳正离子的脱去途径

2.3.3　羟醛反应和克莱森反应

羟醛结构单元存在于许多分子(包括天然产物和合成分子)中。例如,通过羟醛反应(aldol reaction)大规模合成的心脏病药物阿托伐他汀;羟醛反应之所以应用广泛是因为它将两个相对简单的分子结合成一个较复杂的分子,通过形成两个新的手性中心(于羟醛产物的α-碳原子上)增加了分子复杂性。这种选择性合成特定的立体异构体非常重要,因为不同的立体化学异构体可能具有完全不同的化学或生物特性。如手性羟醛单元在聚酮化合物中较常见,聚酮是一种在生物有机体中发现的分子。在大自然中,聚酮通过酶进行多重克莱森缩合反应。这些反应产生的1,3-二羰基化合物可衍生出各式各样有趣的结构,其中一些具有强效的生物活性,如强效免疫抑制剂他克莫司(Tacrolimus)、抗癌药物盘皮海绵内酯(Discodermolide)及抗真菌药物两性霉素 B。克莱森反应(Claisen reaction)是指两分子羧酸酯,失去一分子醇而缩合为一分子 β-羰基羧酸酯的反应。参与反应的两个酯分子中一个必须在酰基的α-碳上连有至少一个氢原子。反应的关键是烯醇离子亲核取代反应,同时烷氧离子脱去。

羟醛反应和克莱森反应均可产生碳碳键。在碱催化反应中,含有羰基化合物产生的共振稳定的烯醇负离子有助于启动该反应和提高其反应性。

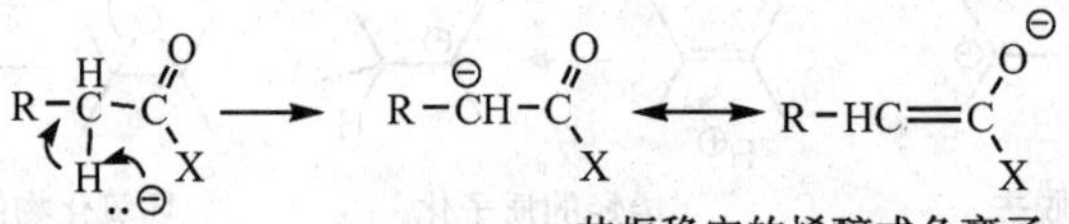

共振稳定的烯醇式负离子

羟醛和克莱森反应的发生主要依赖于 X 基团的性质和离去趋势。从化学角度讲,两分子的乙醛生成丁间醇醛,而两分子的乙酸乙酯则产生乙酰乙酸乙酯。在生物化学上,该过程对于生成初级代谢产物和次级代谢产物至关重要。酶促反应缺乏强碱环境,这意味着烯醇阴离子作为中间体可短暂存在。与烯醇负离子化学一致,酶介导的羟醛和克莱森反应可使底物增加 C_2 乙酸单元。

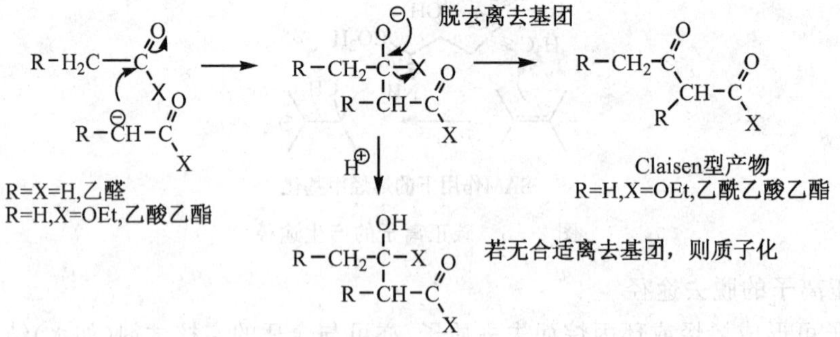

图 2-10　羟醛反应和克莱森反应

在生物途径中常有辅酶 A 的酯参与,如乙酰辅酶 A(acetyl-CoA)。它是乙酸的硫酯,与氧酯(如乙酸乙酯)相比有着明显的优点。因为氧原子相对较小,更靠近与碳原子轨道重叠的孤对电子,使得氧酯官能团电子的离域作用增强。而离域作用的增强可降低α-亚甲基氢的酸化,使烯醇阴离子的产生变得较为困难。此外,硫酯作为离去基团比氧酯更易脱去。这两个因素均增加了硫酯的羟醛反应克莱森反应活性。

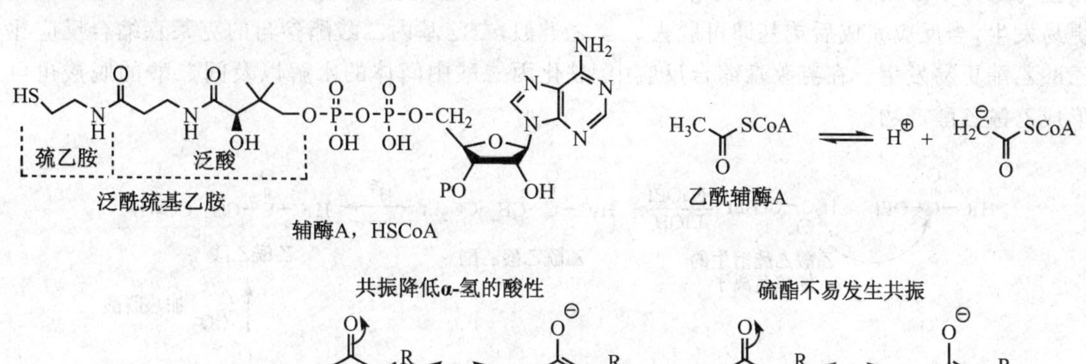

图 2 - 11　硫酯和氧酯的区别

在克莱森反应中,乙酰辅酶 A 易在 ATP 和辅酶生物素的作用下与 CO_2 经羧化反应生成丙二酰辅酶 A(malonyl - CoA)。其过程是 ATP 和 CO_2(即碳酸氢盐,HCO_3^-)形成混合的酸酐,在生物素-酶复合物的催化下使辅酶羧基化。另外,在糖异生时,由两丙酮酸合成草酰乙酸过程中,生物素-酶复合物同样参与 CO_2 的固定过程,羧化乙酰辅酶 A。乙酰辅酶 A转化成丙二酰辅酶 A 可使氢处于两个羰基的侧面,增加其酸性,为克莱森反应提供了更有力的亲核基团。在克莱森缩合反应中,产生未酰化的丙二酸衍生物,随后经脱羧反应脱去丙二酰辅酶 A 中的羧基。丙二酰辅酶 A 的脱羧反应也可在没有强碱的条件下产生乙酰烯

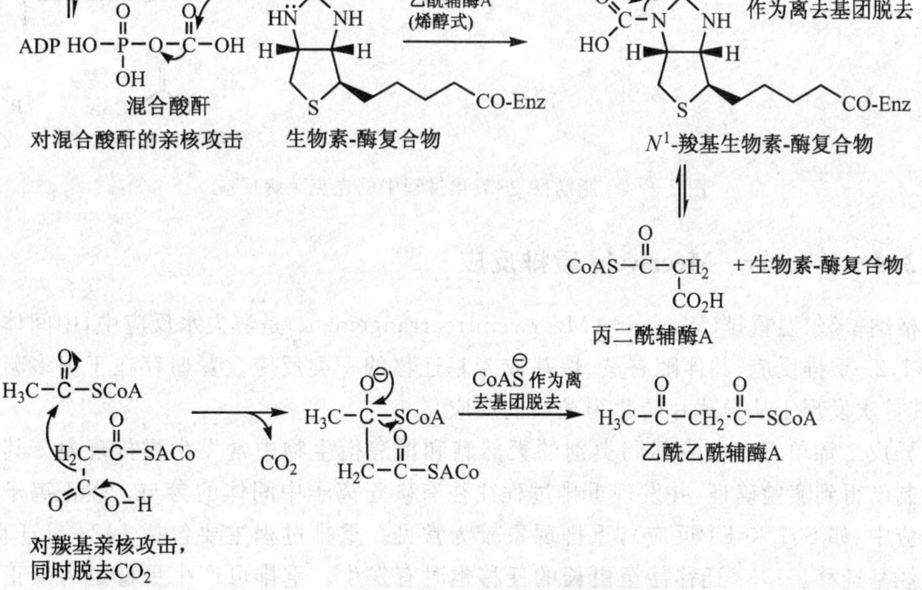

图 2 - 12　克莱森反应中 α-碳的激活

醇阴离子。亲电物质乙酰辅酶 A 与亲核物质丙二酰辅酶 A 反应生成乙酰乙酰辅酶 A,它实际上与两分子乙酰辅酶 A 的缩合相当。由此可见,羧化步骤可激活 α-碳使克莱森缩合反应更易发生,当反应完成后羧基即可脱去。与之类似,二乙基丙二酸酯参与的克莱森缩合反应比乙酸乙酯更易发生。在克莱森缩合反应中,酰化丙二酸中间体的水解以及间二酸的脱羧也可形成乙酰乙酸产物。

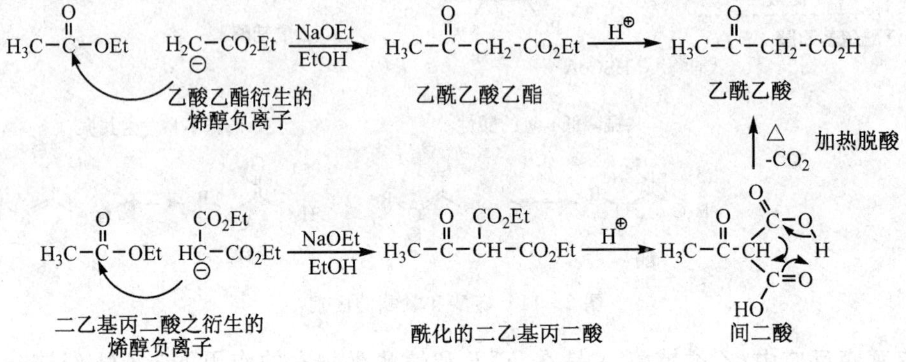

图 2-13　克莱森反应

逆羟醛(reverse aldol)反应和逆克莱森(reverse Claisen)反应在天然产物分子的修饰中常发生。逆反应不仅可脱去现存基本骨架的某些基团如羧基等,亦可增加结构的多样性。逆克莱森反应是脂肪酸裂解反应中 β-氧化的主要特征(见图 2-14)。反应中脂肪酸链脱去一个 C_2 单元即乙酰辅酶 A,使分子结构缩短两个碳原子。

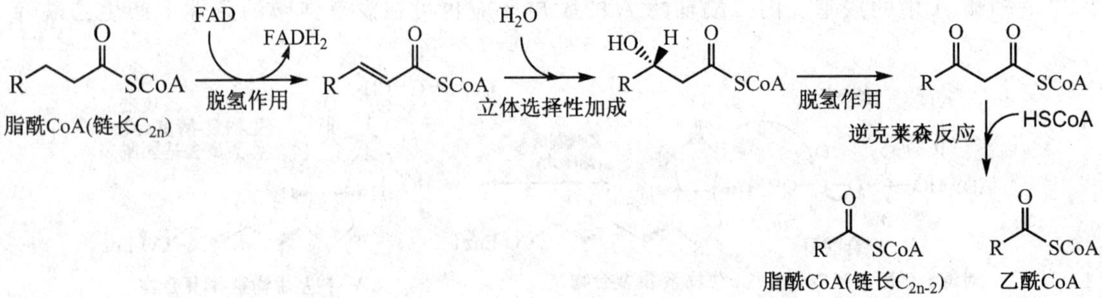

图 2-14　脂肪酸 β-氧化过程中的逆克莱森反应

2.3.4　Wagner-Meerwein 重排反应

瓦格纳-米尔温重排(Wagner-Meerwein rearrangement)是醇失水反应中,中间体碳正离子发生 1,2-重排反应,并伴随有氢、烷基或芳基迁移的一类反应。普遍存在于很多萜类化合物中,其首次发现于从异冰片转化为莰烯的反应。

C_5 异戊二烯单元在合成不同类别的天然萜和甾醇衍生物中常发生重排现象。其中许多重排机制已得到实验确证,并发现重排过程往往有碳正离子中间体的参与。碳正离子参与的化学反应中(如 S_N1 和 E1 反应),重排现象较为常见。重排过程主要包括 1,2-氢迁移、甲基迁移和烃基迁移。1,3-迁移甚至更长的迁移也时有发生。重排可产生更稳定的碳正离子或释放环间张力(图 2-15)。叔碳正离子一般比仲碳正离子更加稳定,重排可使化合物的阳离子中心形成叔碳正离子。但当重排大量释放环间张力时,仲碳正离子也可比叔碳正离子优先形成。生物体有时并不严格遵守这些规则。在细胞内生物合成中 Wagner – Meerwein 重排是酶促反应,碳正离子在反应中并非独立存在。甾醇生物合成过程即是在碳正离子参与下发生一系列的 1,2-迁移的酶促反应。

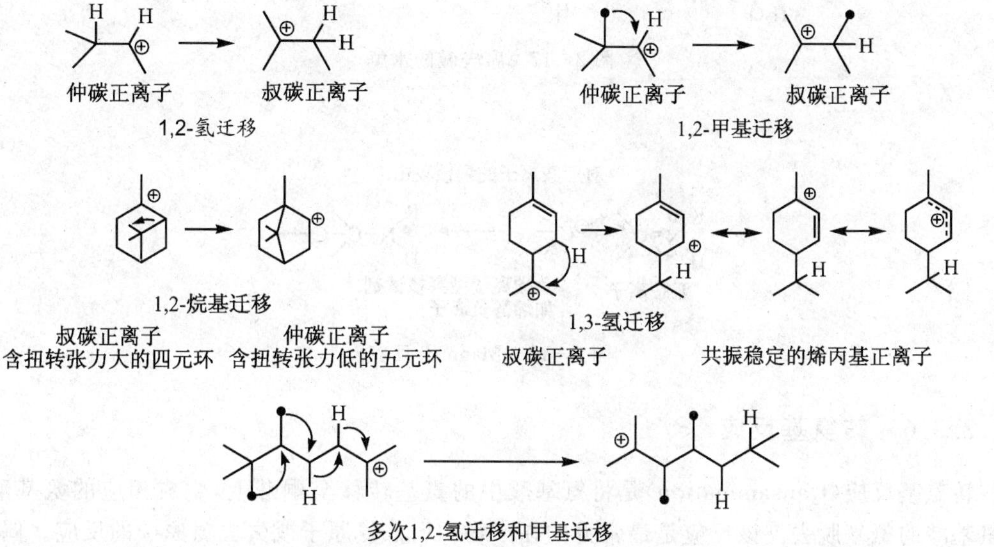

图 2 – 15　Wagner – Meerwein 重排

2.3.5　席夫碱和曼尼西反应(Mannich reaction)

通常席夫碱(Schiff base)是由胺和活性羰基缩合而成,主要是指含有亚胺或甲亚胺特性基团(—RC=N—)的一类化合物。通过胺与醛或酮间的缩合反应形成碳氮键,随后脱去 1 分子水产生亚胺或席夫碱,这是典型的亲电加成反应。该反应的逆过程同样重要,可水解亚胺生成胺和醛或酮(见图 2 – 17)。亚胺质子化形成亚胺正离子,可作为曼西尼反应(Mannich reaction)的亲电试剂(见图 2 – 18)。烯醇负离子或芳香环活化位点可作为亲核试剂。Mannich 反应常见于生物碱的生物合成中。该反应可键合亚胺(伯亚胺或仲亚胺)、醛或酮以及亲电的碳原子。仲亚胺无需质子化可直接与羰基化合物反应,生成亚胺正离子(席夫季铵碱)。

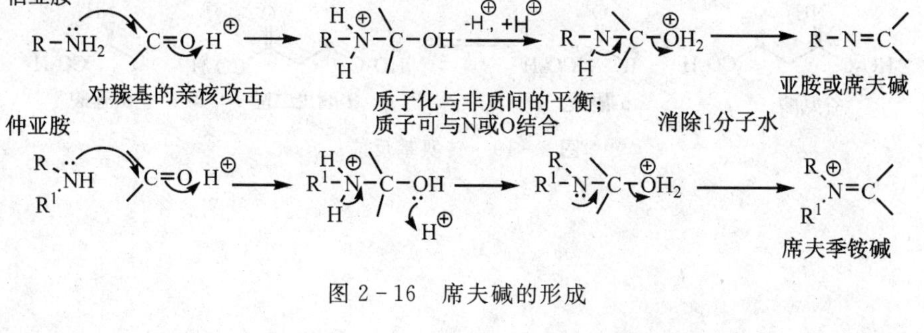

图 2 – 16　席夫碱的形成

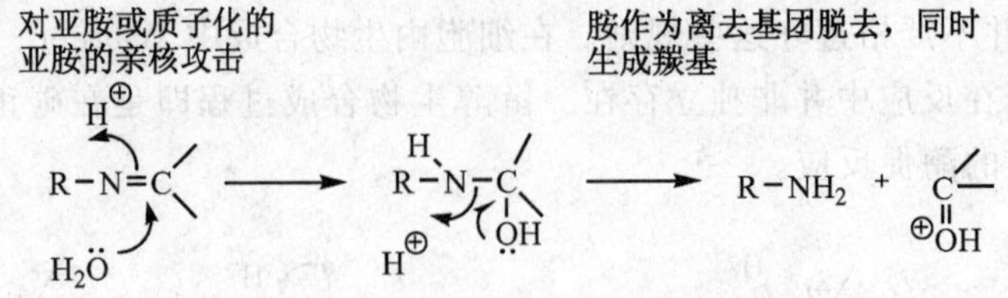

图 2-17　席夫碱的水解

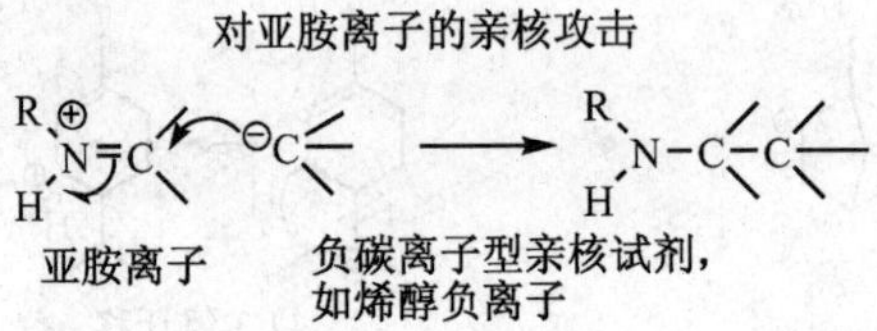

图 2-18　Mannich 反应

2.3.6　转氨基反应

转氨基反应(transamination)是将氨基酸中的氨基转移至酮酸上,生成相应的氨基酸,原来氨基酸的氨基脱去。该反应是最常见的在产物中引入氮原子或失去氮原子的反应。偶联的谷氨酸/α-酮戊二酸(glutamic acid/α-ketoglutaric acid)是氨基基团最常见的供体/受体。Krebs 循环中间体 α-酮戊二酸经氨化还原成谷氨酸(图 2-19),生成的谷氨酸可作为氨基供体。反应过程包括亚胺的生成和还原。转氨基反应将谷氨酸的氨基转移至某一酮酸上,或相反地将某一氨基酸的氨基转移至 α-酮戊二酸上。这一反应依赖于辅酶磷酸吡哆醛(pyridoxal phosphate,PLP)。氨基酸首先与磷酸吡哆醛中的醛基反应生成亚胺中间体醛亚胺,使原来氨基酸的 α-氢酸性增强,更易脱去。通过质子化过程,醛亚胺转化为酮亚胺,同时吡啶环的芳香性得以还原。席夫碱官能团水解生成酮酸和磷酸吡哆胺。最后,通过上述反应的逆过程,磷酸吡哆胺的氨基可转移至另一个酮酸上。

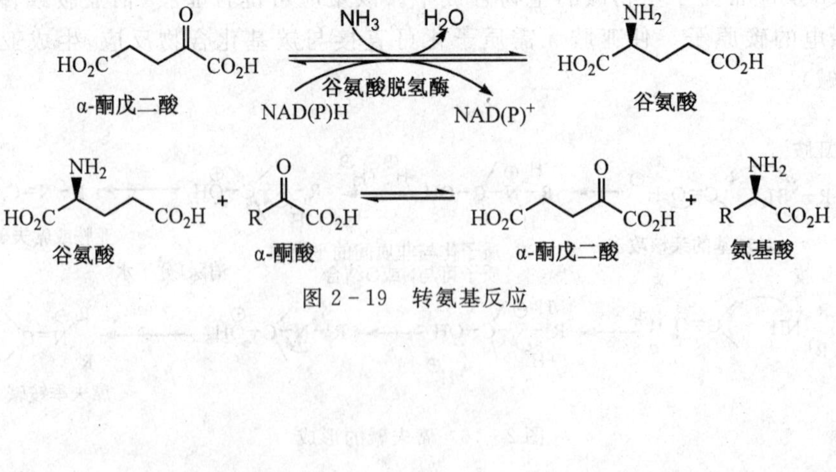

图 2-19　转氨基反应

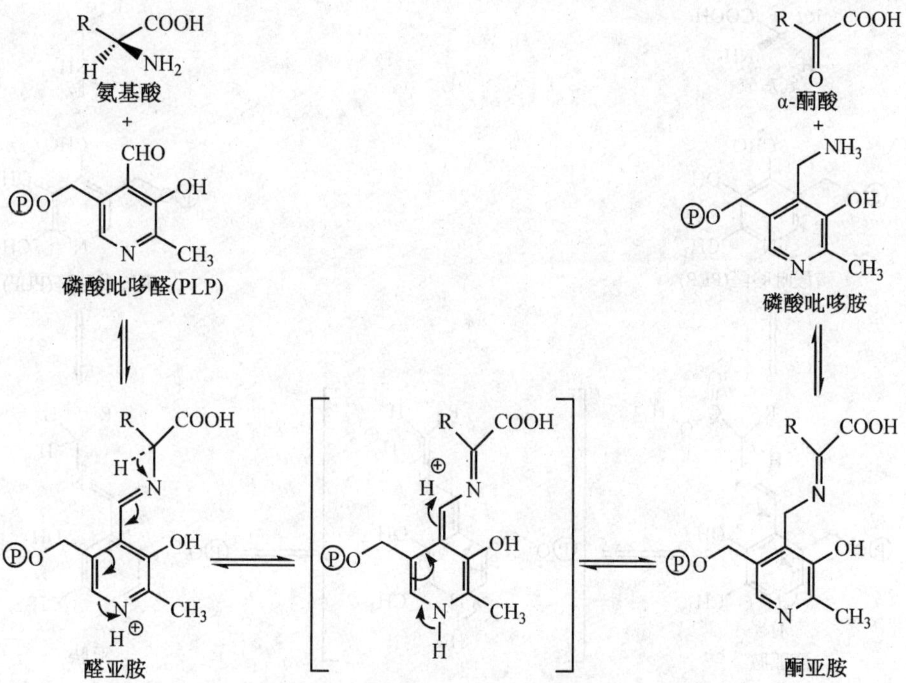

图 2 - 20　转氨基反应机理

2.3.7　脱羧反应

在生物合成途径中,碳骨架的降解即某些结构被脱去是生物降解途径中常见的。如前面描述过的逆羟醛反应和逆克莱森反应可脱去 2 个或更多的碳原子。而在碳骨架的降解修饰中更为常见的是可脱去 1 个碳原子的脱羧反应(decarboxylation)。脱羧反应是氨基酸生物合成途径中的典型反应。前面提及的 C_6C_2N 和吲哚 C_2N 等基本构造单元就是由氨基酸经脱羧衍生而来。如图 2 - 21 所示,与图 2 - 20 的转氨基反应相类似,氨基酸的脱羧反应依赖辅酶磷酸吡哆醛(pyridoxal phosphate)的参与和席夫碱的形成。氢的离去可使脱羧反应更易发生。原来的 α-碳质子化后,席夫碱官能团水解生成磷酸吡哆醛和胺。

如图 2 - 22 所示,β-酮酸(β-keto acids)具有热不稳定性,体外经烯醇形式的环化机制而脱羧。自然界中也存在类似的反应,不过经过什么样的环化机制目前还不清楚。在体外或体内,邻酚酸可经异构化形成环状 β-酮酸而脱羧。对酚酸虽不存在相应的环状异构体,但其酮基互变异构体中的羰基可激活脱羧反应。在下一章讨论的乙酸途径中常产生含有酚羟基和羧酸官能团的结构,脱羧反应可使这一类结构得到进一步修饰。结构形成中乙酰辅酶 A 硫酯部分的水解可产生羧基。甲基也可氧化成羰基,然后进行脱羧反应。

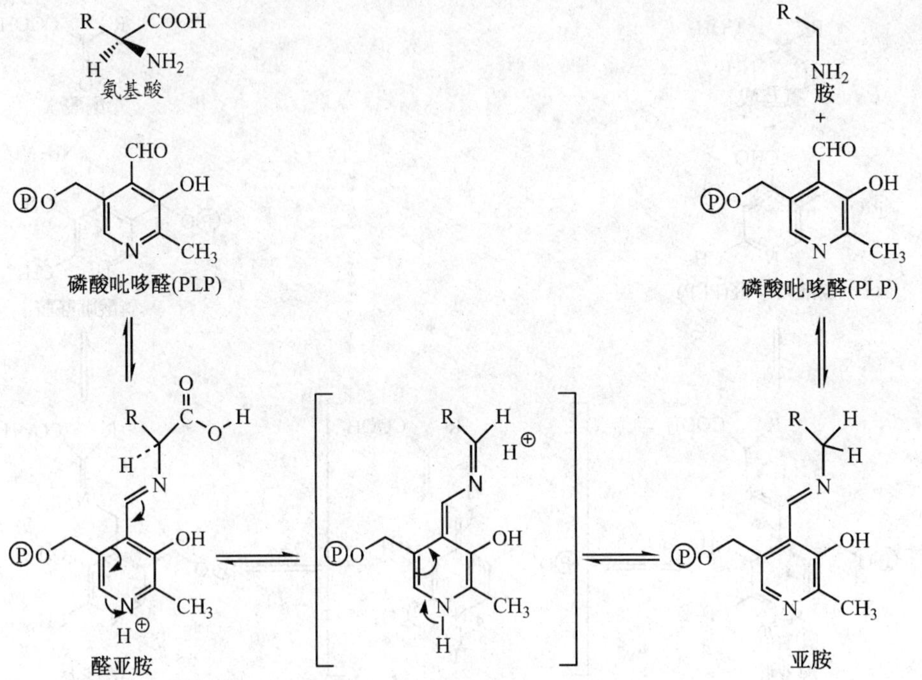

图 2-21 氨基酸脱羧反应

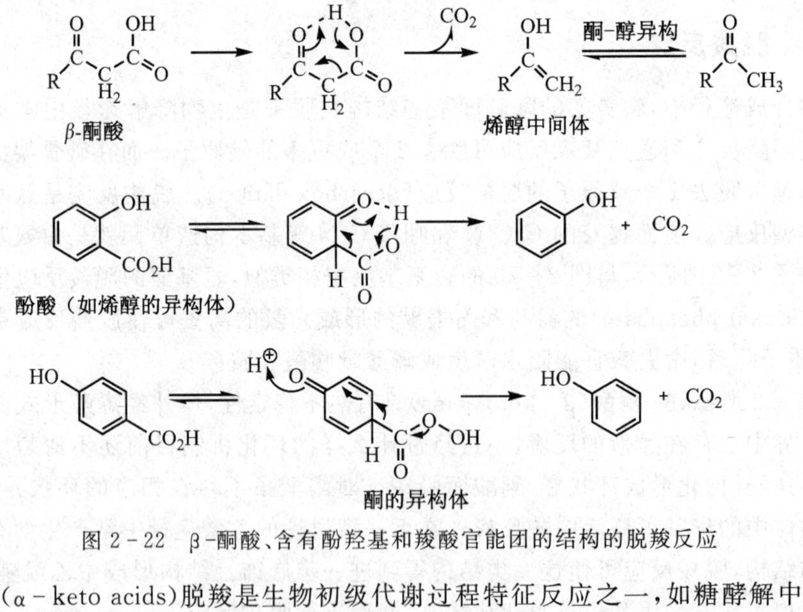

图 2-22 β-酮酸、含有酚羟基和羧酸官能团的结构的脱羧反应

α-酮酸(α-keto acids)脱羧是生物初级代谢过程特征反应之一,如糖酵解中丙酮酸脱羧生成乙醛;进入 Krebs 循环前丙酮酸氧化脱羧生成乙酰辅酶 A 等。α-酮酸脱羧反应是一个多步骤、二磷酸硫胺素参与的反应历程。糖酵解中丙酮酸脱羧生成乙醛和进入 Krebs 循环前丙酮酸氧化脱羧生成乙酰辅酶 A 这两种类型的脱羧反应均依赖二磷酸硫胺素(thiamine diphosphate,TPP)的参与。辅酶 TPP 含有噻唑环,其中噻唑环上的鎓离子上氢有弱酸性,可离去产生碳负离子,从而易对羧基亲核攻击,与丙酮酸上的羰基进行亲核加成。丙酮酸-TPP 加成产物脱羧,形成羟乙基二磷酸硫胺素(HETPP)。丙酮酸加成产物中的碳氮双键

（C＝N⁺）可接受 CO_2 离去后的电子。脱羧中间体羟乙基二磷酸硫胺素的双键被质子化,得到四面中间体,随着二磷酸硫胺素的被消去,即生成醛类化合物。图 2－23 描述了丙酮酸脱羧生成乙醛的过程。

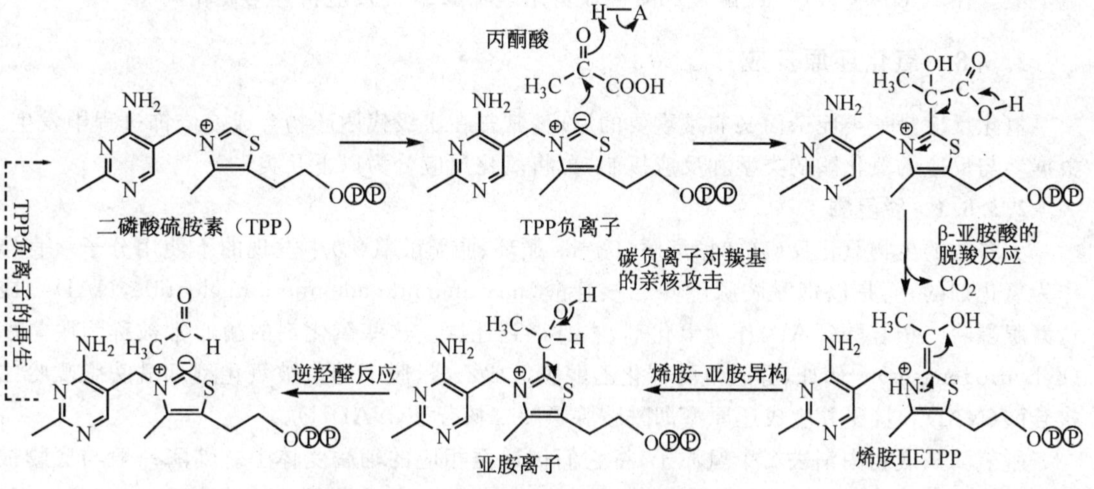

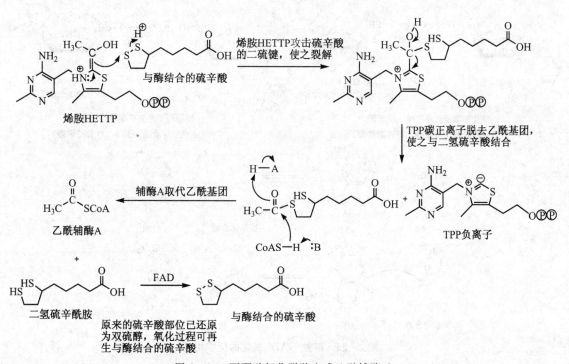

图 2－23　丙酮酸脱羧生成乙醛的生物合成

　　另外,开始的二磷酸硫胺素加成产物也能被丙酮酸脱氢酶氧化生成硫酯,最终形成氧化脱羧。在氧化脱羧中,含有二硫键的辅酶硫辛酸(lipoic acid)也与酶结合参与反应。前面提到的进入 Krebs 循环前丙酮酸氧化脱羧生成乙酰辅酶 A 的转化就是典型的例子。该过程被丙酮酸脱氢酶复合体的三种酶及其辅助因子催化,是一个多步骤连续反应,如图 2－23 所示,首先丙酮酸与 TPP 加成反应产物脱羧得到 HETPP;HETPP 不是与质子结合,其双键攻击硫辛酸

图 2－24　丙酮酸氧化脱羧生成乙酰辅酶 A

结构中的二硫键使之断裂,经历类似 S_N2 历程得到半乙缩硫醛。这促进了 TPP 碳负离子的产生以及乙酰基团与二氢硫辛酸的结合。半乙缩硫醛将 TPP 作为离去基团消去,产生乙酰二氢硫辛酰胺。随后,HSCoA 取代该乙酰基生成乙酰辅酶 A。结合的二氢硫辛酸再被氧化生成硫辛酸。在 Krebs 循环中,α-酮戊二酸生成琥珀酰辅酶 A 的反应机理与此相同。

2.3.8　氧化还原反应

氧化反应是一类庞杂而又非常重要的反应,常常在次级代谢产物合成或修饰过程中发生。根据参与反应的氧化酶的类型和反应机制,可将氧化反应分为以下几类:

2.3.8.1　脱氢酶

大多数的生物氧化反应(如糖酵解、Krebs 循环、脂肪酸氧化)中发现的不使用分子氧直接作为氧化剂的,而是以烟酰胺腺嘌呤二核苷酸(nicotinamide adenine dinucleotide,NAD^+)或黄素腺嘌呤二核苷酸(FAD)作为氧化剂,本身得到还原。这些氧化剂的酶通常被称为脱氢酶(dehydrogenases)。例如,醇脱氢酶催化乙醇脱氢成乙醛,脱下的氢被氧化型烟酰胺腺嘌呤二核苷酸(NAD^+)接受并生成还原型烟酰胺腺嘌呤二核苷酸(NADH)。

脱氢酶从底物中消去 2 个氢原子,将它们传递至相应的辅酶受体上。辅酶一般与底物被氧化的官能团紧密相关。若底物是醇的氧化,则氧化型烟酰胺腺嘌呤二核苷酸(NAD^+)或氧化型烟酰胺腺嘌呤二核苷酸磷酸(nicotinamide adenine dinucleotide phosphate,$NADP^+$)常作为氢的受体。底物中与碳相连的一个氢形成氢化物转移至辅酶上,另一氢则形成质子转移至反应介质中(图 2-25)。

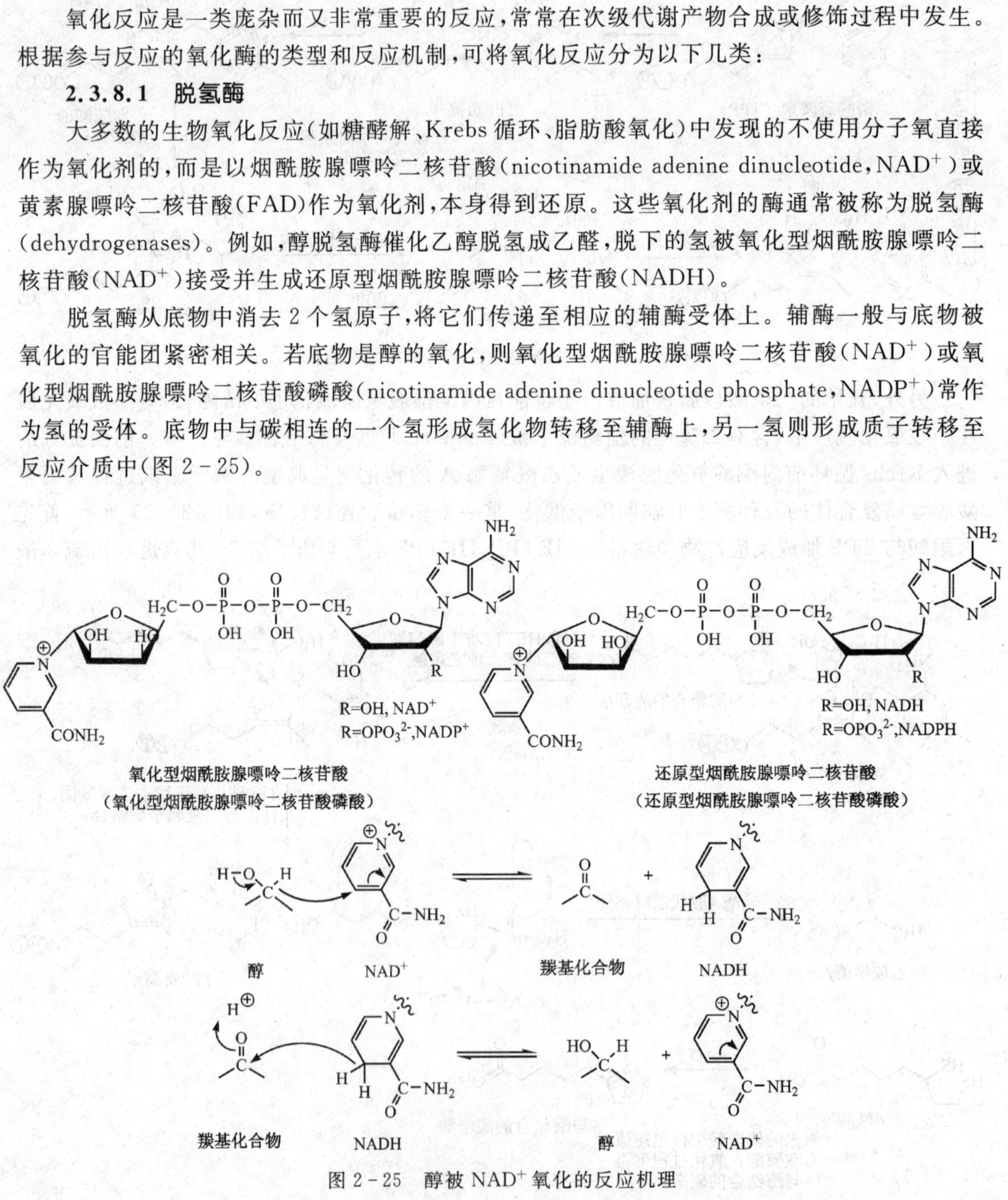

图 2-25　醇被 NAD^+ 氧化的反应机理

NAD(P)$^+$ 还可作为下列氧化过程中的辅酶：

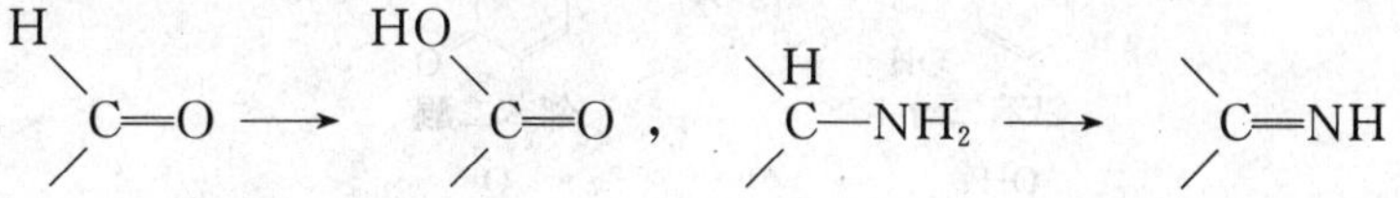

$$\overset{H}{\underset{|}{C}}=O \longrightarrow \overset{HO}{\underset{|}{C}}=O \ , \quad \overset{H}{\underset{|}{C}}-NH_2 \longrightarrow \underset{|}{C}=NH$$

　　图 2-25 中还显示了醇被氧化的过程的逆反应即还原反应。这个还原反应与复杂金属氢化物 LiAlH$_4$ 或 NaBH$_4$ 催化反应类似，均涉及一个氢参与亲核加成和后续的质子化过程。还原型的 NADH 和 NADPH 可作为还原剂供给氧。实际上，NADPH 一般参与还原过程的反应，而 NAD$^+$ 常参与氧化过程中的反应。

　　若氧化过程是：—CH$_2$—CH$_2$— → —HC═CH—，则黄素核苷酸黄素腺嘌呤二核苷酸(flavin adenine dinucleotide，FAD)或黄素单核苷酸(flavin mononucleotide，FMN)常作为辅酶，成为氢的受体。如图 2-26 所示，它们与酶结合生成黄素蛋白，接纳的两个氢分别来自底物的氢和介质中的质子。黄素蛋白参与的还原反应也是其氧化反应的逆过程。此外，NADPH也可作为碳-碳双键还原过程中的辅酶。

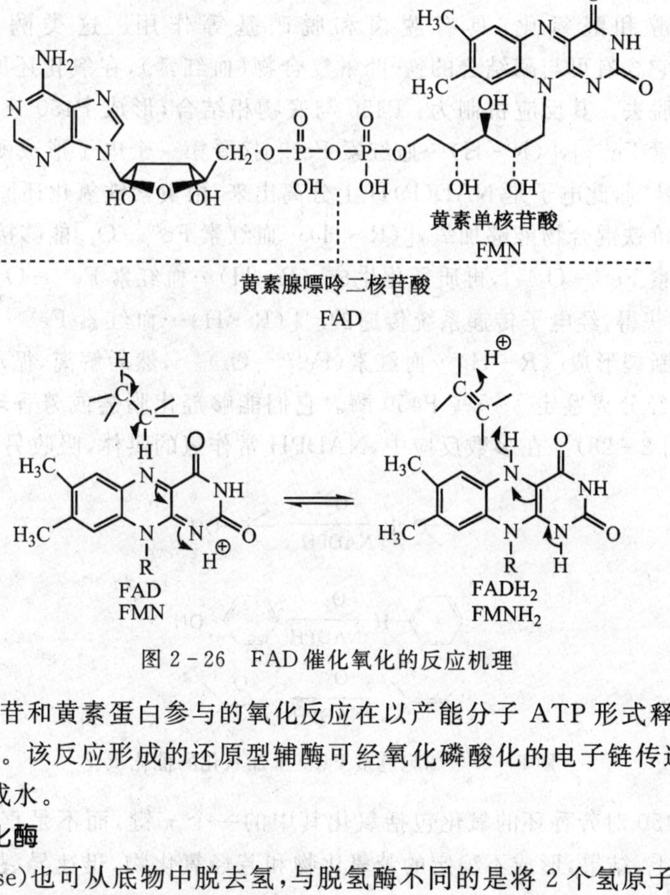

黄素单核苷酸
FMN

黄素腺嘌呤二核苷酸
FAD

FAD
FMN

FADH$_2$
FMNH$_2$

图 2-26　FAD 催化氧化的反应机理

　　烟酰胺嘌呤核苷和黄素蛋白参与的氧化反应在以产能分子 ATP 形式释放能量的初级代谢过程中尤为重要。该反应形成的还原型辅酶可经氧化磷酸化的电子链传递而被氧化，将氢传递给氧，最终生成水。

2.3.8.2　氧化酶

　　氧化酶(oxidase)也可从底物中脱去氢，与脱氢酶不同的是将 2 个氢原子传递给氧或过氧化氢而形成水。依赖过氧化氢的氧化酶称为过氧化物酶(peroxidase)。其作用机制较复杂。该酶催化的较重要反应包括邻苯二酚和对苯二酚氧化成醌(图 2-27)以及过氧化物酶介导的酚氧化偶联过程。

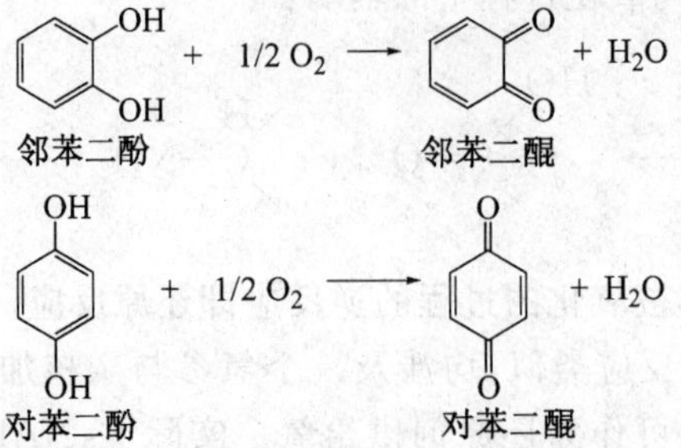

图 2-27 邻苯二酚和对苯二酚氧化成醌

2.3.8.3 单加氧酶

加氧酶(oxygenases)催化直接将氧原子加成给底物的反应。根据加入底物中的氧原子数目又分为单加氧酶和双加氧酶。就单加氧酶(mono-oxygenases)而言,氧分子中另一氧与适当的氢供体(如 NADH、NADPH 或维生素 C)结合生成水。在这一方面,它们与氧化酶类似,这些酶亦可称为多功能氧化酶。细胞色素 P450 的单加氧酶类(cytochrome P450-dependent mono-oxygenases)是最重要的单加氧酶。它不仅能催化单加氧反应,还能催化脱烷基化、S 氧化、N 氧化、醇和醛氧化,具有脱卤和脱硝基等作用。这类酶亦可称为羟化酶(hydroxylases),它含有可与酶结合的铁-卟啉复合物(血红素),在氧化还原反应中,铁原子可使氧原子结合或脱去。其反应机制为:P450 与底物相结合,形成 P450 三价铁酶底物混合物 $[(R-H)\cdots$ 血红素 $Fe^{3+}]$, $[(R-H)\cdots$ 血红素 $Fe^{3+}]$ 接受第一个电子形成酶的二价铁状态 $[(R-H)\cdots$ 血红素 $Fe^{2+}]$,此电子是 NAD(P)H 上分离出来,由黄素铁氧化还原蛋白或亚黄素还原蛋白传递的。二价铁混合物能够加氧,$[(R-H)\cdots$ 血红素 $Fe^{2+}-O_2]$ 能够接受第 2 个电子形成 $[(R-H)\cdots$ 血红素 $Fe^{3+}-O_2^{-}]$,再质子化生成 $[(R-H)\cdots$ 血红素 $Fe^{3+}-O-OH]$,这个电子是从 NAD(P)H 中获得,经电子传递系统传递的。$[(R-H)\cdots$ 血红素 $Fe^{3+}-O-OH]$ 再经两个氧之间的化学键断裂形成 $[(R-H)\cdots$ 血红素 $(Fe^{4+}=O_2)^{+}]$,然后解离,循环又重新开始。

目前人们已经分离鉴定了一些 P450 酶。它们能够羟化脂链或芳香环,亦可使烯烃转化为环氧化合物(图 2-28)。在多数反应中,NADPH 常作氢的供体,吸收另一氧原子。

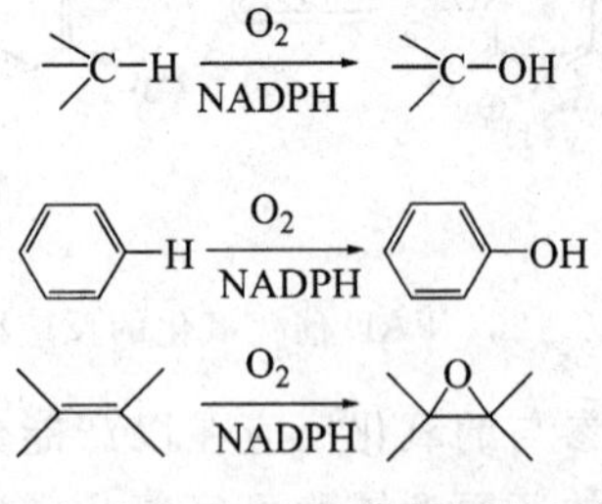

图 2-28 细胞色素 P450 单加氧化酶催化氧化

细胞色素 P450 对芳香环的氧化包括氧化其中的一个 π 键,而不是直接将氧原子引入苯环中的 C—H 键上,结果,形成不稳定的苯氧化物和芳烃氧化物,迅速异裂环氧衍生物中的一个 C—O 键,这个过程伴随着氢离子的迁移,从 C—O 键中的 C 到毗邻的 (—C^{+}—),并形成不稳定的酮中间体,最后这种酮互变异构生成了酚。整个序列的反应,就是所谓的"NIH 迁移(NIH shift)"(图 2-29)。

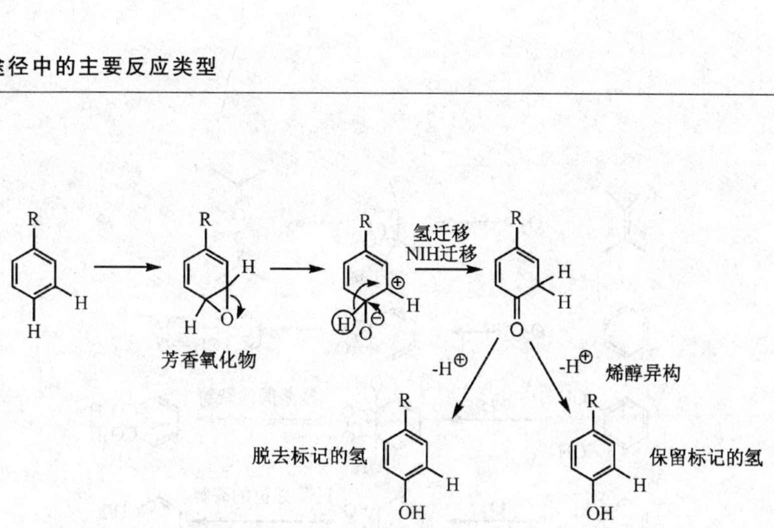

图 2-29 NIH 迁移

　　羟基和甲氧基处于芳香环邻位时,可氧化环合生成二氧亚甲基(methylenedioxy group),产物由依赖于细胞色素 P450 的加单氧酶催化产生。该酶首先羟化甲基产生一个甲醛半缩醛的中间体,通过离子化机制产生二氧亚甲基桥(甲醛的缩醛)(图 2-30)。

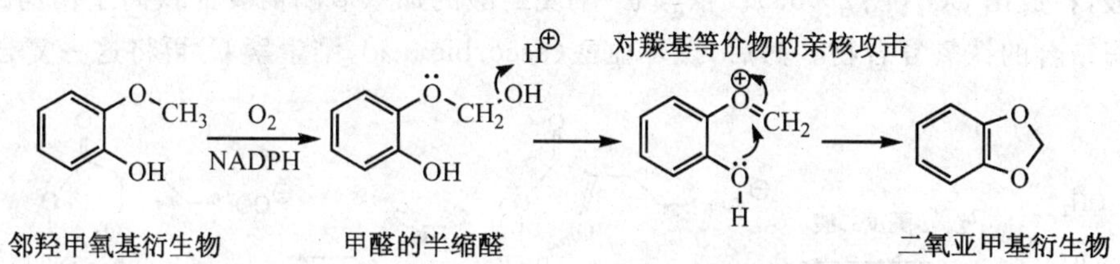

图 2-30 P450 酶催化生成二氧亚甲基基团

2.3.8.4 双加氧酶

　　双加氧酶(dioxygenases)是催化将氧分子的两个氧原子转移至底物中,常引起包括芳香环在内的键的裂解。邻苯二酚的环裂解是由内二元醇双加氧酶和外二元醇双加氧酶中的一种作用完成的。内二元醇双加氧酶是在两个羟基之间将芳香环打开(亦被称为 *ortho* 途径);而外二元醇是在羟基的邻位作用将芳香环打开(被称为 *meta* 途径)。环状过氧化物(二氧丁环)很可能是该过程的中间产物(图 2-31)。邻苯二酚或对苯二酚作底物时可引发芳香环的氧化。前者可发生在两个羟基间或羟基邻位,生成含有醛或羧基官能团的产物(图 2-32)。

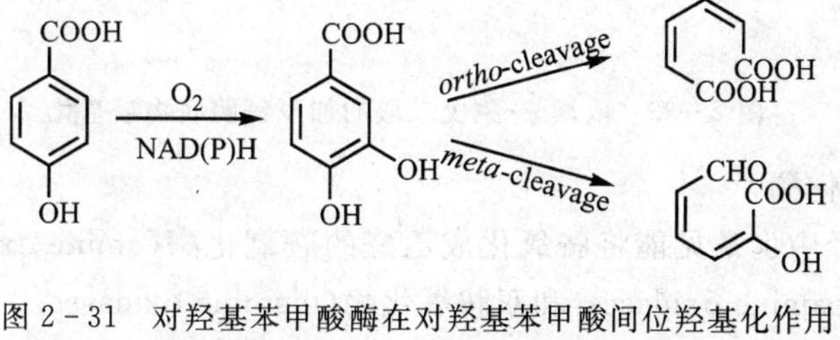

图 2-31 对羟基苯甲酸酶在对羟基苯甲酸间位羟基化作用

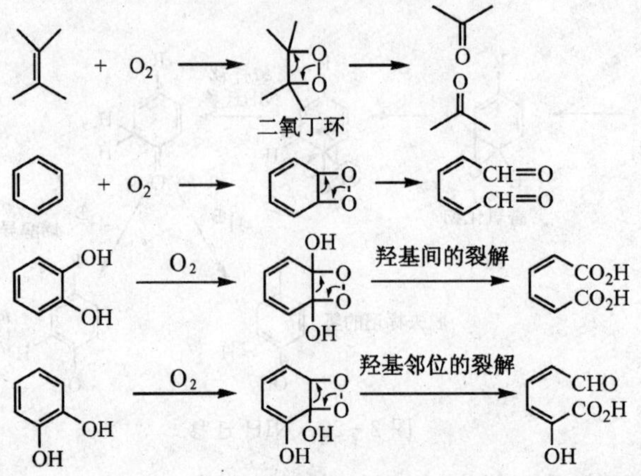

图 2 - 32　双加氧酶催化过程中中间体——环状过氧化物

加双氧酶还可同时催化两个底物,在每个底物加入一个氧原子。如依赖 α-酮戊二酸的加双氧酶(α-oxoglutarate-dependent dioxygenases)可使底物羟基化,同时,将 α-酮戊二酸氧化成琥珀酸,释放出 CO_2(图 2-33)。依赖 α-酮戊二酸的加双氧酶需要亚铁离子作辅因子,产生一个与酶结合的铁氧复合物。然后,抗坏血酸(ascorbic acid,维生素 C)再将这一复合物还原。

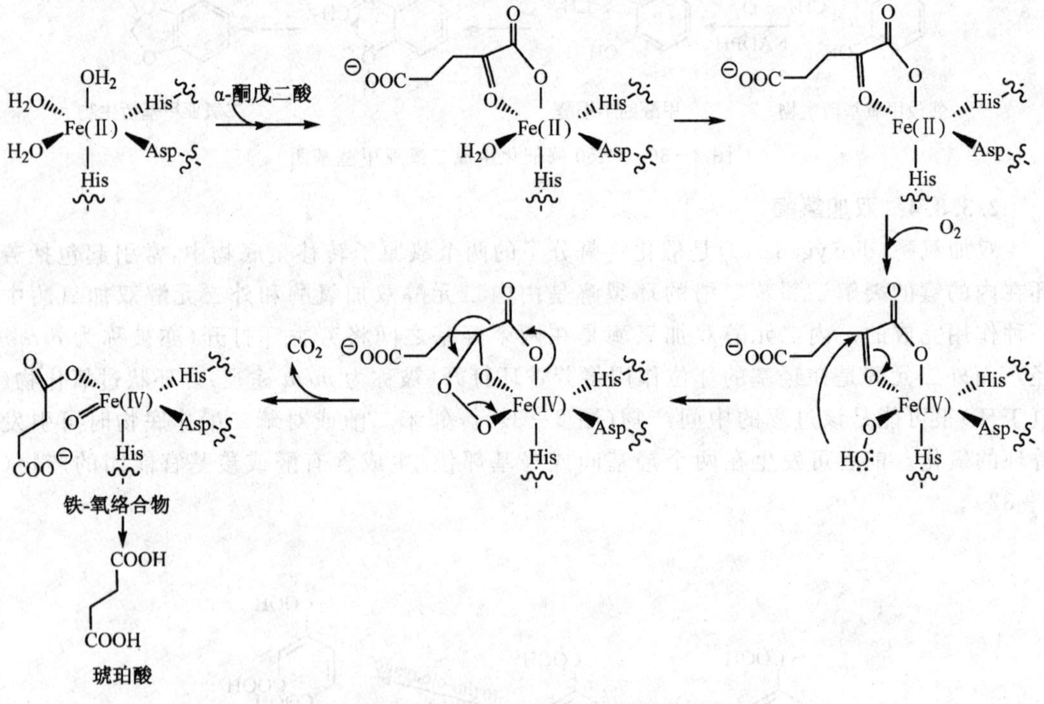

图 2 - 33　依赖 α-酮戊二酸的加双氧酶底物羟基化

2.3.8.5　胺氧化酶

在生物代谢途径中也常见能将胺氧化成乙醛的胺氧化酶(amine oxidases)。这些酶又分为单胺氧化酶(monoamine oxidases)和双胺氧化酶(diamine oxidases)。单胺氧化酶在黄素核苷酸(如 FAD)和分子氧的条件下,催化脱氢将胺转化成亚胺,然后将之水解成醛和氨

（图 2 - 34）。双胺氧化酶则以二胺为底物，在分子氧的条件下，催化脱氢将一个氨基基团氧化生成相应的醛，同时生成双氧水和氨。产物氨基醛可经席夫碱进一步转化为环状亚胺。

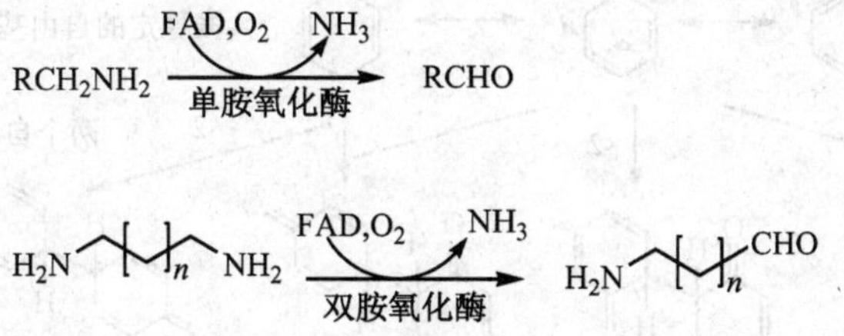

$$RCH_2NH_2 \xrightarrow[\text{单胺氧化酶}]{FAD,O_2 \quad NH_3} RCHO$$

$$H_2N\text{-}(\quad)_n\text{-}NH_2 \xrightarrow[\text{双胺氧化酶}]{FAD,O_2 \quad NH_3} H_2N\text{-}(\quad)_n\text{-}CHO$$

图 2 - 34　胺氧化酶催化胺氧化

2.3.8.6　Baeyer - Villiger 氧化

过酸将酮氧化成酯的过程在化学上称为贝耶尔 - 维利格氧化（Baeyer - Villiger oxidation）。该过程中，酮中的烃基发生了迁移（图 2 - 35）。生物化学上，该过程的实现需要依赖细胞色素 P450 或 FAD 的辅酶、NADPH 以及氧分子的共同参与。生物 Baeyer - Villiger 氧化过程首先形成过氧 - 酶复合物，然后将氧分子中的氧转移至底物，其机制与化学的 Baeyer - Villiger 氧化相似。

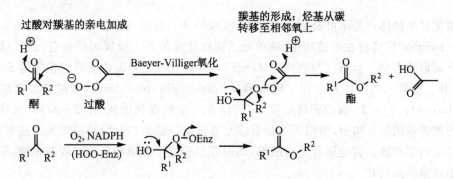

图 2 - 35　Baeyer - Villiger 氧化

2.3.9　酚的氧化偶联

许多天然产物常通过一个或多个酚类化合物的偶联产生。如木质素、植物与昆虫色素以及甲状腺素、抗生素、生物碱等的合成都包含氧化偶联。在已知的 2000 余种生物碱中，含酚偶联的超过 10%，所以在生物合成中酚偶联反应占有重要的地位。酚分子的偶联生成碳-碳键、碳-氧键的产物，往往处于羟基的邻位或者对位，可能是二聚体、三聚体和多聚体，也可能发生分子内或分子间的偶联，还可能发生苯环上偶联取代物。

一般来说，该过程可通过自由基反应来实现。过氧化物酶和漆酶等可催化酚产生自由基，然后发生偶联反应。在 NADPH 和氧分子等因子参与下，依赖细胞色素 P450 的酶也可催化酚的氧化偶联（phenolic oxidative coupling）过程，但并不将氧转移至底物中。酚类化合物的一个电子氧化形成自由基，未配对的电子共振离域分散在原来氧原子的邻位和对位。两个共振稳定中间体可偶联形成二聚体（图 2 - 36），经烯醇化生成最终产物，同时恢复芳香性。原来酚邻位或对位间可形成碳-碳键或醚键。此外，高活性的二烯酮中间体若与其他亲核基团反应，可增加偶联产物的结构多样性。

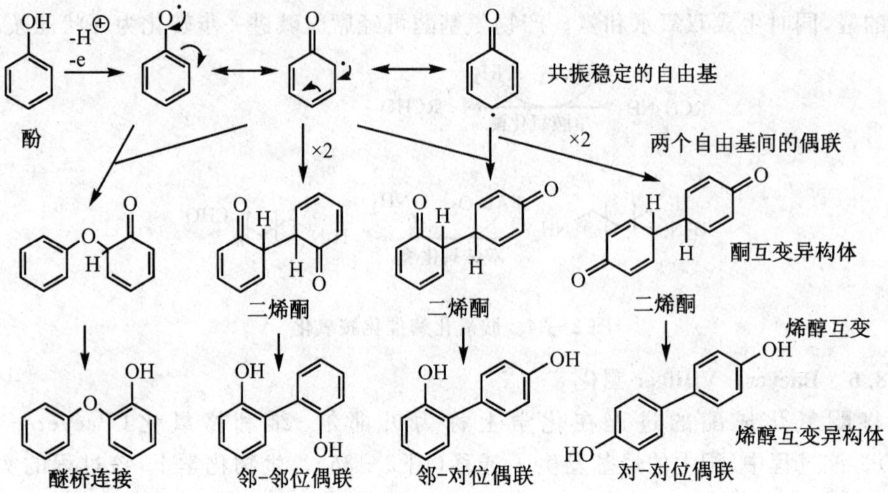

图 2-36　酚类化合物的氧化偶联

2.3.10　糖基化反应

糖基化在生物体内是不可避免地在发生,形成的分子也不一样。糖苷(glycosides)和多糖(polysaccharides)广泛存在于植物中,糖单元连接在苷元的某一位置可形成苷,而连接在另一糖单元上则形成多糖。糖不仅与氧相连(O-苷),还可与硫、氮和碳相连形成相应的 S-苷、N-苷和 C-苷。糖单元的供体是尿苷二磷酸糖(uridine diphosphosugar),如尿苷二磷酸葡萄糖(UDP glucose)。它由 1-磷酸葡萄糖和 UTP 经 S_N2 亲核取代生成(图 2-37)。尿苷二磷酸葡萄糖的离去基团呈 α 构型,所以天然糖苷多呈 β 构型。蔗糖和淀粉经两次 S_N2 过程产生,故糖单元以 α 构型相连。其他尿苷二磷酸糖,如尿苷二磷酸半乳糖和鸟苷二磷酸木糖,则用来合成连有不同糖单元的苷。

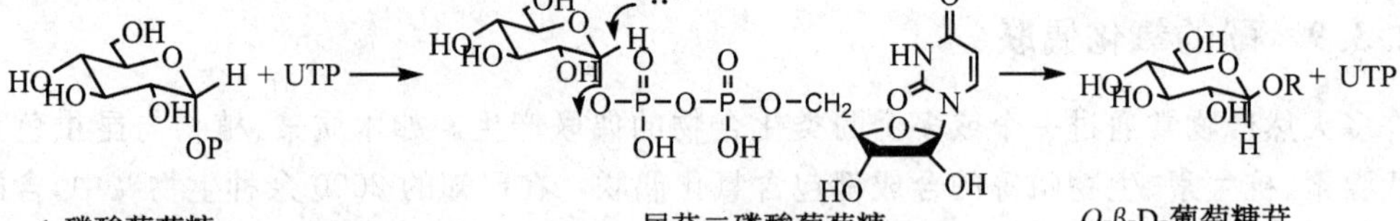

图 2-37　O-葡萄糖基化

特定的水解酶可以水解糖苷,如 β-葡萄糖苷酶可使葡萄糖苷水解,而 β-半乳糖苷酶则使葡萄糖苷水解。酶催化的水解过程与酸催化的过程相似(图 2-38)。在酸性条件下,α-端和 β-端半缩醛结构经糖的开环而得以稳定。O-苷、N-苷和 S-苷可被酸水解,C-苷则较为稳定。C-苷的生成与上述的 C-烃化过程相同,需要亲核碳的参与,如被酚羟基激活的芳香碳(图 2-39)。形成的 C-苷含有一个新的碳-碳键,氧化可使之裂解,而水解则无法实现。

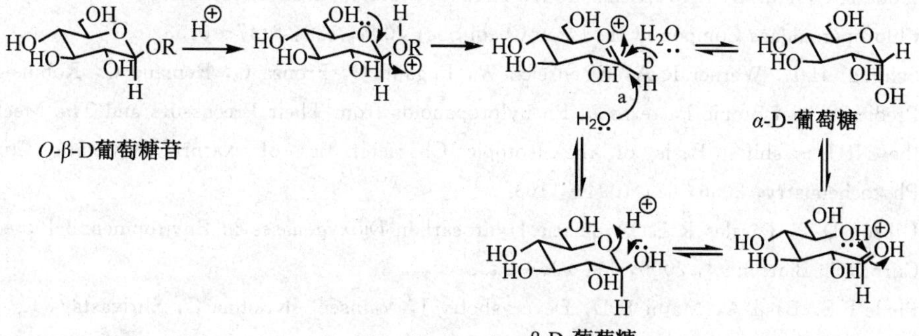

图 2 - 38　*O* -葡萄糖苷的水解

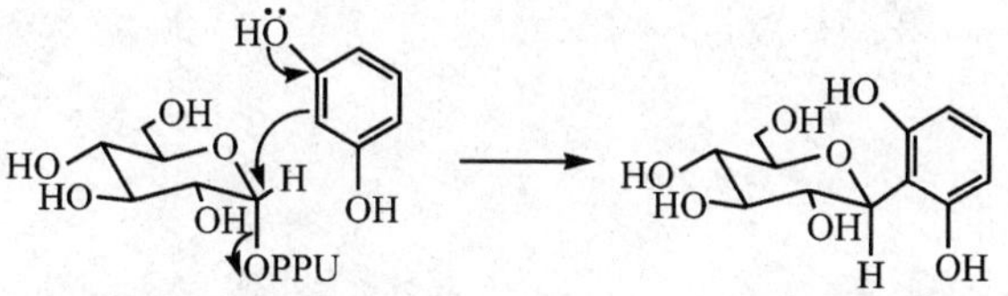

图 2 - 39　C -葡萄糖基化

【参考文献】

[1] John McMurry, Tadhg P. Begley. The Organic Chemistry Of Biological Pathways. Greenwood Village: Roberts & Company Publishers, 2005.

[2] Paul M. Dewick. 药用天然产物的生物合成(第二版). 娄红祥主译. 北京: 化学工业出版社, 2008.

[3] Mann J, Davidson R S, Hobbs J B, Banthorpe D V, Harborne J B. Natural Products: Their Chemistry and Biological Significance. New York: Longrnans Scientific & Technical and John Wiley & Sons, Inc. , 1995.

[4] March Jerry. Advanced Organic Chemistry, Reactions, Mechanisms and Structure. third Edition. John Wiley & Sons, 1985.

[5] Jordan F. Current Machanistic Understanding of Tiamin Diphosphate - Dependent Enzymatic Reactions. Nat Prod Rep, 2003, 20: 184~201.

[6] Liu S, Gong X, Yan X, Peng T, Baker J C, Li L, Robben P M, Ravindran S, Andersson L A, Cole A B, Roche T E. Reaction Mechanism for Mammalian Pyruvate Dehydrogenase Using Natural Lipoyl Domain Substrates. Archiv Biochem Biophys, 2001, 386: 123~135.

[7] Argyrou A. The Lipoamide Dehydrogenase from Mycobacterium tuberculosis Permits the Direct Observation of Flavin Intermediates in Catalysis. Biochemstry, 2002, 41: 14580~14590.

[8] Peterson J A, Lu J Y, Geisselsoder J, Graham - Lorences, Carmona C, Witney F, Lorence M C. Cytochrome P - 450 terpIsolation And Purification Of The Protein And Cloning And Sequencing of Its Operon. J Biol Chem, 1992, 267(20): 14193~14203.

[9] Groves J T. High - valent Iron in Chemical and Biological Oxidations. J Inorg Biochem, 2006, 100: 434—447.

[10] Green M T, Dawson J H, Gray H B. Oxo - ACHTUNGTRENNUNG Iron(Ⅳ) in Chloroperoxidase Compound Ⅱ is Basic: Implications for P450 Chemistry. Science, 2004, 304: 1653~1656.

[11] Stone K L, Hoffart L M, Behan R K, Krebs C, Green M T. Evidence for Two Ferryl Species in Chloroperoxidase Compound II. J Am Chem Soc, 2006, 128: 6147~6153.

[12] Schmidt H L, Werner R A, Eisenreich W, Fuganti C, Fronza G, Remaud G, Robins R J. The Prediction of Isotopic Patterns in Phenylpropanoids from Their Precursors and The Mechanism of the NIH – shift: Basis of the Isotopic Characteristics of Natural Aromatic Compounds. Phytochemistry, 2006, 67: 1094~1103.

[13] Gibson D T, Parales R E. Aromatic Hydrocarbon Dioxygenases in Environmental Biotechnology. Curr Opin Biotechnol, 2000, 11: 236~243.

[14] Phale P S, Basu A, Majhi P D, Deveryshetty J, Vamsee – Krishna C, Shrivastava R. Metabolic Diversity in Bacterial Degradation Of Aromatic Compounds. Omics, 2007, 11(3): 252~79.

[15] Ramesh N P. Stereoselective Biocatalysis. New York: Marcel Dekker, Inc. 2000.

第 3 章

细胞代谢途径

生物生命活动的中心问题是新陈代谢，新陈代谢是所有有生命的生物的基本规律。细胞是生命活动的基本功能单位。所谓的新陈代谢是指发生在活细胞中的各种分解代谢和合成代谢的总和。也就是说，生命的代谢活动是通过活细胞和细胞群的代谢网络（图 3-1）进行的，

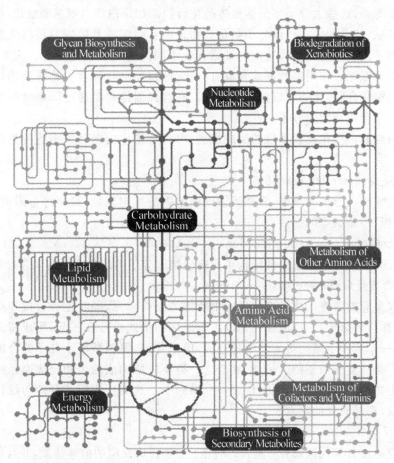

图 3-1　代谢图（引自 http://manet.illinois.edu/index.php）

图中的点代表分子，直线代表化学反应

而这些代谢活动是由一系列酶催化的级联化学反应以及特异性的膜转移系统构成的。所有的生物体为了维持其生存、生长和繁殖,体内必然存在着大量有机化合物的转化和交换。它们需要以腺苷三磷酸(ATP)的形式为自己提供能量,需要大量的构造单元来组装自己的组织结构。为了实现这一目标,它们形成了精密的酶促反应网络。该网络统称为中间代谢(intermediary metabolism),涉及的途径称为代谢途径(metabolic pathway)。生物药物合成学就是研究利用有生理活性的代谢产物来治疗疾病和应用生物大分子来合成药物或者药物中间体;分离代谢过程中酶和抑制该酶的活性物质以及研究该酶合成基因和抑制该酶活性物质的合成基因来调控新陈代谢的健康运转达到治疗目的。

3.1 细胞代谢概述

众所周知,活细胞内含有大量物质,如水、无机盐、DNA、RNA、蛋白质、脂类和碳水化合物等,然而其中水的含量是最大的(约占细胞物质总量的 70%)。核酸、蛋白质、脂和碳水化合物等这些生命中最为重要的大分子的合成并组成一个功能性细胞是通过几个独立的反应步骤进行的。除了脂类外,这些大分子多为多聚体的化合物。如蛋白质由氨基酸组成,核酸则由核苷酸组成。氨基酸、核苷酸等这些低分子量化合物是由葡萄糖或其他碳源最终生成的代谢物通过生化合成而不断补充的。不同的生物细胞有着不同的合成和转化能力。例如,植物依赖于环境中的无机物经光合作用高效率地合成有机化合物,而动物和微生物等生物体则是依赖于食物来合成有机化合物,比如说以植物为食物。有些代谢途径是通过降解食物材料来生成基本构造单位再来合成特定的分子。

根据参与细胞内生化代谢系统的反应特点,可将生物体内名目繁多的各类反应过程分成下列四大类:

1. 装配反应(assembly reaction)

装配反应完成大分子的修饰,将其运输到细胞内的特定区域,最终缔合形成细胞组织,如细胞壁、细胞膜、细胞核等的形成。

2. 聚合反应(polymerization reaction)

聚合反应完成的是从细胞内的结构单元向生物大分子的定向有序的聚合过程。

3. 生物合成反应(biosynthesis reaction)

生物合成反应的最终产物是聚合反应中所需的结构单元,同时也会合成一些辅酶及相关代谢因子(包括信号分子)。反应往往是以级联反应的形式组合在一起,形成特定的生物合成途径,以完成一个或多个结构单元的生物合成,像核苷酸、氨基酸等小分子的合成均属此类反应。这些反应是被整体控制的。另外,参与这一类反应所构成的生物合成途径的不同酶编码基因在许多生物体内成簇分布,通常构成一个操纵子。这类反应所涉及的初级代谢物或次级代谢物的合成,都是研究的热点。

4. 产能反应(fueling reaction)

产能反应通过分解代谢途径产生 12 种用于生物合成反应的前体物质,并且伴随着反应的进程会释放大量的自由能,用于能量物质 ATP 的合成。ATP 在细胞生命活动中具有重要作用,往往为聚合反应或生物合成反应提供反应动力;另一方面,这类反应还负责为细胞产生一些还原力(如 NADH 等)。

不同种类的反应通过多种方式的组合,构成不同的代谢途径,而不同的代谢途径又通过各途径交叉点(节点)的代谢物相互联系,构成复杂的细胞代谢网络体系。但是,不管细胞内各类反应参与的途径如何复杂,这些反应总的结果是使底物向自由能量、代谢产物(初级代谢物)、复杂产物(次级代谢物)、胞外蛋白和生物基质要素(包括胞内蛋白、RNA、DNA 和脂质)的转化。这类转化作用的发生是由许多代谢物包括用于生物大分子合成的前体代谢物及结构单元参与完成的。

总之,代谢是细胞内生化反应的总汇,包括各种各样的分子转换。大多数的反应可归并到代谢途径中,代谢途径的化学反应按一定的顺序发生,每个反应都受到某种特定的酶的催化,上一个反应的产物将成为下一个反应的底物。在代谢途径中出现的酶常定位于细胞的特定区域,例如线粒体或细胞质基质。越来越多的证据表明:代谢途径中的酶在生理上是相互关联的,使得一个酶的反应产物作为底物直接呈递给反应序列中的下一个酶的活性位点。终产物是那些在细胞中具有特殊作用的分子,如氨基酸能结合产生多肽或蛋白质,糖能被消耗产生能量。细胞的代谢途径可在不同的点上发生交汇,使一条代谢途径产生的化合物能够按照细胞在某个时刻的需要进入到不同的代谢途径中。

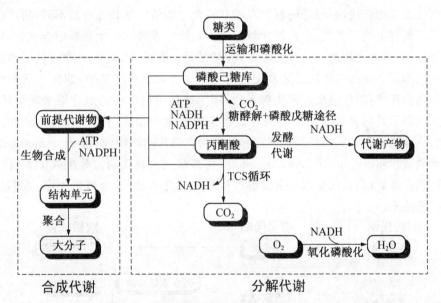

图 3-2 利用糖类代谢进行细胞合成的总框架

(引自 Stephanopoulos G N, et al. Metabolic Engineering. New York：Academic Press,1998)

糖类被运输进入细胞,首先被磷酸化进入磷酸己糖库。磷酸化独立于运输过程或与之相耦合。磷酸己糖进入糖酵解反应生成丙酮酸,或被用于合成一些碳水化合物。丙酮酸可以通过呼吸循环氧化成二氧化碳,还可以通过发酵途径转化成代谢产物。对于好氧微生物,在糖酵解和 TCA 循环中生成的 NADH 形式的还原力可通过氧化磷酸化被氧化成 NAD^+,而对于厌氧微生物,NAD^+ 是通过发酵途径生成的。糖酵解途径和 TCA 循环中的一些中间代谢物可作为前提代谢物用于生物合成结构单元。这些结构单元被聚合成大分子物质,并最终被组装成不同的细胞结构。

代谢途径可以分为两大类型。分解代谢途径(catabolic pathway)导致复杂分子解体形成简单的产物。分解代谢有两种功能:为合成其他分子制造有用的原材料,同时为细胞活动提供所需的化学能。分解代谢所释放的能量有两种临时储存的形式:一种是高能磷酸(主要是ATP),另一种是高能电子(主要是 NADPH)。合成代谢(anabolic pathway)将较简单的起始物质合成复杂的化合物。合成代谢是一个耗能过程,利用分解代谢所释放的化学能。

3.2　初级代谢与次级代谢

生物体特性虽然存在着巨大的差异,但除较少的改变外,它们修饰和合成糖类、蛋白质、脂类以及核酸物质的途径基本相同。因为多糖、蛋白、脂肪和核酸等是生命物质的基础材料,是生命体自身生长和繁殖所必需的物质,是基础代谢的产物。这些基础代谢过程阐明了所有生物的最基本的共性过程,统称为初级代谢(primary metabolism),涉及的化合物称为初级代谢物(primary metabolites)。初级代谢是在不停地进行,任何一种产物的合成发生障碍都会影响生物细胞的正常生命活动,甚至会导致死亡。

另一种代谢与初级代谢合成、降解以及相互转化生物体中的共性物质不同,所产生的代谢产物并非所有条件下均可产生,它们仅在特定的生物体中或特定的生物群中合成,是种属特异性的一种外化;它们的产物的产量往往很少,甚至微量。目前,人们还不能彻底了解这些次级代谢物的功能和对生物体的作用。某些化合物的产生的原因可以推断,如抗生素和免疫蛋白是为了抵御恶劣环境;毒性物质用来防御天敌;挥发性物质如性引诱剂是用来吸引异性;色素是为了伪装或警示其他物种等等。我们可以推定所有这些物质的产生有其必然性。这种量少、作用大、具有明显的种属特征的代谢产物被称为次级代谢产物(secondary metabolites),这种代谢成为次级代谢(secondary metabolism)。正是这些次级代谢过程生成了大量的具有药理活性的物质。如果植物、动物以及真菌都产生同样的化合物,那么可以肯定,人们的膳食既乏味又存在着隐患。

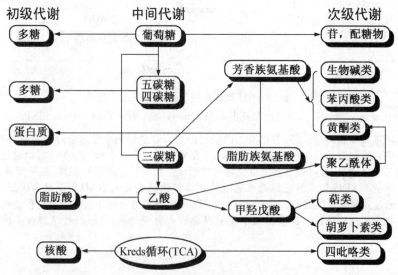

图 3-3　初级代谢、中间代谢和次级代谢关系

可以说,初级代谢是普遍存在于一切生物细胞中的一类主要发生在生长繁殖期的代谢类型。而次级代谢是某些生物为了避免在初级代谢过程中某种中间产物积累所造成不利作用或外环境因素胁迫等而产生的一类有利于生存的代谢类型。次级代谢是一个相对于初级代谢的概念,两种代谢既有区别又有联系,它们的区别主要表现:

(1) 次级代谢只存在于某些生物中,而且代谢途径和代谢产物因生物种类不同而异,就是同种生物也会因营养和环境条件等的不同而产生不同的次级代谢产物。但是初级代谢却不同,它是一类普遍存在于各类生物中的基本代谢类型,代谢途径与产物基本类同。

(2) 次级代谢产物对于机体生存不是必需的物质,即使在次级代谢过程的某个环节上发生障碍,不会导致机体生长的停止和死亡,一般只是影响机体合成某种次级代谢产物的能力。而初级代谢产物如单糖或单糖衍生物、核苷酸、脂肪酸等单体以及由它们组成的各种大分子聚合物如核酸、蛋白质、多糖、脂类等通常都是机体生存必不可少的物质,只要这些物质合成过程的某个环节上发生障碍,轻则表现为生长缓慢,重则导致生长停止、机体发生突变甚至死亡等。

(3) 初级代谢则自始至终存在于一切活的机体之中,它同机体的生长过程基本呈平行关系。次级代谢通常是生长期末期或稳定期才出现,它与机体的生长不呈现平行关系,而是明显地分为机体的生长期和次级代谢产物形成期两个不同时期。

(4) 次级代谢产物虽然也是从少数几种初级代谢过程中产生的中间体或代谢产物衍生而来,但它的骨架碳原子的数量与排列上的微小变化,或氧、氮、氯、硫等元素的加入,或在产物氧化水平上的微小变化都可以导致产生的次级代谢产物各种各样,并且每种类型的次级代谢产物往往是一群化学结构非常相似而成分不同的混合物。例如目前已知新霉素有 4 种,杆菌肽有 10 种,多粘菌素有 10 种,放线菌素有 20 多种等。这些次级代谢产物通常被机体分泌到胞外,它们虽然不是机体生长与繁殖所必需的物质,但它们与机体的分化有一定的关系,并在同其他生物的生存竞争中起着重要作用,而且它们中有许多对人类健康和国民经济的发展具有重大影响。而初级代谢产物的性质与类型在各类生物里均相同或基本相同。如 20 种氨基酸、8 种核苷酸以及由它们聚合而成的蛋白质、核酸等在不同生物中其本质基本相同,在机体的生长与繁殖上起着重要而相似的作用。

(5) 机体内两种代谢类型对环境条件变化的敏感性或遗传稳定性上明显不同。次级代谢对环境条件变化很敏感,其产物的合成往往会因环境条件变化而受到明显影响。而初级代谢对环境条件变化的相对敏感性小,相对较为稳定。

(6) 催化次级代谢产物合成的某些酶专一性较弱。因此,在某种次级代谢产物合成的培养基里加进不同的前体物时,往往可以导致机体合成不同种类的次级代谢产物,这或许是某些次级代谢产物为什么是由许多混合物组成的原因之一。例如在青霉素发酵中可以通过加入不同前体物的方式合成不同类型的青霉素。另外,催化次级代谢产物合成的酶往往都是一些诱导酶,它们是在产生菌对数生长期末期或稳定生长期中,由于某种中间产物积累而诱导机体合成一种能催化次级代谢产物合成的酶。这些酶通常因环境条件变化而不能合成。相对而言催化初级代谢产物合成的酶专一性和稳定性较强。

次级代谢与初级代谢之间的联系非常密切,具体表现为次级代谢以初级代谢为基础。因为初级代谢可以为次级代谢产物合成提供前体物和为次级代谢产物合成提供所需要的能量,而次级代谢则是初级代谢在特定条件下的继续和发展,避免初级代谢过程中某种(或某些)中间体或产物过量积累对机体产生的毒害作用。另一方面,初级代谢产物合成中的关键性中间体也是次级代谢产物合成中的重要中间体物质,如乙酰 CoA 、莽草酸、丙二酸等都是许多初级代谢产物和次级代谢产物合成的中间体物质。初级代谢产物如半胱氨酸、缬氨酸、色氨酸、戊糖等通常是一些次级代谢产物合成的前体物质。在高等植物中,次级代谢的主要系统是糖酵解系统(EMP),磷酸戊糖环(PP)从柠檬酸循环(TCA)中初级代谢的中间物质中派生出来的3个途径是莽草酸途径、甲瓦龙酸途径、多酮酸途径,借助这3个合成途径和氨基酸合成途径中的1个氨基酸或通过它们的复合(合成)生成生物碱、萜烯、黄酮类等多种多样的复杂的次级代谢产物。有时候初级代谢和次级代谢的界限并不是很严格的。

3.3 初级代谢途径

3.3.1 分解代谢

3.3.1.1 糖代谢途径

所有需氧生物的葡萄糖分解代谢都经历大致相同的两个基本阶段。第一阶段是糖酵解,发生在细胞质基质中,生成丙酮酸。第二个阶段是三羧酸循环,发生在真核生物的线粒体和原核生物的细胞质中,导致碳原子彻底氧化,生成二氧化碳。葡萄糖分子中的大多数化学能以高能电子的形式储存。但并不是各类生物均通过同样的代谢途径进行代谢的。下面介绍几种主要的糖代谢途径。

(1) 恩伯顿-迈耶霍夫-伯纳斯途径

所谓的恩伯顿-迈耶霍夫-伯纳斯途径(Embden - Meyerhof - Parnos pathway,EMP)是葡萄糖或糖原在无氧情况下经乙烯类中间代谢为乳酸的途径。在有氧条件下,EMP 途径与TCA 循环(三羧酸循环)连接,并通过后者把丙酮酸彻底氧化成二氧化碳和水,如图 3 - 4 所

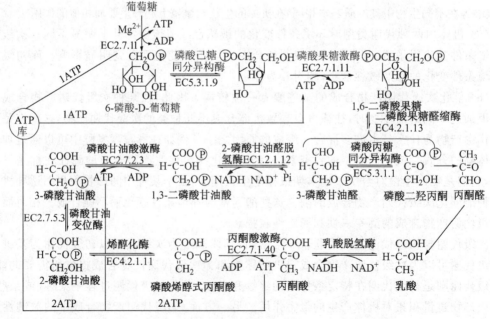

图 3 - 4 EMP 途径

示。法国科学家巴斯德(L. Pasteur)早在 1875 年通过实验就发现葡萄糖在无氧条件下被酵母分解生成乙醇的现象。1897 年德国的巴克纳兄弟(Hans Buchner 和 Edward Buchner)发现发酵作用可以在不含细胞的酵母抽提液中进行。到了 1905 年哈登(Arthur Harden)和扬(William Young)实验中证明了无机磷酸的作用。1940 年前德国的生物化学家恩伯顿(Gustar Embden)和迈耶霍夫(Otto Meyerhof)等人的努力完全阐明了糖酵解的整个途径,揭示了生物化学的普遍性。因此糖酵解途径又称 Embden – Meyerhof – Parnos pathway(简称 EMP)。

EMP 途径的几个特点:

① 通过 EMP 途径 1 mol 葡萄糖产生 2 mol ATP;

② EMP 途径不产生芳香族氨基酸、DNA 和 RNA 的前提物。

③ EMP 途径在哺乳动物肌肉里最终的产物为乳酸,但在大多数微生物来说最终的产物是丙酮酸。

④ 过程基本在细胞质中完成,是机体在缺氧或无氧状态获得能量的有效措施;是某些组织细胞获得能量的方式,如红细胞、视网膜、角膜、晶状体、睾丸、肾髓质等。

⑤ 在有氧条件下,EMP 途径与 TCA 循环(三羧酸循环)连接,并通过后者把丙酮酸彻底氧化成二氧化碳和水。

(2) 磷酸戊糖途径

磷酸戊糖途径(pentose phosphate pathway,PP)是葡萄糖氧化分解的一种方式。由于此途径是由 6 – 磷酸葡萄糖(G – 6 – P)开始,故亦称为己糖磷酸旁路(HMP)。此途径在胞浆中进行,包括氧化和非氧化两个阶段(图 3 – 5),在氧化阶段,由 G – 6 – P 脱氢生成 6 – 磷酸葡糖酸内酯开始,然后水解生成 6 – 磷酸葡糖酸,再氧化脱羧生成 5 – 磷酸核酮糖。$NADP^+$ 是所有上述氧化反应中的电子受体。在非氧化阶段,核酮糖–5 –磷酸异构化生成核糖–5 –磷酸或转化为酵解中的两个中间代谢物果糖 – 6 –磷酸和甘油醛 – 3 –磷酸,后两者还可重新进入糖酵解途径而进行代谢。

磷酸戊糖途径是在动物、植物和微生物中普遍存在的一条糖的分解代谢途径,但在不同的组织中所占的比重不同。如动物的骨骼肌中基本缺乏这条途径,而在乳腺、脂肪组织、肾上腺皮质中,大部分葡萄糖是通过此途径分解的。在生物体内磷酸戊糖途径除提供能量外,主要是为合成代谢提供多种原料。如为脂肪酸、胆固醇的生物合成提供 NADPH;为核苷酸辅酶、核苷酸的合成提供 5 –磷酸核糖;为芳香族氨基酸合成提供 4 –磷酸赤藓糖。此途径生成的四碳、五碳、七碳化合物及转酮酶、转醛酶等,与光合作用也有关系。因此磷酸戊糖途径是一条重要的多功能代谢途径。

PP 途径的几个特点:

① 产生大量的 NADPH(一个分子的葡萄糖完全氧化成二氧化碳并还原 6 分子的 $NADP^+$ 到 $NADPH + H^+$),它不仅是合成脂肪酸、类固醇等重要细胞物质的供氢体,而且可通过呼吸链产生大量能量,这些都是 EMP 途径和 TCA 循环所无法完成的。因此,凡存在 PP 途径的微生物,当它们处在有氧条件下时,就不必再依赖于 TCA 循环以获得产能所需的 $NADH_2$ 了。

② 该途径的中间产物为许多物质的合成提供原料,如:磷酸戊糖是核酸和含有核酸化合物的合成前体,4 – P –赤藓糖是合成芳香族氨基酸及维生素的前体或起始物。

③ 由于在反应中存在着 C3~C7 的各种糖,使具有 HMP 途径的微生物的碳源利用范围更广,例如它们可以利用戊糖作碳源。

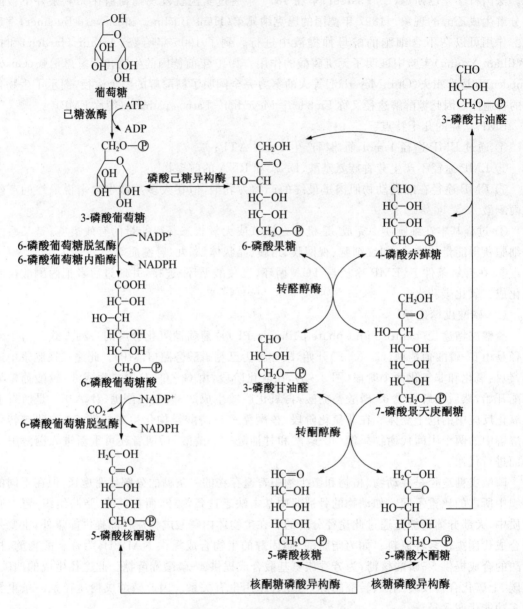

图 3-5　磷酸戊糖途径(PP)

④ 非氧化重排阶段的一系列中间产物及酶类与光合作用中卡尔文循环的大多数中间产物和酶相同,因而磷酸戊糖途径可与光合作用联系起来,并实现某些单糖间的互变。

⑤ PP 途径是由葡萄糖直接氧化起始的可单独进行氧化分解的途径。因此可以和 EMP、TCA 相互补充、相互配合,增加机体的适应能力。

⑥ 通过此途径可产生的重要发酵产物很多,例如核苷酸、若干氨基酸、辅酶和乳酸(异型乳酸发酵)等。

(3) 恩特纳-道格洛夫途径

恩特纳-道格洛夫途径(Entner - Dondroff pathway,ED)是 1952 年 Nathan Entner 和

Michael Doudoroff 在研究假单胞菌（*Pseudomonas saccharophila*）时发现的代谢途径。此途径也称为 2-酮-3-脱氧-6-磷酸葡萄糖酸裂解途径,因为在这条途径中有一个关键的中间体 2-酮-3-脱氧-6-磷酸葡萄糖酸,它可以分裂成 2 个三糖分子,一分子形成丙酮酸,另外一分子形成 3-磷酸甘油醛（图 3-7）。通过 3-磷酸甘油醛可以合成 DNA、RNA、维生素和芳香族氨基酸等所需的前体。然而,此过程产能比较低,1 分子葡萄糖产生 1 分子 ATP、1 分子 NADH 和 1 分子 NADPH。另外,从目前研究发现此途径仅存在于原核生物中,除了 Nathan Entner 和 Michael Doudoroff 在假单胞菌（*Pseudomonas saccharophila*）中发现此途径外,还在铜绿假单胞杆菌（*Pseudomonas aeruginosa*）、荧光假单胞杆菌（*Pseudomonas fluorescens*）、林 氏 假 单 胞 菌（*Pseudomonas lindneri*）、运动发酵单胞菌（*Zymomonas mobilis*）和真氧产碱菌（*Ralstonia eutropha*）上发现。

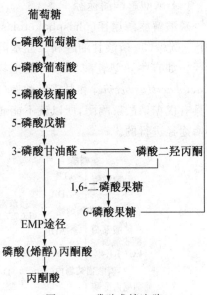

图 3-6　磷酸戊糖边路

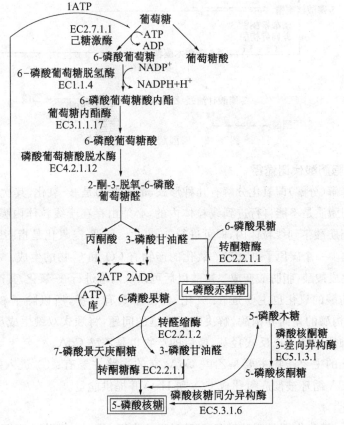

图 3-7　恩特纳-道格洛夫途径（ED）

（4）磷酸解酮酶途径

磷酸解酮酶途径（phosphoketolase pathway，PK）是为少数缺乏转化 1，6 –二磷酸果糖为 2 个三碳糖（3 –磷酸甘油醛和二羟基丙磷酸酯）的醛缩酶的细菌所具有的己糖和戊糖的降解途径。如有些异型乳酸发酵的微生物肠膜明串球菌（*Leuconostoc mesenteulides*）、短乳杆菌（*Lactobacillus brevie*）和甘露乳酸菌（*Lactobacillus manitopoeum*）等由于没有转酮转醛酶系，而具有戊糖磷酸解酮酶，所以就不能通过 HMP 途径进行异型乳酸发酵，而是通过戊糖磷酸解酮酶途径进行的。

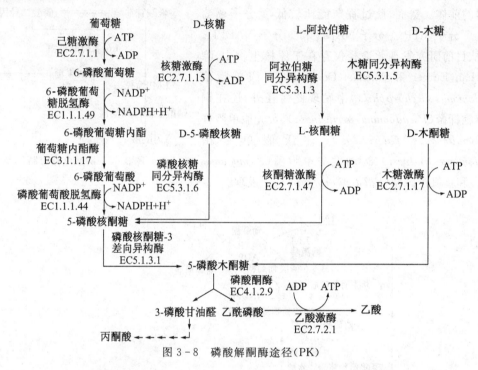

图 3 – 8　磷酸解酮酶途径（PK）

2.3.1.2　脂肪酸代谢途径

脂肪酸的降解（分解）即氧化分解有几种形式，最重要的是 β –氧化，其次是 α –氧化和 ω –氧化。脂肪酸从细胞质是不能自行进到线粒体内的，必须由存在于线粒体内膜两侧的肉毒碱脂酰 CoA 转移酶把脂肪酸带到线粒体内，即可进行 β –氧化。所谓 α –氧化是指脂肪酸的 α –碳位的氧化。每氧化一次少一个碳原子，所以 α –氧化的产物有 CO_2 和 C_3 物的生成。ω –氧化指脂肪最后一个碳原子氧化成羧酸，脂肪酸变成二羧酸以后可以从两端进行 β –氧化，其产物还是乙酰 CoA。

不饱和脂肪酸的氧化也主要是 β –氧化，但由于具有双键，所以除了 β –氧化的全部酶以外，还有同分异构酶的差向异构酶，解决顺式双键的问题，将顺式双键生成反式双键，差向异构酶的作用是使顺式羟基变成反式羟基，最后的产物也是乙酰 CoA。

脂肪酸氧化的主要产物主要是乙酰 CoA，它的去路主要有：① 进入乙醛酸循环转化成糖。② 进入 TCA 循环被彻底氧化成 CO_2 和 H_2O 并提供能量。

（1）β –氧化

脂肪酸的 β –氧化作用是脂肪酸经一系列酶的作用，从 α、β 碳位之间断裂生成 1 mol 乙酰 CoA 和比原来脂肪酸少两个碳原子的脂酰 CoA。

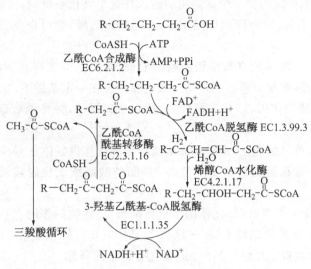

图 3-9 脂肪酸的 β-氧化途径

脂肪酸 β-氧化的合成过程包括下列几个主要步骤：

首先,脂肪酸在乙酰 CoA 合成酶的催化下与辅酶 A 缩合,同时消耗 ATP 分子的两个高能磷酸键,形成活化的脂酰 CoA。活化了的脂酰 CoA 借助于线粒体内膜两侧的肉毒碱脂酰CoA 转移酶的作用,进入线粒体内。进入线粒体后,脂酰 CoA 在脱氢酶的作用下,以 NAD^+ 为受氢体,在 α 及 β 碳原子上各去一个氢原子,形成具有双键形式的 α,β-烯脂酰 CoA。再者,α,β-烯脂酰 CoA 在烯脂酰 CoA 水合酶的作用下,加水形成 β-羟脂酰 CoA,α-位加 H,β-位加羟基,生成 β-羟脂酰 CoA,烯脂酰 CoA 水合酶可以作用于反式的烯脂酰 CoA 生成 L-羟脂酰,作用于顺式的烯脂酰 CoA 只能生成 D-型羟脂酰 CoA。β-羟脂酰 CoA 在羟脂酰 CoA 脱氢酶的作用下,以 NAD^+ 为受氢体,在 β-碳原子上脱去两个氢原子形成 β-酮脂酰 CoA。在硫解酶的作用下,β-酮脂酰 CoA α、β 之间 C—C 键断裂生成乙酰 CoA 和一个减少两个碳原子的脂酰 CoA。

脂肪酸经活化、脱氢、加水、再脱氢、硫解 5 个步骤以后,从脂肪酸的的 β-碳位上硫解下两个硫的乙酰 CoA 即是脂肪酸 β-氧化的全过程,剩下比原来少两个碳的脂酰 CoA,对于偶数碳原子的脂肪酸来说,经多次 β-氧化都分解成为乙酰 CoA,对于奇数碳原子的脂肪酸除了生成乙酰 CoA 以外,还要生成 1 分子的丙酰 CoA。

脂肪酸 β-氧化的产物：乙酰 CoA、少量丙酰 CoA、$FADH_2$ 和 $NADH \cdot H^+$。如十八碳的硬脂酸经 8 次 β-氧化其产物是 9 mol $CH_3COSCoA$ 和 8 mol $NADH \cdot H^+$。

乙酰 CoA 进入中心代谢途径：经三羧酸循环彻底氧化成 CO_2 和 H_2O,在 TCA 循环过程中有 3 分子 NAD 和 1 分子 FAD 被还原,分别生成 3 分子 $NADH \cdot H^+$ 和 1 分子 $FADH_2$。

乙酰 CoA 进入乙醛酸循环(glyoxylate acid cycle,GAC)途径：脂肪酸 β-氧化的产物乙酰CoA,并不一定完全通过三羧酸循环被彻底氧化,它还可以通过乙醛酸循环体中所发生的乙醛酸循环转变成碳水化合物。

(2) α-氧化

脂肪酸的 α-氧化是指脂肪酸的 α-碳位的氧化。这种代谢途径发生在某些因 β-碳被封闭(如连有甲基)而无法进行 β-氧化的脂肪酸中。氧化过程是首先使 α-碳原子氧化成羟基,再氧化成酮基,最后脱酸成为少一个碳的脂肪酸。在这个氧化系统中,仅以游离脂肪酸作为底物,而且直接涉及分子氧,产物既可以是 D-α-羟基脂肪酸,也可以是含少一个碳原子的脂肪酸。

α-氧化作用对于生物体内奇数碳脂肪酸的形成,含甲基的支链脂肪酸的降解,过长的脂肪酸(如 C22、C24)的降解起着重要的作用。长链脂肪酸在一定条件下,也可直接羟基化,产生 α-羟脂酸,再经氧化脱羧作用,以 CO_2 形式,丢掉一个碳原子,并将偶数碳原子脂肪酸转化为奇数碳原子的脂肪酸。

长链脂肪酸由加单氧酶催化、由抗坏血酸或四氢叶酸作供氢体在 O_2 和 Fe^{2+} 参与下生成 α-羟脂肪酸,这是脑苷脂和硫脂的重要成分,α-羟脂肪酸继续氧化脱羧就生成奇数碳原子脂肪酸。

脂肪酸经 α-氧化后再经 β-氧化作用生成三碳物,三碳物的作用:① 氧化成乙酰 CoA→TCA 循环中;② 可氧化成琥珀酰 CoA→TCA 循环中;③ 可转化成 β-Ala、为 CoA 和 ACP(酰基载体蛋白)的合成提供原料。另外,α-氧化有 CO_2 的释放。

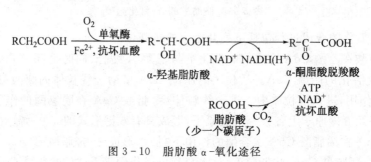

图 3-10 脂肪酸 α-氧化途径

(2) ω-氧化

生物体内一些中长链(如癸酸、十二碳酸等)以及少量长链脂肪酸,能首先从烃基末端碳原子即 ω-碳上被氧化生成 α,ω-二羧酸,称为 ω-氧化。ω-氧化涉及末端甲基的羟基化,形成一级醇,并继而氧化成醛,再转化成羧酸等步骤。生成的二羧酸再从两端进行 β-氧化。在发现这一反应的初期,并未引起人们的重视。目前 ω-氧化酶系无论从理论上还是实践中已日益受到重视,其原因是可利用它来清除海水表面的大量石油。反应过程是经浮油细菌的 ω-氧化,把烃转变为脂肪酸,然后再进行脂肪酸两端的 β-氧化降解。现已从油浸土壤中分离出许多细菌,它们具有 ω-氧化酶系统,可用来清除海水表面的大量浮油。

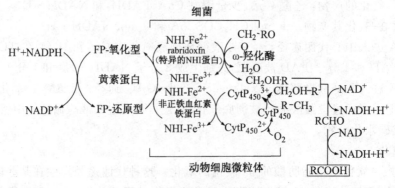

图 3-11 脂肪酸 ω-氧化途径

3.3.2 无定向代谢途径

介于分解代谢和合成代谢这两类代谢之间尚存在一种具有分解和合成功能的代谢途径。例如极为重要的 TCA 循环,它不仅氧化丙酮酸和乙酰辅酶 A 成二氧化碳来供能,并且在循环过程中产生琥珀酰辅酶 A,草酸乙酸酯和酮戊二酸盐等中间体供合成氨基酸类、卟啉类以及其他生长需要化合物的起始原料。这种居于两者之间的代谢称为无定向代谢途径(amphibolic pathway)。

3.3.2.1 TCA 循环

三羧酸循环也称 Krebs 循环和柠檬酸循环,是在生物代谢中起着重要作用的代谢途径,是三大营养素(糖类、脂类、氨基酸)的最终代谢通路,又是糖代谢、脂肪代谢与蛋白质代谢这三大代谢的中间枢纽。通过生成的乙酰辅酶 A 与草酰乙酸缩合生成柠檬酸(三羧酸)开始,再通过一系列氧化步骤产生 CO_2、NADH 及 $FADH_2$,最后仍生成草酰乙酸,进行再循环,从而为细胞提供了降解乙酰基而提供产生能量的基础。TCA 循环是不可逆过程,随着各种中间产物不断地被消耗和补充,使得循环处于动态平衡的状态。

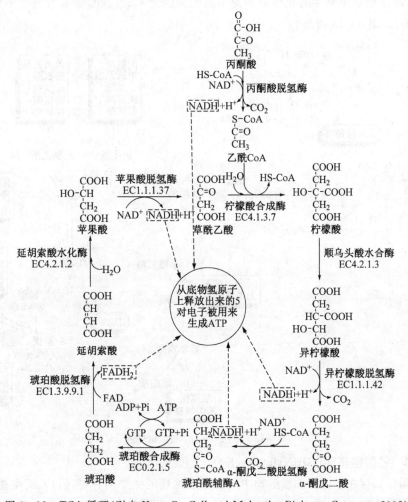

图 3-12 TCA 循环(引自 Karp G,Cell and Molecular Biology:Concepts,2002)

　　TCA 循环的生理意义主要在于：① 是机体获取能量的主要方式。1 个分子葡萄糖经无氧酵解仅净生成 2 个分子 ATP，而有氧氧化可净生成 38 个 ATP，其中三羧酸循环生成 24 个 ATP，在一般生理条件下，许多组织细胞皆从糖的有氧氧化获得能量。糖的有氧氧化不但释能效率高，而且逐步释能，并逐步储存于 ATP 分子中，因此能的利用率也很高。② 是三种主要有机物（糖、脂肪和蛋白质）在体内氧化供能的共同通路，估计人体内 2/3 的有机物是通过三羧酸循环而被分解的。③ 是体内三种主要有机物互变的联结机构，因糖和甘油在体内代谢可生成 α-酮戊二酸及草酰乙酸等三羧酸循环的中间产物，这些中间产物可以转变成为某些氨基酸；而有些氨基酸又可通过不同途径变成 α-酮戊二酸和草酰乙酸，再经糖异生途径生成糖或转变成甘油，因此三羧酸循环不仅是三种主要的有机物分解代谢的最终共同途径，而且也是它们互变的联络机构。

　　分解代谢途径产生的化合物进入 TCA 循环。如脂肪酸氧化的第一步是脂肪酸通过与 CoA 的巯基（—SH）相连而发生活化，在氧化之前，脂酰基团在载体的协助下跨过线粒体内膜。在线粒体中，脂酰 CoA 被逐渐分解，每一轮循环中都从脂肪酸链上脱去 1 个乙酰 CoA。除了产生进入 TCA 循环的乙酰辅酶 A 外，每轮脂肪酸循环还产生 1 个 NADH 和 1 个 $FADH_2$。这就是脂肪中储存的化学能如此丰富的原因之一。同样，氨基酸通过不同的途径进入 TCA 循环，如图 3-13 所示。

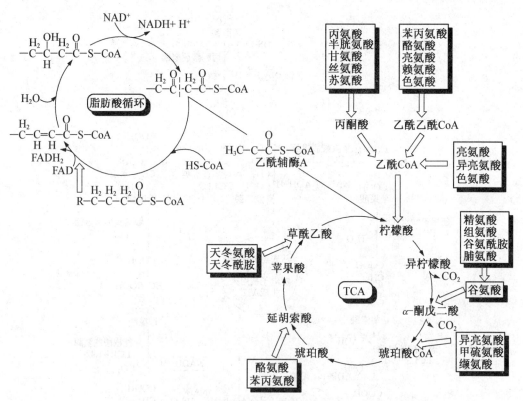

图 3-13　分解代谢途径产生的化合物进入 TCA 循环

3.3.2.2　乙醛酸循环（Glyoxylate cycle）

　　乙醛酸循环只存在于植物和微生物中。乙醛酸循环的主要内容是通过乙醛酸途径使乙酰-CoA 转变为草酰乙酸，从而进入三羧酸循环（TCA）。乙醛酸循环和三羧酸循环中存在着某些相同的酶类和中间产物，可以认为与 TCA 循环交错进行，是对 TCA 循环的协助，可以弥补 TCA 循环中由于四碳化合物不足而造成二碳化合物不能被充分氧化的不足。但是,它们是两条不同的代谢途径。乙醛酸循环是在乙醛酸体中进行的,是与脂肪转化为糖密切相关的反应过程。

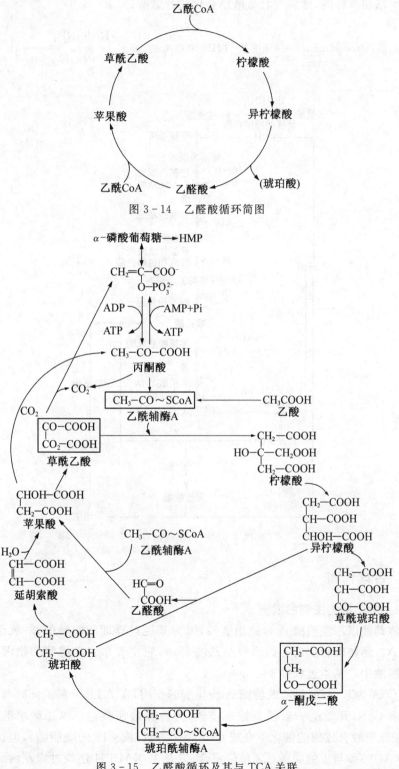

图 3-14　乙醛酸循环简图

图 3-15　乙醛酸循环及其与 TCA 关联

3.3.2.3　丝氨酸途径(Serine pathway)

丝氨酸途径包括一组完全相异的循环反应。丝氨酸途径是将甲醛的碳分子转移到四氢叶酸上形成亚甲基四氢叶酸,然后与甘氨酸结合形成丝氨酸。

$$HCHO+四氢叶酸(tetrahydrofate) \longrightarrow 亚甲基-THF \cdot 亚甲基-THF+ \underset{\underset{COOH}{|}}{\overset{\overset{H_2C-NH_2}{|}}{}} \longrightarrow \underset{\underset{COOH}{|}}{\overset{\overset{CH_2OH}{|}}{HC-NH_3}} +THF$$

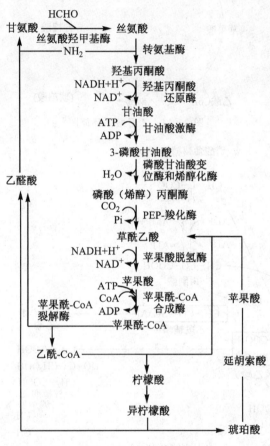

图 3-16　丝氨酸途径

3.3.3　合成代谢

3.3.3.1　脂肪酸的生物合成

生物机体都能以乙酰辅酶 A 合成脂肪酸,因为其逆过程即脂肪酸的 β-氧化也就可以产生乙酰辅酶 A。脂肪酸合成的起始原料是乙酰 CoA,它主要来自糖酵解产物丙酮酸,脂肪酸的合成是在胞液中。基本过程如下:

以乙酰 CoA 为起始,通过乙酰辅酶 A 羧化酶的作用,在 ATP 分解的同时与 CO_2 结合,产生丙二酸单酰 CoA,开始这一阶段是控速步骤,为柠檬酸所促进。丙二酸单酰 CoA 与乙酰 CoA 一起,在脂肪酸合成酶的催化下合成 C16 的软脂酸(或 C18 的硬脂酸),但这是包括在酰基载体蛋白(ACP)参与下的脱羧、C2 单位缩合、以及由 NADPH 还原过程在内的反复进行的复杂过程。产生的脂肪酸作为 CoA 衍生物,在线粒体中与乙酰 CoA,在微粒体中与丙二酸单酰 CoA 缩合,每次增加两个碳,不断延长碳链。而单不饱和脂肪酸,由饱和酰基 CoA(或 ACP)的好氧的不饱和化(微粒体、微生物等,必须有 O_2 和 NADH 参与)而产生,或由脂肪酸生物合成途中的 β-羟酰 ACP 的脱水反应(及碳键延长)而产生。多聚不饱和脂肪酸在高等动物不一定产生,可以从摄取的不饱和酸的碳链的延长等而转变形成。另外,环丙烷脂肪酸由 S-腺苷甲硫氨酸的 C1,结合于不饱和酸的双键上而产生。脂肪酸作为 CoA 衍生物,用于合成各种底物。

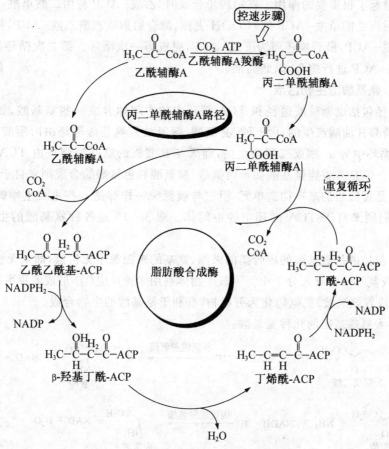

图 3-17 以乙酰辅酶 A 合成脂肪酸路径

饱和脂肪酸的合成:

1. 乙酰辅酶 A 的转运:脂肪酸的合成是在胞液中,而乙酰 CoA 是在线粒体内,它们不能穿过线粒体内膜,需通过转运机制进入胞液。三羧酸循环中的柠檬酸可穿过线粒体膜进入胞液,然后在柠檬酸裂解酶的作用下放出乙酰 CoA 进入脂肪酸合成途径。

2. 丙二酸单酰 CoA 的合成:脂肪酸的合成是二碳单位的延长过程,它的来源不是乙酰 CoA,而是乙酰 CoA 的羧化产物丙二酸单酰 CoA,这是脂肪酸合成的限速步骤,催化的酶是乙酰 CoA 羧化酶。

3. 乙酰 ACP 和丙二酸单酰- ACP 的合成:乙酰 CoA 和丙二酸单酰 CoA 首先与 ACP 活性基团上的巯基共价连接形成乙酰 ACP 和丙二酸单酰- ACP。

4. 合成步骤：每延长 2 个 C 原子,需经缩合、还原、脱水、还原四步反应。

5. 脂肪酸的延长：在真核生物中,β-酮脂酰- ACP 缩合酶对链长有专一性,它对 14 碳酰基的活力最强,所以大多数情况下仅限于合成软脂酸。

不饱和脂肪酸的合成：

它的合成是在去饱和酶系的作用下,在合成的饱和脂肪酸中引入双键的过程,这是在内质网膜上进行的氧化反应,需要 NADH 和分子氧的参加。软脂酸和硬脂酸是动物组织中两种最常见的饱和脂肪酸,是棕榈油酸和油酸的前体,是在 C9 和 C10 间引入顺式双键形成的。总之,酶系和能量起了很重要的作用。在第四步合成时,乙酰- ACP 与丙二酸单酰-ACP 先发生缩合反应,这时丙二酸单酰-ACP 的-COOH 去掉,缩合后形成乙酰乙酰-ACP,再被还原和脱水,形成丁烯酰- ACP,最后被还原为丁酰- ACP,完成第一次循环。第二次循环是丁酰- ACP 与丙二酸单酰- ACP 进行缩合,以此类推。

3.3.3.2 氨基酸的生物合成

糖酵解途径包括戊糖磷酸途径和 TCA 循环中的中间体合成一些氨基酸,如丝氨酸族氨基酸是由 3 -磷酸甘油酸产生的;丙氨酸、亮氨酸、缬氨酸族氨基酸等是由丙酮酸产生的,谷氨酸是由 TCA 循环中的 α-酮戊二酸产生的,而天冬氨酸族的氨基酸则是由 TCA 循环中的草酰乙酸产生的。但是芳香族氨基酸如苯丙氨酸、酪氨酸和色氨酸的合成则来自于莽草酸途径。鸟氨酸虽然不是蛋白质的基本构造单元,但它与赖氨酸一样都是一些重要生物碱合成的关键前体物质,它们则来自于 TCA 循环中的中间体。图 3 - 18 是各种氨基酸的生物合成简单途径。

上面主要叙述的是氨基酸的碳骨架的来源,氨基的来源源于无机氮,即从无机氮变为有机氮,然后氨化或氨基转移导入分子中。一般生物体利用 3 种反应(① 形成氨甲酰磷酸;② 形成谷氨酸;③ 形成谷氨酰胺)把氨转化为有机物,有利于氨基酸的生物合成。

由氨化导入氨基基团的几种氨基酸：

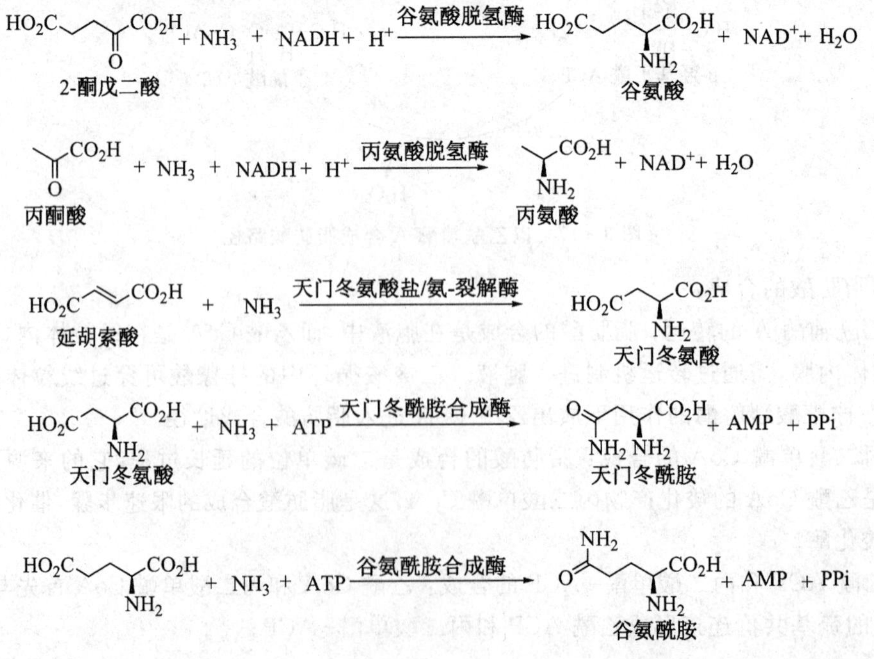

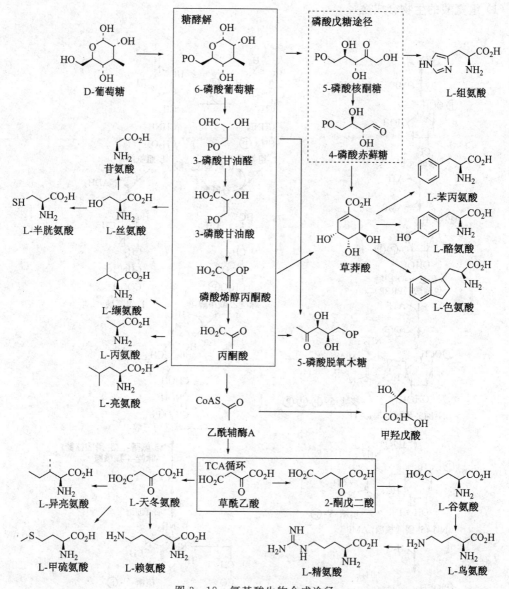

图 3-18 氨基酸生物合成途径

通过氨基转换将氨基导入氨基酸一般是由谷氨酸或谷氨酰胺作为氨基供体,将氨基转移到 α-酮酸上,形成氨基酸。

（1）组氨酸的生物合成途径

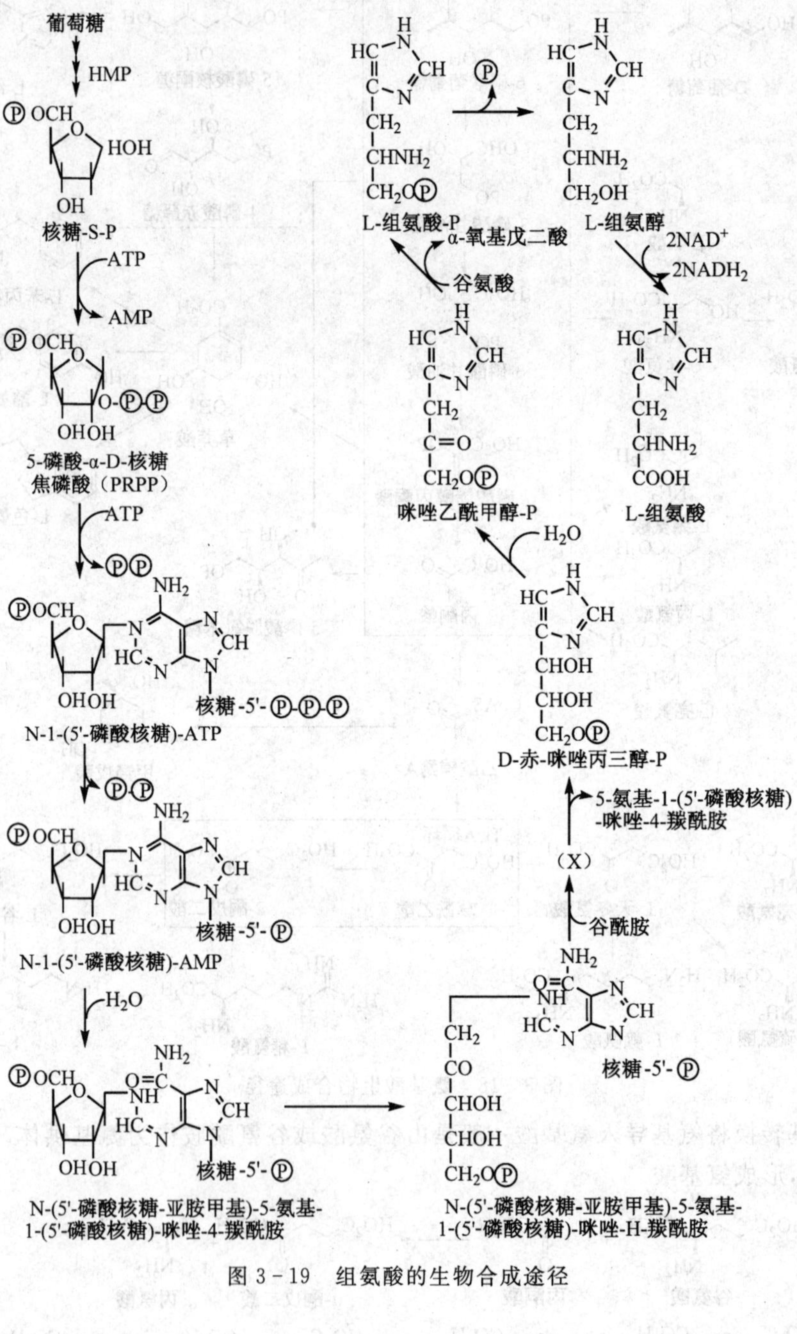

图 3-19 组氨酸的生物合成途径

（2）甘氨酸、丝氨酸和半胱氨酸的生物合成途径

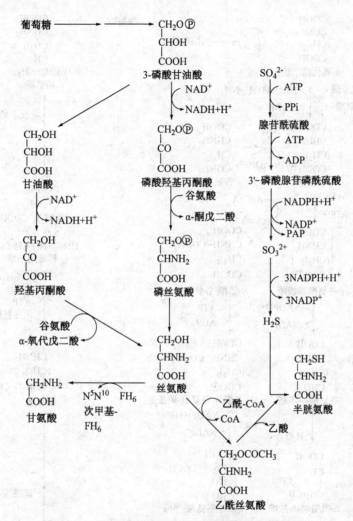

图 3-20　甘氨酸、丝氨酸和半胱氨酸的生物合成途径

（3）谷氨酸、鸟氨酸、精氨酸等氨酸的生物合成途径

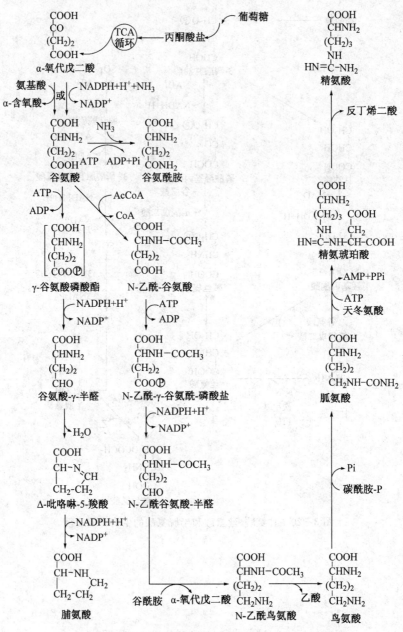

图 3-21　谷氨酸、鸟氨酸、精氨酸等氨酸的生物合成途径

（4）天冬氨酸、异亮氨酸、赖氨酸等氨酸的生物合成途径

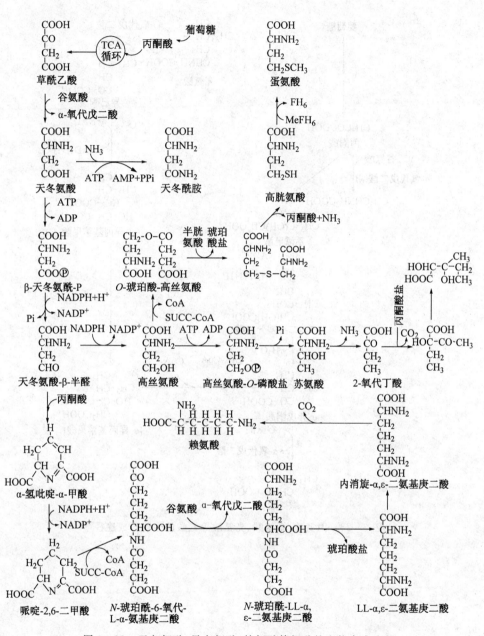

图 3-22　天冬氨酸、异亮氨酸、赖氨酸等氨酸的生物合成途径

（5）丙氨酸、缬氨酸、亮氨酸等氨酸的生物合成途径

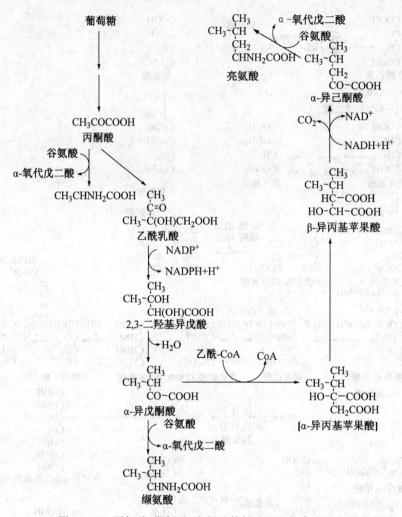

图 3-23 丙氨酸、缬氨酸、亮氨酸等氨酸的生物合成途径

（6）芳香族氨基酸的生物合成途径

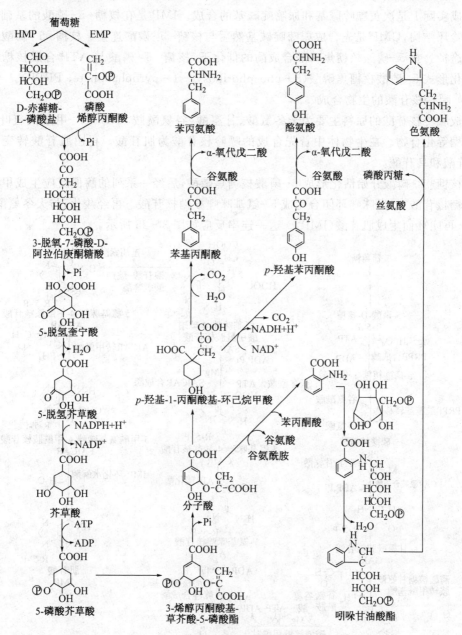

图 3-24　芳香族氨基酸的生物合成途径

3.3.3.3　核苷酸的生物合成途径

核苷酸的生物合成途径有利用葡萄糖等碳源和氮源,以 5-磷酸核糖为出发物质的全合成途径,也称从头合成途径;还有补救合成途径是直接利用核苷酸降解生成的完整的嘌呤和米丁碱基重新形成核苷酸的过程。在发酵生产中,补救合成途径同样具有重要的功能。

已有的研究表明,在生物体中,嘌呤碱和嘧啶碱的合成不是先合成游离的嘌呤碱或嘧啶碱,而是与核苷酸同时合成的。各种嘌呤类核苷酸的前体是次黄嘌呤核苷酸(IMP,或简称肌苷酸);而各种嘧啶核苷酸则是从尿嘧啶核苷酸(UMP)衍生出来的。IMP 是由次黄嘌呤碱基和核糖-5-磷酸组成的；UMP 是由尿嘧啶碱基和核糖-5-磷酸组成的。所以 IMP 和 UMP 的从头合成实际上是次黄嘌呤碱基和尿嘧啶碱基的合成。IMP 是在核糖-5-磷酸的基础上合成次黄嘌呤环结构，UMP 是先合成尿嘧啶碱基然后与核糖-5-磷酸连接。核糖-5-磷酸来自戊糖磷酸途径。在 5-磷酸核糖焦磷酸合成酶的催化下，核糖-5-磷酸与 ATP 合成核糖-5-磷酸的活化形式 5-磷酸核糖焦磷酸(5-phosphoribosyl-1-pyrophpsphate，PRPP)。

（1）嘌呤核苷酸的生物合成

合成嘌呤核苷酸的原料主要为天冬氨酸、甘氨酸、谷氨酰胺、CO_2、10-甲酰四氢叶酸、5-磷酸核糖等化合物。在生物体中首先合成的嘌呤核苷酸为肌苷酸。再由肌苷酸转变为腺苷酸、黄苷酸和鸟苷酸。

由核糖-5-磷酸开始活化形成 5-磷酸核糖焦磷酸，后经一系列的酶促反应生成甲酸甘氨咪唑核糖核苷酸，然后咪唑环闭合生成 5-氨基咪唑核糖核苷酸。再经羧化，与天冬氨酸缩合、甲酰化、再闭环而生成肌苷酸(IMP)。这一连串反应如图 3-25 所示。

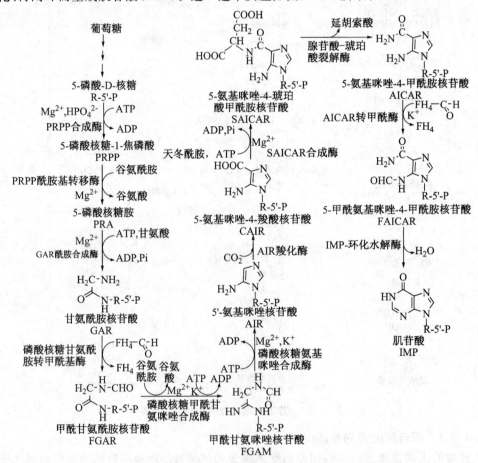

图 3-25 肌苷酸的生物合成途径

IMP 继续向下代谢可转化为腺嘌呤核苷酸(AMP)及鸟嘌呤核苷酸(GMP)。从 IMP 转化为 AMP 及 GMP 的途径，在枯草芽孢杆菌中，分出两条环形路线：一条是经过 XMP(黄嘌呤核苷一磷酸)合成 GMP，再经过 GMP 还原酶的作用生成 IMP；另一条经过 SAMP(腺苷琥珀酸)合成 AMP，再经过 AMP 脱氨酶的作用生成 IMP。这表明 GMP 和 AMP 可以互相转变。

SAMP 裂解酶是双功能酶,也催化从 SAICAR 生成 AICAR 的反应。在产氨短杆菌中,从 IMP 开始分出的两条路线不是环形的,而是单向分支路线。GMP 和 AMP 不能相互转变。

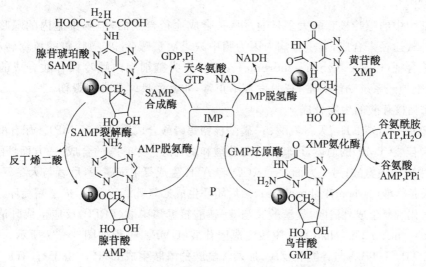

图 3-26　腺苷酸、黄苷酸和鸟苷酸生物合成途径

这样合成的 AMP 和 GMP,经进一步磷酸化作用生成 ATP、GTP,然后被利用合成 RNA、DNA。再者,AMP 经过 ATP 合成 1-(5′-磷酸核糖基)-三磷酸腺苷(PRATP),也与组氨酸的生物合成有关。可通过 AMP 和 GMP 的相互转换来调节这些需给关系,即 AMP 经 AMP 脱氨酶催化作用生成 IMP;GMP 经 GMP 还原酶催化作用也可生成 IMP;AMP 也能够通过 AMP→ATP→PRATP→AICAR 循环,转变成 IMP。

以上所述的从头合成(de novo synthesis)途径是生物体内合成嘌呤核苷酸的主要方式。当从头合成途径由于某种原因受阻时,就可利用"补救"(salvage)途径,就是利用体内已有的嘌呤碱或嘌呤核苷合成嘌呤核苷酸,这对生物体来说就更为经济。下列反应表示体内的两种补救途径,一种是利用已有的嘌呤碱与 1-磷酸核糖反应生成嘌呤核苷,然后磷酸化生成嘌呤核苷酸。另一种是利用嘌呤碱直接与 5-磷酸核糖焦磷酸反应生成嘌呤核苷酸。后面一种补救途径更为重要。

$$\text{嘌呤碱} + \text{1-磷酸核糖} \xrightarrow{\text{核苷磷酸化酶}} \text{嘌呤核苷} + \text{Pi}$$

$$\downarrow \text{磷酸激酶} \quad \begin{array}{l} \text{ATP} \\ \text{ADP} \end{array}$$

$$\text{嘌呤碱} + \text{5-磷酸核糖焦磷酸} \xrightarrow{\text{核苷酸焦磷酸化酶}} \text{嘌呤核苷酸}$$

有研究表明,在哺乳类动物的组织和微生物机体中广泛存在能将嘌呤或嘧啶碱催化合成单核苷酸的酶类,如磷酸核糖转移酶(phosphoribosyl transferase)就能催化下列类型的反应:

$$\text{嘌呤碱} + \text{5′-磷酸核糖焦磷酸} \xrightarrow{\text{磷酸核糖转移酶}} \text{5′-磷酸核糖核苷酸} + \text{PPi}$$

释出的无机焦磷酸(PPi)迅速被无机焦磷酸酶水解,故上述反应为不可逆,有利于核苷酸的合成。

　　嘌呤磷酸核糖转移酶也可使腺嘌呤与 5 -磷酸核糖焦磷酸作用生成 AMP,同样,次黄嘌呤-鸟嘌呤磷酸核糖转移酶能使次黄嘌呤和鸟便嘌呤同 5 -磷酸核糖焦磷酸作用分别转变为 IMP 和 GMP。

　　人体细胞中的嘌呤核苷酸大多是通过从头合成途径合成的,但脑细胞内的嘌呤核苷酸则主是通过补救途径来合成,有一种病人因为脑中缺乏次黄嘌呤-鸟嘌呤磷酸核糖转移酶,就得自毁容貌综合征(Lesch-Nyhan syndrome)。这是因为脑细胞内嘌呤核苷酸合成的补救途径受阻,使中枢神经系统功能失常,智力发育不正常,非常爱挑衅和自我毁伤。

　　(2) 嘧啶核苷酸的生物合成

　　生物能利用 CO_2、NH_3、天冬氨酸、5 -磷酸核糖焦磷酸合成尿苷酸(UMP)。尿苷酸是胞苷酸(CMP)和胸苷酸(TMP)的前体,可变为胞苷酸和胸苷酸。尿苷酸的合成,一方面糖经过 EMP、TCA 途径生成天冬氨酸;另一方面,NH_3、CO_2 与 ATP 生成氨甲酰磷酸,后者与天冬氨酸结合,生成氨甲酰天冬氨酸(carbomyl phosphate),然后闭环生成二氢乳清酸,就形成了嘧啶环。接着二氢乳清酸被氧化脱氢生成乳清酸,乳清酸又与 5 -磷酸核糖焦磷酸(PRPP)反应生成乳清核苷-5 -磷酸(orotidine mono-phosphate),再脱羧生成尿苷酸(UMP),过程如图 3 - 27 所示。UMP 经磷酸化生成 UTP。UTP 再与谷酰胺反应,加入谷酰胺的酰胺生成 CTP 。由于有 ATP 存在,也可以从 UTP 和 NH_3 生成 CTP。

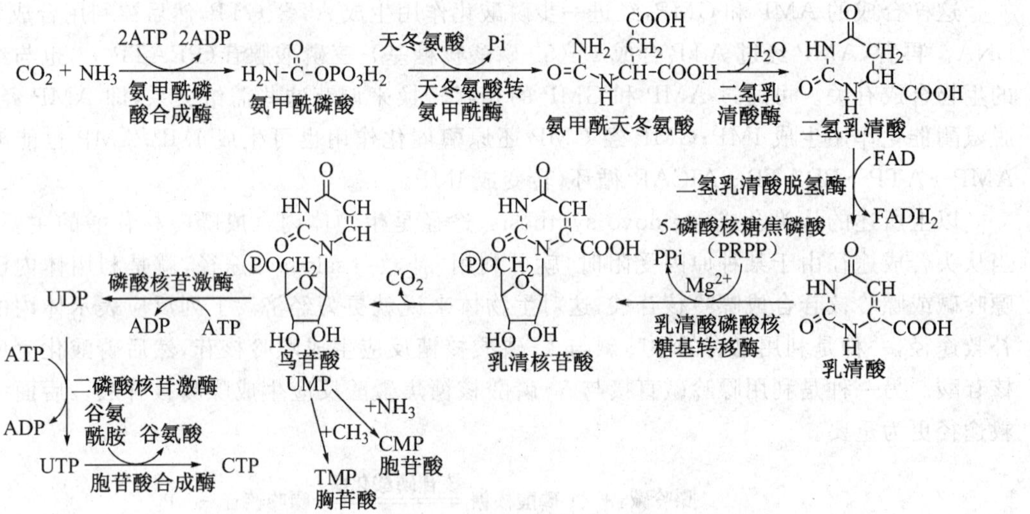

图 3 - 27　嘧啶核苷酸的生物合成途径

　　同样,嘧啶核苷酸也有补救途径来生物合成,从已存在的嘧啶环(外加的碱基)来合成。碱基、核苷和核苷酸之间还能通过补救途径来互相转换。在嘧啶核苷激酶(pyrimidine nucleoside kinase)作用下,外源性的或核苷酸代谢产生的嘧啶碱和核苷可以通过下列途径合成嘧啶核苷酸。例如,尿嘧啶可转变为尿苷酸。

$$尿嘧啶 + 5\text{-}磷酸核糖焦磷酸 \xrightarrow{\text{UMP磷酸核糖转移酶}} UMP + PPi$$

$$尿嘧啶 + 1\text{-}磷酸核糖 \xrightarrow{\text{尿苷磷酸化酶}} 尿苷 + Pi$$

$$尿苷 \xrightarrow[Mg^{2+}]{\text{尿苷激酶}} UMP + Pi$$

3.4　次级代谢途径

　　次级代谢产物一般来源于初级代谢过程,也是正常代谢的组成部分,是生物生长和发育的一种表现,它在细胞生命周期的适当阶段才开始,它与生存的状态和生态的状况有密切的关系。次级代谢产物在自然界是丰富多彩的,化学结构的类型非常多,并且往往非常复杂,但它的构造单元其实很少。不过从这为数不多的几个基本构造单元出发可合成大量的物质。目前,次级代谢产物生物合成中,最重要的构造单元由乙酰辅酶 A、莽草酸、甲羟戊酸以及 5-磷酸-1-脱氧木糖醇等中间体合成。糖酵解途径产物丙酮酸经氧化脱羧酶反应产生乙酰辅酶 A。乙酰辅酶 A 本身可以合成脂肪酸,其逆过程即脂肪酸的 β-氧化也可以产生乙酰辅酶 A。乙酸途径产生的重要次级代谢产物包括酚类、前列腺素类、大环内酯类以及处于初级代谢和次级代谢分界线上的脂肪酸衍生物。糖酵解途径中的磷酸烯醇丙酮酸与磷酸戊糖途径中的 4-磷酸赤藓糖反应产生莽草酸。磷酸戊糖途径可降解葡萄糖,也是光合作用生成糖单位的特征反应。莽草酸途径可合成大量的酚类、桂皮酸衍生物、木质素以及生物碱等。甲羟戊酸由三分子的乙酰辅酶 A 形成,与乙酸途径截然不同,乙酰辅酶 A 经甲羟戊酸途径生成另一类不同的产物。磷酸脱氧木糖则由糖酵解途径中的两个中间体丙酮酸和 3-磷酸甘油醛形成。甲羟戊酸途径和磷酸脱氧木糖途径共同负责合成大量的萜类和甾醇类代谢物。氨基酸也是生物合成中常见的构造单元。肽类、蛋白质、生物碱以及一些抗生素均来自于氨基酸途径,一些重要氨基酸的来源如图 3-17 所示。当然,次级代谢不仅可由同一类的构造单元合成,也可由不同类型的构造单元合成,这就拓宽了产物结构的多样性,但也使得基于生物合成途径的分类变得复杂化。常见构造单元数量并不是很多。本书列举的是生物合成产物的碳骨架和氮骨架的常见类型。

3.4.1　乙酸途径

　　聚酮是一大类有药用价值的次级代谢产物,在细胞中是由乙酸(C_2)单位通过缩合反应经多聚 β-酮链中间体生物合成获得的。其结构多样,主要包括脂肪酸、聚乙炔、前列腺素、大环内脂类抗生素及许多芳香化合物,如蒽醌类和四环素类等。这些化合物均是由乙酸途径生成的。

　　多聚 β-酮链是由连续的 Claisen 缩合反应产生,其逆反应过程为脂肪酸代谢过程中的 β-氧化反应。2 分子乙酰辅酶 A 经一次 Claisen 缩合反应的产物为乙酰乙酰辅酶 A,然后与乙酰辅酶 A 重复 Claisen 缩合反应可得到适宜长度的多聚-β-酮酯。聚酮经过 Claisen 反应和羟醛反应环合形成芳香类化合物,再经烷基化反应、酚氧化偶合反应、芳环氧化裂解反应以及经非乙酰辅酶 A 分子作为起始单位生物合成过程生成结构更加复杂的化合物。非丙二酸单酰辅酶 A 分子作为延伸单位生物合成大环内脂类和聚醚类化合物。

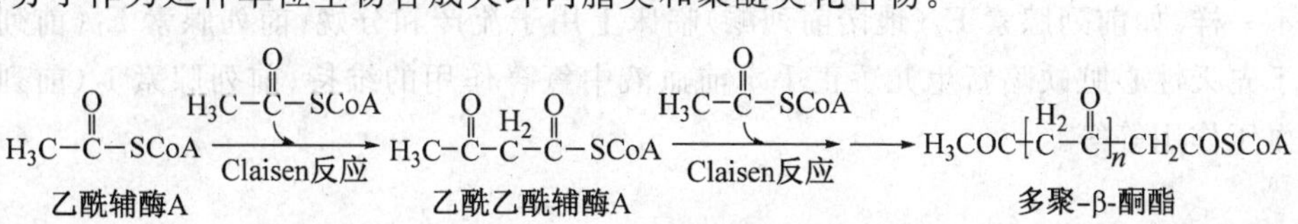

图 3-28　聚酮形成 1

聚酮中的聚酮亚甲基链 $\begin{bmatrix} \overset{H_2}{C}-\overset{O}{\overset{\|}{C}} \end{bmatrix}_n$ 与脂肪酸的生物合成非常类似,它们都是按 C_2 单位增加的,但脂肪酸生物合成时每增加一个 C_2 单位后要还原羰基成亚甲基。而在乙酰辅酶 A 参与的 Claisen 反应中,乙酰辅酶 A 更容易在 ATP 和辅酶生物素的作用下与 CO_2 经羧化反应生成丙二酰辅酶 A。ATP 和 CO_2(即碳酸氢盐,HCO_3^-)形成混合酸酐,在生物素的催化下使辅酶羧酸化。另外,糖异生由丙酮酸合成草酰乙酸过程中,生物素-酶复合物同样参与 CO_2 的固定过程,羧化乙酰辅酶 A。羧化步骤可激活 α-碳使 Claisen 缩合反应更容易发生,当反应完成后羧基即可脱去。

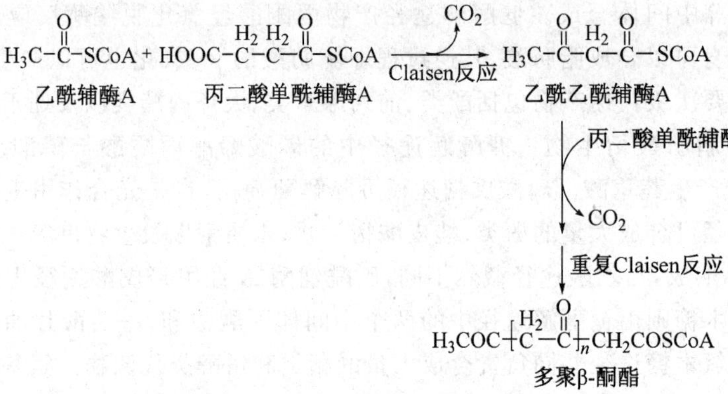

图 3-29 聚酮形成 2

3.4.1.1 脂肪酸

脂肪酸的生物合成是由脂肪酸合酶参与完成的酶催化过程。脂肪酸生物合成如图 3-30 所示。每次循环碳链延长两个碳原子,最后硫酯酶催化分解脂肪酰-ACP 复合物,释放出脂肪酰辅酶 A 或游离脂肪酸。碳链长度取决于硫酯酶的特异性。

不饱和脂肪酸有多种生物合成方式,在大多数生物体中是通过相应烷基酸去饱和作用生成的。如多数真核细胞含有 Δ^9-去饱和酶,能够在 O_2 和 NADPH 或 NADH 的参与下分子中引入顺式双键。在动物和真菌中与辅酶 A 成酯,而植物中与酰基载体蛋白(ACP)成酯。进一步去饱和的反应位置因生物体而异。

具有药学性能的化合物的合成还需在生物酶系的催化下进一步发生环化等反应而得到。如前列腺素是环化的含有 20 个碳原子的脂肪酸,其基本骨架由环戊烷环、C_7 羧酸侧链、C_8 烷基侧链三部分构成,分别是由双同-γ-亚麻酸、花生四烯酸和 $\Delta^{5,6,11,14,17}$-二十碳五烯酸三个必需脂肪酸生物合成的。图 3-31 展示的是以花生四烯酸作为前体的前列腺的生物合成途径。其他两个脂肪酸为前体的前列腺生物合成产物具有相似的结构,只是两个侧链的饱和程度不同而已。前列腺素分子是以前列腺酸为基本骨架,并与其衍生物统称前列腺素化合物,但各自的药性不一样,如前列腺素 E_2(地诺前列酮)临床上用于流产和分娩;前列腺素 E_1(前列地尔)临床用于先天性心脏缺陷新生儿矫正手术前血液中氧合作用的维持;前列腺素 I_2(前列环素)具有降血压作用等等。

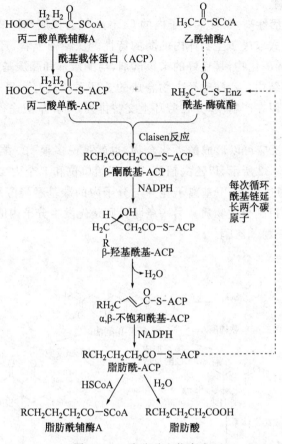

图 3-30　脂肪酸生物合成

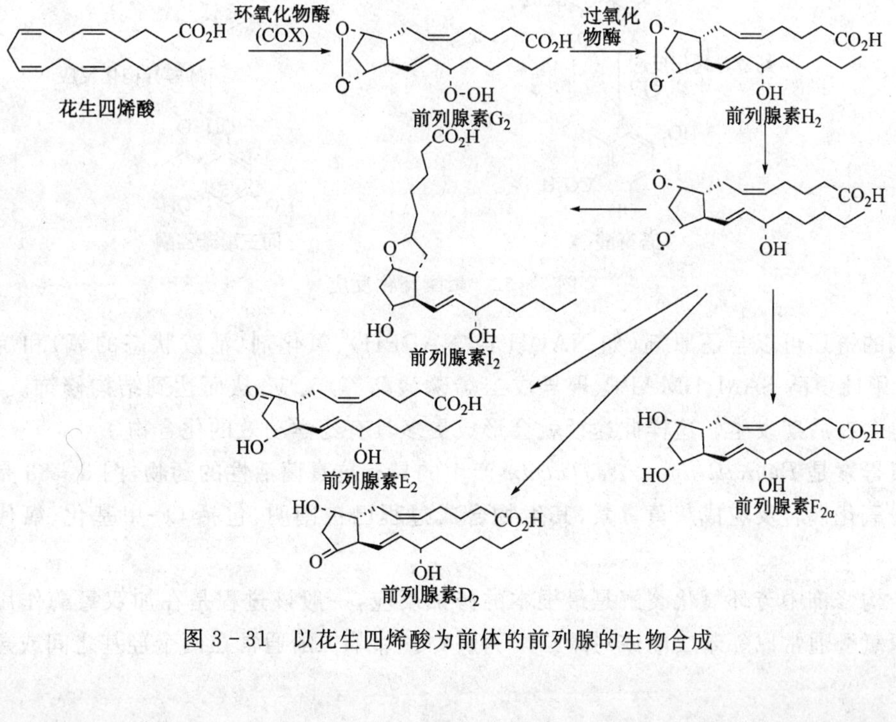

图 3-31　以花生四烯酸为前体的前列腺的生物合成

3.4.1.2　芳香聚酮

多聚-β-酮酯反应活性高,易发生分子内的 Claisen 缩合反应和羟醛缩合反应。具体的反应位置和酮链的折叠方式取决于生物体内的酶的特性。从结构上看,羟基间的亚甲基有弱酸性,易生成碳负离子或烯醇化物,是良好的亲核试剂,与酮羰基和酯羰基的反应活性很高,倾向于生成无张力的六元环结构。乙酸途径生物合成的芳环系统具有一显著的特点,即多聚-β-酮链多个羰基氧原子保留在产物中,并在芳环上交替排列,与莽草酸途径形成的芳环的结构相差很大。

多聚-β-酮链环化反应可以形成酚类化合物,也就是说多聚-β-酮链是酚类化合物的生物合成的前体。如图 3-32 所示,以乙酰辅酶 A 为起始单位和 3 个丙二酸酯延伸单位缩合生成多聚-β-酮酯,可以通过 α-亚甲基离子化并与分子内的羰基经羟醛缩合形成六元环结构,再经烯醇异构化和水解得到分类物质。另一条路径则是先发生分子内的 Claisen 反应,形成环己三酮,烯醇化生成间三酚苯乙酮。

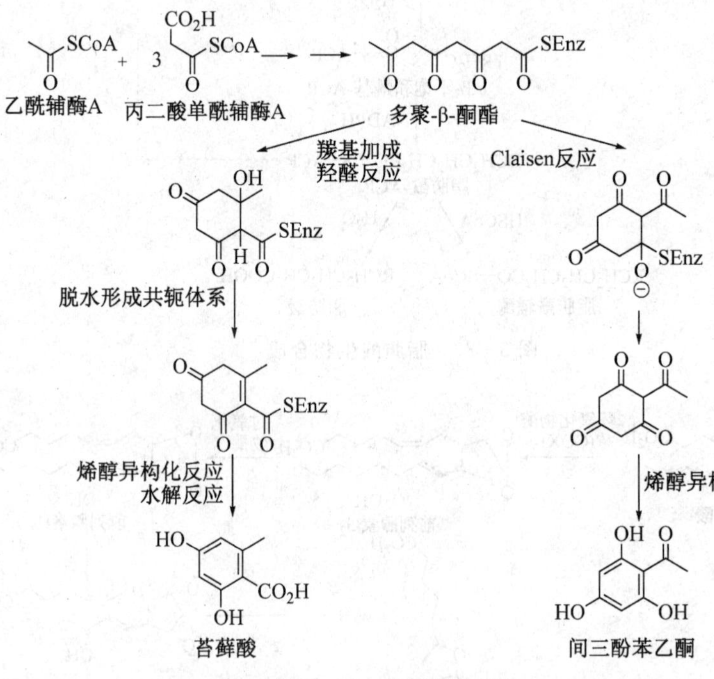

图 3-32　聚酮环化反应

聚酮的链还可以与还原剂(如 NADH 或 NADPH)、氧化剂(活泼状态的氧)和烷基化剂(S-腺苷甲硫氨酸 SAM、DMAPP、聚异戊二烯磷酸酯等)反应,从而达到结构修饰。当然,这些修饰也会在后期发生。这样此途径就会形成更多具有药学功效的化合物。

灰黄霉素是 *Penicillium griseofulvin* 产生的具有抗真菌活性的药物,图 3-33 是由乙酸途径经酚氧化偶合反应成灰黄霉素,其生物合成过程已被阐明,包括 O-甲基化、氯代反应等步骤。

在结构修饰中芳环氧化裂解是最根本的修饰反应,一般该过程是在加双氧酶作用下完成的。加双氧酶通常以邻苯二酚或对苯二酚为底物。邻苯二酚通常在两个羟基之间或羟基邻位发生裂解反应,产物为醛-酸或二酸。裂解形成的新醛基和羧基能够与分子中原取代基作用,使乙酸途径生物合成的结构特征不再明显。

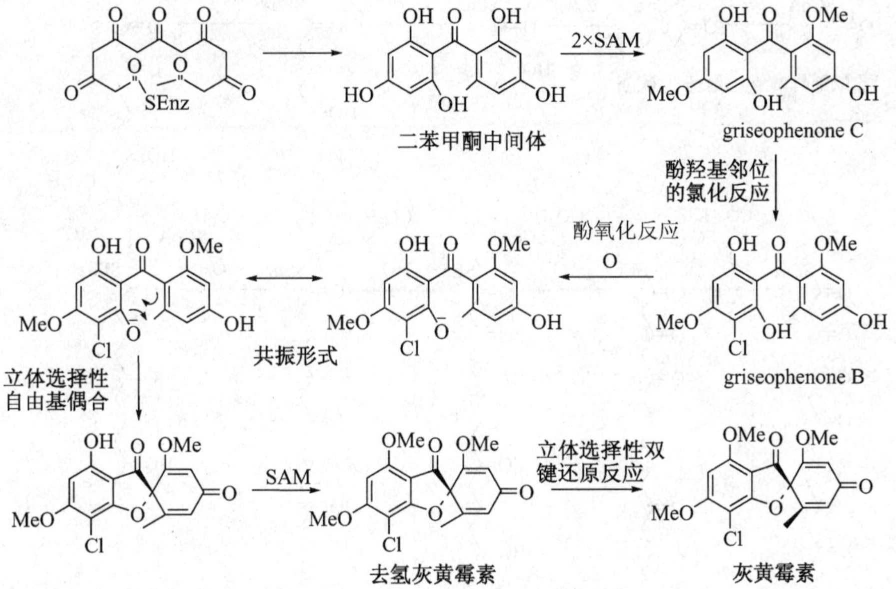

图 3 - 33　灰黄霉素生物合成途径

3.4.1.3　大环内酯类和聚醚类

大环内酯类抗生素结构中通常含有 12～16 元的内酯环,环上有多甲基取代,是由乙酸途径生物合成的典型的一大类药物,其生物合成主要通过丙酸单位或以乙酸-丙酸单位混合形式参与的生物合成过程产生的。大环内酯分子的内酯环的大小通常是由参加生物合成的乙酸、丙酸单位数目决定的。

玉米赤霉烯酮是结构比较简单的大环内酯类物质,它是由镰刀菌属真菌产生的一种毒素。其代谢过程(图 3 - 34)是以乙酰辅酶 A 为起始单位,丙二酸单酰辅酶 A 作为延伸单位,缩合成多聚-β-酮链。跟形成多聚-β-酮酯不一样,在成链时,β-羰基的还原、脱水等反应是在碳链与下一个丙二酸单酰辅酶 A 缩合前的延伸过程中完成的。在大环内酯类生物合成中羰基并没有全部还原只是部分羰基被还原,当反应进行到适宜的程度时还原酶离去,还原反应终止,碳链继续延伸,最后形成酶结合的中间体,并生成玉米赤霉烯酮。

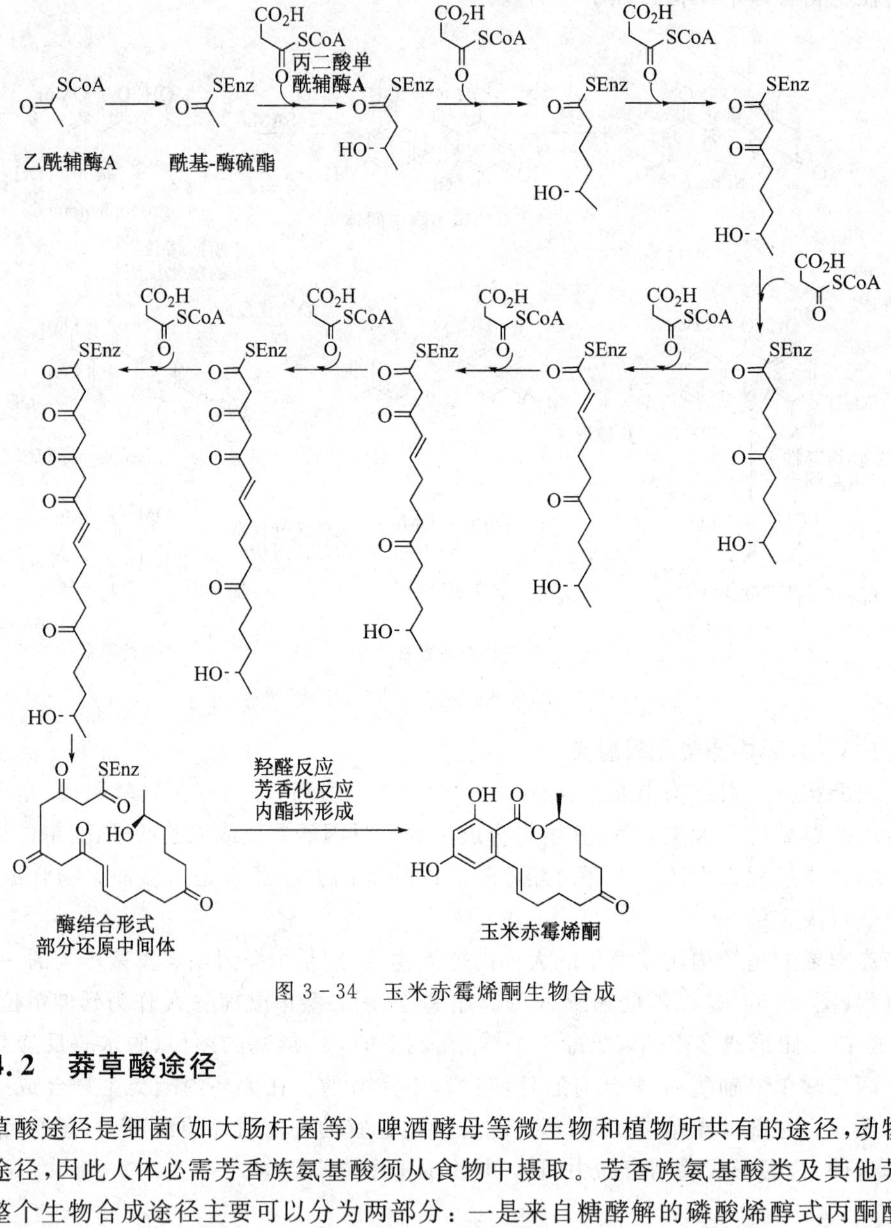

图 3-34   玉米赤霉烯酮生物合成

3.4.2   莽草酸途径

莽草酸途径是细菌(如大肠杆菌等)、啤酒酵母等微生物和植物所共有的途径,动物不具有该代谢途径,因此人体必需芳香族氨基酸须从食物中摄取。芳香族氨基酸类及其他芳香族化合物的整个生物合成途径主要可以分为两部分:一是来自糖酵解的磷酸烯醇式丙酮酸酯和来自磷酸戊糖途径的 D-赤藓糖-4-磷酸酯两者之间的醛醇缩合;二是莽草酸-3-磷酸酯与磷酸烯醇式丙酮酸的缩合。通过莽草酸途径产生芳香族氨基酸及其他芳香族化合物,其中大部分为多元酚类化合物。桂皮酸、香豆素、木质素和黄酮等产物存在的 C_6C_3 苯丙烷单位来自苯丙氨酸和酪氨酸;大多数生物碱来自苯丙氨酸、酪氨酸和色氨酸。此外,研究发现一些简单的苯甲酸衍生物是通过莽草酸途径的一个分支产生,如没食子酸和对氨基苯甲酸(4-氨基苯甲酸),见图 3-35。

对氨基苯甲酸(PAPB)是机体细胞生长和分裂所必需的物质叶酸的组成部分之一(图 3-36)。对氨基苯甲酸在二氢叶酸合成酶的催化下,与二氢蝶啶焦磷酸及谷氨酸或二氢蝶啶焦磷酸与对氨基苯甲酰谷氨酸合成二氢叶酸。二氢叶酸再在二氢叶酸还原酶的催化下被还原为四氢叶酸,四氢叶酸进一步合成得到辅酶 F,为细菌合成 DNA 碱基提供一个碳单位。磺胺类药物作为对氨基苯磺酰胺的衍生物,因与底物对氨基苯甲酸结构、分子大小和电荷分布类似,所以可在二氢叶酸合成中取代对氨基苯甲酸,阻断二氢叶酸的合成。二氢叶酸还原生成四氢叶酸对于四氢叶酸的连续再生很重要,成为了抗菌、抗疟疾和抗肿瘤药物一个重要的作用靶点。

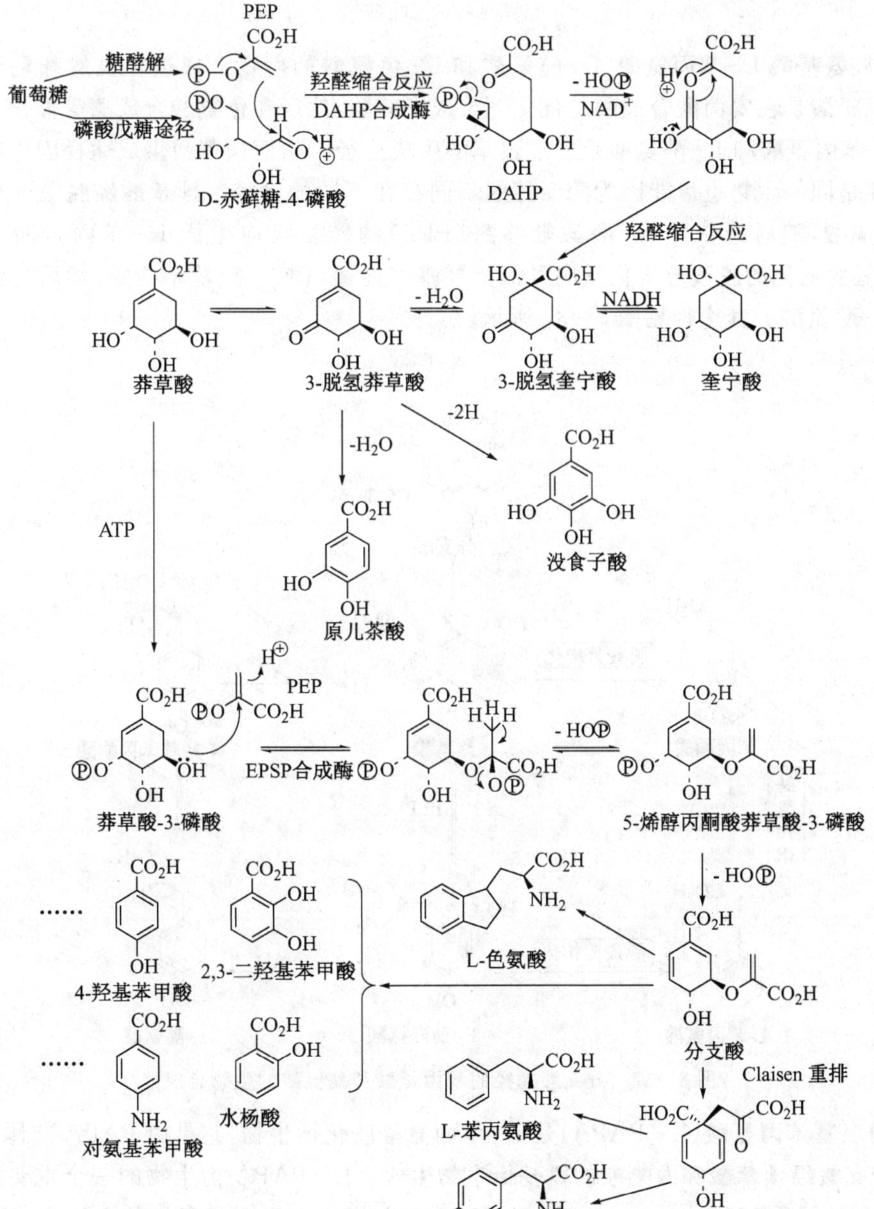

图 3-35　莽草酸途径

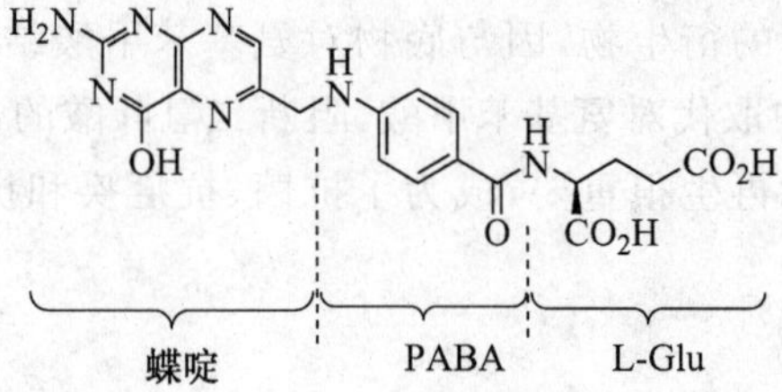

图 3-36　叶酸

　　芳香族氨基酸 L-苯丙氨酸、L-酪氨酸和 L-色氨酸的生物合成途径虽然都是经过分支酸,但是色氨酸是在安茴酸合成酶的催化下合成安茴酸,然后在色氨酸合成酶等催化下生成色氨酸。L-苯丙氨酸和 L-酪氨酸是经过预苯酸生成途径。然而预苯酸生成途径因生物体不同而异,即便是同一生物也可能因为酶活性的不同存在不同的途径。预苯酸经脱羧芳构化反应生成苯丙酮酸,随后经依赖 5-磷酸吡哆醛(PLP)的转氨反应生成 L-苯丙氨酸。而依赖 NAD⁺脱氢酶催化的脱羧芳构化反应可保留羟基官能团,即 4-羟基苯丙酮,然后再经转氨反应生成 L-酪氨酸。其途径见图 3-37 所示。

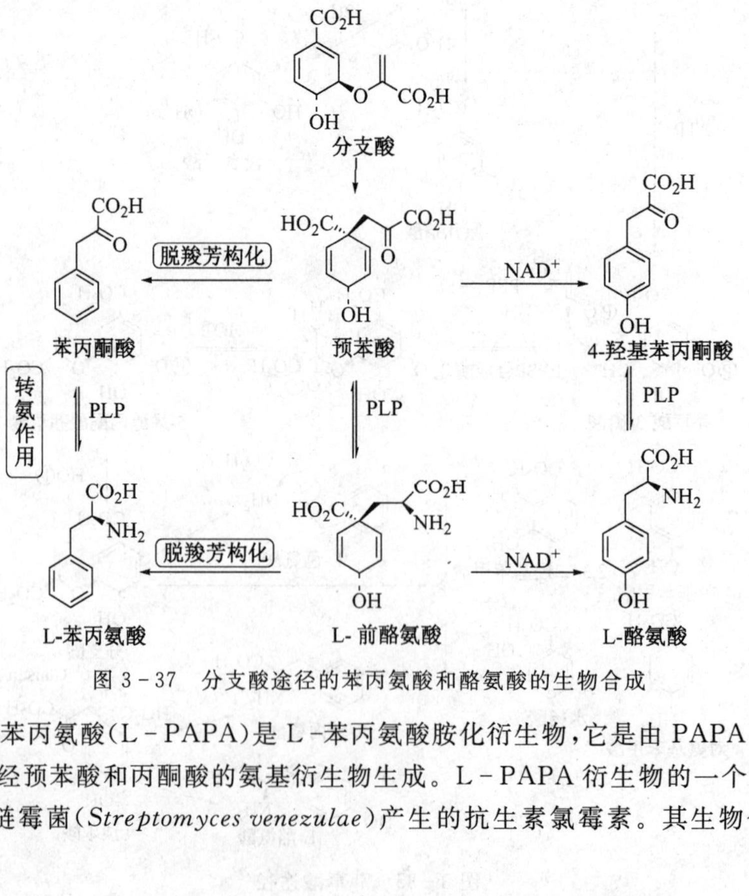

图 3-37　分支酸途径的苯丙氨酸和酪氨酸的生物合成

　　L-对氨基苯丙氨酸(L-PAPA)是 L-苯丙氨酸胺化衍生物,它是由 PAPA 前体 4-氨基-4-脱氧分支酸经预苯酸和丙酮酸的氨基衍生物生成。L-PAPA 衍生物的一个重要的代谢物是由委内瑞拉链霉菌(*Streptomyces venezulae*)产生的抗生素氯霉素。其生物合成途径如图 3-38所示。

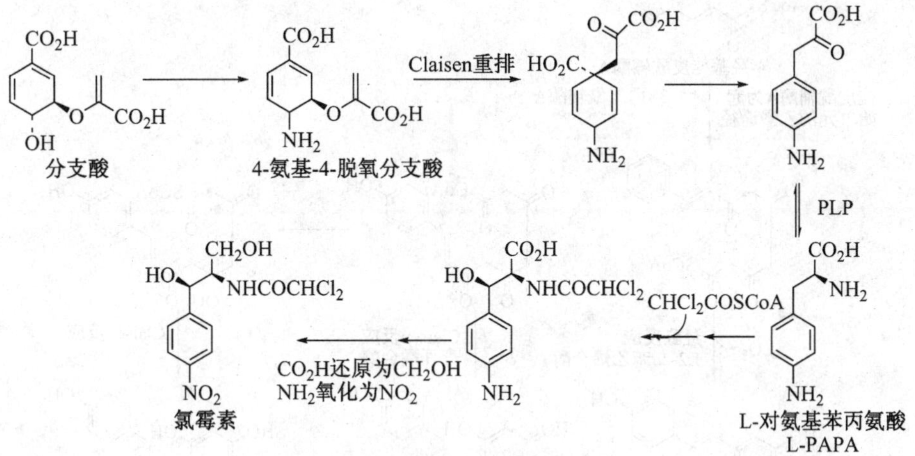

图 3 - 38　氯霉素的生物合成途径

C_6C_3 结构单元 L-苯丙氨酸和 L-酪氨酸是多种天然产物的前体,如在植物体中桂皮酸的前体就是 L-苯丙氨酸,4-香豆素的前体是 L-酪氨酸。而桂皮酸也可作为 C_6C_3 基本结构单元形成其他代谢物,其中自然界中最为重要的是植物聚合体木质素。

C_6C_1 结构单元与上述的 C_6C_3 结构单元有些不一样,但是它们同样也是莽草酸途径的中间体或产物,4-羟基苯甲酸和没食子酸等一些简单的羟基甲酸(C_6C_1)就是莽草酸途径中的早期由中间体(如 3-去氢莽草酸和分支酸)直接生成,也可以通过另一条途径,即桂皮酸衍生物(C_6C_3)在双键处断裂,从侧链上消除两个碳生成。

黄酮类化合物泛指两个具有酚羟基的苯环(A-与 B-环)通过中央三碳原子相互连结而成的一系列化合物,其基本母核为 3-苯基色原酮,结构中常连接有酚羟基、甲氧基、甲基、异戊烯基等官能团。科学家认为黄酮的基本骨架是由三个丙二酰辅酶 A 和一个桂皮酰辅酶 A 生物合成而产生的。后经同位素标记实验证明了 A 环来自三个丙二酰辅酶 A,而 B 环则来自桂皮酰辅酶 A。其生物合成途径(图 3-39):以桂皮酰辅酶 A 为起始单元,引入 3 分子的丙二酸单酰辅酶 A 生成。

泛醌(辅酶 Q,CoQ)是一类脂溶性醌类化合物,带有由不同数目(6~10)异戊二烯单位组成的侧链。在各类生物代谢中具有极广泛的功效,有着极广的分布。辅酶 Q_{10} 是人类生命不可缺少的重要元素之一,能激活人体细胞和细胞能量的营养,具有提高人体免疫力、增强抗氧化、延缓衰老和增强人体活力等功能,医学上广泛用于治疗心血管系统疾病。从泛醌的结构来看,它的生物合成(图 3-40)的前体是 4-羟基苯甲酸,但是它的来源因生物体的不同而不同。细菌通过酶消除分支酸的丙酮酸部分生成;植物和动物则是由苯丙氨酸或酪氨酸经 4-羟基苯丙烯酸中间体生成。4-羟基苯甲酸酚羟基与一个适当长度的焦磷酸聚异戊二烯酯反应,在其邻位发生 C-烷基化,产物结构可进一步被修饰,如羟基化、O-甲基化、脱羧等,这些反应在真核生物和原核生物中不同。

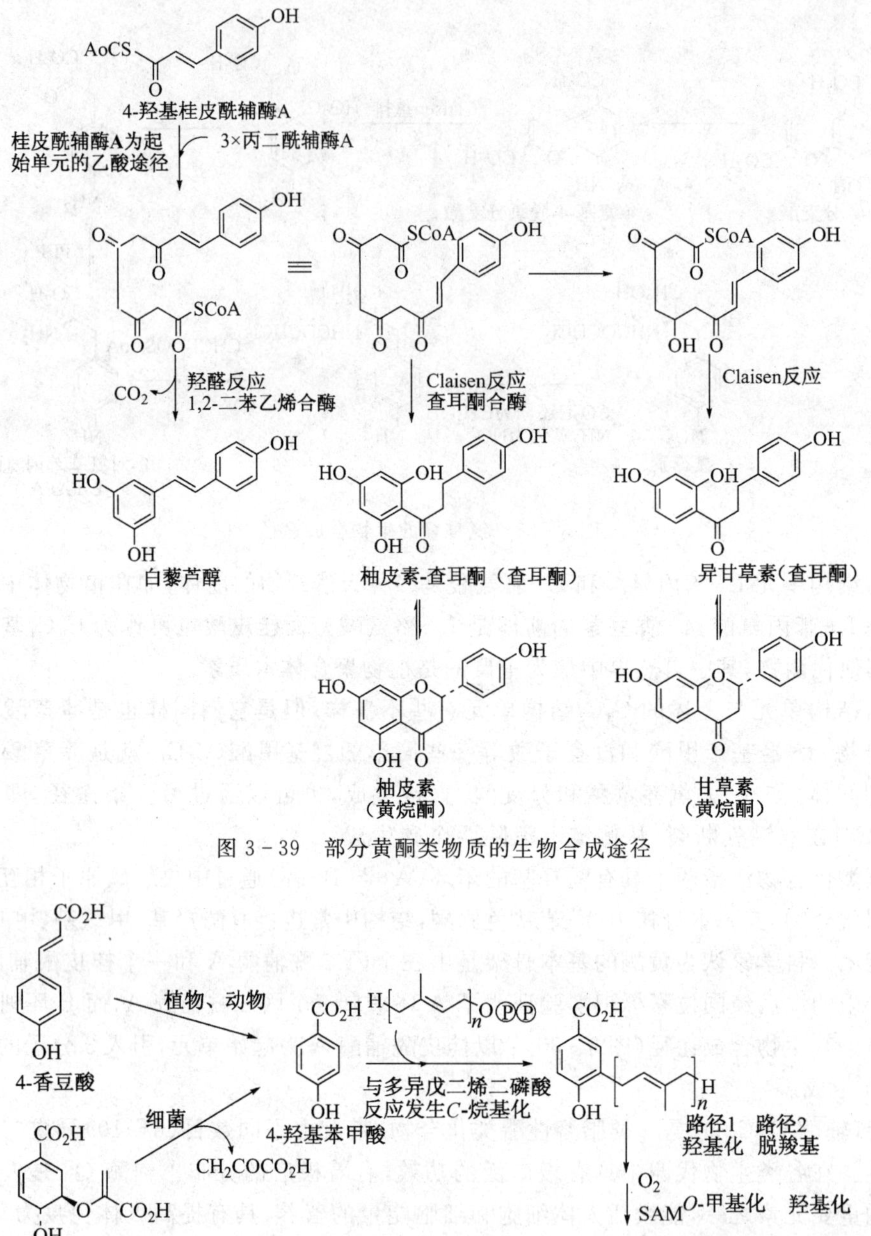

图 3-39 部分黄酮类物质的生物合成途径

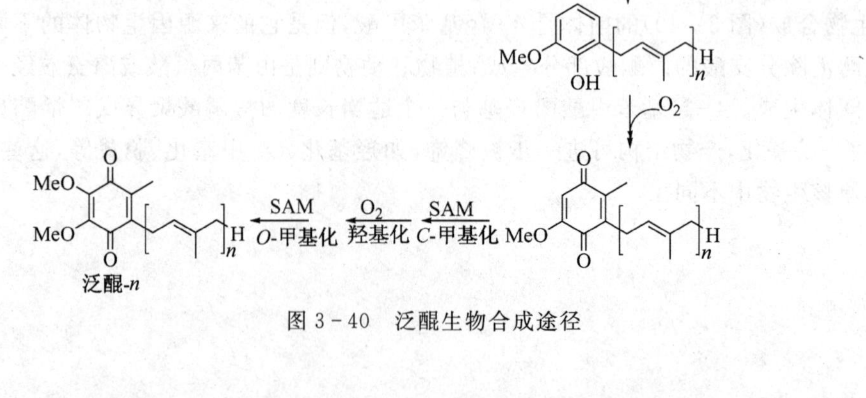

图 3-40 泛醌生物合成途径

3.4.3 甲羟戊酸途径和脱氧木酮糖磷酸酯途径

萜类化合物是由 C_5 异戊二烯单元构成，异戊二烯单元有两条来源途径：一是甲戊二羟酸途径；二是 1-脱氧-D-木酮糖-5-磷酸途径。甲戊二羟酸本身来自于乙酸代谢途径的产物，甲戊二羟酸途径已经被证实是动物甾醇胆固醇的合成前体。许多年里，人们一直认为所有的萜类产物均通过相同的甲羟戊酸途径。随着科学研究的深入，人们又发现了生成 IPP 和 DMAPP 旁路途径的存在，即脱氧木酮糖磷酸途径，并且该途径可能在生物体内比甲羟戊酸途径更为普遍。这条途径也称为非甲戊二羟酸途径或赤藓糖磷酸酯途径。

甲戊二羟酸的生物合成途径(图 3-41)中有 3 分子的乙酰辅酶 A。首先是 2 分子的乙酰辅酶 A 通过 Claisen 缩合反应形成乙酰乙酰辅酶 A，另外一个乙酰辅酶 A 通过立体特异性的羟缩合反应结合上去，形成支链，同时，乙酰-酶链水解，形成 β-羟基-β-甲基戊二酸单酰辅酶 A(HMG-CoA)。第三个乙酰辅酶 A 分子是通过巯基与酶相连，反应后该键水解，形成 β-羟基-β-甲基戊二酸单酰辅酶 A 的游离酸。β-羟基-β-甲基戊二酸单酰辅酶 A 转化为甲戊二羟酸反应包括了巯基还原为伯醇的两步反应，该反应过程是不可逆的，同时也是该途径中的限速步骤。通过抑制 HMG-CoA 还原酶可以实现对甲戊二羟酸的生物合成的调控。

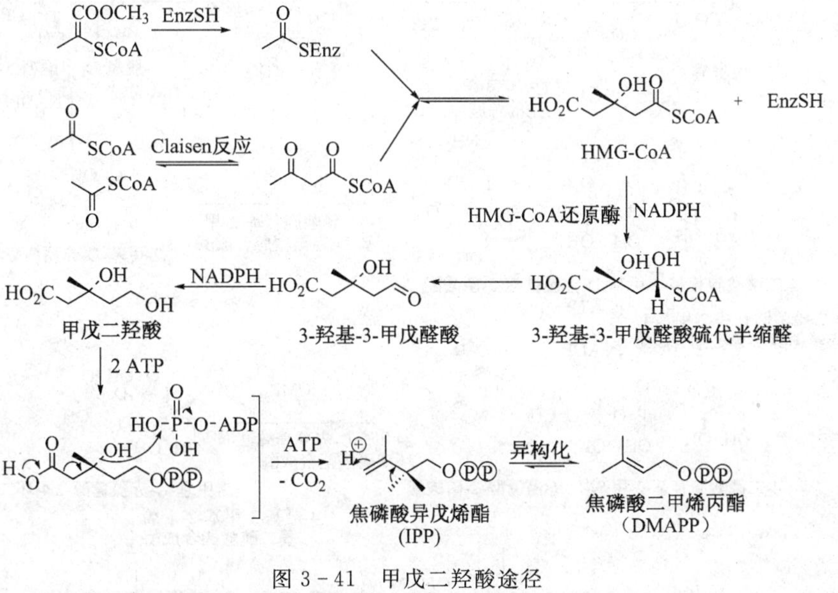

图 3-41 甲戊二羟酸途径

20 世纪 90 年代初，Rohmer 和 Arigoni 等人在某些细菌、原虫和植物体内首次发现了一条新的不依赖甲羟戊酸的 IPP 和 DMAPP 合成途径，后来，德国科学家 Zenk，Bacher 以及合作者于 20 世纪 90 年代及 21 世纪初发展并建立起来，这就是脱氧木酮糖磷酸途径。由于 1-脱氧-D-木酮糖-5-磷酸酯(1-deoxy-D-xylulose-5-phosphate，DXP)和 2-甲基 D-赤藓糖醇-4-磷酸酯(2-methyl-D-erythritol-4-P hosphate，MEP)是这一途径中的两个重要中间体，故称为 MEP 途径或非甲羟戊酸途径。MEP 途径第一步反应为丙酮酸在辅羧酶(焦磷酸硫胺素 thiamine pyrophosphate，TPP)的作用下脱羧，形成羟乙基硫胺素，在 1-脱氧-D-木酮糖-5-磷酸酯合成酶(DXS)的催化下与 3-磷酸甘油醛反应，生成第一个重要中间体1-脱氧-D-木酮糖-5-磷酸酯(DXP)。继而在 NADPH 存在下，DXR 催化 DXP 发生分子内重排反应，转化为第二个重要中间体 2 -甲基- D -赤藻糖醇- 4 -磷酸酯。在接下来连续的三步酶反应中,中间体 MEP 分别在辅酶 CTP、ATP 及 4 -二磷酸胞苷基- 2 -甲基- D -赤藻糖醇合成酶(ispD)、4 -二磷酸胞苷基- 2 -甲基- D -赤藻糖醇- 2 -磷酸酯合成酶(ispE)、2 -甲基- D -赤藻糖醇- 2,4 -环二磷酸酯合成酶(ispF)的作用下被转化为另一个重要中间体环状二磷酸酯 2 -甲基- D -赤藻糖醇- 2,4 -环二磷酸酯(cMEPP)。在这个反应系列中,MEP 在 CTP 存在下首先被 ispD 转化为 4 -二磷酸胞苷基- 2 -甲基- D -赤藻糖醇(CDP - ME);接下来,在 ATP 及 ispE 的存在下,中间体 CDP - ME 碳骨架中的 2 位羟基被磷酸化形成另一中间体 4 -二磷酸胞苷基- 2 -甲基- D -赤藻糖醇- 2 -磷酸酯(CDP - MEP);最后,中间体 CDP - MEP 被 cMEPP 合成酶 ispF 转化为 cMEPP。其中 CDP - ME 激酶是 GHMP 蛋白超家族的成员,同时甲羟戊酸途径中的 MVA 激酶和 MVA - P 激酶也是该家族的成员。该环状二磷酸酯在酶(E)- 4 -羟基- 3 -甲基- 2 -丁烯基二磷酸酯合成酶(ispG)的作用下发生开环反应,同时失去两个羟基而形成中间体(E)- 4 -羟基- 3 -甲基- 2 -丁烯基二磷酸酯(HDMAPP)。最后,酶 IPP/DMAPP 合成酶(ispH)催化 HDMAPP 脱羟基生成 IPP 和 DMAPP。

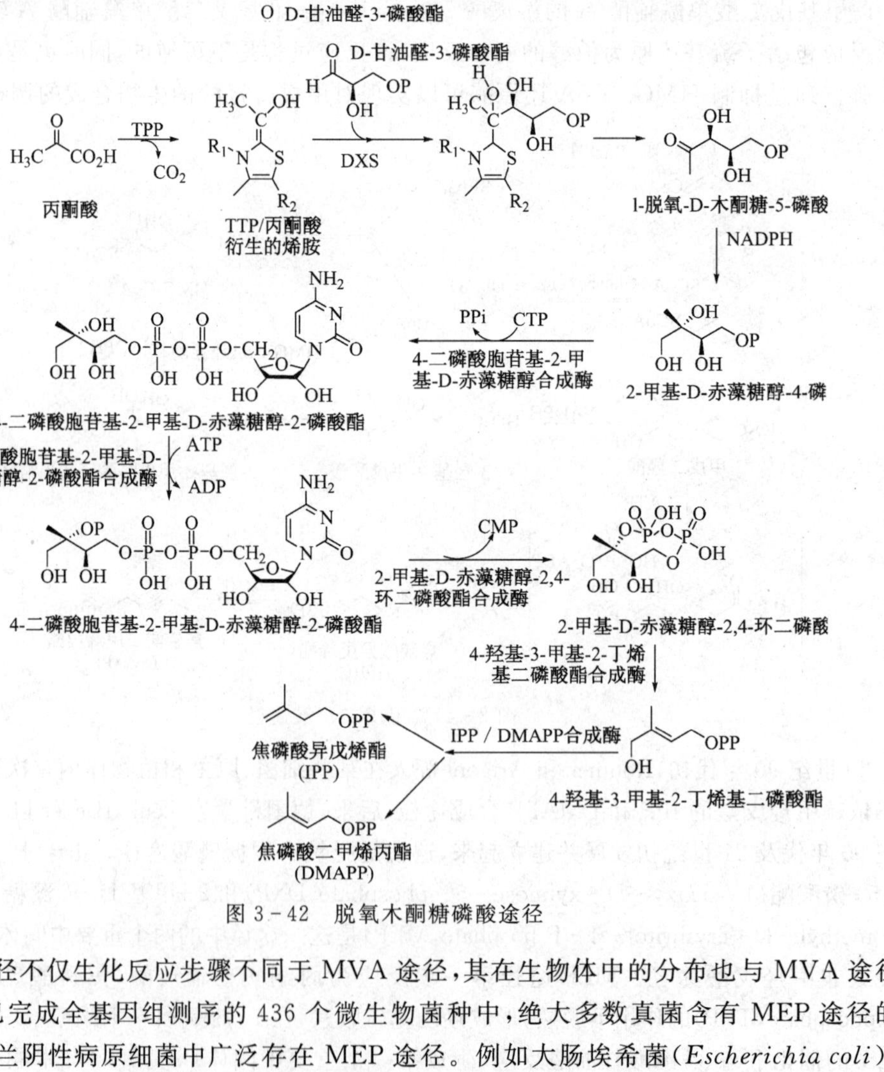

图 3 - 42 脱氧木酮糖磷酸途径

MEP 途径不仅生化反应步骤不同于 MVA 途径,其在生物体中的分布也与 MVA 途径完全不同。在已完成全基因组测序的 436 个微生物菌种中,绝大多数真菌含有 MEP 途径的基因,尤其是革兰阴性病原细菌中广泛存在 MEP 途径。例如大肠埃希菌(*Escherichia coli*)、沙门菌属(*Salmonella*)、志贺菌属(*Shigella*)、假单胞菌属(*Pseudomonas*)、克雷伯菌属

(*Klebsiella*)、奈瑟菌属(*Neisseria*)、霍乱弧菌(*Vibrio cholerae*)、流感嗜血菌(*Haemophilus influenzae*)、空肠弯曲杆菌(*Campylobacter jejuni*)和幽门螺杆菌(*Helicobacter pytori*)等；另外分枝杆菌属细菌、衣原体和螺旋体也含有 MEP 途径。在某些原虫,主要是顶复门(*Phylum apicomplexa*)的原虫,例如疟原虫(*Plasmodium*)、利什曼原虫(*Leishmania*)、隐孢子虫(*Cryptosporidium*)和弓形虫(*Toxophasma*)利用 MEP 途径合成 IPP/DMAPP；而动物、真菌、古细菌和极少数真细菌例如伯氏疏螺旋体(*Bomelm*)、链球菌(*Streptococcus*)、葡萄球菌(*Staphylococcus*)和 Q 热立克次体(*Coxiella burnetii*)等利用 MVA 途径合成 IPP/DMAPP；藻类和植物则同时利用两种途径,胞浆利用 MVA 途径,质体则利用 MEP 途径合成 IPP/DMAPP。由于 MEP 途径在病原体广泛存在,而不存在于人、动物和植物胞浆中,使得催化该途径的酶成为潜在的、同时又具有选择性的分子靶位。

3.4.4　氨基酸途径

　　氨基酸途径(amino acid pathway)通常是指初级代谢产生氨基酸脱羧成为胺类,再经过甲基化、氧化、还原、重排等一系列酶催化反应转变为一些生物碱的过程。在自然界生物中大多数生物碱类成分由此途径生成。一般来说,来源于氨基酸的氮原子和特殊氨基酸前体的碳骨架在生物碱中基本上保持完好。然而,实际上生物碱生物合成中涉及的氨基酸前体较少,主要有鸟氨酸、赖氨酸、酪氨酸、色氨酸、邻氨基苯甲酸和组氨酸等。来源于乙酸、莽草酸或磷酸脱氧木酮糖途径的构造单元也常常会引入到生物碱结构中。同时,大量的生物碱是通过氨基转移反应来获得氮原子的,而分子的其他部分可以来源于乙酸或莽草酸途径的化合物。当然,氨基酸也可参与莽草酸途径合成次级代谢产物。此外,氨基酸作为构造单元也参与其他主要代谢产品的合成。更多的是氨基酸合成肽、蛋白质及其他一些化合物,这些化合物有时很难区别是初级代谢还是次级代谢产物。为了更好地说明代谢途径,在此我们仅讨论产生生物碱的氨基酸途径,至于氨基酸合成肽、蛋白质等途径另起一节说明。另外,对于一些氨基酸途径的次级代谢产物的生物合成还存在很多的未知,所以下面只是简述一些氨基酸的途径。

表 3-1　氨基酸代谢途径得到的生物碱

氨基酸途径	生　物　碱
鸟氨酸	吡咯类生物碱
	托品类生物碱
	吡咯西啶类生物碱
赖氨酸	哌啶类生物碱
	喹诺里西啶生物碱
	吲哚里西啶类生物碱
烟酸	吡啶类生物碱
酪氨酸	苯乙胺类生物碱
	四氢喹啉类生物碱
	苯乙基异喹啉生物碱
	萜类四氢异喹啉

续 表

氨基酸途径	生 物 碱
色氨酸	简单吲哚生物碱
	简单 β-卡波琳类生物碱
	萜类吲哚生物碱
	喹啉类生物碱
	吡咯吲哚类生物碱
	麦角生物碱
邻氨基苯甲酸	喹啉类生物碱
	喹啉和吖啶类生物碱
组氨酸	咪唑类生物碱

3.4.4.1 鸟氨酸途径

鸟氨酸含有 δ-氨基和 α-氨基,除羧基外,δ-氨基氮原子及碳链一起并入生物碱结构中。鸟氨酸为生物碱提供了 C_4N 结构单元的吡咯烷体系,该 C_4N 结构单元也是托品烷生物碱的组成部分。

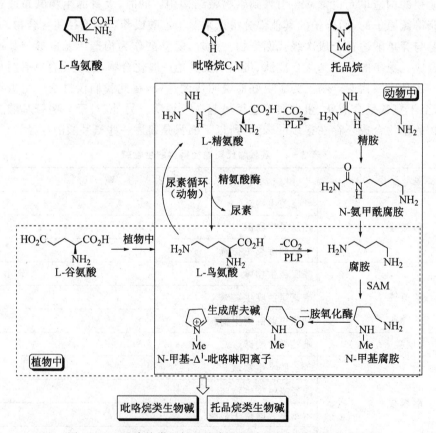

图 3-43 吡咯烷类和托品烷类生物碱的鸟氨酸生物合成途径

通过这一类途径生物合成的药物有苯佐卡因、丁卡因、奥布卡因等麻醉类药物,还有应用于临床的治疗室性心律失常的多利卡因等。

3.4.4.2　赖氨酸途径

赖氨酸途径与鸟氨酸相似,只是赖氨酸比鸟氨酸多了一个亚甲基,所以赖氨酸可以参与形成六元哌啶环,C_5N 的构造结构单元。与鸟氨酸相同,赖氨酸脱羧后保留的不是 α-氨基氮原子,而是 ε-氨基氮原子。

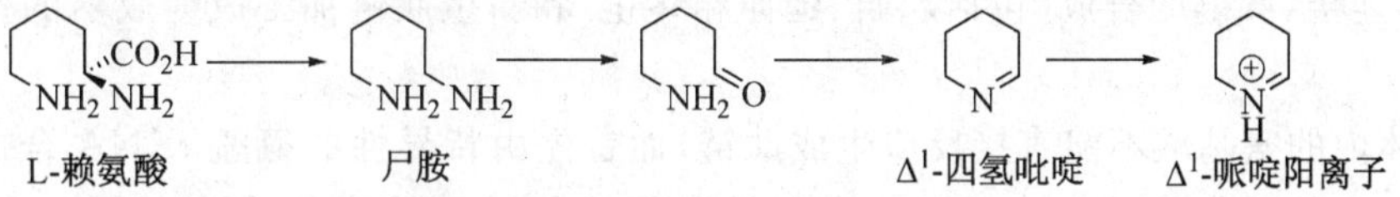

图 3-44　哌啶生物碱的赖氨酸途径

哌啶阳离子作为 Mannich 反应的亲电试剂与亲核试剂发生反应或者发生分子内的 Mannich 反应,可进一步得到哌啶类生物碱。2 分子的赖氨酸可以形成喹诺里西啶类生物碱。

3.4.4.3　酪氨酸途径

L-酪氨酸通过依赖 5-磷酸吡哆醛的脱羧反应可生成简单的苯乙胺衍生物酪胺。也可转化为左旋多巴,再脱羧形成多巴胺(见图 3-45)。酪胺和多巴胺起始合成一些如四氢喹啉等杂环化合物,形成一些有价值的生物碱。

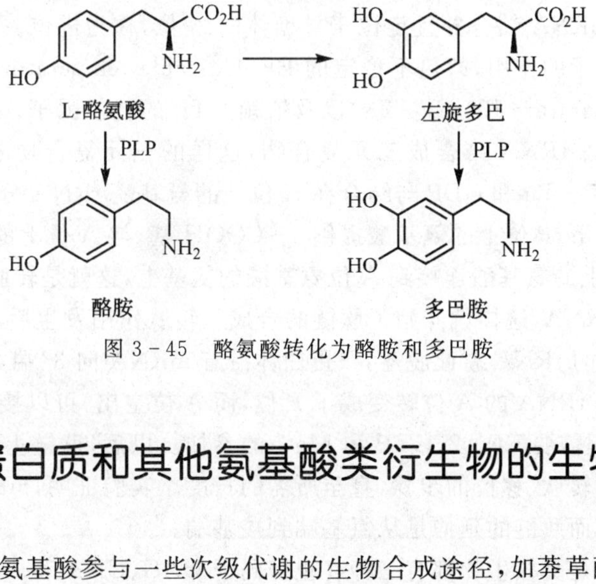

图 3-45　酪氨酸转化为酪胺和多巴胺

3.5　肽、蛋白质和其他氨基酸类衍生物的生物合成途径

上面几节介绍了氨基酸参与一些次级代谢的生物合成途径,如莽草酸途径合成次级代谢产物和生物碱的生物合成,但这只是几个少数的氨基酸参与的合成,还有更多的氨基酸作为构造单元也参与了更多的细胞中生物合成过程,产生了一些非常有价值的代谢产物,如特殊功能的肽和蛋白质,还有抗生素等。但这些化合物有时很难区别是初级代谢产物还是次级代谢产物,所以将此部分的内容单列叙述。

3.5.1　核糖体途径

所谓的核糖体肽和蛋白质是指在核糖体上完成的生物合成,实质就是生物按照从 DNA 转录得到的 mRNA 上的遗传信息合成蛋白质的过程。合成需核糖体、mRNA、tRNA、氨酰转移核糖核酸（氨酰 tRNA）合成酶、可溶性蛋白质因子等大约 200 多种生物大分子协同作用来完成。此部分内容在生物化学和细胞生物学等课程中有较详细的介绍，所以在此只作简要概述。

由于 mRNA 上的遗传信息是以密码形式存在的，所以将肽和蛋白质的生物合成可比拟为转译或翻译。mRNA 从 DNA 上转录基因序列，携带的编码信息以一系列密码子的形式储存在核苷酸上，指引氨基酸合成特定的肽。其过程包括氨基酸的活化及其与专一转移核糖核酸（tRNA）的连接、肽链的合成（包括起始、延伸和终止）和新生肽链加工成为成熟的蛋白质 3 大步骤。

生物体内的氨基酸不能直接反应生成肽链，而首先由特异性的氨酰 tRNA 合成酶催化活化的氨基酸的羧基与其对应的 tRNA 的 3'端羟基反应，生成含高能酯键的氨酰 tRNA。每种氨基酸都靠其特有合成酶催化，使之和相对应的 tRNA 结合，在氨基酰 tRNA 合成酶催化下，利用 ATP 供能，在氨基酸羧基上进行活化，形成氨基酰 - AMP，再与氨基酰 tRNA 合成酶结合形成三联复合物，此复合物再与特异的 tRNA 作用，将氨基酰转移到 tRNA 的氨基酸臂（即 3'-末端 CCA - OH）上。原核细胞中起始氨基酸活化后，还要甲酰化，形成甲酰蛋氨酸 tRNA，由甲酰四氢叶酸提供甲酰基。而真核细胞没有此过程。氨基酰 tRNA 核苷酸序列中的三个相连的碱基为反密码子，可以与 mRNA 上相应的密码子通过配对氢键结合。相应的氨基酰 tRNA 与 mRNA 的密码子结合并定位于核糖体的 P 位。下一个氨基酰 tRNA 也通过密码子与反密码子配对与 mRNA 结合并且定位于核糖体的 A 位，称为进位。氨基酰 tRNA 在进位前需要有三种延长因子的作用，即热不稳定的 EF（Unstable temperature EF，EF - Tu）、热稳定的 EF（stable temperature EF，EF - Ts）以及依赖 GTP 的转位因子。EF - Tu 首先与 GTP 结合，然后再与氨基酰 tRNA 结合成三元复合物，这样的三元复合物才能进入 A 位。此时 GTP 水解成 GDP，EF - Tu 和 GDP 与结合在 A 位上的氨基酰 tRNA 分离。两个氨基酸之间在核糖体转肽酶作用下，P 位上的氨基酸提供 α - COOH 基，与 A 位上的氨基酸的 α - NH_2 形成肽键，从而使 P 位上的氨基酸连接到 A 位氨基酸的氨基上，这就是转肽。转肽后，在 A 位上形成了一个二肽酰 tRNA，这样就开始了肽链的合成。转肽作用发生后，氨基酸都位于 A 位，P 位上无负荷氨基酸的 tRNA 就此脱落，核蛋白体沿着 mRNA 向 3'端方向移动一组密码子，使得原来结合二肽酰 tRNA 的 A 位转变成了 P 位，而 A 位空出，可以接受下一个新的氨基酰 tRNA 进入，移位过程需要 EF - 2、GTP 和 Mg^{2+} 的参加。以后，肽链上每增加一个氨基酸残基，即重复上述进位、转肽、移位的步骤，直至所需的长度。实验证明，mRNA 上的信息阅读是从 5'端向 3'端进行，而肽链的延伸是从氨基端到羧基端。

无论原核生物还是真核生物都有三种终止密码子 UAG、UAA 和 UGA。没有一个 tRNA 能够与终止密码子作用，而是靠特殊的蛋白质因子促成终止作用。这类蛋白质因子叫做释放因子，原核生物有三种释放因子：RF1、RF2、RF3。RF1 识别 UAA 和 UAG，RF2 识别 UAA 和 UGA。RF3 的作用还不明确。真核生物中只有一种释放因子 eRF，它可以识别三种终止密码子。

上述只是单个核糖体的翻译过程，事实上在细胞内一条 mRNA 链上结合着多个核糖体，甚至可多到几百个。蛋白质开始合成时，第一个核糖体在 mRNA 的起始部位结合，引入第一个蛋氨酸，然后核糖体向 mRNA 的 3'端移动一定距离后，第二个核糖体又在 mRNA 的起始部位结合，现向前移动一定的距离后，在起始部位又结合第三个核糖体，依此下去，直至终止。

两个核糖体之间有一定的长度间隔,每个核糖体都独立完成一条多肽链的合成,所以这种多核糖体可以在一条 mRNA 链上同时合成多条相同的多肽链,这就大大提高了翻译的效率。多聚核糖体的核糖体个数,与模板 mRNA 的长度有关。

蛋白质的生物合成过程很容易受到外界一些药物的影响,临床上使用的多数抗生素是通过抑制细菌的蛋白质的生物合成来发挥作用,它们可以是干扰氨酰基 tRNA 与 A 位的结合,如四环素;可以是抑制肽键的形成,如氯霉素;或者是转位,如大环内酯类抗生素中的乙琥红霉素等。

肽和蛋白质在核糖体上合成后还会发生酶的翻译后修饰。原核生物中 N-端蛋氨酸的 N-甲酰基将切除,原核生物和真核生物中 N-端的一段肽有时也被水解脱去,使初始链变短。这样肽或蛋白质就会以非活性状态储存起来,当需要时再活化为活性状态,例如前胰岛素原转化为前胰岛素,最后转化成胰岛素。糖蛋白类是糖与蛋白质结构中丝氨酸或苏氨酸残基的羟基通过 O-糖苷键或与天冬酰胺的氨基酸通过 N-糖苷键相连而成。磷酸蛋白是氨基酸序列中的丝氨酸或苏氨酸的羟基经磷酸化后形成的。必须指出的是,肽和蛋白质中 DNA 不能编码的氨基酸均由 DNA 编码的氨基酸通过翻译后修饰转化而来。例如,脯氨酸经羟基化作用生成羟脯氨酸,赖氨酸经羟基化作用后生成羟赖氨酸,组氨酸的 N-甲基化,两个半胱氨酸残基的巯基经氧化偶联形成二硫键等。其中二硫键可以将多肽链交联在一起,即一条多肽链形成或者两条多肽链彼此连接,例如胰岛素就是一个例子。前胰岛素原是一条含有 100 个氨基酸残基的直链多肽,它先失去一段由 16 个氨基酸残基组成的肽段,然后通过二硫键连接肽链的末端部分形成环状的前胰岛素,接着断裂环的中心部分(C 链),剩下 A 链(21 个氨基酸残基)与 B 链(30 个氨基酸残基),两链间通过两个二硫键相连,生成胰岛素,见图 3-46 所示。一些多肽的 N-端有焦谷氨酸残基(Glp),它是谷氨酸 N-端的 γ-羧酸和 α-氨基分子内成环生成的。有时,C-端的羧基也会转化成酰胺。

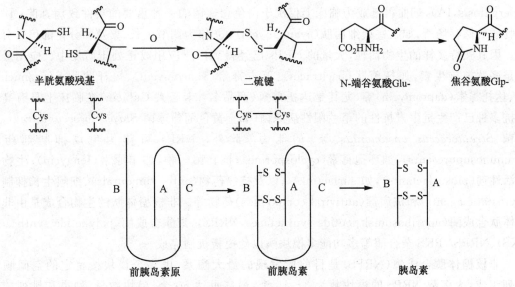

图 3-46 肽和蛋白质在核糖体上合成后的修饰

现代基因工程技术已经可以生产许多由核糖体组装的肽类药物。其具体过程为：首先分离或构建编码特定多肽的 DNA 序列，然后将其插入适当的生物体中，一般利用大肠杆菌（*Escherichia coli*），基因工程并不能完全重现目标多肽的翻译后修饰过程，最后还需要利用适当的化学方法或酶来实现多肽的翻译后的修饰。由于这种过程受高效性和选择性的限制，制约着许多重要的多肽的生产。一般小分子的肽类药物可以通过化学合成完成，大分子多肽和蛋白质则从人或动物的组织或细菌培养物中提取得到。在设计半合成或全合成肽类药物中，为了防止酶的降解，可在 N‑端引入焦谷氨酸、C‑端形成酰胺、引入 D‑氨基酸以及切除特殊残基等。因为这些修饰改变了酶的识别位点，从而增加了多肽的稳定性，延长了作用时间。

3.5.2　非核糖体途径

生物界中，细菌、蓝细菌、放线菌和真菌等微生物以及果蝇、小鼠等动物，除以核糖体途径合成肽或蛋白质外，还能通过非核糖体途径合成一系列低分子量的次级代谢产物，这些产物大多具有药用价值，具有结构复杂、种类繁多，统称为非核糖体肽（nonribosomal peptides，NRPs）。除了 20 种蛋白质源的氨基酸外，NRP 含有大量的稀有氨基酸，目前已经鉴定出 300 多种，包括 D‑氨基酸、α‑羟酸、N‑，O‑甲基氨基酸、犬尿氨酸（kynurenine）等。有些 NRPs 形成环化或杂合环化的分子；有些还被糖基化、酰基化、脂质化等修饰，这些特点赋予了 NRPs 生理功能和生物活性的独特性和多样性。NRPs 具有较广泛的生物活性，概括起来主要有以下几方面：① 抗生素（antibiotics），抑制他种竞争者生长，这是微生物界普遍存在的现象；② 铁载体（siderophores），细菌、蓝细菌、真菌等在铁元素成为限制性生长因子时，作为铁离子强螯合剂的铁载体被大量诱导产生，而从环境或（特别是）宿主的铁结合蛋白中获得充足的铁离子；③ 毒素（toxins），作为选择性侵染特异宿主的毒力因子，突出的例子是：烟曲霉（*Aspergillus fumigatus*）产生的胶黏毒素（gliotoxin）可降低机体防御能力，能引起侵染性曲霉病（invasive aspergillosis，IA），烟曲霉已成为临床上仅次于白色念珠菌的一种重要的条件致病真菌；④ 含氮物质的储存场所，如某些蓝细菌肽（cyanophycin）；⑤ 作为调节生长、繁殖和分化的信号分子等。因其独特多样的生物活性，大量的 NRPs 已经得到广泛应用或正处于研发中。应用最多的是多肽类抗生素，如杆菌肽（bacitracin）、万古霉素（vancomycin）、短杆菌肽 S（gramicidin S）、达托霉素（daptomycin）等，尤其是达托霉素（商品名：卡必兴 Cubicin）在临床上具有高效的抗多种已产生抗生素抗性的革兰阳性病原菌（如金黄色葡萄球菌 *Staphylococcus aureus*，链球菌 *Streptococcus pneumoniae* 等）的能力。此外，NRPs 可作为免疫抑制剂药物（immunosuppresants），如环孢霉素（cyclosporine）；抗真菌药物，如丰原素（fengycin）；生物表面活性剂（biosurfactants），如 surfactin A；以及抗癌药物（anti‑tumourals）、细胞生长抑制剂（cytostatic agents）和抗病毒（antiviral compounds）药物等。非核糖体肽的生物合成是由非核糖体肽合成酶（nonribosomal peptide synthetases，NRPS）、聚酮合成酶（polyketide synthases，PKS）、NRPS/ PKS 杂合酶等多功能多模块酶以硫模板机制完成。

非核糖体肽合成酶（NRPS）是目前所发现的最大酶系，由多个模块按特定的空间顺序排列组成，大多数 NRPS 的模块数为 3～15 个，最高可达 50 个，模块数量、种类和排列顺序决定了其最终的产品。模块的特异结构域具有特定的酶活性，催化相应单体结合到新生链肽中。这些结构域主要包括腺苷酰化结构域（adenylation，A 结构域）、肽酰载体蛋白

（peptidly carrier protein，PCP 结构域，也有称为巯基结构域（thiolation，T 结构域））、缩合结构域（condensation，C 结构域）等，也包括不同酶系的差向异构结构域（E 结构域）和甲基化结构域（M 结构域）。A 结构域从可利用的底物池中选择同源的氨基酸，合成相应的氨酰基－AMP（图 3-47），氨酰基－AMP 随后转移到相邻 PCP 结构域的磷酸泛酰巯基乙胺（Ppant）长臂上，形成氨酰基－S－酶中间产物，其中 Ppant 辅基是在磷酸泛酰巯基乙胺转移酶（PPtases）催化下，从乙酰 CoA 转移到 PCP 结构域上的。氨酰基－S－酶中间产物随后从 A 结构域转移到 C 结构域和上游的氨酰基－S－PCP 结构域复合物、脂酰 CoA 或肽酰基－S－PCP 结构域复合物发生缩合反应，形成肽键，新合成的肽酰基中间产物被 PCP 结构域转移到下游 C 结构域，这样模块中的 C－A－PCP 基本单位引入氨基酸等单体而合成肽链，如图 3-48 所示。已经发现 NRPSs 产物中的稀有氨基酸多达 300 个，它们主要来源于差向异构结构域（E 结构域）的差向异构化、甲基化结构域（M 结构域）的 N－甲基化和其他结构域的酰基化、糖基化及杂环化修饰，这也是这类代谢产物多样化的原因。目前，非核糖体肽合成酶的组成、机理等还不十分清楚。

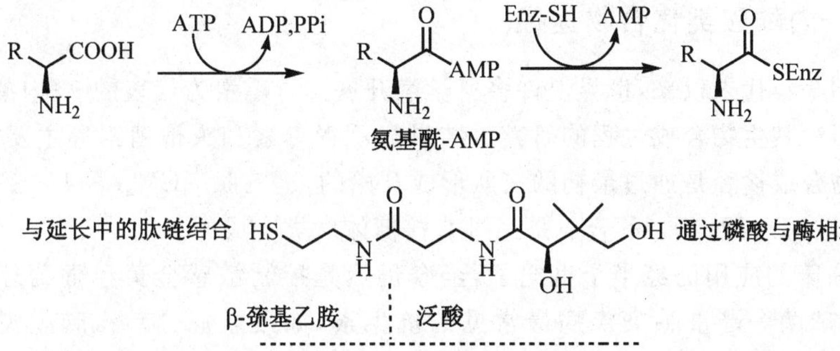

图 3-47　氨基酸到氨基酰－AMP 及氨酰基－S－酶中间产物转变及泛酰巯基乙胺臂

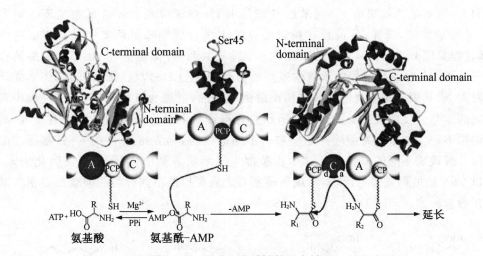

图 3-48　形成一个肽键的反应循环

（引自 Grunewald J，et al. Microbiol Mol Biol Rev，2006，70(1)：121）

　　在最后一个模块的 C 末端通常有起终止延伸和释放产物功能的硫酯结构域（thioesterase，TE 结构域）。PCP 上的线性肽转移到 TE 结构域的活性位点，形成肽－O－TE 中间产物，中间产物随后被水解释放出线性肽,或者多数情况下经过分子内亲核攻击而合成环化产物。但有些 NRPS 的 TE 结构域缺失或者被依赖于 NAD(P)$^+$ 的末端还原酶所替代,越来越多的末端还原酶被发现,暗示着通过还原释放机制来完成链终止反应可能是另一种终止机制。此外,差向异构结构域(E 结构域)、N-甲基化结构域(M 结构域)等对底物氨基酸进行修饰;乙酰化、糖基化、脂质化结构域等对多肽骨架进行修饰。如果 NRPS 不具有这些结构域,修饰作用则由独立于 NRPS 的相应酶催化完成。

活性环肽具有激素、抗生素、离子载体系统、抗真菌素、抗癌制剂等丰富多样的生物活性,而且在生物体内具有较好的抗酶解和抗化学降解特性。有机化学合成环肽面临着产量低、缺乏位点和立体选择性、难以控制寡聚化对环化的影响等难题,然而随着多种 NRPS 的结构域的发现及其作用机理的研究,有望利用带有 TE 结构域的 NRPS 通过生物合成途径大量生产环肽,或利用某些分离出来的 TE 结构域对化学合成的多肽底物进行环化,以获得所需的环肽。另外,通过人工基因操纵可以实现许多多肽类衍生物的制备,也可使有利的结构修饰按照基因编码的程序进行。

3.5.3　β-内酰胺类化合物途径

自 20 世纪 80 年代末以来,世界上许多科学家开展了青霉素为代表的 β-内酰胺类抗生素的生物合成基因和其生物合成过程的研究。结果显示青霉素和头孢菌素等主要的 β-内酰胺类抗生素的生物合成途径是通过最初的三肽形成开始的,这三肽 ACV[δ-(L-α-氨基己二酰基)-L-半胱氨酸-D-缬氨酸]的合成是经过非核糖体肽类合成的。

青霉素在临床的应用已经半个世纪了,至今仍然是控制敏感金黄色葡萄球菌、链球菌、肺炎双球菌、淋球菌等严重感染疾病最常见的抗生素,如败血症、肺炎、脑膜炎等疾病。尤其对敏感的革兰阳性球菌感染所引起的疾病青霉素还是首先药物。青霉素类结构中含有一个由三肽合成的 β-内酰胺-四氢噻唑环,其中三个氨基酸分别为 L-氨基己二酸、L-半胱氨酸和 L-缬氨酸。这里的 L-氨基己二酸是由 L-赖氨酸经过环合成哌啶环中间产物哌啶-6-羧酸形成的,同样,此过程在赖氨酸途径生物合成吲哚里西啶中也有相似的中间产物,其过程见图 3-49。L-氨基己二酸、L-半胱氨酸和 L-缬氨酸在 ACV 合成酶的作用下合成三肽 ACV,在缩合过程中缬氨酸残基的构型翻转为 D-构型,然后三肽 ACV 成环形成异青霉素 N,其中青霉素类的二环结构由酶催化而成,过程为氧化反应,反应进程中需要一分子氧的参与。反应过程见图 3-50 所示。青霉素 G 与异青霉素 N 的差别在于 6-氨基上侧链结构不同。如果在发酵培养基中加入不同的原料,异青霉素 N 的 α-氨基己二酰基侧链可以被替换成不同的取代基。如苯乙胺加入玉米培养基中,首先被真菌转化为苯乙酸,然后以 CoA 酯的形式参与反应,形成青霉素 G。只要提供不同种类的酸就可以生成其他不同取代的青霉素。

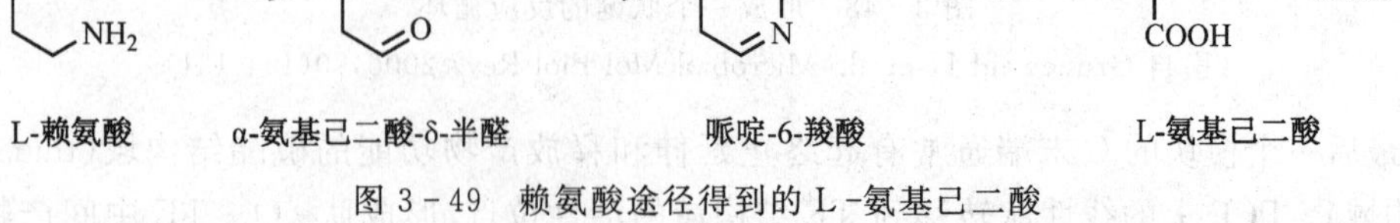

图 3-49　赖氨酸途径得到的 L-氨基己二酸

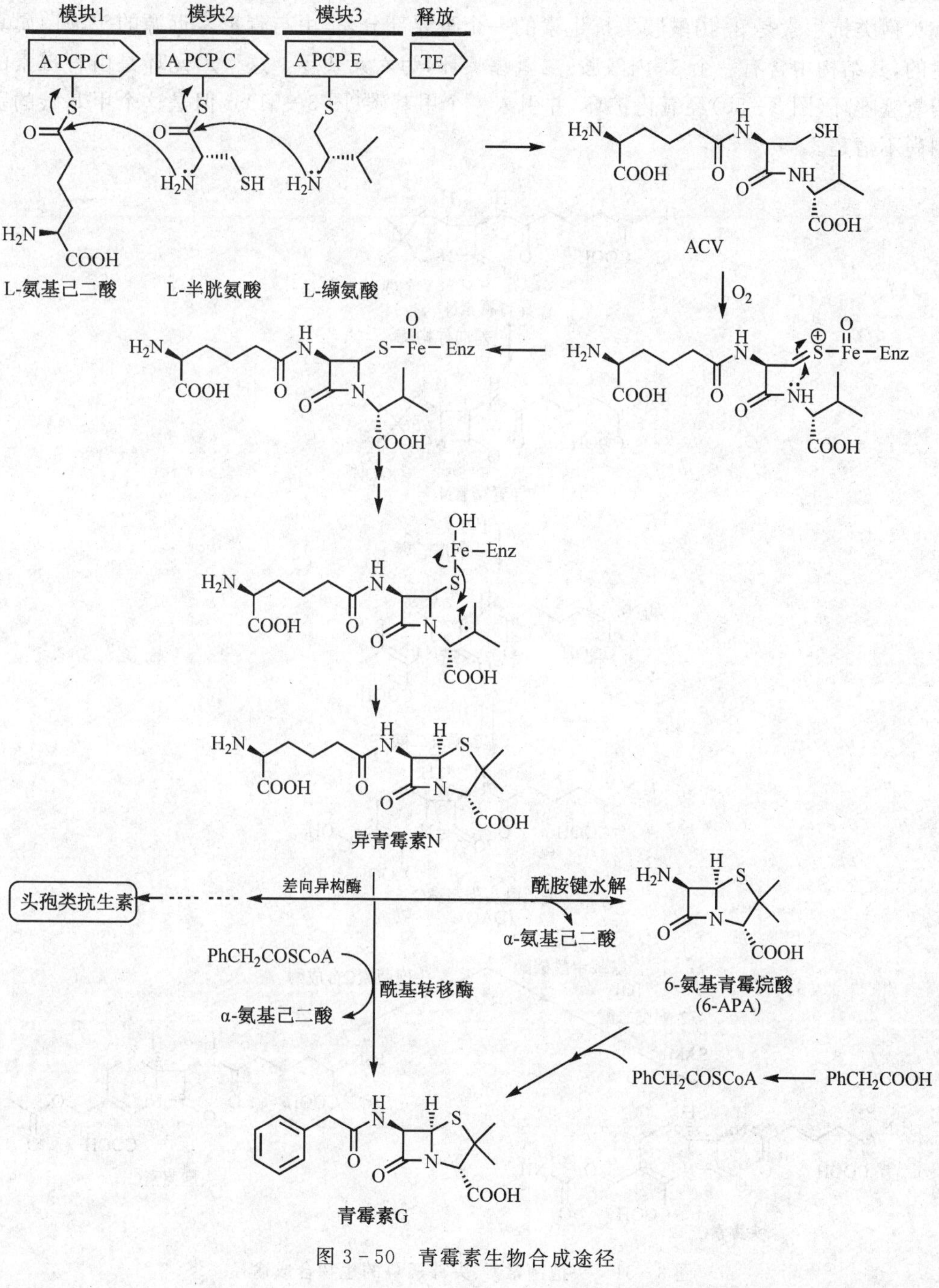

图 3 - 50 青霉素生物合成途径

从图 3-50 可以看到由异青霉素 N 转化到青霉素有两条途径,一条是异青霉素 N 直接在酰基转移酶的催化下转化为青霉素;另外一条路线是异青霉素 N 水解产生 6-氨基青霉烷酸(6-APA),然后与苯甲酰辅酶 A 反应得到青霉素。这个 6-APA 实为青霉素的母核,通过半合成的手段制备一些不同的侧链可以形成一系列的青霉素类化合物,其中有许多已经成为临床上运用的重要的抗生素药物,如氨苄青霉素、羟氨苄青霉素、替卡西林等等。这也成为现代抗生素的一块大的生产和销售市场。

头孢类抗生素是β-内酰胺类抗生素的一个重要部分,是由与青霉素近源的头孢菌属真菌产生的,其结构中含有一个β-内酰胺-二氢噻嗪环,为六元杂环。这个六元环是由青霉素的五元四氢噻唑环(图3-50)经氧化扩环,并引入一个甲基碳(图3-51)。但是这个甲基碳的引入机制尚不清楚。

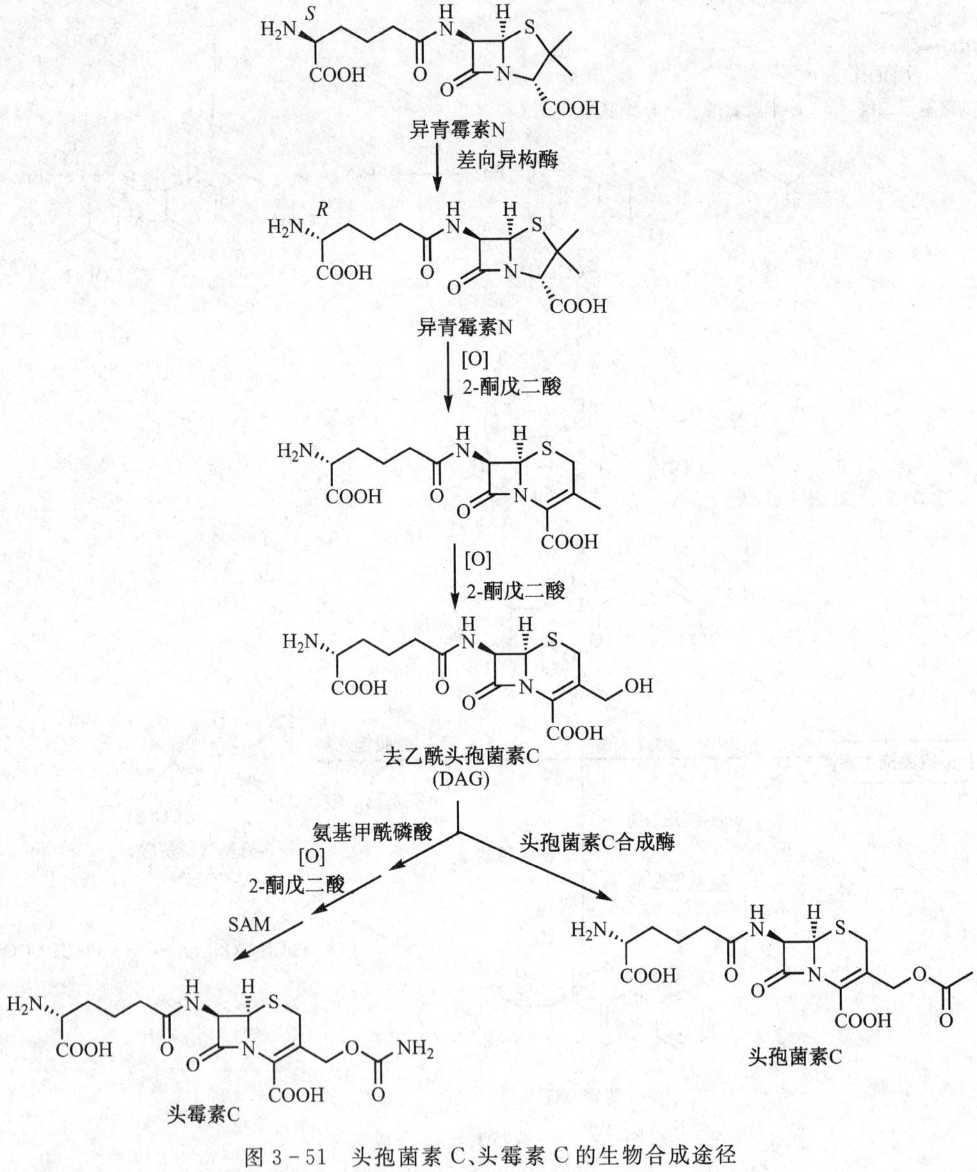

图 3-51   头孢菌素 C、头霉素 C 的生物合成途径

头孢菌素类的β-内酰胺类化合物同样也有一个活性的母核结构,就是7-氨基头孢烷菌酸(7-ACA),它可以通过水解头孢菌素C的酰胺侧链生成。与半合成青霉素一样,通过半合成的手段制备一些不同的侧链可以形成一系列的头孢菌素类化合物,这些化合物中的很多也是现在临床上应用很广的疗效显著的抗生素药物,如第一代的头孢拉定、头孢羟氨苄等,第二代的头孢克洛、头孢呋新等,第三代的头孢匹罗、头孢噻肟等。

　　还有一些类似结构的杂环化合物在生物中产生(图 3 - 52),其中稠环氧青霉烷结构尤其重要,其典型的化合物是克拉维酸(CLA)。克拉维酸是革兰阳性菌和革兰阴性菌 b -内酰胺酶的一种强烈抑制剂,拥有一个杂合的双环核心,其碳骨架来自精氨酸和丙三醇。所以它的生物合成的前体与青霉素完全不同,而且过程中也存在着许多特殊的地方。精氨酸和 3 -磷酸甘油醛是克拉维酸生物合成的前体。其可能的过程见图 3 - 53 所示。

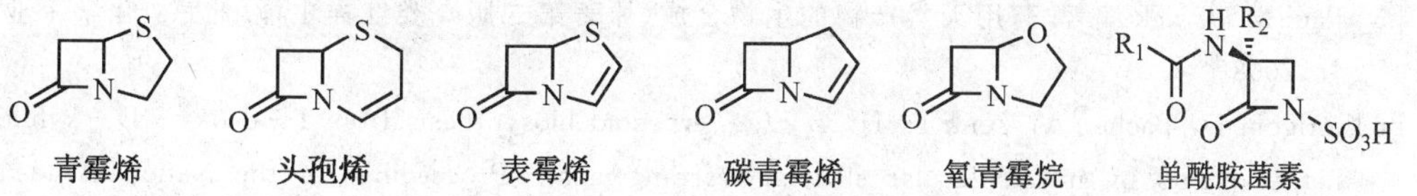

图 3 - 52　各种 β -内酰胺的结构

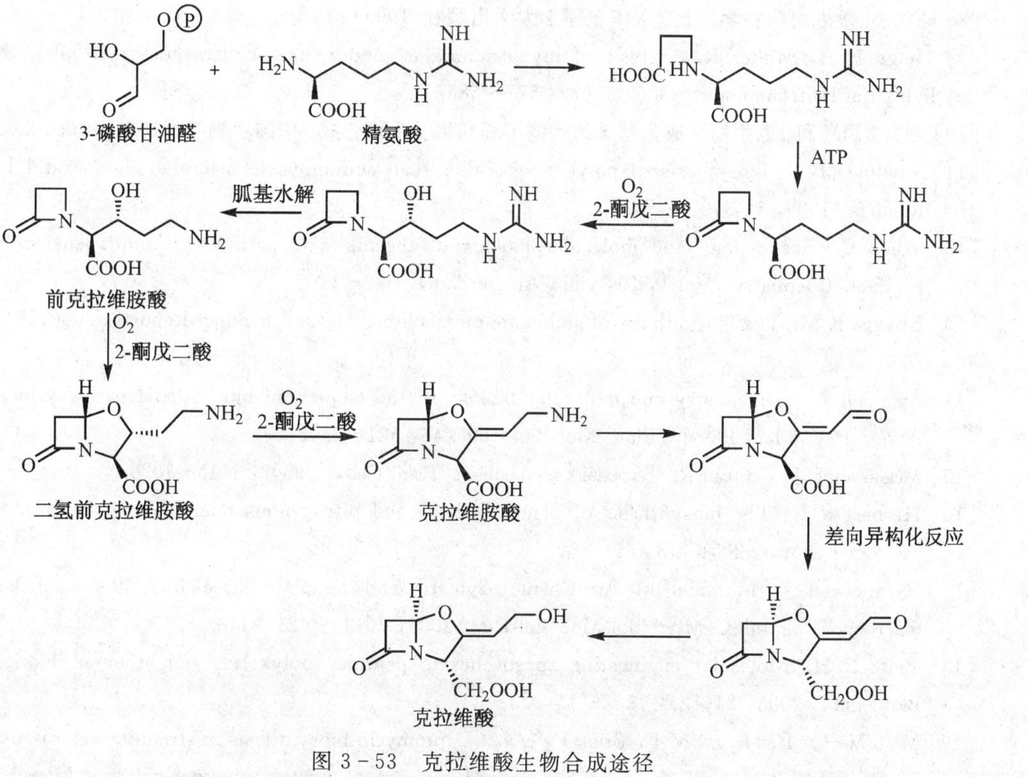

图 3 - 53　克拉维酸生物合成途径

　　在 β -内酰胺类化合物结构中存在着一种特别的类似青霉烷结构,它的环上的硫原子被碳原子置换了,这就是碳青霉烯类化合物。现在对碳青霉烯类生物合成的研究表明其环的基本结构是谷氨酸和乙酸生成的,首先谷氨酸激活成 γ -谷氨酰基磷酸酯,并与乙酰辅酶 A 结合生成碳链,然后形成亚胺,成环,接着发生还原形成 β -内酰胺环,生成培南类抗生素,再经脱氢生成碳青霉烯。

【参考文献】

　　[1] Campbell NA. Biology. 3rd edition. New York:The Benjamin/Cummings Publishing,1993.

　　[2] Lingens F, Keller E. Biosynthesis of phenylalanine and tyrosine:arogenic acid, a new intermediate

product. Naturwissenschaften,1983，70(3)：115～118.

［3］Fleseh G，Rohmer M. Prokaryofic hopanoids：the biosynthesis ofthe bacteriohopane skeleton. Formation of isoprenic units from two distinct acetate pools and a novel type of carbon/carbon linkage between a triterpene and D－ribose. Eur J Biochem,1988,175：405～411.

［4］Stephanopoulos G N，Aristidou A A，Nielsen J. Metabolic engineering—Principles and methologies. New York：Academic press,1998.

［5］Paul M Dewick 编著. 药用天然产物的生物合成(原著第二版). 娄红祥主译. 北京：化学工业出版社,2008.

［6］Arigoni D，Bacher A，Zenk M H，et al. Terpenoid biosynthesis from 1－deoxy－D－xylulose in higner plants by intramolecular skeletal rearrangement. Proceedings of the NationalAcademy of Sciences,1997，94(20)：10600～10605.

［7］褚志义. 生物合成药物学. 北京：化学工业出版社，2000.

［8］陈代杰. 微生物药物学. 上海：华东理工大学出版社,1999.

［9］Helge H B，Müller R. Analysis of myxobacterial secondary metabolism goes molecular. Journal Industrial Biotechnology，2006，33(7)：577～588.

［10］刘文,唐功利. 以生物合成为基础的代谢工程和组合生物合成. 中国生物工程杂志，2005，25：1～5.

［11］Rawlings B J. Biosythesis of polyketides(other than actinomycete macrolides). Natural Product Reports，1999，16：425～484.

［12］Abell C. Enzymology and molecular biology of theshikimate pathway. Comprehensive Natural Products Chemistry，Vol 1，Elsevier，Amsterdam，p573～607.

［13］Knaggs K M. The biosynthesis of shikimate metabolites. Natural Product Reports，2000,17：269～292.

［14］Chappell J. Biochemistry and molecular biology of the isoprenoid biosynthetic pathway in plants. Annu. Rev. Plant Physiol Plant Mol Biol,1995,46：521～547.

［15］McGarvey D J，Croteau R. Terpenoid metabolism. Plant Cell，1995,7：1015～1026.

［16］Herbert R B. The biosynthesis of plant alkaloids and nitrogenous microbial metabolites. Natural Product Reports，2001，18：50～65.

［17］Grunewald J，Marahiel M A. Chemoenzymatic and template directed synthesis of bioactive macrocyclic peptides. Microbiol Mol Biol Rev，2006，70(1)：121～146.

［18］Baltz R H. Molecular engineering approaches to peptide，polyketide and other antibiotics. Nat Biotechnol，2006，24(12)：1533～1540.

［19］Miao V，Coeffet-Legal M F，Brian P，et al. Daptomycin biosynthesis in streptomyces roseosporus：Cloning and analysis of the gene cluster and revision of peptide stereochemistry. Microbiology，2005，151(Pt 5)：1507～1523.

［20］Nguyen K T，Ritz D，Gu J Q，et al. Combinatorial biosynthesis of novel antibiotics related to daptomycin. Proceedings of the National Academy of Sciences of the United States of America，2006，103(46)：17462～17467.

［21］Julia P，Xiang L，Whiting A，et al. Heterologous production of daptomycin in streptomyces lividans. Journal of Industrial Microbiology & Biotechnology，2006，33(2)：121～128.

［22］Russell A D. Mechanisims of bacterial resistance to antibiotics and biocides. Prog Med Chem，1998，35：133～197.

第 4 章

微生物合成药物基础

微生物是指一类肉眼看不见或看不清楚,一般需要借助显微镜观察的微小生物。微生物包括原核微生物(如细菌)、真核微生物(如真菌、藻类和原虫)和无细胞生物(如病毒)三类。微生物最大的特点,不但在于体积微小,而且在结构上亦相当简单。由于微生物体积极其微小,故具有相对面积较大,物质吸收快,转化快等特点。微生物生长与繁殖很迅速,而且适应性强。从寒冷的冰川到极酷热的温泉,从极高的山顶到极深的海底,微生物都能够生存。由于微生物适应性强,又容易在较短时间内积聚非常多的个体(例如 10^{10} 个/毫升的数量级),因此容易筛选并分离到突变株。容易得到微生物突变株的性质,给人类利用与开发微生物带来广阔前景,但也是导致抗药性的内在原因。

4.1 常见的药用微生物

微生物作为一类重要的天然药用资源,曾经为人类的健康做出了巨大的贡献。如大家熟知的抗生素等药物大量来自于微生物。近年来,随着分子生物学和人类基因组研究的飞速发展,人们设计了许多特异性的针对人体各种疾病的新药筛选模型,使得从微生物中筛选新的药用生物活性物质的研究展现出了更广泛的用途。

药用微生物主要包括放线菌、真菌和细菌等。其中从放线菌中发现的药用活性化合物最多,约占 70%,其次分别为真菌(约占 20%)和细菌(约占 10%)。药用微生物生产的药品有抗生素类和非抗菌类生物活性物质两大类。人们对药用微生物的研究已经有半个多世纪的历史,但新发现的药用微生物及其活性化合物的数量稳步增长。早期研究的放线菌绝大多数为链霉菌,随着对微生物资源研究和利用的不断深入,人们对许多过去不常见的稀有放线菌、真菌也表现出了很大的兴趣并从中发现了许多新结构的活性化合物。近年来对药用微生物领域的研究发展表现在两个方面,一方面抗微生物活性化合物的作用靶由细菌扩大到了其他微生物,如真菌、病毒、原虫及寄生蠕虫等;另一方面药用微生物所产生物活性物质的数量逐渐增加。

4.1.1 细菌

细菌(Bacteria)是生物的主要类群之一,属于细菌域。细菌是所有生物中数量最多的一类,据估计,其总数约有 $5×10^{30}$ 个。细菌最早是路易•巴斯德(Louis Pasteur)发现的,他用鹅颈瓶实验指出,细菌是由空气中已有细菌产生的。细菌这个名词最初由德国科学家埃伦伯格(Christian Gottfried Ehrenberg)在 1828 年提出。这个词来源于希腊语 βακτηριον,意为"小棍子"。

4.1.1.1　细菌的结构和种类

细菌个体非常小,形状多样,但结构简单,多以二分裂方式进行繁殖的原核生物,是在自然界分布最广、个体数量最多的有机体。绝大多数细菌的直径大小在 $0.5～5\mu m$ 之间。细菌主要由细胞壁、细胞膜、细胞质、核质体等构成,有的细菌还有荚膜、鞭毛、菌毛等特殊结构。细菌细胞的基本结构是一般细菌共有的结构,包括细胞壁、细胞质膜、拟核、细胞质。

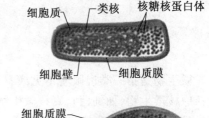

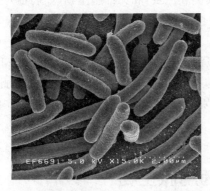

图 4－1　大肠杆菌电镜图(引自 http://en.wikipedia.org)

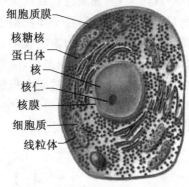

图 4－2　细菌细胞构造模式图

细菌的细胞壁主要由肽聚糖构成。细菌的细胞壁中肽聚糖外面的物质的化学性质不同导致革兰染色的结果不一样。

细胞质膜是紧贴在细胞壁内侧,是细胞壁和原生质之间一层柔软并具有半透性的生物膜,由磷脂双分子层和蛋白质构成,是重要的代谢活动中心,对于细菌的呼吸、能量的产生、运动、生物合成、内外物质的交换运送等均有重要的作用。细胞质膜具有选择性渗透作用,是合成代谢和能量代谢的场所,与细胞壁和荚膜形成有关。

拟核位于细胞质内,是一种没有核膜、没有核仁、没有固定形态、结构也较简单的原始形态的核,其实质是一个大型环状的双链 DNA 分子,是负载细菌遗传信息的物质基础。

细胞质是由细胞质膜包围着的,除拟核以外一切透明、胶状、颗粒状物质的总称,具有维持细胞内环境平衡等多种功能。细胞质内有大量的内含物,主要包括核糖体、中间体、颗粒状内含物(异染颗粒、脂类颗粒、多糖颗粒、气泡等)。核糖体是细胞质中无胞膜的颗粒结构,直径 150～200Å,小球形成不对称形,由大小两亚基组成,是合成蛋白质的场所,由 35%～66% RNA 和 45%～65%蛋白质组成。

细菌细胞的特殊结构包括鞭毛、菌毛、荚膜、芽孢等,是某些细菌在某生长阶段具有的结构。

　　鞭毛是某些细菌表面着生的一至数根由细胞内伸出的细长、波曲的丝状体(图 4-3),具有运动的功能。鞭毛在菌体上的着生位置、数目因种而异。菌毛(又名纤毛)是在细菌体表的比鞭毛更细、更短、直硬,且数量较多(250~300 根)的丝状体,与细菌吸附或性结合有关。水生细菌多生 1 至 4 根鞭毛,陆生菌多生周毛菌,在潮湿下翻滚,大多数球菌不具有鞭毛,许多杆菌具有鞭毛,螺旋菌具有或不具有鞭毛。鞭毛由蛋白质及少量的多糖和脂类构成。根据鞭毛数目与排列情况细菌可以分为一端单毛菌(菌体一端只有一条鞭毛)、二端单毛菌(菌体两端各有一条鞭毛)、丛毛菌(菌体一端或两端各有一丛鞭毛)、周毛菌(在菌体四周都有鞭毛)。具有鞭毛的菌能运动,没有鞭毛的菌不能运动。单毛、丛毛菌一般呈直线运动,周毛菌则无规则地缓慢运动或者滚动(合力不一),二端鞭毛菌比一端鞭毛菌快。

　　荚膜是某些细菌向细胞壁表面分泌的一层厚度不定的胶状物质(图 4-4),它犹如穿在菌体表面的一件外套,用显微镜观察,中心部位是细菌菌体,在暗色背景下荚膜呈透明状环绕菌体。荚膜的成分为多糖和多肽。如果细菌荚膜连在一起,其中包含有许多细菌即称为菌胶团。荚膜具有保护细菌免受干燥的影响,保护不受其他细菌吞噬,提供养料和堆积代谢废物。具荚膜的致病菌毒力强,失去荚膜的致病力下降。荚膜是鉴定细菌的依据之一。

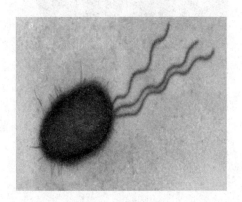

图 4-3　细菌的鞭毛

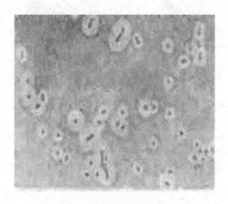

图 4-4　细菌的荚膜

　　某些细菌于生长后期,在细胞内形成一个圆形、椭圆形或圆柱形的休眠体叫芽孢。能产生芽孢的多为杆菌。细菌的芽孢都生长在细胞内,又称内生孢子(Endospora),细菌中只有少数几个属具有芽孢。芽孢在菌体内的位置、形状、大小因种而异,有中央位、端位、近端位等。芽孢直径大于或小于等于菌体宽度。芽孢具有极强的抗热、抗辐射、抗化学药物和抗静水压等特性,堪称生命世界之最,所以有些细菌在环境条件不利于生长繁殖时便会形成芽孢。芽孢抗性强主要是由于含水量低,有厚、致密的壁,含与抗热性有关的吡啶二羧酸(营养细胞不具有之),芽孢内具有抗热性的酶。芽孢萌发后变成营养细胞,抗性损失。芽孢不是繁殖器官,只是休眠体。由营养细胞缩短变成球菌,表面形成一层厚的孔壁称为孢囊。有些细菌产生芽孢,有些细菌形成另一种休眠细胞叫孢囊。一个营养细胞产生一个孢囊,一个孢囊又能产生许多细胞,与芽孢一样具有抗性,但并不特别抗热,也不完全休眠。伴孢晶体是某些芽孢杆菌在细胞内产生的一种晶体状多肽类内含物,呈菱形、方形或不规则形,一个菌只产生一个伴孢晶体。伴孢晶体对人畜无害处或小害,是对鳞翅目昆虫产生毒性的毒性晶体,可以使昆虫肠道穿孔,使昆虫全身麻痹死亡。

　　根据形状的不同细菌可以分为球菌、杆菌和螺旋菌(包括弧菌、螺菌、螺杆菌)三类(图 4-5)。

球菌大小以直径表示,多为 $0.5\sim1.0\mu m$。根据分裂后细胞排列方式的不同进行分类。细胞分裂后,新个体分散而单独存在,是单球菌,如尿素微球菌(*Micrococcus ureae*)。两个细胞成对排列,是双球菌,如肺炎双球菌(*Diplococcus pneumoniae*)。经两次分裂形成的四个细胞联在一起呈田字形,是四联球菌,如四联微球菌(*Micrococcus tetragenus*)。多个细胞排成链状,是链球菌,如乳链球菌(*Streptococcus lactis*)。细胞沿着三个互相垂直的方向进行分裂,分裂后的8 个细胞叠在一起呈魔方状,是八叠球菌,如尿素八叠球菌(*Sarcina ureae*)。细胞无定向分裂,形成的新个体排列成葡萄串状,是葡萄球菌,如金黄色葡萄球菌(*Staphylococcus aureus*)。螺旋菌大小一般为 $0.3\sim1.0\times1.0\sim50\mu m$,根据细胞弯曲程度和螺旋数目分为两种。若菌体弯曲不足一圈,似逗号形,称为弧菌,如霍乱弧菌(Vibrio cholerae);菌体回转如螺旋状,则称为螺菌,如减少螺菌(*Spirillum minus*)。除此之外,还有一些特殊形态的细菌,如长有附属丝的红微菌,丝状的亮发菌等。

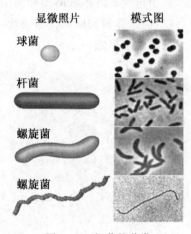

图 4-5　细菌的种类

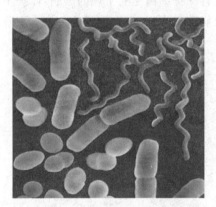

图 4-6　球菌、杆菌、螺旋菌

4.1.1.2　细菌的繁殖

细菌一般以无性方式繁殖,少数细菌也存在有性结合,但发生频率极低。细菌的繁殖方式有裂殖和芽殖两种方式,裂殖是细菌繁殖的主要方式,裂殖(fission)是指一个细胞通过分裂而形成两个子细胞的过程。裂殖分为二分裂、三分裂和复分裂三种。二分裂繁殖是细菌最普遍、最主要的繁殖方式。在分裂前先延长菌体,染色体复制为二,然后垂直于长轴分裂,细胞赤道附近的细胞质膜凹陷生长,直至形成横隔膜,同时形成横隔壁,这样便产生两个子细胞。三分裂是指部分细胞进行成对的"一分为三"方式的三分裂,形成一对"Y"形细胞,随后仍进行二分裂,其结果就形成了特殊的网眼状菌丝体。杆状细胞分裂时细胞间形成的隔膜与细胞长轴呈垂直状态称为横分裂;分裂时细胞间形成的隔膜与细胞长轴呈平行状态称为纵分裂。裂殖后形成子细胞与母细胞大小相等称为同形裂殖,裂殖后形成子细胞与母细胞大小不相等称为异形裂殖。在母细胞表面(尤其在其一端)先形成一个小突起,待其长大到与母细胞相仿后再相互分离并独立生活的一种繁殖方式称为芽殖,以这类方式繁殖的细菌,通称为芽生细菌(budding bacteria)。

4.1.1.3　细菌的菌落特征

细菌在营养基质上生长可以形成一定的菌落特征。所谓的细菌的菌落特征是指许多细菌生长在一起可以看到的群体特征。微生物的单个个体或孢子在固体培养基上生长繁殖后形成肉眼可见的集团称为菌落或集落。几个菌落连在一起成片生长称为菌苔。不同的菌落、菌苔大小、形状、光泽、颜色、硬度、透明度不同。细菌在不同类型的培养基上生长形成不同的菌落特征。在固体培养基上细菌多生于培养基表面，光滑或粗糙、干燥或湿润，有不同气味，但菌落菌苔易于被挑起。在半固体培养基上采用穿刺接种的方法接种细菌，如果该细菌有鞭毛就会运动则沿穿刺线扩散生长，如果无鞭毛则不能运动，只在穿刺线处生长。在液体培养基上多数细菌呈现均匀浑浊（表现均匀生长），部分形成菌膜（专性需氧菌），液体透明或者稍浑浊；部分细菌形成菌环，在液体中间形成一圈环状物形成沉淀，有些细菌在液体底部形成沉淀。

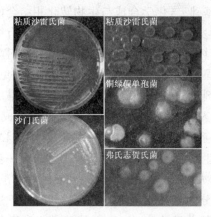 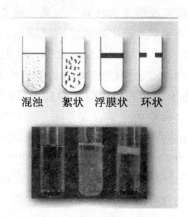

图 4-7　细菌的菌落形态与特征

4.1.1.4　细菌在药物合成中的应用

　　细菌在药物合成领域中有着广泛的应用，目前人们采用细菌生产的药物主要有氨基酸、维生素、核苷酸等药物。

　　1950 年发现了大肠肝菌能分泌少量的丙氨酸、谷氨酸、天冬氨酸和苯丙氨酸，以及加入过量的铵盐可增加氨基酸积累量的现象。1957 年，日本的木下祝郎等采用谷氨酸棒状杆菌进行 L-谷氨酸发酵取得成功。利用该菌的突变株还可发酵生产 L-赖氨酸、L-鸟氨酸和 L-缬氨酸等。中国于 1958 年开始研究 L-谷氨酸，随后分别报道了酮戊二酸短杆菌 2990-6 的 L-谷氨酸发酵及其代谢的研究结果。1965 年把北京棒状杆菌 ASI299 和钝齿棒状杆菌 ASI542 先后应用于 L-谷氨酸发酵的工业生产，接着在选育其他氨基酸的优良菌株方面也取得一定成果，逐渐形成了中国的氨基酸发酵工业。L-谷氨酸发酵微生物的优良菌株多在棒状杆菌属、微杆菌属、节杆菌属和短杆菌属中。以上的菌株具有的共同特性是细胞形态为短杆至棒状，无鞭毛，不运动，不形成芽孢，革兰染色阳性，要求生物素（利用石蜡为碳源的要求硫胺素），在通气培养条件下产生大量 L-谷氨酸。此外，其他细菌、放线菌和真菌中的一些属种也有产 L-谷氨酸的菌株，但产酸率较低。产其他氨基酸的微生物，主要是对上述产 L-谷氨酸的优良菌株进行人工诱变后选育出的各种突变株包括营养缺陷型突变株、调节突变株和营养缺陷型与抗反馈调节多重突变株。利用营养缺陷型突变株发酵生产氨基酸的关键是限制某种反馈抑制物或阻遏物的量，以解除代谢调节机制而有利于代谢中间体或最终产物的过量积累。因此，不同氨基酸缺陷型生长在含有限量的所要求氨基酸的培养基中，往往能产生和积累大量某种氨基酸。例如，L-赖氨酸的生产菌株多采用高丝氨酸缺陷型突变株，而精氨酸缺陷型突变株往往产生鸟氨酸或瓜氨酸等。采用调节突变株发酵生产氨基酸是成功的工艺之一,因为这类突变株一旦对氨基酸结构类似物具备了抗性之后,其正常代谢调节机制即被解除,因而能够积累大量的相应的氨基酸。采用营养缺陷型与抗反馈调节多重突变株对提高某些氨基酸的发酵产率有明显的效果。例如,生产 L-精氨酸、L-色氨酸、L-苯丙氨酸、L-酪氨酸、L-白氨酸和 L-苏氨酸等就常采用多重突变株。

维生素是人体生命活动必需的要素,主要以辅酶或辅基的形式参与生物体各种生化反应。维生素在医疗中发挥了重要作用,如维生素 B 族用于治疗神经炎、角膜炎等多种炎症,维生素 D 是治疗佝偻病的重要药物等等。维生素的生产较多采用化学合成法,后来人们发现某些微生物可以完成维生素合成中的某些重要步骤;在此基础上,化学合成与生物转化相结合的半合成法在维生素生产中得到了广泛应用。目前可以用发酵法或半合成法生产的维生素有维生素 C、B_2、B_{12}、D 以及 β-胡萝卜素等。维生素 C 又称抗坏血酸,能参与人体内多种代谢过程,使组织产生胶原质,影响毛细血管的渗透性及血浆的凝固,刺激人体造血功能,增强机体的免疫力。另外,由于它具有较强的还原能力,可作为抗氧化剂,已在医药、食品工业等方面获得广泛应用。维生素 C 的化学合成方法一般指莱氏法,后来人们改用微生物脱氢代替化学合成中 L-山梨糖中间产物的生成,使山梨糖的得率提高一倍,我国进一步利用另一种微生物将 L-山梨糖转化为 2-酮基 L-古龙酸,再经化学转化生产维生素 C,称为两步法发酵工艺。第一步发酵是生黑葡糖杆菌(或弱氧化醋杆菌)经过二级种子扩大培养,种子液质量达到转种液标准时,将其转移至含有山梨醇、玉米粉、磷酸盐、碳酸钙等组分的发酵培养基中,在 28～34℃下进行发酵培养。在发酵过程中可采用流加山梨醇的方式,其发酵收率达 95％,培养基山梨醇浓度达到 25％时也能继续发酵。发酵结束,发酵液经低温灭菌,得到无菌的含有山梨糖的发酵液,作为第二步发酵的原料。第二步发酵是氧化葡糖杆菌(或假单胞杆菌)经过二级种子扩大培养,种子液达到标准后,转移至含有第一步发酵液的发酵培养基中,在 28～34℃下培养 60～72h。最后发酵液浓缩,经化学转化和精制获得维生素 C。中国科学院微生物研究所和北京制药厂协作,曾于 1970 年筛选到可将 L-山梨糖氧化成 2-酮基-L-古洛糖酸的、由两种细菌组成的自然组合共栖菌株 N1197A。两种细菌是条纹假单胞杆菌和氧化葡糖酸杆菌,在单独培养时前者不产酸、后者产酸微弱。采用上述的氧化葡糖酸杆菌与芽孢杆菌属或假单胞杆菌属的菌株混合培养,可以产生维生素 C 的前体,即 2-酮基-L-古洛糖酸。维生素 B_{12} 又称钴胺素,是具有抗恶性贫血特殊效应的化合物。很多种细菌都能合成维生素。最初采用的生产菌株是从粪便中分离到的黄杆菌和诺卡尔氏菌等。某些酵母菌和丝状真菌也都具有合成维生素的能力。在工业生产中,采用巨大芽孢杆菌、费氏丙酸杆菌、舒氏丙酸杆菌、橄榄色链霉菌以及某些种的节杆菌合成维生素。钴是维生素合成的必要元素,在基质中最适浓度的钴能提高维生素的产量。维生素 H 可由棒杆菌、分枝杆菌及毛霉等许多属的微生物合成,白喉杆菌和黑曲霉可利用庚二酸合成生物素,酵母和脉孢菌则可利用脱硫生物素合成。对氨基苯甲酸可由某些金黄色葡萄球菌制备。有许多细菌可用于合成另一种重要的维生素——叶酸。硫胺素可由大肠杆菌和酵母菌合成,硫胺素作为工业酒精发酵的副产物和某些肠道细菌具有合成维生素 K(萘醌化合物)的能力。

自然界的微生物都有合成核苷酸的能力。在正常情况下当微生物生成的核苷酸量达到一定程度时微生物体内的一套反馈系统能抑制核苷酸继续合成,使核苷酸的合成与分解处于平衡状态。为了生产核苷酸物质,就必须解除微生物体内的平衡状态,使核苷酸在培养液中不断地蓄积。解除反馈抑制可用硫酸二乙脂、亚硝基胍对野生菌株进行处理的化学诱变法或用紫外光、快中子进行处理的物理诱变法。例如,由产氨短杆菌 ATCC6872 诱变出来的各种突变株,经直接发酵或前体转化,提高了肌苷酸、腺苷酸(AMP)、鸟苷酸、黄苷酸(XMP)以及肌苷(IR)和 6 -氮杂尿嘧啶核苷等的产量。1961 年发现枯草杆菌可以在培养液中蓄积少量肌苷酸,在生产中应用的菌种都是产氨短杆菌的变异株,由产氨短杆菌 ATCC6872 紫外光照射得到的 KY1302 菌株,可生成肌苷酸 11.2~12.8g/L。产氨短杆菌 NO.15003 在有乳酸清添加时,可生成肌苷酸 25.4g/L。可以由酵母或细菌提取 RNA,然后依靠橘青霉或金色链霉菌的 5′-磷酸二脂酶和脱氨酶的作用制成肌苷酸,也可以用微生物发酵糖质原料制成肌苷,再以化学方法或微生物的核苷酸磷酸化酶催化肌苷和无机磷酸进行反应生成肌苷酸。枯草杆菌、短小芽孢杆菌、产氨短杆菌的很多腺嘌呤缺陷型突变株都是优良的肌苷生产菌。腺嘌呤的浓度是肌苷发酵的关键,一般在培养基中需维持低水平的腺嘌呤才能保证肌苷的产生,不溶性的磷酸盐对肌苷的产生有促进作用。枯草杆菌 NO.102 经紫外光诱变和 DNA(脱氧核糖核酸)转化法得到的腺嘌呤、黄嘌呤双缺陷型并对 8 -氮杂鸟嘌呤有抗性的变异株,可发酵糖质原料生成肌苷22.3g/L,如向培养基添加黄嘌呤肌苷率可达 33.1g/L。一株产肌苷能力最强的菌株是由产氨短杆菌经亚硝基胍诱变得到的抗 6 -巯基鸟嘌呤的变异株,蓄积肌苷的能力高达 52.4g/L。直接发酵糖质原料或利用鸟嘌呤作前体都能得到鸟苷酸。发酵生成鸟苷酸的微生物有谷氨酸棒杆菌、产氨短杆菌的多种变异株。但因直接发酵糖质原料生产 GMP 的产量只有 2g/L 左右还不能用于工业生产,产氨短杆菌 ATCC6872 虽然在前体鸟嘌呤添加时可生成 15.3g/L GMP,但也因前体物昂贵尚无法投产。GMP 工业生产多用发酵法先制成鸟苷,然后通过微生物或化学磷酸化作用转变为 GMP。生产鸟苷采用的菌种有枯草杆菌、短小芽孢杆菌、产氨短杆菌的多种变异株,它们的特点是生成必需嘌呤碱基并对嘌呤结构类似物具有抗性,各菌株的鸟苷生成量达 10g/L 左右。生产 GMP 的另一种方法是首先发酵糖质原料生成黄苷酸,然后再用另一种菌将黄苷酸转化为 GMP,也可将两种菌混合培养制成 GMP。谷氨酸小球菌和产氨短杆菌的变异株都可积累黄苷酸。把黄苷酸转化为 GMP 的菌株多采用产氨短杆菌的变异株。如果将黄苷酸产生菌和把黄苷酸转化为 GMP 的菌混合培养时前者与后者恰当的比例为10∶1,GMP 生成量达 9.67g/L。环腺苷酸(cAMP)能抑制癌细胞的增生,并对冠心病、牛皮癣有缓解作用。1944 年发现液化短杆菌和大肠杆菌的培养液内有 cAMP,后来又分离到一株棒杆菌和一株小球菌,将它们在含有腺嘌呤、次黄嘌呤的培养基中培养 cAMP 的生成量比液化短杆菌和大肠杆菌高出 3~4 倍。生产 cAMP 的碳源可以是葡萄糖、果糖、麦芽糖、甘露糖或者正烷烃。在 12 碳和 14 碳的烷烃中培养玫瑰色石蜡节杆菌和溶蜡小球菌时,cAMP 的生成量分别为 1.4g/L 和 3g/L。此外,还可以用藤黄八叠球菌发酵生产黄素腺嘌呤二核苷酸(FAD);用产氨短杆菌、芽孢杆菌、小球菌可以生产辅酶 A;用谷氨酸棒杆菌和产氨短杆菌发酵生产乳清酸和烟酰胺腺嘌呤二核苷酸(NAD)——辅酶Ⅰ等。

4.1.2 放线菌

放线菌(Actinomycetes)是一类具有丝状分枝细胞和无性孢子的 G^+ 原核微生物,由于菌落呈放射状而得名。放线菌是一类介于细菌和真菌之间的单细胞生物。一方面,放线菌的细胞构造和细胞壁的化学组成与细菌相似,与细菌同属原核生物;另一方面,放线菌体呈纤细的菌丝状,而且分枝,又以外生孢子的形式繁殖,这些特征又与霉菌相似。放线菌菌落中的菌丝常从一个中心向四周辐射状生长,因此叫放线菌。放线菌主要分布于含有机质丰富的中性或偏碱性的土壤中,在空气、淡水和海水等处也有一定的分布。放线菌可以产生种类繁多的抗生素,已发现 5000 个以上的抗生素菌种中有 50% 来自放线菌。其中从土壤样品中分离出来的放线菌中链霉菌属约占 90%～95%。重要的属有链霉菌属、小单孢菌属和诺卡氏菌属等。链霉菌属是放线菌中种类最多、分布最广、形态特征最典型的类群,除了链霉菌属以外的放线菌又被称为稀有放线菌。放线菌还可以用于生产维生素和酶,进行甾体转化、烃类发酵和污水处理。

4.1.2.1 放线菌的形态和分类

放线菌属于异养型需氧菌,在自然界中分布广泛,大多数腐生,少数寄生。在形态上比细菌复杂的单细胞。在显微镜下,放线菌呈丝状分枝,这些细丝一样的结构被称为菌丝,菌丝细胞的结构与细菌基本相同。细胞中具核质而无真正的细胞核,细胞壁含有胞壁酸与二氨基庚二酸,不含几丁质和纤维素。根据菌丝形态和功能的不同,放线菌菌丝可分为基内菌丝、气生菌丝和孢子丝。基内菌丝又称营养菌丝,匍匐生长于营养基质表面或伸向基质内部,直径在 $0.2～0.8\,\mu m$ 之间,像植物的根一样,具有吸收水分和养分的功能。有些还能产生各种色素,把培养基染成各种颜色。放线菌中多数种类的基内菌丝无隔膜,不断裂,如链霉菌属和小单孢菌属等;但有一类放线菌,如诺卡氏菌型放线菌的基内菌丝生长一定时间后形成横隔膜,继而断裂成球状或杆状小体。气生菌丝是基内菌丝长出培养基外并伸向空间的菌丝。在显微镜下观察时,一般气生菌丝颜色较深,比基内菌丝粗,直径为 $1～1.4\,\mu m$;形状伸直或弯曲,有的产生色素。而基内菌丝色浅、发亮。有些放线菌气生菌丝发达,有些则稀疏,还有的种类无气生菌丝。孢子丝是当气生菌丝发育到一定程度,其上分化出的可形成孢子的菌丝。放线菌孢子丝的形态及其在气生菌丝上的排列方式多样,有直形、波曲、钩状、螺旋状、一级轮生和二级轮生等多种,有的交替着生或丛生,是放线菌定种的重要标志之一。孢子丝发育到一定阶段便分化为分生孢子。在显微镜下,孢子呈圆形、椭圆形、杆状、圆柱状、瓜子状、梭状和半月状等,孢子的颜色丰富,孢子表面的纹饰因种而异,有的光滑,有的褶皱状、疣状、刺状、毛发状或鳞片状,刺有粗细、大小、长短和疏密之分。

链霉菌属(*Streptomyces*)是最高等的放线菌,主要分布于土壤中。中国科学院微生物研究所根据气生菌丝(孢子堆)的颜色、基内菌丝的颜色、可溶性色素、孢子丝的形状、孢子的形状和表面结构等特征,将链霉菌属分为 14 个种组,每个种组又包括许多不同的种,以此作为链霉菌属各种的鉴定和寻找新的抗生素产生菌的依据。主要代表如产生链霉素的灰色链霉菌。

小单孢菌属(*Micromonospora*)菌丝体纤细,直径 $0.3～0.6\,\mu m$,有分枝,不断裂。只形成营养菌丝,深入培养基内,不形成气生菌丝。孢子单生、无柄,或着生在长短不一的孢子梗上,孢子梗分枝成簇。菌落小,直径 $2～3\,\mu m$,通常橙黄色或红色,边有深褐黑色、蓝色,表面覆盖一层粉沫状的孢子。一般为好气性腐生。大多分布在土壤或湖底泥土中,堆肥和厩肥中也不少。约有 30 多种。是产生抗生素较多的一个属。有的种还积累维生素 B_{12}。如产庆大霉素的棘孢小单孢菌和绛红小单孢菌。

诺卡氏菌属(*Nocardia*)在培养基上形成典型的分枝菌丝体,弯曲或不弯曲,多数无气生菌丝。菌落一般比链霉菌菌落小,表面多皱,致密干燥,一触即碎。多为需氧型腐生菌,少数为厌氧型寄生菌。诺卡氏菌属有 100 多种,主要分布于土壤中。许多种能产生抗生素,如利福霉素(rifomycin)等。

　　游动放线菌(*Actinoplanaceae*)基内菌丝上常呈栅栏状的菌丝顶端形成类球形或略不规则孢囊,其中孢囊孢子不规则排列,由孢囊壁破裂或部分溶解而释放出来。孢囊孢子浑圆形,大部分具极生丛毛,偶有周生鞭毛,能游动。一般无气生菌丝。细胞壁化学组分Ⅱ型,即以内消旋二氨基庚二酸和甘氨酸为特征组分。DNA 中的 G+C 摩尔含量为 70.6%～76%。基内菌丝多呈橙色,产生多种抗细菌和肿瘤的抗生素。中国发现的济南游动放线菌能产生对大肠杆菌有特效的创新霉素。代表种为菲律宾游动放线菌。

　　链孢囊菌(*Streptosporangium*)也属于游动放线菌科的一属,气生菌丝有时形成孢子链,经常形成球形孢囊,其中孢子丝规则盘绕,断裂为卵圆形的孢囊孢子,无鞭毛,不能游动。细胞壁化学组分Ⅲ型,有时除内消旋二氨基庚二酸外,还含有迹量左旋二氨基庚二酸。DNA 中的 G+C 摩尔含量为 69.5%～70.6%。产生多种抗细菌和肿瘤的抗生素。代表种为玫瑰链孢囊菌。

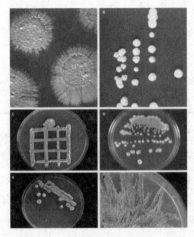

图 4-8　产抗生素的放线菌

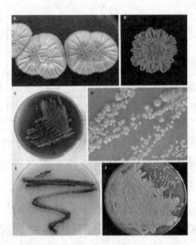

图 4-8　部分放线菌的菌落形态

4.1.2.2　放线菌在药物合成中的应用

　　放线菌是一类比其他微生物更为丰富的生物活性物质的资源。历史上为抗生素工业的建立和发展发挥过巨大作用。今天,随着放线菌生物多样性研究的进展,放线菌仍然具有产生新的生物活性物质的极大潜力。链霉菌是大量抗生素的产生菌,利用链霉菌发酵可以生产氨基糖苷类药物、氯霉素、链霉素、环丝氨酸、林可霉素和新生霉素等抗生素。小单孢菌发酵可以生

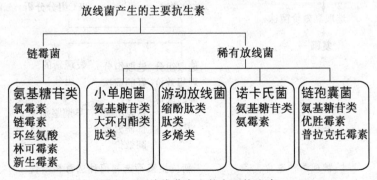

图 4-9　放线菌产生的主要抗生素

产氨基糖苷类药物、大环内酯类药物和肽类药物。游动放线菌发酵可以生产缩酚肽类、肽类和多烯类药物。诺卡氏菌发酵可以用于生产氨基糖苷类和氯霉素。链孢囊菌可以用于生产氨基糖苷类、优胜霉素和普拉克托霉素等药物。放线菌在药物合成中的应用如表 4-1 所示。

表 4-1　放线菌在药物合成中的应用

药物名称	生产菌
林可霉素(Lincomycin)	林可霉素链霉菌(*Streptomyces lineolnensis*)
氯霉素(Chloramphenicol)	委内瑞拉链丝菌(*Streptomyces venezuela*)
庆大霉素(Gentamycin)	绛红色小单孢菌(*Micromonospora purpurea*)
妥布霉素(Tobramycin)	黑暗链霉菌(*Streptomyces tenebrarius*)
奈替米星(Netilmicin)	橄榄星孢小单孢菌(*Micromonospora olivoasterosporo*)
普那霉素(Pristinamycins)	始旋链霉菌(*Streptomyces pristinaespiralis*)
大观霉素(Spectinomycin)	壮观链霉菌(*Streptomyces spectabilis*)
达托霉素(Daptomycin)	玫瑰孢链霉菌(*Streptomyces roseosporus*)
盐霉素(Salinomycin)	白色链霉菌(*Streptomyces albus*)
阿维菌素类药物(Avermectins)	阿维菌素放线菌(*Streptomyces avermitilis*)

以庆大霉素产生菌(GM)的筛选为例简要说明抗生素产生菌的筛选方法,图 4-10 表明了常规菌种选育方法以及新的抗生素筛选和菌种选育相结合两种筛选途径。常规菌种选育方法是以筛选高效价的突变株为目标,忽略了菌种代谢产物的组分研究,致使在以前自认为优质、高效价的庆大霉素成品其实药效不高,甚至有些是毒副作用大。我国自 20 世纪 70 年代起就专门组织了庆大霉素组分的研究,经研究证实 GM 是一个多组分的抗生素,主要由 GMC1、

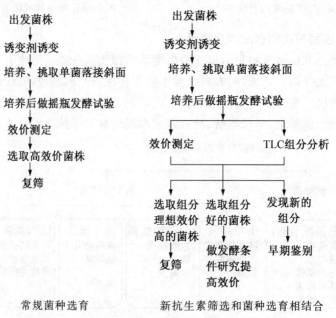

图 4-10　抗生素产生菌的筛选

GMC2、GMC1a 三个组分组成,它们的毒性和抗菌活力均有一定的差异,因此复合物中各组分的相对含量的变化关系影响着产品的疗效和毒副作用,并且影响到产品的质量。为此,1985版中国药典即对 GM 的三个主要组分的相对含量作了规定,因而在进行 GM 菌种选育时设计了以效价结合组分考核的菌种筛选流程来选育组分好、效价高的新菌种,在具体操作中利用薄层层析法和纸层-生物显影法进行组分分析和早期鉴别。用此方法不但能发现组分好的菌种,而且还有可能发现产生新组分的突变株,这种新方法是将新抗生素筛选和菌种选育相结合的方法。

　　自 1942 年 Waksman 发现链霉素以来,放线菌产生的药物开发已取得了极其辉煌的成就,对医疗事业的发展和人类健康做出了重大贡献。随着放线菌药物资源的长期开发和利用也面临很多问题,如包袱沉重,去重复难度极大,因而投资周期长、耗资巨,风险大,药物开发赶不上病原菌抗药性的增加及不断出现的新疾病。虽然未知放线菌甚多,但发现难度大。为此,人们提出了从化学、菌种和基因三方面开展放线菌药物研究的应对策略,以解决限制放线菌药物资源持续利用和发展的瓶颈。现在已经清楚的微生物代谢产物至少有 25000 种以上,要淘汰这些已知化合物全靠化学家的知识积累和经验,以及强大的数据库和检索系统。加强仪器、数据库、结构解析软件的配套、集成,提高快速、微量、在线分析能力,即建立先进的高通量筛选平台。其次是新物种的发现。实践证明,新菌种是获得新化合物的首要前提。要获得这些未知菌或新物种就要把分离方法本身始终不渝地作为重点研究对象,不断建立、改进、更新,力求有全新的突破。分离未知放线菌难,早期淘汰已知放线菌更难。因此要把建立简便实用的早期淘汰程序作为重点,使已知菌、常见菌早期被排除,同时需要研究人员长期、用心的经验积累。到原始森林、原始环境、极端环境采样,用特殊方法分离其中的未知放线菌。基因组研究拓展了人们的知识领域,为放线菌药物开发提供了新途径。

4.1.3　真菌

　　真菌(Fungus)微生物、霉菌和酵母组成一个非常大而且种类繁多的生物群,世界上已被描述过的真菌约有 1 万属 12 万余种。我国的真菌资源丰富,约为 4 万种。它们对人类的生物学意义也各不相同,从有害到不可缺少它们。真菌属于真核生物,由单细胞或多细胞组成,通常有有性繁殖和无性繁殖,有细胞壁结构。细胞壁由多糖、纤维素和(或)几丁质、甘露聚糖或葡聚糖组成。在自然界中分布广泛,土壤、水、空气和植物体表面等均有存在,以寄生或腐生方式生活。如霉菌和酵母大多数是腐生菌,它们既是重要的自然有机物的分解者,又是食品的破坏者;另一些寄生菌随环境变化能以活的或死的有机物作为食物,一些能引起植物、动物和人患病。

　　真菌根据其生物学特性可分为:

　　(1) 藻状菌纲(Phycomycetes),特点是菌丝不分隔,无性繁殖产生内生的胞囊孢子或游动孢子,有性繁殖产生同型配子囊结合而成的接合孢子或异型交配而形成的卵孢子。代表的有根霉属(*Rhizopus*)、毛霉属(*Mucor*)、梨头霉属(*Absidia*)。

　　(2) 子囊菌纲(Ascomycetes),最重要的特征是产生子囊,内生子囊孢子(*ascospore*)。子囊是两性核结合的场所,结合的核经减数分裂,形成子囊孢子。菌丝的特点是分隔的。如酵母菌属(*Saccharomyces*)、青霉属(*Penicillium*)、曲霉属(*Aspergillus*)。

　　(3) 担子菌纲(Basidiomycetes),担子菌都有很发达的菌丝体,菌丝有隔膜。除少数种类有无性生殖、产生分生孢子外,大多数担子菌在自然情况下没有无性生殖。担子菌的有性生殖产生担孢子。担孢子是外生的,这一点和子囊菌内生子囊孢子截然相反。如灵芝、蘑菇、茯苓等。

(4) 半知菌纲(Deuteromycetes),半知菌的营养体为发达的有隔菌丝体,少数是单细胞的,菌丝体可形成菌核、子座等结构。无性繁殖大多十分发达,主要以芽殖和断裂的方式产生分生孢子。分生孢子的个体发育有菌丝型和芽殖型两大类型。如各种皮肤癣菌、假丝酵母属等。

按应用的角度通常将真菌分为三类,即酵母菌、霉菌和蕈菌(也称大型真菌)。需要说明的是这不是分类学上名词。霉菌与酵母是多细胞丝状真菌的名称。按分类学来说,霉菌分属藻状菌纲、子囊菌纲与半知菌纲。酵母菌在真菌分类中属子囊菌纲、担子菌纲与半知菌纲。大型真菌是指能形成肉质或胶质的子实体或菌核,大多数属于担子菌亚门,少数属于子囊菌亚门。

在药物界,利用真菌的各种代谢产物包括次级代谢产物为药物的如青霉素、头孢菌素、灰黄霉素等抗生素、维生素、酶制剂、各种有机酸等等。也有直接利用真菌菌体作为药物的,如我国中药里入药的灵芝、茯苓、虫草等。

大约有 50 多种真菌能感染人而引起疾病,大多数属于半知菌纲。它们的感染程度不一样,从不明显的或轻微的感染到严重的以及致死的感染。

4.1.3.1 酵母菌

正如上文提到的酵母菌只是一个俗名,由于不同的酵母在生物分类学上所属差异,所以很难给之一个确切的定义。酵母菌是一些单细胞真菌,并非系统演化分类的单元。目前已知有 1000 多种酵母,大部分被分类到子囊菌门。酵母细胞明显比大多数细菌大,细胞大小约为 $2\sim5\times5\sim30\mu m$(短轴×长轴)。酵母多数为单细胞生物,常呈卵圆形或者圆柱形。实际上,每种酵母确实具有自己特有的形态模式,但会随着菌龄与环境不断变化。酵母细胞除没有鞭毛外,一般都具有细胞壁、细胞膜、线粒体、核糖体、液泡等细胞器。酵母的细胞壁的厚度为 $0.1\sim0.3\mu m$,不如细菌的坚韧,主要成分为葡聚糖、甘露聚糖等。与其他生物一样酵母的细胞膜都

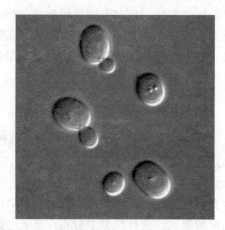

图 4 - 11 酿酒酵母(*Saccharomyces cerevisiae*)的相差干涉显微图

是双膜中间镶嵌着蛋白质。此外,酵母细胞膜中还含有甾醇,其中以麦角甾醇最为常见。大多数酵母菌都具有液泡,其主要用于储藏一些营养物质或者水解酶前体物,另外还有调剂渗透压的作用。

酵母可以通过出芽进行无性生殖,也可以通过形成子囊孢子进行有性生殖。无性生殖即在环境条件适合时,从母细胞上长出一个芽,逐渐长到成熟大小后与母体分离。在营养状况不好时,一些可进行有性生殖的酵母会形成孢子,在条件适合时再萌发。一些酵母,如假丝酵母(*Candida*)不能进行无性繁殖。

酵母是人类文明史中被应用得最早的微生物。在目前已知有 1000 多种酵母。根据酵母菌产生孢子(子囊孢子和担孢子)的能力,可将酵母分成三类:形成孢子的株系属于子囊菌和担子

菌。不形成孢子但主要通过出芽生殖来繁殖的称为不完全真菌,或者叫"假酵母"(类酵母)。目前已知大部分酵母被分类到子囊菌门。酵母菌在自然界分布广泛,主要生长在偏酸性的潮湿的含糖环境中。除了可用于生产酒类、甘油、单细胞蛋白等外,是生产众多生化药物的原料,如从中可以提取核酸、麦麦角甾醇、辅酶 A、细胞色素 C、维生素和凝血质等;同时,酿造酵母(*Saccharomyces cerevisiae*)可以改造成为产生若干个重要多肽类药物(如干扰素、胰岛素等)的优良的遗传工程菌。常见的酵母菌有酵母属(*Saccharomyces*)、裂殖酵母属(*Schizosaccharomyces*)、假丝酵母(*Candida*)、地霉属(*Geotrichum*)和红酵母属(*Rhodotorulla*)。

4.1.3.2　霉菌

霉菌是丝状真菌的通俗名称,意为"发霉的真菌"。这不是分类学的名词,在分类上属于真菌门的各个亚门。通常指菌丝体发达而又不产生大型子实体的真菌。霉菌常用孢子的颜色来称呼,如黑霉菌、红霉菌或青霉菌。

霉菌分布很广,在日常的生活中我们可以发现,在潮湿温暖的地方,很多物品上长出一些肉眼可见的绒毛状、絮状或蛛网状的菌落,那就是霉菌。构成霉菌体的基本单位称为菌丝,呈

图 4-12　毛霉菌

长管状,宽度 $2\sim10\mu m$,可不断自前端生长并分枝。无隔或有隔,具 1 至多个细胞核。许多菌丝交织在一起的菌丝集团成为菌丝体。菌丝体分两种类型:一种是密布于营养基质内主要执行吸收营养物质功能,即营养菌丝;另一种是向空间伸展为气生菌丝,它们在一定阶段可分化为不用类型的产无性或有性孢子的构造,即子实体。霉菌的繁殖包括有性生殖和无性生殖。行无性生殖时,匍匐菌丝向上分枝为直立菌丝,顶端的孢子囊可产生孢子,孢子落在有机物上,便可萌发菌丝。行

有性生殖时,正、负交配型的匍匐菌丝互相靠近,彼此各长出短侧枝,经接合成为合子。合子成熟萌发时,经减数分裂产生孢子囊,孢子囊破裂释出孢子,再萌发为菌丝。

霉菌的菌丝形态、繁殖方式、子实体构造和孢子形态、构造等分类特征是分类鉴别的主要指标。

霉菌有着人们所讨厌的有害和致病性,但是它同时也是发酵和医药中许多有益代谢物的产生菌,如柠檬酸、葡萄糖酸和乳酸等有机酸,淀粉酶、蛋白酶和脂肪酶等酶制剂,青霉素、头孢菌素等抗生素,核黄素等维生素,麦角碱等生物碱,以及甾族化合物的生物转化生产甾体激素等药物,等等。

霉菌的种类很多,常见的霉菌有根霉属(*Rhizopus*)、毛霉属(*Mucor*)、曲霉属(*Aspergillus*)、青霉属(*Penicillium*)、镰孢菌属(*Fusarium*)、赤霉属(*Gibberella*)等等。

4.1.3.3　大型真菌

大型真菌又称蕈菌,这也是一个通俗名称,是指那些能形成肉质子实体的真菌,包括大多数担子菌和少数子囊菌。从外表来看,蕈菌不像微生物,所以在过去一直是植物学的研究对象,但从其进化历史、细胞构造、早期发育特点、各种生物学特性和研究方法等多方面来考察,都可证明它们与其他典型的微生物——显微真菌却完全一致。事实上,若将其大型子实体理解为一般真菌菌落在陆生条件下的特化与高度发展形式,则蕈菌就与其他真菌无异了。

在蕈菌的发育过程中,其菌丝的分化可明显地分成 5 个阶段:① 形成一级菌丝:担孢子萌发,形成由许多单核细胞构成的菌丝,称一级菌丝;② 形成二级菌丝:不同性别的一级菌丝发生接合后,通过质配形成了由双核细胞构成的二级菌丝,它通过独特的"锁状联合",即形成喙状突起而联合两个细胞的方式不断使双核细胞分裂,从而使菌丝尖端不断向前延伸;③ 形成三级菌丝:到条件合适时,大量的二级菌丝分化为多种菌丝束,即为三级菌丝;④ 形成子实体:菌丝束在适宜条件下会形成菌蕾,然后再分化、膨大成大型子实体;⑤ 产生担孢子:子实体成熟后,双核菌丝的顶端膨大,细胞质变浓厚,在膨大的细胞内发生核配形成二倍体的核。二倍体的核经过减数分裂和有丝分裂,形成 4 个单倍体子核。这时顶端膨大细胞发育为担子,担子上部随即突出 4 个梗,每个单倍体子核进入一个小梗内,小梗顶端膨胀生成担孢子。

大型真菌是我国医药学宝库中的一个重要组成部分。早在公元 100—200 年的《神农本草经》中就有关于木耳、茯苓等的药用价值的记述,但对药用真菌进行系统的研究则始于 20 世纪 80 年代。我国药用真菌资源丰富,而且是利用真菌治病最早的国家,随着科学研究的不断深入,药用真菌将在医学领域发挥愈来愈大的作用,具有很大的开发潜能。

大型真菌的药用功能:所谓的大型真菌是指能治疗疾病、具有药用价值的一类真菌,即在菌丝体、子实体、菌核或孢子中能产生氨基酸、维生素、多糖、甙类、生物碱、甾醇类、黄酮类及抗生素等多种物质,对人体有保健,对疾病有预防、抑制或治疗作用的真菌。大型真菌等微生物在长期的生物进化过程中为抗拒外来物侵袭以及适应外界环境产生了大量的化学防御物质和生长调节物质。现有的研究结果表明,已知对肉瘤和艾氏癌抑制率达 60%～100% 的真菌有近 300 种,大多数真菌抗肿瘤活性是具有特定结构的多糖和蛋白结合多糖体。真菌代谢产物(多糖,蛋白质、萜类)抑制肿瘤率在 90%～100% 的种类多达 104 种,真菌多糖的抗肿瘤活性不仅抑制肿瘤,而且有助于恢复和提高患者免疫功能,与化学疗法相结合可减少或降低化学药物的毒副作用。药用真菌能影响机体的多种免疫功能,具有免疫调节作用,并能增强单核巨噬细胞系统功能、增强细胞免疫功能,促进细胞因子的产生和增强体液免疫反应。真菌多糖可通过活化细胞免疫和巨噬细胞的吞噬功能,促进肝脏核酸的代谢,起到保护肝脏的作用。某些真菌类药物具有心脏缺血保护、降低血脂和预防实验性动脉粥样硬化斑块形成以及抗凝血、抗血栓的作用。如虫草多糖可降低血液中三油甘酯和胆固醇的含量。药用真菌具有抗辐射作用,如拮抗氧自由基危害、抑制组织细胞的脂质过氧化反应、促进或改善骨髓造血功能、保护造血系统、提高机体免疫功能、遗传物质(DNA)损伤的预防和修复作用。药用真菌还有调节内分泌和代谢作用,例如,对神经系统调节协同作用、止咳平喘作用、抗溃疡作用、抗菌作用、抗病毒作用、抗衰老作用等。

大型真菌的有效成分:主要的有效化学成分为多糖、萜类化合物、甾醇类、生物碱类、蛋白质、核酸、酶、有机酸、多元醇、呋喃衍生物类和微量元素,以及色素类化合物等等。

真菌多糖是 7 个分子以上醛糖、核酮糖通过糖苷键缩合而成的多聚物。药用真菌多糖对人类一些疑难病症的治疗显示出很好的疗效。在医药和保健品中应用较为广泛的真菌多糖主要有香菇多糖、灵芝多糖、云芝多糖、银耳多糖、猪苓多糖、虫草多糖、金针菇多糖、黑木耳多糖、茯苓多糖、猴头多糖。真菌多糖具有降血压、血脂、健胃保肝、抗氧化、延缓衰老、抗感染、抗辐射、促进核酸和蛋白质的生物合成和修复损伤的组织细胞等多种功效。真菌多糖具有抗肿瘤作用,真菌多糖抗肿瘤机制主要是免疫调节,真菌多糖是一种免疫增强剂,可以激活 T 细胞、B细胞、M 巨噬细胞、NK 细胞(自然杀伤细胞)、CTL 细胞(细胞毒性 T 淋巴细胞)、LAK 细胞

（淋巴因子激活的杀伤细胞）等免疫细胞,激活网络内皮系统（RES）吞噬、清除老化细胞和异物,调节机体抗体和补体的形成,提高机体抗肿瘤免疫力。真菌多糖存在于真菌子实体、菌核和菌丝体中,同时也可以用液体发酵获得。萜类化合物是指松节油和许多挥发油中含有的一些不饱和烃类化合物,根据成分可分为单萜、二萜、二倍半萜和三萜、四萜乃至多萜。目前从药用真菌分离得到的萜类成分多属倍半萜、二萜和三萜,其主要作用是具有抗癌和抗菌活性。甾醇类化合物是一种重要的原维生素 D,受紫外线照射转化为维生素 D_2,麦角菌、酵母菌、猪苓、冬虫夏草、金针菇、赤芝等真菌中均含有甾醇类化合物,可用于防治软骨病。真菌生物碱是真菌中的一类重要代谢产物,根据已经分离得到的化合物可以分为吲哚类和嘌呤类生物碱。吲哚类生物碱主要有麦角碱、麦角新安碱、麦角铵、麦角异铵、麦角生碱、麦角异生碱,此类物质对治疗偏头痛、心血管疾病均有显著的效果,能促进子宫肌肉收缩、减少产后流血,催产,对眼角膜疾患、内耳平衡功能及甲状腺分泌功能的失调等症也有一定的疗效。嘌呤类物质是真菌新陈代谢过程的产物,具有降低血脂、降低胆固醇和杀菌的作用。真菌中含有丰富的氨基酸,多数药用真菌中氨基酸种类丰富,具有显著的抗癌作用和调节机体免疫功能等活性。

　　我国药用真菌种类繁多,多数是食药兼用的真菌,少数真菌是专一药用真菌,如炭角菌、雷丸等。我国曾经报道过的部分药用真菌及功能如表 4 - 2 所示。

表 4 - 2　我国部分药用真菌的生物功能

名　　称	功　　能
Agaricus arvensis Schaeff. 野蘑菇	治疗腰腿疼痛,手足麻木
Agaricus blazei Murrill 巴氏蘑菇	降血压,抗肿瘤
Agaricus campestris L. 蘑菇	治疗贫血症,脚气,消化不良,抗细菌,抑肿瘤
Agrocybe dura（Bolton）Singer 硬田头菇	抗细菌,抗真菌
Agrocybe praecox（Pers.）Fayod 田头菇	抑肿瘤
Armillaria gallica Marxm. & Romagn 法国蜜环菌	治疗神经衰弱,失眠,四肢麻木等
Armillaria tabescens（Scop.）Emel 假蜜环菌	治疗肝病,抑肿瘤
Astraeus hygrometricus（Pers.）Morgan 硬皮地星	止血,治疗冻疮
Auricularia auricula（L. ex Hook.）Underw. 木耳	抗溃疡,补血,润肺,止血,降血糖等
Auricularia delicata（Fr.）Henn. 皱木耳	补血,润肺,止血等
Auricularia mesenterica（Dicks.）Pers. 毡盖木耳	抑肿瘤
AAuricularia polytricha（Mont.）Sacc. 毛木耳	活血,止痛,治疗痔疮,抑肿瘤等
Battarrea stevenii（Libosch.）Fr. 毛柄钉灰包	消肿,止血,清肺,利喉,解毒
Beauveria bassiana（Bals. - Criv.）Vuill.	抗真菌,治疗糖尿病
Bjerkandera adusta（Willd.：Fr.）P. Karst. 黑管孔菌	抑肿瘤
Boletinus cavipes（Klotzsch：Fr.）Kalchbr. 空柄假牛肝菌	治疗腰酸腿疼,手足麻木
Boletus appendiculatus Schaeff. 黄靛牛肝菌	治疗腰酸腿疼,手足麻木
Boletus erythropus Pers. 红柄牛肝菌	抑肿瘤
Bovista nigrescens Pers. 黑铅色灰球菌	止血
Bovista plumbea Pers. 铅色灰球菌	止血,消肿,解毒

　　大型真菌的药用部分主要是子实体,但有一些是通过现代发酵工业技术大量繁殖菌丝来加工制药。国内外研究表明,天然的药用真菌具有独特的优越性,目前在寻找治疗高血压、高血脂、糖尿病等现代文明病的药物方面,从包括真菌在内的中药中筛选具有较好的前景。下面简要介绍几种药用真菌。

　　云芝(*Coriolus versicolor*)又称彩绒革盖菌、杂色云芝、彩绒菌或瓦菌。云芝是分布极其广泛的一种木腐菌,可侵害近80种阔叶林树木,被侵害树木的木质部形成白色腐朽。该菌含有蛋白酶、过氧化酶、淀粉酶、虫漆酶和革酶等,有广泛的经济用途。在段木栽培木耳和香菇时常有该菌生长,被视为有害"杂菌"。广泛分布于我国黑龙江、吉林、辽宁、河北、河南、山东、山西、陕西、青海、甘肃、新疆、西藏、广东、广西等地区。云芝子实体小,无柄,平伏面反卷,或扇形、贝壳状,往往相互连接在一起,呈覆瓦状排列。菌盖宽1~8 cm,厚0.1~0.3 cm,革质表面有细长绒毛和多种颜色组成的狭窄的同心环带,绒毛常有丝绢光彩,边缘薄,波浪状。菌肉白色。管孔面白色、淡黄色,每毫米3~5个。云芝有去湿化痰的功效,可治疗肺病和慢性支气管炎、迁延性或慢性肝炎,可作为肝癌患者的免疫治疗药物。从云芝菌丝体和发酵液中提取的多糖均具有极强烈的抑制癌细胞活性。云芝菌丝体多糖是含蛋白质的葡聚糖,而从发酵液提取的多糖不含蛋白质,该提取物对小鼠肉瘤180和艾氏癌的抑制率分别为80%和100%。

云芝
Coriolus versicolor(L.Fr.)Quél.

古尼虫草
Cordyceps gunnii(Berk.)Berk

黄裙竹荪
Dictyophora multicolor Berk.etBr

冬虫夏草
Cordyceps sinensis(Berk.)Sacc.

图4-13　一些大型真菌

　　古尼虫草(*Cordyceps gunnii*)寄生在蝙蝠蛾科(*Hepiaidae*)昆虫的幼虫上,曾经被误当冬虫夏草使用,有人认为古尼虫草与亚香棒虫草相同,目前在贵州已作为药物研究利用。古尼虫草的子座从寄主头部生出,柄白色,长 10~90mm,粗 5~6mm,顶部一般灰色至成簇着生,一般 8~22mm×5~8mm,成熟时与柄的界限分明,无不孕顶端。子囊壳拟卵形或安瓿瓶形,埋生,成熟时孔口外露。

黄裙竹荪(*Dictyophora multicolor*) 又称黄网竹荪或仙人伞。多数有毒,不宜采食,可供药用。将子实体浸泡于浓度为 70% 的酒精中,作为外涂药用于治疗脚癣。夏季在竹林和阔叶林地上散生。分布于我国江苏、湖南、安徽、云南、广东、台湾、香港、海南和西藏等地区。子实体中等至较大,高 8~18cm。菌盖钟形,具网格,其上有暗青褐色或青褐色黏性孢体,顶平,有一孔口。菌幕柠檬黄色至橘黄色,似裙子,具菌托,苞状,从菌盖边沿下垂长 6.5~11cm,下缘直径 8~13cm,网眼多角形,眼孔直径约 2~5mm,菌柄白色或浅黄色,海绵状,中空,长 7~15cm,粗 1.6~3cm。

冬虫夏草(*Cordyceps sinensis*) 又称虫草或冬虫草。冬虫夏草为名贵中药,性温、味甘,后微辛、补精益髓、保肺、益肾、止血化痰和止痨咳。其中含有特有成分虫草菌素是一种有抗生作用或抑制细胞分裂作用的核酸类物质。冬虫夏草自然分布在海拔 3000~5000m 之间的高山草甸和高山灌木丛带,寄生于虫草蝙蝠蛾(*Hepialus armoricanus*)的幼虫体上。每年 5~7 月份出现,也有的在 11 月份开始出现子座,但不发育。子座棒状,生于鳞翅目幼虫体上,一般只长一个子座,少数 2~3 个,从寄主头部、胸部生出至地面。长 3~12cm,基部粗约 1.5cm,头部圆柱形,褐色,中空。子囊壳椭圆形,基部埋于子座中。

4.2　菌种的选育、保藏和复壮

4.2.1　菌种的选育

性能优良的菌株是微生物药物合成的基础。优良的生产菌株一般具备以下特性:① 目标药物的生产力强。能在廉价的培养基上迅速生长,所需的代谢产物的产量高,其他代谢产物少。② 操作简便容易。培养条件简单,发酵易控制,发酵过程中产生泡沫少,适宜大罐生产,产品易分离。③ 稳定性好。抗噬菌体能力强,菌种纯,不易变异退化。④ 安全性高。是非病源菌,不产有害生物活性物质或毒素。天然菌种的生产性能较低,一般需要进行选育。

获得优良菌种有三种途径。第一种途径:可以根据有关信息向菌种保藏机构、工厂或科研单位直接索取。第二种途径:可以根据所需菌种的形态、生理、生态和工艺特点的要求,从自然界特定的生态环境中以特定的方法分离出新菌株。接下来进行育种的工作,根据菌种的遗传特点,改良菌株的生产性能,使产品产量、质量不断提高。第三种途径:当菌种的性能下降时,还要设法使它复壮。最后还要有合适的工艺条件和合理先进的设备与之配合,这样菌种的优良性能才能充分发挥。

菌种选育是一门应用科学技术,其理论基础是细胞生物学、分子生物学、微生物遗传学、生物化学等,其研究目的是微生物产品的高产优质和发展新品种,为生产不断提供优良菌种,从而促进生产发展。所以,育种工作者要充分掌握微生物学、生物化学、遗传学的基本原理和国内外有关的先进科学技术,灵活而巧妙地将其运用到育种中去,使菌种选育技术不断更新和发展。根据微生物遗传变异的特点,人们在生产实践中已经试验出一套行之有效的微生物育种方法。以基因突变为理论基础的菌种选育方法主要包括自然选育和诱变育种。以基因重组为理论基础的菌种选育方法主要包括体内重组和体外重组,体内重组主要指原生质体融合、杂交和转导等,体外重组主要方法为基因工程(图 4-14)。

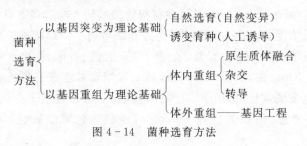

图 4-14　菌种选育方法

4.2.1.1　自然选育

自然选育又称自然分离,是指利用菌种的自发突变从中选育出优良菌种的过程。自发突变存在两种可能性:① 代谢更加旺盛,生产性能提高。② 菌种衰退,生产性能下降。优秀的菌种选育工作者能利用菌种自发突变的性状变化选育出优良菌种。引起自然突变一般有两种原因,一种是多因素低剂量的诱变效应,另一种是互变异构效应。多因素低剂量的诱变效应是指自然突变,实质上是由一些原因不详的低剂量诱变因素引起的长期综合效应。互变异构效应是指四种碱基的第六位上的酮基和氨基,胸腺嘧啶(T)和鸟嘌呤(G)可以酮式或烯醇式出现,胞嘧啶(C)和腺嘌呤(A)可以氨基式或亚氨基式出现。平衡一般倾向于酮式和氨基式。碱基对发生自然突变的机率约为 $10^{-9} \sim 10^{-8}$。

自然选育简单易行,可以达到纯化菌种、防止菌种衰退、稳定生产和提高产量的目的。但由于自发突变的频率较低,出现优良性状的可能较小,需坚持相当长的时间才能收到效果。自然界中微生物种类繁多,迄今为止人类研究和应用的不过千余种,采用各种不同的筛选手段,挑选出性能良好、符合生产需要的纯种是育种的关键。自然选育的主要步骤:采样、增殖培养、纯种分离、菌种筛选、生产性能测定。

(1) 采样

采样对象可以是土壤、植物、腐败物品和水域等,一般以采集土壤为主。在有机质较多的肥沃土壤中,微生物的数量最多,中性偏碱的土壤以细菌和放线菌为主,酸性红土壤及森林土壤中霉菌较多,果园、菜园和野果生长区等富含碳水化合物的土壤和沼泽地中,酵母和霉菌较多。采样应充分考虑采样的季节和时间,以温度适中雨量不多的秋初为好,在夏季或冬季土壤中微生物存活数量较少。选好采样地点后,用无菌刮铲、土样采集器等采样工具采集有代表性的样品,如特定的土样类型和土层,叶子碎屑和腐质,根系及根系周围区域,海底水、泥及沉积物,植物表皮及各部,阴沟污水及污泥,反刍动物第一胃内含物,发酵食品等。采集土样时,可取离地面 5～15cm 处的土,将土样盛入清洁的聚乙烯袋、牛皮袋或玻璃瓶中,标明样本的种类、日期、地点和采集地点的地理、生态参数等。采集植物根际土样时,将植物根从土壤中慢慢拔出,浸渍在大量无菌水中约 20min,洗去黏附在根上的土壤,再用无菌水漂洗下根部残留的土,这部分土即为根际土样。采集水样时,将水样收集于 100ml 干净、灭菌的广口塑料瓶中,从较深的静水层中采集水样。采好的样品应及时处理,暂不能处理的应贮存于 4℃下,贮存时间不宜过长。

(2) 增殖培养

一般情况下,采来的样品可以直接进行分离,但是如果样品中所需要的菌类含量并不多,而其他微生物却大量存在,为了容易分离到所需要的菌种,让无关的微生物至少在数量上不要增加,就要设法增加目标菌种的数量。增殖培养可以通过配制选择性培养基(如营养成分、添加抑制剂等)或选择一定的培养条件(如培养温度、培养基酸碱度等)来实现。例如,可根据微生物利用碳源的特点,选淀糖、淀粉、纤维素、石油等为碳源,以其中一种为唯一碳源,能够代谢唯一碳源的微生物才能大量正常生长,而其他微生物可能死亡。分离细菌时,培养基中添加浓度一般为 $50\mu g/ml$ 的抗真菌剂(如放线菌酮和制霉素)可以抑制真菌的生长。在分离放线菌时,通常于培养基中加入 $1\sim5ml$ 天然浸出汁(植物、岩石、有机混合腐质等的浸出汁)作为促进因子,可以分离出不同类型的放线菌。在放线菌分离琼脂中通常加入抗真菌制剂霉菌素或放线菌酮,以抑制真菌的繁殖。在分离真菌时,利用低碳/氮比的培养基可使真菌生长菌落分散,在分离培养基中加入一定的抗生素如氯霉素、四环素、卡那霉素、青霉素、链霉素等可有效地抑制细菌生长。

(3) 纯种分离

增殖培养后,样品中的微生物仍然处于混杂生长状态,必须进行纯种分离。常用的分离方法有稀释分离法和划线分离法等。稀释分离法是将样品进行适当稀释,将稀释液涂布于培养基平板上进行培养,挑取独立生长的单个菌落。划线分离法是采用接种针(接种环)挑取菌体样品在固体培养基上划线,确保培养出单个菌落。

(4) 筛选

分离培养后固体培养基上出现很多单菌落,通过菌落形态观察,选出所需菌落,取菌落的一半进行菌种鉴定,将符合目的菌特性的菌落移到试管斜面纯培养。

(5) 生产性能测定

通过上述方法获得的目标菌株是否适用于工业生产有待于进一步考察。采用摇瓶进行小试,优化发酵条件,确定菌种的生产能力。如果菌株生产能力理想,可以进一步用于中试实验;如果菌种生产能力欠佳,目标菌种可以作为进一步诱变育种的出发菌株。

一般来讲,从自然界中采用自然筛选的方法分离到的目标菌株不能满足工业化生产的需求,因此菌种的选育工作不能停留在"选"种阶段,还要进行"育"种。

4.2.1.2　诱变育种

诱变育种的理论基础是基因突变。所谓突变是指由于染色体和基因本身的变化而产生的遗传性状的变异。突变主要包括染色体畸变和基因突变两大类。染色体畸变是指染色体或 DNA 片断的缺失、易位、逆位、重复等。基因突变是指 DNA 分子结构中的某一部位发生变化(又称点突变)。根据突变发生的原因又可分为自然突变和诱发突变。自然突变是指在自然条件下出现的基因突变。诱发突变是指用各种物理、化学因素人工诱发的基因突变。诱变因素的种类很多,有物理的、化学的和生物的三大类。经诱变处理后,微生物的遗传物质 DNA 和 RNA 的化学结构发生改变,从而引起微生物的遗传变异。诱变育种是指人为地利用物理和化学等因素诱发作物产生遗传变异,在短时间内获得有利用价值的突变体,根据育种目标要求,对突变体进行选择和鉴定,直接或间接地培育成生产上有利用价值的新品种的育种途径。诱变育种能够提高突变率,扩大"变异谱"、创造新类型;适于改良品种的个别性状;育种程序简单,年限短;变异的方向和性质不定;与杂交育种、远缘杂交和离体培养等方法结合使用,将发挥巨大作用。

诱变育种主要有物理诱变和化学诱变两种。物理诱变是利用辐射作用诱发基因突变和染

色体变异。化学诱变是应用有关化学物质诱发基因和染色体变异。诱变育种的主要环节包括
出发菌株的选择,菌悬液的制备,诱变和突变株的筛选等步骤。

确定出发菌株
↓
菌种的纯化选优
↓←出发菌株的性能鉴定
同步培养
↓
制备单细胞(或单孢子)悬液
↓←活菌浓度测定
诱变剂的选择与确定诱变剂量的预试验
↓
诱变处理
↓
平板分离
↓计形态变异的菌落数,计算突变率
挑取疑似突变菌落纯培养
↓
突变体的初步筛选
↓←用简单快捷的方法
重复筛选
↓←摇瓶发酵试验
选出突变体(根据情况进行试验或重复诱变处理)

图 4-15 诱变育种的基本步骤

(1) 出发菌株的选择

出发菌株(original strain)是指用来进行诱变处理的菌株。一般来说,出发菌株有三种:
从自然界分离得到的野生型菌株;通过自发突变经筛选获得的高产菌株;已经诱变过的菌株。
出发菌株一般要选择纯种,借以排除异核体或异质体的影响。出发菌株不仅要产量高,还需要
考虑产孢子少、产色素多或少、生长速度快等有利于合成发酵产物的特点。出发菌株应该对诱
变剂敏感且变异幅度广。选用合适的出发菌株有利于提高育种效率。自然界新分离的野生型
菌株,对诱变处理较敏感,容易达到好的效果。在生产中经生产选种得到的菌株与野生型较相
像,也是良好的出发菌株。每次诱变处理后得到产率提升的新菌株,往往经多次诱变后得到优
良的新菌株的可能性大大提高。出发菌株开始时可以同时选 2~3 株,在处理比较后,将更适
合的出发菌株留作继续诱变。要尽量选择单倍体细胞、单核或核少的多细胞体来做出发诱变
细胞,这是由于变异性状大部分是隐性的,特别是高产基因。根据采用的诱变剂或根据细胞生理
状态或诱变谱选择诱变剂,因为同一诱变剂的重复处理会使细胞产生抗性,使诱变效果下降。有
的诱变剂作用于营养细胞,就要选对数期的细胞;有的诱变剂作用于休止期,就可选用孢子。

(2) 菌悬液的制备

为使每个细胞均匀接触诱变剂并防止长出不纯菌落,要求做诱变的菌株必须以均匀而分
散的单细胞悬液状态存在。用于诱变育种的细胞应该尽量选用单核细胞,如霉菌或放线菌的
分生孢子或细菌的芽孢等。这主要是因为对于多核的微生物细胞,即使处理的是单细胞也会
出现不纯菌落。

（3）诱变

采用诱变剂对出发菌株进行诱变可以获得生产能力较高的正突变菌株。目前，诱变剂主要有物理诱变剂和化学诱变剂两大类。物理诱变剂主要是各种射线辐射或通过空间诱变。辐射射线主要包括紫外线、X 射线、γ 射线、快中子、β 射线、α 射线、超声波、激光和离子注入等。紫外线诱变的辐射源是紫外光灯，能量和穿透力低，能成功地用于处理花粉粒。β 射线辐射的辐射源为 ^{32}P 和 ^{35}S。β 射线是一束电子流，产生与 X 或 γ 射线相似的作用。空间诱变也叫太空诱变，是将菌种送入太空，利用太空的特殊环境诱变产生变异，再返回地面进行选育。

紫外线诱变的辐射源是紫外灯，能量和穿透力低。紫外线的波长短于可见紫色光，波长范围为 136～370nm。以 250～290nm 波长范围的紫外线的诱变作用最强。DNA 和 RNA 的嘌呤和嘧啶有很强的紫外光吸收能力，最大的吸收峰在 260nm，因此波长 260nm 的紫外辐射是最有效的诱变剂。对于紫外线的作用已有多种解释，但研究得比较清楚的一个作用是使 DNA 分子形成嘧啶二聚体，即两个相邻的嘧啶共价连接，二聚体出现会减弱双键间氢键的作用，并引起双链结构扭曲变形，阻碍碱基间的正常配对，从而有可能引起突变或死亡。另外，二聚体的形成会妨碍双链的解开，因而影响 DNA 的复制和转录。总之，紫外辐射可以引起碱基转换、颠换、移码突变或缺失等。紫外线诱变一般采用 15W 紫外线杀菌灯，波长为 2537Å，灯与处理物的距离为 15～30cm，照射时间依菌种而异，一般为几秒至几十分钟。一般常以细胞的死亡率表示，希望照射的剂量死亡率控制在 70%～80% 为宜。被照射的菌悬液细胞数，细菌为 10^6 个/mL 左右，霉菌孢子和酵母细胞为 10^6～10^7 个/mL。由于紫外线穿透力不强，要求照射液不要太深，约 0.5～1.0cm 厚，同时要用电磁搅拌器或手工进行搅拌，使照射均匀。由于紫外线照射后有光复活效应，所以照射时和照射后的处理应在红灯下进行。

紫外诱变的一般步骤如下：① 将细菌培养液以 3000r/min 离心 5min，倾去上清液，将菌体打散加入无菌生理盐水再离心洗涤。② 将菌悬液放入一已灭菌的装有玻璃珠的三角瓶内用手摇动打散菌体。将菌液倒入有定性滤纸的漏斗内过滤，单细胞滤液装入试管内，一般处于浑浊态的细胞液含细胞数可达 10^8 个/mL 左右，作为待处理菌悬液。③ 取 2～4mL 制备的菌液加到直径为 9cm 培养皿内，放入一无菌磁力搅拌子，然后置磁力搅拌器上、15W 紫外线下 30cm 处。在正式照射前，应先开紫外线 10min，让紫外灯预热，然后开启皿盖正式在搅拌下照射 10～50s。操作均应在红灯下进行，或用黑纸包住，避免白炽光。④ 取未照射的制备菌液和照射菌液各 0.5mL 进行稀释分离，计数活菌细胞数。⑤ 取照射菌液 2mL 于液体培养基中（300mL 三角瓶内装 30mL 培养液），120r/min 振荡培养 4～6h。⑥ 取中间培养液稀释、分离、培养。⑦ 挑取菌落进行筛选。紫外诱变是工业诱变育种应用最为广泛的育种技术。例如，以小麦赤霉菌为指示菌，以从吸水链霉菌海南变种 S101 菌株分离到的 S510 菌株为出发菌株，经紫外诱变后分别采用琼脂块法和二级摇瓶复筛法对其进行初筛和复筛，选育出高产菌株，分析发酵培养基 pH 值和培养时间对发酵液效价的影响。结果表明，当发酵培养基的 pH 值为 5.5～6.5时，发酵液效价较高，最适 pH 值为 6.0。发酵液的效价在 72h 后可维持在较稳定的范围内，最佳发酵时间为 96h。通过连续 2 次紫外诱变，菌株的产抗生素能力比初始菌株提高了 30.06%。将获得菌株在斜面培养基上连续传代 5 次后，仍有稳定的遗传性状。再如，以纳豆菌 B.N.K 为出发菌株，在适宜条件下制备和再生原生质体，并结合紫外线诱变筛选纳豆激酶高产菌株。经过原生质体紫外诱变的重复处理、摇瓶复筛和遗传稳定性试验，最终得出 5 株高产菌株，酶活分别为 383.65、400.74、327.15、347.16、378.98IU/mL，比出发菌株 B.N.K 分别提高了 67.1%、74.5%、42.5%、51.2%和 65.0%。

X 射线又称阴极射线,辐射源是 X 光机,是一种电磁辐射。X 射线对生物细胞进行辐照可造成 DNA 碱基损伤和单、双链断裂及分子内、分子间交联等损伤,诱导细胞发生失活、恶性转化、染色体畸变、基因突变等。有研究者选择能量在氧的 K 吸收边附近的同步辐射软 X 射线对米曲霉孢子的辐照致死效应进行了研究。通过筛选,获得一株曲酸高产突变株。500mL摇瓶 10d 的发酵表明,突变株的累积产酸量(27.79g/L)较原发菌株(17.81g/L)提高约 56%。同时,改变发酵液中不同氮源和碳源,对突变株的发酵条件进行了比较研究。结果表明,同步辐射软 X 射线是进行曲酸生产菌诱变选育的潜在诱变源。

γ 射线诱变的辐射源是 ^{60}Co 和核反应堆,是一种不带电荷的中性射线。γ 射线属于电离辐射,是电磁波。一般具有很高的能量,能产生电离作用,因而能直接或间接地改变 DNA 结构。其直接效应是脱氧核糖的碱基发生氧化或脱氧核糖的化学键和糖-磷酸相连接的化学键断裂,使得 DNA 的单链或双链键断裂。其间接效应是电离辐射使水或有机分子产生自由基,这些自由基与细胞中的溶质分子起作用发生化学变化,作用于 DNA 分子而引起缺失和损伤。此外,电离辐射还能引起染色体畸变,发生染色体断裂,形成染色体结构的缺失、易位和倒位等。例如有研究为了筛选高产虾青素红发夫酵母突变株,用不同剂量 ^{60}Co γ 射线对出发菌株菌液进行反复辐射处理,得到突变株 W6318,并对其生物学特性进行了研究。结果表明不同照射剂量下正突变率为 10%～36%,在射线诱变剂量为 3.5kGy 时诱变效果最佳。最优化条件下突变株生物量、总类胡萝卜素和虾青素产量分别为 10.15g/L、14.97mg/L 和12.55mg/L,分别比出发菌株提高 11.17%、86.39%和 101.8%。5L 发酵罐放大培养中的生物量、总类胡萝卜素和虾青素产量分别为 15.56g/L、18.54mg/L和 14.97mg/L。浙江大学一研究小组对一株产 γ-聚谷氨酸的地衣芽孢杆菌(*Bacillus licheniformis* CICC10099)进行了诱变筛选及摇瓶发酵条件的初步优化,目的是要得到 γ-聚谷氨酸高产菌株并进一步提高其产能。实验考察了不同诱变剂量下菌体的致死率和正突变率,以确定最佳诱变条件。结果表明:^{60}Co γ 射线最佳的诱变剂量为 200Gy 时,致死率大于 90%,正突变率高达 13.3%。在上述剂量下,经 ^{60}Co γ 射线诱变后分离筛选得到一株高产突变株 *Bacillus licheniformis* S16,摇瓶实验表明 γ-聚谷氨酸的含量达到 16.9g/L,较出发菌株 CICC10099 提高 72.4%。

中子诱变的辐射源为核反应堆、加速器或中子发生器,根据中子能量大小分为超快中子、快中子、中能中子、慢中子和热中子。安徽皖北制药厂以洁霉素产生菌林肯链霉菌(Streptomyces Linlolnensis)U8-2 为出发菌株,经快中子处理后,再经摇瓶初筛、复筛获得高效价菌株 FN-4,又经 L9(34)的正交设计试验确定 FN-4 的最佳培养基配比,使其摇瓶效价提高了 17%,在 60m^3 罐放大试验,与出发菌株相比发酵效价提高 17.5%,发酵指数提高 20.7%。

超声波具有很强的生物学效应,对微生物的诱变机理较为复杂,主要是空化作用。空化作用是指在声波作用下,存在于液体中的微小气泡(汽泡或空穴)所发生的一系列动力学过程,包括振荡、扩大、收缩乃至崩溃。空化泡绝热收缩至崩溃瞬间,泡内可呈现 5000℃以下的高温和几千个大气压,并伴有强大的冲击波或射流等,可以改变细胞的壁膜结构,使细胞内外发生物质交换,甚至是发生突变。有研究通过超声波仪对酿酒酵母进行诱变作用试验,在相同的时间内,超声波频率越高对试验菌株的致死率越高;同一频率条件下,超声波辐射时间增加也可使试验菌株的致死率增高,同时经过诱变处理后的菌株其生理生化特性也有变化。我国采用超声波诱变红曲菌获得一株高产菌株,并对该菌株在液态深层发酵过程中进行超声波在线处理,使得红曲色素和 Manacolin K 的产量都有明显提高,分别达 29.74% 和 39.96%。

激光诱变育种技术研究始于 20 世纪 60 年代,经过世界各国 40 多年的开发应用研究,激光和普通光在本质上都是电磁波,发光的微观机制都与组成发光物质的原子、分子能量状态和变化密切相关。激光是一种与自然光不同的辐射光,它具有能量高度集中、颜色单一、方向性好、定向性强等特性。激光诱变机理国内外普遍认同的解释是在激光辐照机体时产生光照活化效应,使核仁器抑制解除而被活化,并使 DNA、RNA 和蛋白质系统活性提高,核糖体上蛋白质合成作用的活性增强,使机体内的生物合成增强,特别是三梭酸酶和细胞色素氧化酶活性提高,从而提高细胞利用氧的能力并增强细胞合成 ATP 的能力。例如,利用激光诱变选育耐酸产氢菌产气肠杆菌,运用 He - Ne 激光辐照产气肠杆菌(*Enterobacter aerogenes*),对激光诱变参数进行优化,筛选到一株遗传性状稳定的高产氢突变株,具有良好的耐酸性,在 pH 值 3.0 时仍能生长。通过间歇实验,产氢量和产氢速率分别达到 1781mL/L 和 240mL/(L·h),比原始菌分别提高了 48% 和 32%。这说明该 He - Ne 激光诱变育种技术可以在产氢微生物领域中应用。

微波辐射属于一种低能电磁辐射,具有较强生物效应的频率范围在 300MHz~300GHz,对生物体具有热效应和非热效应。其热效应是指它能引起生物体局部温度上升,从而引起生理生化反应;非热效应是指在微波作用下,生物体会产生非温度关联的各种生理生化反应。在这两种效应的综合作用下,生物体会产生一系列突变效应,微波也被用于工业微生物育种,并取得了一定成果。例如,微波辐射技术对具强抑菌活性的海洋微生物紫外突变株 B1 的诱变,对处于对数生长期的菌悬液进行不同时间微波辐射处理。经 60 秒微波辐射诱变剂量,获得的 1 株高活性橙色菌株 B1 - 413,其最小抑菌浓度(MIC)由亲代 B1 的 125μL/mL,降低至突变株 B1 - 413 的 32μL/mL,抑菌活性提高了近 4 倍,并经传代实验证实其抑菌活性稳定。

离子注入是 20 世纪 80 年代初兴起的一项高新技术,主要用于金属材料表面的改性。1986 年以来逐渐用于农作物育种,近年来在微生物育种中逐渐引入该技术。离子注入诱变是利用离子注入设备产生高能离子束(40~60keV)并注入生物体引起遗传物质的永久改变,然后从变异菌株中选育优良菌株的方法。离子束对生物体有能量沉积(即注入的离子与生物体大分子发生一系列碰撞并逐步失去能量,而生物大分子逐步获得能量进而发生键断裂、原子被击出位、生物大分子留下断键或缺陷的过程)和质量沉积(即注入的离子与生物大分子形成新的分子)双重作用,从而使生物体产生死亡、自由基间接损伤、染色体重复、易位、倒位或使 DNA 分子断裂、碱基缺失等多种生物学效应。因此,离子注入诱变可得到较高的突变率,且突变谱广,死亡率低,正突变率高,性状稳定。低能离子束作为一种遗传改良新方法,已在诱变育种和介导转基因转移方面取得了显著的进展,并创造了良好的社会和经济效益。例如,用低能氮(N$^+$)注入生产番茄红素的三孢布拉霉 *Blakeslea trispora*(一)后得到较高的突变率和较广的突变谱,并通过诱变筛选得到 BH3 - 701 等 4 株高产菌株,高产菌株番茄红素的平均产量比出发菌株提高 50%。使用 N$^+$ 作为离子源,通过离子注入技术对达托霉素产生菌玫瑰孢链霉菌(*Streptomyces roseosporus*)进行诱变选育,突变株 N3 - 36 发酵单位比出发菌株提高了 26%。

化学诱变剂主要包括甲基磺酸乙酯(EMS)、亚硝基胍、亚硝酸、氮芥等。常用的化学诱变剂如表 4 - 3 所示。

表4-3 常用化学诱变剂

诱变剂	诱变剂的剂量	处理时间	缓冲剂	中止反应方法
亚硝酸（HNO$_2$）	0.01～0.1mol/L	5～10min	pH4.5,1mol/L醋酸缓冲液	pH8.6,磷酸二氢钠
硫酸二乙酯（DES）	0.5%～1%	10～30min,孢子18～24h	pH7.0,0.1mol/L磷酸缓冲液	硫代硫酸钠或大量稀释
甲基磺酸乙酯（EMS）	0.05～0.5mol/L	10～60min,孢子3～6h	pH7.0,0.1mol/L磷酸缓冲液	硫代硫酸钠或大量稀释
亚硝基胍（NTG）	0.1～1.0mol/mL,孢子3mg/mL	15～60min,90～120min	pH7.0,0.1mol/L磷酸缓冲液或Tris缓冲液	大量稀释
亚硝基甲基胍（NMU）	0.1～1.0mol/mL	15～90min	pH6.0～7.0,0.1mol/L磷酸缓冲剂或Tris缓冲液	大量稀释
氮芥	0.1～1.0mol/mL	5～10min	NaHCO$_3$	甘氨酸或大量稀释
乙烯亚胺	1∶1000～1∶10000	30～60min		硫代硫酸钠或大量稀释
羟胺（NH$_2$OH·HCl）	0.1%～0.5%	数小时或生长过程中诱变		大量稀释
氯化锂（LiCl）	0.3%～0.5%	加入培养基中,在生长过程中诱变		大量稀释
秋水仙碱（C$_{22}$H$_{25}$NO$_6$）	0.01%～0.2%	加入培养基中,在生长过程中诱变		大量稀释

（4）突变株的筛选

通过诱变处理后,微生物群体中会出现各种突变型个体,其中绝大部分为负突变株,欲筛选到正突变株必须设计简便、高效、科学的筛选方案。突变株的筛选主要采用随机筛选法和理性化筛选法。随机筛选法一般采用摇瓶筛选、琼脂块筛选等。理性化筛选法一般运用遗传学、生物化学的原理,根据产物已知的或可能的生物合成途径、代谢调控机制和产物分子结构来进行设计和采用一些筛选方法,以打破微生物原有的代谢调控机制,获得能大量形成产物的高产突变株。筛选分初筛和复筛。初筛以迅速筛出大量的达到初步要求的分离菌落为目的,以量为主。复筛则是精选,以质为主,也就是以精确度为主。因此在具体方法上两者就有差异。例如,初筛可以在平皿上直接以菌落的代谢产物与某些染料或基质作用形成的变色圈或透明圈的大小来挑取参加复筛者,而将90%的菌落淘汰。在数量减少后就要仔细比较参加复筛和再复筛的菌株,最后才能选得优秀菌株。在以后的复筛阶段,还应不断结合自然分离,纯化菌株。下面仅以营养缺陷型的筛选为例介绍突变株的筛选。

营养缺陷型是指野生型菌株经过人工诱变或者自然突变失去合成某种营养（氨基酸、维生素、核酸等）的能力,只有在基本培养基中补充所缺乏的营养因子才能生长。营养缺陷型是一种生化突变株,它的出现是由基因突变引起的。遗传信息的载体是一系列为酶蛋白编码的核酸系列,如果核酸系列中某碱基发生突变,由该基因所控制的酶合成受阻,该菌株不能合成某种营养因子,正常代谢失去平衡。

营养缺陷型菌株的筛选一般包括诱发突变,淘汰野生型菌株,检出缺陷型,鉴别缺陷种类等步骤。

诱发突变的方法与上述一般诱变方法相同。在诱变之后存活的菌体中,存活的营养缺陷型菌株的数量很少,而野生型细胞却大量存在,常采用抗生素法、菌丝过滤法、饥饿法和差别杀菌法等达到浓缩营养缺陷型的目的。抗生素法主要有青霉素法和制霉菌素法等。青霉素法适用于细菌,青霉素能够抑制细菌细胞壁的生物合成,可以杀死能正常生长繁殖的野生型细菌,但无法杀死正处于休止状态的营养缺陷型细菌。制霉菌素法适用于真菌,制霉菌素可以与真菌细胞膜上的甾醇作用,从而引起膜的损伤,它只能杀死生长繁殖着的酵母菌或霉菌,可以实现淘汰相应的野生型菌株浓缩营养缺陷性菌株。菌丝过滤法淘汰野生型菌株适用于进行丝状生长的真菌和放线菌,在基本培养基中,野生型菌株的孢子能发芽成菌丝,而营养缺陷型的孢子则不能。因此,将诱变剂处理后的 量孢子放在基本培养基上培养一段时间后,用滤孔较大的擦镜纸过滤,重复数遍后,可以除 大部分野生型菌株,达到浓缩营养缺陷型的目的。

经过淘汰野生型后,野生型的 和营养缺陷型细胞数量比例发生很大变化,但是终究还是混合体,要设法把缺陷型菌株从 体中分离检出。检出野生型的方法主要有点植对照法、影印法、夹层法、限量补充培养法来分离。

点植对照法又称逐个检出法,将经过浓缩后的细胞群涂布在完全培养基的琼脂平板上,待长成单个菌落后,用接种针或灭过菌的牙签把这些单个菌落逐个整齐地分别接种到基本培养基平板和另一完全培养基平板上,使两个平板上的菌落位置严格对应。经培养后,若在完全培养基平板的某一部位上长出菌落而在基本培养基的相应位置上长不出菌落,说明此乃营养缺陷型。此法结果明确,但工作量大。

影印法是将经诱变剂处理后的细胞群涂布在一完全培养基平板上,经培养后使其长出许多菌落,然后用影印接种工具把此平板上的全部菌落转印到另一基本培养基平板上,经培养后比较前后两个平板上长出的菌落,如果在前一个培养基平板上的某一个部位长有菌落,而在后一个平板上的相应部位没有长出菌落,就说明此长出的菌落为营养缺陷型突变株。具体步骤如下:将一较平皿直径小 1cm 的金属圆筒蒙上一层灭菌的丝绒,用金属夹夹住,灭菌。将完全培养基上长出的全部菌落在丝绒上轻轻一压,使之成为印模,标记方位。将基本培养基平皿和完全培养基平皿在标记的同一方位上先后轻轻一压,此菌印模即复印于上。将完全培养基和基本培养基在恒温箱中培养。将两个平皿相同方位进行比较,即可发现在基本培养基平皿上长出的菌落少于完全培养基平板上的。基本培养基上未长而相应于完全培养基上长出的那几个菌落就可能是缺陷型。此法要求平皿上菌落不能太多,菌落之间应有一定间隔。

夹层法(layer plating method)是先在培养皿底部倒一薄层不含菌的基本培养基,凝固后添加一层混有经诱变剂处理的菌液的基本培养基,其上再浇一层不含菌的基本培养基。经培养后,对首次出现的菌落在培养皿底部标记,然后再向皿内倒上一层完全培养基,再经过培养后,会长出形态较小的新菌落,它们多数都是营养缺陷型突变株。如果用含有特定生长因子的基本培养基代替完全培养基就可以直接分离到相应的营养缺陷型突变株。此法缺点是结果有时不明确,而且将缺陷型菌落从夹层中挑出并不很容易。

　　限量补充培养法是把诱变处理后的细胞接种在含有微量(<0.01%)蛋白胨的基本培养基平板上,野生型细胞就迅速长成较大的菌落,而营养缺陷型则因营养受限制而生长缓慢,只形成微小菌落。如果想要获得某一特定营养缺陷型突变株,只要在基本培养基上加入微量的相应物质即可。

　　缺陷型菌株的鉴定,实际上是测定营养缺陷型菌株所需的生长因子种类。鉴定的方法可分为两大类:一种方法是在一个平皿中加入一种营养物质以测定多株缺陷型菌株(10～50)对该生长因子的需求情况。第二种方法是在同一个平皿上测定一种缺陷型菌株对许多生长因子的需求情况,又称生长谱法。验证确定是缺陷型后,就需确定其缺陷的因子,即生长谱测定。生长谱测定的方法是将缺陷型菌株培养后,收集菌体,制备成细胞悬液,与基本培养基(融化并凉至50℃)混合并倾注平皿。待凝固后,分别在平皿的5～6个区间放上不同营养组合的混合物或吸饱此组合营养物的滤纸圆片。培养后会在某组合区长出,就可测得所需营养,一个平皿测一个菌。以不同组合的营养混合物与融化凉至50℃的基本培养基混合铺成平皿,然后在这些平皿上划线接种各个缺陷型菌株于各相应位置,培养后根据这些组合生长因子可推知其营养因子。在5～6个平皿上可测20株菌以上。

4.2.1.3　杂交育种

　　杂交育种一般是指人为利用真核微生物的有性生殖、准性生殖,原核微生物的接合、F因子转导、转导和转化等过程,促使两个具有不同遗传性状的菌株发生基因重组,以获得性能优良的生产菌株。杂交育种是一类重要的微生物育种手段,比诱变育种有更强的方向性和目的性。杂交育种可以使不同菌株的遗传物质进行交换和重组;可以把不同菌株的优良性状汇集于重组体菌株中;可能使微生物对诱变剂的敏感性得到提高和恢复。根据微生物种类的不同可将杂交育种分为原核微生物的基因重组和真核微生物的基因重组两大类型。原核微生物中,基因重组主要有转化、转导、接合和原生质体融合4种形式。在真核微生物中基因重组主要有有性杂交、准性杂交、原生质体融合和转化等形式。

　　转化是指受体菌直接吸收来自供体菌的DNA片段,通过交换将其整合到自己的基因组中,从而获得供体菌部分遗传性状的现象。通过转化方式而形成的杂种后代,称为转化子。转化因子指有转化活性的外源DNA片段。它是供体菌释放或人工提取的游离DNA片段。转化因子必须具备较高的相对分子质量和同源性。相对分子质量一般在$1×10^7$,以双链较多,单链者少见。供体菌和受体菌亲缘关系越近,DNA的纯度越高,越易转化。两个菌种或菌株间能否发生转化,与它们在进化过程中的亲缘关系有着密切的联系。但即使在转化频率极高的菌种中,不同菌株间也不一定都可发生转化。能进行转化的细胞必须是感受态的。受体细胞最易接受外源DNA片段并实现转化的生理状态称为感受态。处于感受态的细胞吸收DNA的能力有时可比一般细胞大1000倍。感受态的出现受该菌的遗传性、菌龄、生理状态和培养条件等的影响。转化的具体过程以G^+菌肺炎链球菌研究得最多。供体菌的双链DNA片段与感受态受体菌的细胞表面的特定位点结合,其中一条链被核酸酶水解,另一条进入细胞。来自供体的单链DNA片段在细胞内与受体细胞核染色体组上的同源区段配对、重组,形成一小段杂合DNA区段。受体菌染色体组进行复制,杂合区段分离成两个,其中之一获得了供体菌的转化基因,形成转化子,另一个未获得转化基因。细菌的杂交行为是于1946年首次在大肠杆菌K-12菌株中发现并证实的。细菌的细胞接触是导致基因重组的必要条件,即细菌通过接合完成了杂交行为。在鼠伤寒沙门氏菌、绿脓杆菌、肺炎克氏杆菌、霍乱弧菌等许多细菌中也发现了没接合现象,但是至今未在革兰氏阳性菌中发现接合现象。

转导是通过缺陷噬菌体为媒介,把供体细胞的小片段 DNA 携带到受体细胞中,通过交换与整合,使后者获得前者部分遗传性状的现象。由转导作用而获得部分新遗传性状的重组细胞称为转导子。正常情况下,噬菌体将自身的 DNA 包裹在衣壳中,但也有异常的可能,它误将寄主细胞 DNA 的某一片段包裹进去。这样的噬菌体称缺陷噬菌体。体内仅含有供体 DNA 的缺陷噬菌体称完全缺陷噬菌体。体内同时含有供体 DNA 和噬菌体 DNA 的缺陷噬菌体称为部分缺陷噬菌体。这种异常情况出现的概率很低($10^{-8} \sim 10^{-5}$)。由于噬菌体产生子代数量很多,所以这种异常情况的出现还是很多的。1952 年,J. Lederberg 等首先在鼠伤寒沙门氏菌中发现了转导现象,以后在许多原核微生物中陆续发现了转导,如大肠杆菌属、芽孢杆菌属、变形杆菌属、假单胞菌属、志贺氏菌属和葡萄球菌属等。转导现象在自然界中比较普通,它是低等生物进化过程中一种产生新基因组合的重要方式。转导育种主要包括普遍性转导和局限性转导。普遍转导是指通过极少数完全缺陷噬菌体对供体菌基因组上任何小片段 DNA 进行"误包",而将其遗传性状传递给受体菌的现象,转导频率为 10^{-6}。噬菌体侵入寄主细胞后,通过复制和合成,亦将寄主 DNA 降解为许多小片段,进入装配阶段。当包裹有寄主 DNA 片段的噬菌体释放后,再度感染新的寄主,其中的供体菌的 DNA 片段进入受体菌,并通过基因重组使受体菌形成稳定的转导子。局限性转导指通过部分缺陷的温和噬菌体把供体菌的少数特定基因携带到受体菌中,并与后者的基因组整合或重组形成转导子的现象。

接合是指供体菌通过性菌毛与受体菌直接接触,把 F 质粒或其携带的不同长度的核基因组片段传递给后者,使后者获得若干新遗传性状的现象。通过接合而获得新遗传性状的受体细胞称为接合子。细胞的接合现象在大肠杆菌中研究得最清楚。大肠杆菌有性别分化,决定它们性别的因子称为 F 因子(即致育因子或性质粒)。F 因子是一种独立于染色体外的小型的环状 DNA,一般呈超螺旋状态,它具有自主的与染色体进行同步复制和转移到其他细胞中去的能力。F 因子的分子质量为 $5 \times 10^7 u$,在大肠杆菌中 F 因子的 DNA 含量约占总染色体含量的 2%,每个细胞含有约 $1 \sim 4$ 个 F 因子。F 因子既可脱离染色体在细胞内独立存在,也可整合到染色体组上,既可经过接合作用而获得,也可通过一些理化因素(如吖啶橙、丝裂霉素、利福平、溴化乙锭和加热等)的处理而从细胞中消除。F^+ 菌株可以与不含 F 因子的 F^- 菌株接合,从而使后者也成为 F^+ 菌株,其过程大体可分两个阶段:首先是 F^+ 菌株与 F^- 菌株配对,并通过性菌毛接合,然后 F 因子双链 DNA 的一条单链在一特定的位置断开,通过性菌毛内腔向 F^- 菌株细胞内转移,并同时在两个菌株细胞内以一条 DNA 单链为模板,各自复制合成完整的 F 因子。有些大肠杆菌的 F 因子可与核染色体整合在一起,这种类型的菌株与 F^- 菌株接合的重组频率比 F^+ 与 F^- 菌株接合的重组频率高几百倍以上,因此,常将其称为高频重组(Hfr)菌株,Hfr 与 F^- 菌株接合时,染色体的一条单链可以在 F 因子处断裂,并以 F 因子为末端向 F^- 菌株胞内转移。由于转移的过程中常发生染色体的断裂,所以这种接合可以使 F^- 菌株获得部分供体基因,但很少使 F^- 菌株获得 F 因子。Hfr 菌株中的 F 因子有时可由不正常的切割而带有一小段核染色体基因的杂合 F 因子,通常称为 F' 因子,当带有 F' 菌株与 F^- 菌株接合后,可使 F^- 菌株成为既有 F 因子又带有部分供体菌基因的次生 F' 菌株。

原生质体融合是指通过人为的方法使遗传性状不同的两个细胞的原生质体进行融合,借以获得兼有双亲遗传性状的稳定重组子的过程,由此法获得的重组子称为融合子。原核生物原生质体融合研究是从 20 世纪 70 年代后期发展起来的一种育种新技术。原生质体融合技术重组频率较高,细胞壁去除后在高渗条件下形成类似于球形的原生质体。原生质体融合重组频率高于常规方法。原生质体融合技术受接合型或致育型的限制较小,两亲株中任何一株都可能起受体或供体的作用,因此有利于不同种属间微生物的杂交。原生质体融合是与性无关的杂交。原生质体融合遗传物质传递更为完整,可获得多种类的重组体,存在着两株以上亲株同时参与融合形成融合子的可能性。有可能采用产量性状较高的菌株作融合亲株,提高菌株产量的潜力较大。可与其他育种方法结合使用。采用特殊方法处理亲株后,可提高筛选效率。原生质体融合的主要操作步骤:① 选择两株有特殊价值并带有选择性遗传标记的细胞作为亲本菌株置于等渗溶液中。② 用适当的脱壁酶(如细菌和放线菌可用溶菌酶等处理,真菌可用蜗牛消化酶或其他相应酶处理)去除细胞壁。③ 再将形成的原生质体(包括球状体)进行离心聚集。④ 加入促融合剂 PEG(聚乙二醇)或借电脉冲等因素促进融合。⑤ 然后用等渗溶液稀释,再涂在能促使它再生细胞壁和进行细胞分裂的基本培养基平板上。⑥ 待形成菌落后通过影印平板法,把它接种到各种选择性培养基平板上,检验它们是否为稳定的融合子,并测定其生物学性状或生产性能。

有性杂交一般指不同遗传型的两性细胞间发生的接合和随之进行的染色体重组,进而产生新遗传型后代的一种育种技术。凡能产生有性孢子的酵母菌或霉菌,原则上都可应用与高等动、植物杂交育种相似的有性杂交方法进行育种。酿酒酵母一般都是以双倍体的形式存在。将不同生产性状的甲、乙两个亲本分别接种到产孢子培养基斜面上,使其产生子囊,经过减数分裂后,在每个子囊内会形成 4 个子囊孢子。用蒸馏水洗下子囊,经机械研磨法或蜗牛酶酶解法破坏子囊,再经离心,然后用获得的子囊孢子涂布平板,就可以得到单倍体菌落。把两个亲体的不同性别的单倍体细胞密集在一起就有更多机会出现双倍体的杂交后代。有了各种双倍体的杂交子代后,就可以进一步从中筛选出优良性状的个体。有性杂交在生产实践中被广泛用于优良品种的培育。例如,用于酒精发酵的酵母菌和用于面包发酵的酵母菌同属一种啤酒酵母(Saccharomyces cerevisiae)的两个不同菌株,面包酵母的特点是对麦芽糖及葡萄糖的发酵力强,产生 CO_2 多,生长快;而酒精酵母的特点是产酒率高而对麦芽糖、葡萄糖的发酵力弱,所以酿酒厂生产酒精后的酵母,不能供面包厂作引子用。通过两者的杂交,就得到了既能生产酒精,又能将其残余菌体用作面包厂和家用发面酵母的优良菌种。酵母为单细胞型真菌,一般以出芽方式生殖,在通常情况下,繁殖体为双倍体,但经过特定条件的诱导,可使其产生单倍体孢子并可出芽产生单倍体繁殖体。单倍体细胞具 α 及 a 两种交配型,两种交配型细胞经其细胞壁上特定的凝聚因子诱导而进行交配,恢复为双倍体;同一交配型细胞之间,则因细胞壁上凝集因子的存在而不能进行交配(异宗接合,即不同接合型之间才会结合)。酵母杂交育种运用了酵母的单双倍生活周期,将不同基因型和相对的交配型的单倍体细胞经诱导杂交而形成二倍体细胞,经筛选便可获得新的遗传性状。酵母的杂交方法有孢子杂交法、群体交配法、单倍体细胞杂交法和罕见交配法。就啤酒酵母而言,运用罕见交配法更易获得结果。

准性杂交是一种类似于有性生殖但比它更为原始的两性生殖方式。它可使同一生物的两个不同来源的体细胞经融合后,不通过减数分裂而导致低频率的基因重组。准性杂交包括下列几个阶段:① 菌丝联结。它发生于一些形态上没有区别,但在遗传性上有差别的两个同种不同菌株的体细胞(单倍体)间。发生菌丝联结的频率很低。② 形成异核体。两个遗传型有差异的体细胞经菌丝联结后,先发生质配,使原有的两个单倍体核集中到同一个细胞中,形成双相异核体。异核体能独立生活。③ 核融合。异核体中的双核在某种条件下,低频率地产生双倍体杂合子核的现象。某些理化因素如樟脑蒸气、紫外线或高温等的处理,可以提高核融合的频率。④ 体细胞交换和单倍体化。体细胞交换即体细胞中染色体间的交换,也称有丝分裂交换。双倍体杂合子性状极不稳定,在其进行有丝分裂过程中,其中极少数核中的染色体会发生交换和单倍体化,从而形成极个别具有新性状的单倍体杂合子。如对双倍体杂合子用紫外线、γ 射线等进行处理,就会促进染色体断裂、畸变或导致染色体在两个子细胞中分配不均,因而有可能产生各种不同性状组合的单倍体杂合子。

4.2.1.4 基因工程育种

基因工程(genetic engineering)是在分子水平上对基因进行操作的复杂技术,是将外源基因通过体外重组后导入受体细胞内,使这个基因能在受体细胞内复制、转录、翻译表达的操作。它是用人为的方法将所需要的某一供体生物的遗传物质——DNA 大分子提取出来,在离体条件下用适当的工具酶进行切割后,与作为载体的 DNA 分子连接起来,然后与载体一起导入受体细胞中,以让外源物质在受体细胞中进行正常的复制和表达,从而获得新物种的一种技术。基因工程具有以下两个重要特征:① 外源核酸分子在不同的寄主生物中进行繁殖,能够跨越天然物种屏障,把来自任何一种生物的基因放置到新的生物中,而这种生物可以与原来生物毫无亲缘关系。② 一种确定的 DNA 小片段在新的寄主细胞中进行扩增,这样实现很少量 DNA 样品"拷贝"出大量的 DNA,而且是大量没有污染任何其他 DNA 序列的、绝对纯净的 DNA 分子群体。利用基因重组等技术生产的药物有人胰岛素(hum an insulin)、α-干扰素(α-interferon)、白介素-2(interleukin-2)等数百个品种,其中包括用于治疗心血管系统疾病的尿激酶原、组织型溶纤蛋白酶原激活因子、链激酶和抗凝血因子等,用于预防传染病的乙型肝炎疫苗、腹泻疫苗和口蹄疫疫苗等,用于人体生理调节的胰岛素和生长激素等等。

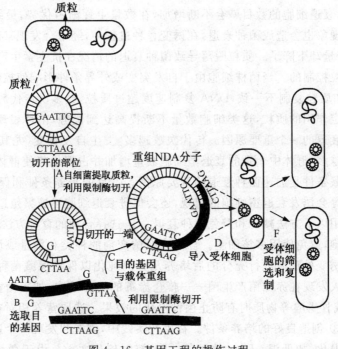

图 4-16 基因工程的操作过程

随着基因工程技术的迅速发展，采用基因工程菌开发药物的研究报道越来越多。例如：构建含有解调的 *B. subtilis* 核黄素操纵子的整合型核黄素质粒 pRB63，转化入 *B. subtilis* RH13 并在染色体上进行适当的扩增后得到 RH13：：[pRB63]*n* 系列工程菌，其核黄素合成能力随着 pRB63 扩增程度的增加而增强，最终达到 RH13 的 6～7 倍。再以 RH13：：[pRB63]*n* 系列工程菌和 *B. subtilis*YB1 为亲株进行原生质体融合，筛得重组菌 *B. subtilis* RH33。该菌在含 10％葡萄糖或蔗糖的分批发酵中培养 64h 可产核黄素量 4.2g/L。采用以葡萄糖为碳源的流加发酵工艺，24h 可积累核黄素 7～8g/L，48h 达 11～12g/L，核黄素对葡萄糖的得率为 0.056g/g。另外，运用同源重组技术将异戊酰基转移酶基因整合至螺旋霉素产生菌（*Streptomyces spiramyceticus F*21）的染色体上，构建了稳定的生技霉素基因工程菌。在不加压的情况下传代，菌种携带选择性遗传标记情况、生长、发酵效价及发酵产物的 TLC 分析均表明此基因工程菌有较好的遗传稳定性，且发酵效价及产物的组分均得到改善。基因工程技术在药物合成领域将会有更加广阔的应用前景。

4.2.2 菌种的衰退和复壮

4.2.2.1 菌种的衰退

菌种的衰退不是突然发生的，而是从量变到质变的演变过程。开始时在群体细胞中仅有个别细胞发生自发突变，一般均为负变，不会使群体菌株性能发生改变。经过连续传代，群体中的负变个体达到一定数量发展成为优势群体使整个群体表现为严重的衰退。导致衰退的原因有以下几个方面：① 有关基因发生负突变导致菌种衰退。控制产量的基因发生负突变表现为产量下降，控制孢子生成的基因发生负突变产生孢子的能力下降。菌种在移种传代过程中会发生自发突变，虽然自发突变的几率很低，但是由于微生物具有极高的代谢繁殖能力，随着传代次数增加，衰退细胞的数目就会不断增加，在数量上逐渐占优势，最终成为一株衰退的菌株。表型延迟现象也会造成菌种衰退，在诱变育种过程中，经常会发现某菌株初筛时产量较高，进行复筛时产量却下降了。质粒脱落导致菌种衰退的情况在抗生素生产中较多，不少抗生素的合成是受质粒控制的。当菌株细胞由于自发突变或外界条件影响使控制产量的质粒脱落或者核内 DNA 和质粒复制不一致，DNA 复制速度超过质粒，经多次传代后，某些细胞中就不具有对产量起决定作用的质粒，这类细胞数量不断提高达到优势，菌种表现为衰退。② 连续传代是加速菌种衰退的一个重要原因。传代次数越多，发生自发突变（尤其是负突变）的几率越高。传代次数越多，群体中个别的衰退型细胞数量增加并占据优势使群体出现衰退。③ 不适宜的培养和保藏条件是加速菌种衰退的重要原因。不良的培养条件和保藏条件如营养、含水量、温度、氧气等会诱发衰退型细胞的出现，还会促进衰退细胞迅速繁殖造成菌种衰退。

可以考虑采用以下方法减少和避免菌种衰退：① 选择合理的育种方法。育种时所处理的细胞应是单核细胞，避免使用多核细胞。合理选择诱变剂的种类和剂量或增加突变位点以减少分离回复。在诱变处理后进行充分的后培养及分离纯化以保证保藏菌种纯粹。② 选用合适的培养基。有人发现在赤霉菌产生菌——藤仓赤霉的培养基中，加入糖蜜、天门冬素、谷氨酰胺、5-核苷酸或甘露醇等物质时有防止菌种退化的效果。选取营养相对贫乏的培养基做菌种保藏培养基。③ 创造良好的培养条件。在生产实践中，创造和发现一个适合原种生长的条件可以防止菌种退化，如低温、干燥、缺氧等。④ 控制传代次数。由于微生物存在着自发突变，而突变都是在繁殖过程中发生表现出来的，所以应把必要的传代降低到最低水平，以降低自发突发的几率。菌种传代次数越多,产生突变的几率就越高,菌种发生退化的机会就越多。必须严格控制菌种的移种传代次数,并根据菌种保藏方法的不同,确立恰当的移种传代的时间间隔。如同时采用斜面保藏和其他的保藏方式(真空冻干保藏、砂土管、液氮保藏等),以延长菌种保藏时间。⑤ 利用不同类型的细胞进行移种传代。在有些微生物中,由于其菌的细胞常含有几个核或甚至是异核体,因此用菌丝接种就会出现不纯和衰退,而孢子一般是单核的,用孢子接种时就没有这种现象发生。⑥ 采用有效的菌种保藏方法。用于工业生产的一些微生物菌种,其主要性状都属于数量性状,而这类性状恰是最容易退化的,有必要研究和制定出更有效的菌种保藏方法以防止菌种退化。

4.2.2.2　菌种的复壮

使衰退的菌种恢复原来优良性状称为菌种的复壮。狭义的复壮是指在菌种已发生衰退的情况下,通过纯种分离和生产性能测定等方法,从衰退的群体中找出未衰退的个体,以达到恢复该菌原有典型性状的措施。广义的复壮是指在菌种的生产性能未衰退前就有意识地经常进行纯种的分离和生产性能测定工作,以期菌种的生产性能逐步提高。可以采用以下方法进行菌种复壮:① 纯种分离。采用平板划线分离法、稀释平板法或涂布法均可实现纯种分离。把保持原有典型优良性状的单细胞分离出来,经扩大培养恢复原菌株的典型优良性状,并进行性能测定。还可用显微镜操纵器将生长良好的单细胞或单孢子分离出来,经培养恢复原菌株性状。② 通过寄主体内生长进行复壮。主要是对一些寄生性的菌株,可以将衰退的菌株接种到相应的宿主体内提高其寄生性能及其他性能。③ 淘汰已衰退的个体。采用比较激烈的理化条件进行处理,以杀死生命力较差的已衰退个体。可以采用各种外界不良理化条件,使发生衰退的个体死亡,从而留下群体中生长健壮的个体。④ 采用有效的菌种保藏方法。

4.2.3　菌种的保藏

菌种是非常重要的生物资源,菌种保藏是一项保持菌种性能的重要工作。菌种保藏可按微生物各分支学科的专业性质分为普通、工业、农业、医学、兽医、抗生素等保藏管理中心。此外,也可按微生物类群进行分工,如沙门氏菌、弧菌、根瘤菌、乳酸杆菌、放线菌、酵母菌、丝状真菌、藻类等保藏中心。1970 年 8 月在墨西哥城举行的第 10 届国际微生物学代表大会上成立了世界菌种保藏联合会(WFCC),同时确定澳大利亚昆士兰大学微生物系为世界资料中心。这个中心用电子计算机储存全世界各菌种保藏机构的有关情报和资料,1972 年出版《世界菌种保藏名录》。目前,世界上约有 550 个菌种保藏机构。建立于 1925 年的美国菌种保藏中心(ATCC)是世界上最大的保存微生物种类和数量最多的机构,保存病毒、衣原体、细菌、放线菌、酵母菌、真菌、藻类、原生动物等约 29000 株典型菌株。建立于 1904 年的荷兰真菌菌种保藏中心(CBS)保存酵母菌、丝状真菌约 8400 种 18000 株,大多是模式株。英国全国菌种保藏中心(NCTC)保存医用和兽医用病原微生物约 2740 株。英联邦真菌研究所(CMI)保存真菌模式株,生理生化和有机合成等菌种 2763 种 8000 株。日本大阪发酵研究(IFO)保存普通和工业微生物菌种约 9000 株。美国农业部北方利用研究开发部(NRRL)收藏农业、工业、微生物分类学所涉及的菌种,包括细菌 5000 株,丝状真菌 1700 株,酵母菌 6000 株。中国于 1979年成立了中国微生物菌种保藏管理委员会(CCCCM)。

菌种保藏的要点是选择适宜的培养基、培养温度和菌龄,以便得到健壮的细胞或孢子。保存于低温、隔氧、干燥、避光的环境中,尽量降低或停止微生物的代谢活动,减慢或停止生长繁殖。不被杂菌污染,在较长时期内保持生活能力。菌种保藏的基本步骤是先挑选典型菌种或典型培养物的优良纯种,其次是创造一个有利于它们长期休眠的良好环境,如干燥、低温、缺氧、避光、缺乏营养以及添加保护剂或酸度中和剂等。干燥和低温是菌种保藏的最重要因素。具体的保藏方法如下:

(1) 斜面低温保藏法

将菌种接种在适宜的固体斜面培养基上,待菌充分生长后,棉塞部分用油纸包扎好,移至2~8℃的冰箱中保藏。保藏时间依微生物的种类而不同,霉菌、放线菌及有芽孢的细菌保存2~4个月移种一次,酵母菌两个月移种一次,细菌最好每月移种一次。此法为实验室和工厂菌种室常用的保藏法,优点是操作简单,使用方便,不需特殊设备,能随时检查所保藏的菌株是否死亡、变异与污染杂菌等;缺点是容易变异,因为培养基的物理、化学特性不是严格恒定的,屡次传代会使微生物的代谢改变,从而影响微生物的性状,污染杂菌的机会亦较多。

(2) 液体石蜡保藏法

将化学纯的液体石蜡(矿油)经高压蒸气灭菌,放在40℃恒温箱中蒸发其中的水分,然后注入斜面培养物中,使液面高出斜面约1cm。将试管直立,放在15~20℃室温中保存。由于在斜面培养物上覆盖一层液体,既能隔绝空气,又能防止培养基因水分蒸发而干燥,因而可以延长菌种保藏的时间。但注入的液体必须不与培养基混溶、对菌种无毒、不易被利用和挥发。此法适用于酵母菌和芽孢杆菌,不适用于固氮菌、乳酸杆菌、明串珠菌、法门氏菌和毛霉目中的大多数属种。此法简便易行,但必须注意防火和污染。霉菌、放线菌、芽孢细菌可保藏2年以上不死,酵母菌可保藏1~2年,一般无芽孢细菌也可保藏1年左右,甚至用一般方法很难保藏的脑膜炎球菌,在37℃温箱内亦可保藏3个月。此法的优点是制作简单,不需特殊设备,不需经常移种;缺点是保存时必须直立放置,所占位置较大,同时也不便携带。

(3) 滤纸保藏法

将滤纸剪成0.5cm×1.2cm的小条,装入0.6cm×8cm的安瓿管中,每管1~2张,塞以棉塞,灭菌。将需要保存的菌种,在适宜的斜面培养基上培养,使之充分生长。取灭菌脱脂牛乳1~2mL滴加在灭菌培养皿或试管内,取数环菌苔在牛乳内混匀,制成浓悬液。用灭菌镊子自安瓿管取滤纸条浸入菌悬液内,使其吸饱,再放回至安瓿管中,塞上棉塞。将安瓿管放入内有五氧化二磷作吸水剂的干燥器中,用真空泵抽气至干。将棉花塞入管中,用火焰熔封并保存于低温下。需要使用菌种复活培养时,可将安瓿管口在火焰上烧热,滴一滴冷水在烧热的部位玻璃会破裂,再用镊子敲掉口端的玻璃,待安瓿管开启后取出滤纸放入液体培养基内,置温箱中培养。细菌、酵母菌、丝状真菌均可用此法保藏,前两者可保藏2年左右,有些丝状真菌甚至可保藏14~17年之久。此法较液氮、冷冻干燥法简便,不需要特殊设备。

(4) 沙土保藏法

取河沙加入10%稀盐酸,加热煮沸30分钟,以去除其中的有机质。倒去酸水,用自来水冲洗至中性。烘干,用40目筛子过筛,以去掉粗颗粒备用。另取非耕作层的不含腐植质的瘦黄土或红土,加自来水浸泡洗涤数次直至中性。烘干、碾碎并通过100目筛子过筛去除粗颗粒。按一份黄土、三份沙的比例(或根据需要而用其他比例,甚至可全部用沙或全部用土)掺合均匀,装入10mm×100mm的小试管或安瓿管中,每管装1g左右,塞上棉塞,进行灭菌,烘干。抽样进行无菌检查,每10支沙土管抽一支,将沙土倒入肉汤培养基中,37℃培养48小时,若仍有杂菌,则需全部重新灭菌,直至证明无菌方可备用。选择培养成熟的(一般指孢子层生长丰满的,营养细胞用此法效果不好)优良菌种,以无菌水洗下,制成孢子悬液。于每支沙土管中加入约 0.5mL(一般以刚刚使沙土润湿为宜)孢子悬液,以接种针拌匀。放入真空干燥器内,用真空泵抽干水分,抽干时间越短越好,务必使在 12 小时内抽干。每 10 支抽取一支,用接种环取出少数沙粒,接种于斜面培养基上,进行培养,观察生长情况和有无杂菌生长,如出现杂菌或菌落数很少或根本不长,则说明制作的沙土管有问题,尚须进一步抽样检查。若经检查没有问题,用火焰熔封管口,放冰箱或室内干燥处保存。每半年检查一次活力和杂菌情况。需要使用菌种,复活培养时,取沙土少许移入液体培养基内,置温箱中培养。此法多用于能产生孢子的微生物,如霉菌、放线菌,因此在抗生素工业生产中应用最广,效果亦好,可保存 2 年左右,但应用于营养细胞效果不佳。

（5）液氮冷冻保藏法

① 准备安瓿管:用于液氮保藏的安瓿管,要求能耐受温度突然变化而不至破裂,因此,需要采用硼硅酸盐玻璃制造的安瓿管,安瓿管的大小通常使用 75mm×10mm 的,或能容 1.2mm 液体的。② 加保护剂与灭菌:若保存细菌、酵母菌或霉菌孢子等容易分散的细胞,则将空安瓿管塞上棉塞灭菌。若作保存霉菌菌丝体用,则需在安瓿管内预先加入保护剂,如 10％的甘油蒸馏水溶液或 10％二甲亚砜蒸馏水溶液,加入量以能浸没以后加入的菌落圆块为限,而后再灭菌。③ 接入菌种:将菌种用 10％的甘油蒸馏水溶液制成菌悬液,装入已灭菌的安瓿管;霉菌菌丝体则可用灭菌打孔器,从平板内切取菌落圆块,放入含有保护剂的安瓿管内,然后用火焰熔封。浸入水中检查有无漏洞。④ 冻结:再将已封口的安瓿管以每分钟下降 1℃的慢速冻结至－30℃。若细胞急剧冷冻,则在细胞内会形成冰的结晶,因而降低存活率。⑤ 保藏:经冻结至－30℃的安瓿管立即放入液氮冷冻保藏器的小圆筒内,然后再将小圆筒放入液氮保藏器内。液氮保藏器内的气相为－150℃,液态氮内为－196℃。⑥ 恢复培养:保藏的菌种需要用时,将安瓿管取出,立即放入 38～40℃的水浴中进行急剧解冻,直到全部融化为止,打开安瓿管,将内容物移入适宜的培养基上培养。此法除适宜于一般微生物的保藏外,对一些用冷冻干燥法都难以保存的微生物如支原体、衣原体、氢细菌、难以形成孢子的霉菌、噬菌体及动物细胞均可长期保藏,而且性状不变异。缺点是需要特殊设备。

（6）冷冻干燥保藏法

用于冷冻干燥菌种保藏的安瓿管宜采用中性玻璃制造,形状可用长颈球形底的,亦称泪滴型安瓿管,大小要求外径 6～7.5mm,长 105mm,球部直径 9～11mm,壁厚0.6～1.2mm。也可用没有球部的管状安瓿管。塞好棉塞灭菌备用。准备菌种,用冷冻干燥法保藏的菌种,其保藏期可达数年至十几年,为了在许多年后不出差错,故所用菌种要特别注意其纯度,即不能有杂菌污染,然后在最适培养基中用最适温度培养,使培养出良好的培养物。细菌和酵母的菌龄要求超过对数生长期,若用对数生长期的菌种进行保藏,其存活率反而降低。一般地,细菌要求24～48 小时的培养物;酵母需培养 3 天;形成孢子的微生物则宜保存孢子;放线菌与丝状真菌则培养 7～10 天。冷冻干燥器有成套的装置出售,价值昂贵。将分装好的安瓿管放低温冰箱中冷冻,无低温冰箱可用冷冻剂如干冰酒精液或干冰丙酮液,温度可达－70℃。将安瓿管插入冷冻剂,只需冷冻 4～5 分钟,即可使悬液结冰。真空干燥为在真空干燥时使样品保持冻结状态,需准备冷冻槽,槽内放碎冰块与食盐,混合均匀,可冷至－15℃。一般若在 30 分钟内能达到 93.3Pa(0.7mmHg)真空度时,则干燥物不致熔化,以后再继续抽气,几小时内肉眼可观察到被干燥物已趋干燥,一般抽到真空度 26.7Pa(0.2mmHg),保持压力 6～8 小时即可。抽真空干燥后,取出安瓿管,接在封口用的玻璃管上,可用五通管继续抽气,约 10 分钟即可达到 26.7Pa(0.2mmHg)。于真空状态下,以煤气喷灯的细火焰在安瓿管颈中央进行封口。封口以后,保存于冰箱或室温暗处。此法为菌种保藏方法中最有效的方法之一,对一般生活力强的微生物及其孢子以及无芽孢菌都适用,即使对一些很难保存的致病菌,如脑膜炎球菌与淋病球菌等亦能保存。用此法菌种可长期保存,一般可保存数年至十余年,但设备和操作都比较复杂。

(7) 沙土管法

将沙或土过筛、烘干、装管、灭菌,然后将菌种制成孢子悬液滴入其中混匀,放到盛氯化钙的干燥器里吸除水分,干燥后保存或用火焰封管后保存。吸附在干燥沙土上的孢子因缺水而处于休眠状态,可保存较长时期。此法适用于保藏芽孢杆菌、梭状芽孢杆菌、放线菌、镰刀菌等。

(8) 麸皮法

将麸皮制成培养基,培养要保存的菌种,待生长良好后,置于干燥器中保存。这是根据中国酿造酒、醋、酱时制曲的经验所采用的一种保藏方法,适用于谷物微生物区系中菌种的保藏。

(9) 干燥法

又称液体干燥法或真空干燥法。用含 3% 谷氨酸钠的 0.1mol/L 磷酸缓冲溶液(pH7.0)做分散介质,将待保藏的微生物制成高浓度的细胞悬液,滴入无菌安瓿瓶中,每管 0.05ml,将安瓿瓶固定,并以水浴保持安瓿瓶内样品温度为 10℃,在 1.3~13.3Pa 的真空度下干燥,火焰封管保存。此法不经冻结,用真空泵迅速抽干可避免菌种的冻伤或死亡。本法广泛应用于保藏病毒、噬菌体、细菌、酵母菌、蓝藻、原生动物等。

(10) 梭氏法

将盛有 1 滴细胞悬液的小管置于盛有氢氧化钾或五氧化二磷吸水剂的大试管中,用真空泵抽至 1.3Pa 时,将大试管密封保存。这是为减少细胞死亡率而采取的一种不经冻结、缓慢脱水的干燥保藏法,适用于多种细菌、真菌的保藏。

4.3 微生物的初级代谢和次级代谢

如前一章细胞代谢总论所述,代谢是生物的最基本特征之一,是细胞内发生的各种化学反应的总称,是指生物有机体从环境中吸收营养物质加以分解再合成,并将不需要的产物排泄到环境中去,实现生物体的自然更新的过程。微生物代谢过程中同时进行着物质代谢和能量代谢。物质代谢是指物质在体内的转化过程。能量代谢是指伴随物质转化而发生的能量形式的相互转化。在代谢过程中,微生物通过分解作用(光合作用)产生化学能,这些能量用于合成代谢、暂时储存在 ATP 中、用于微生物的运动以及产生热和光。细胞能有效调节相关的反应,使生命活动正常进行。微生物在生长繁殖过程中不断地从外界环境中吸收营养物质,营养物质的一部分通过同化作用用于细胞物质的合成;另一部分通过生物氧化(异化作用)用于产生微生物所需的能量和必要的中间代谢产物。

微生物在代谢过程中,同样可以分为初级代谢产物和次级代谢产物两类。初级代谢产物是指微生物通过代谢活动所产生的、自身生长和繁殖所必需的物质,如氨基酸、核苷酸、多糖、脂类、维生素等。在不同种类的微生物细胞中,初级代谢产物的种类基本相同。此外,初级代谢产物的合成在不停地进行着,任何一种产物的合成发生障碍都会影响微生物正常的生命活动,甚至导致死亡。次级代谢产物是指微生物生长到一定阶段才产生的化学结构十分复杂、对该微生物无明显生理功能,或并非是微生物生长和繁殖所必需的物质,如抗生素、毒素、激素、色素等。不同种类的微生物所产生的次级代谢产物不相同,它们可能积累在细胞内,也可能排到外环境中。其中,抗生素是一类具有特异性抑菌和杀菌作用的有机化合物,种类很多,常用的有链霉素、青霉素、红霉素和四环素等。这些代谢产物是在微生物细胞的调节下有步骤地产生的。微生物代谢模式如图 4 - 17 所示。

图 4 - 17　微生物代谢模式图

4.3.1　微生物的能量代谢

能量代谢是新陈代谢的核心问题,是把外界环境中的各种初级能源转换成对一切生命活动都能使用的能源——ATP。糖类、脂肪和蛋白质等有机质在生物体内,经过一系列的氧化分解,最终生成 CO_2 和 H_2O,并释放能量的过程称为生物氧化。

生物体内的氧化过程一般有四种类型:

① 脱氢反应:

$$RCH_2OH \longrightarrow RCHO + 2[H]（变醇为醛）$$

② 加水脱氢反应:

$$RCH_2OH + H_2O \longrightarrow RCOOH + 2[H]（变醛为酸）$$

或

$$R-\underset{H}{\overset{}{C}}=\underset{H}{\overset{}{C}}-R' + H_2O \longrightarrow R-\overset{H_2}{\underset{}{C}}-\overset{H_2}{\underset{}{C}}-R' + 2[H]$$

③ 加氧反应:

$$2[H] + 1/2O_2 \longrightarrow H_2O$$

④ 失电子反应:

$$Fe^{2+} \Longleftrightarrow Fe^{3+} + e^-$$

这四种类型的氧化过程都含有电子的转移,自由态的电子不稳定,电子从某一物质脱出后立即被另一物质所接受,接受电子的物质被还原。生物氧化过程是在生物体活细胞中进行的,反应在体温和近中性的水介质环境中进行,每一步反应都是由酶、辅酶的催化以及中间传递体的作用下进行,每一步反应都放出能量,能量的释放逐步进行,先储存在高能磷酸键中,以后通过能量转移作用供给机体的需要。生物体中具有高能键的化合物有多种,最主要的是三磷酸腺苷(ATP)。ATP 是维持各种生理活动的直接能源。

细胞中 ATP 是由 ADP 磷酸化生成的,由 ADP 磷酸化生成 ATP 有两种方式,一种是直接由底物水平磷酸化产生,另一种是电子传递水平磷酸化产生。电子传递水平的磷酸化是 ATP 形成的主要方式。

① 底物水平磷酸化

底物在氧化过程中,分子中的能量重新调整聚集在高能键中,在酶的作用下把高能键转移给 ADP 生成 ATP 的磷酸化作用称为底物水平磷酸化。

$$X \sim P + ADP \rightarrow ATP + X$$

② 电子传递水平磷酸化

真核微生物进行生物氧化作用的场所是线粒体,原核细胞的生物氧化作用在细胞膜上进行。在线粒体中氧化呼吸链最主要的有 NAD·H_2 呼吸链和 FAD·H_2 呼吸链。糖、蛋白质和脂肪三种主要物质的分解代谢的脱氢氧化反应大部分是由 NAD·H_2 呼吸链来完成的。NAD·H_2 呼吸链和 FAD·H_2 呼吸链的组成和排列顺序如图 4-18 所示。

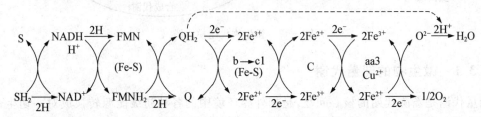

图 4-18   NAD·H_2 呼吸链和 FAD·H_2 呼吸链

在呼吸链中,代谢物脱下的氢和电子经过逐步传递最后将电子交给氧生成水,电子传递过程释放的能量与 ADP 磷酸化偶联生成 ATP。生物氧化是逐步放能的反应,而 ADP 磷酸化生成 ATP 是吸能反应,这种氧化时偶联磷酸化的过程被称为氧化磷酸化。NAD·H_2 呼吸链每传递 1 对氢原子到氧产生 3 个 ATP 分子,FAD·H_2 呼吸链则生成 2 个 ATP 分子。

根据供能底物的不同微生物的产能方式可以分为氧化有机物产能(发酵和呼吸)、氧化无机物产能和光合作用产能。

4.3.1.1   氧化有机物产能

(1) 发酵

发酵(fermentation)是某些厌氧微生物在生长过程中获得能量的主要方式,是指微生物细胞将有机物氧化释放的电子直接交给底物,本身未完全氧化的某种中间产物,同时释放能量并产生各种不同的代谢产物。底物在被氧化的过程中,形成某些高能磷酸化合物中间体,这些高能磷酸化合物的磷酸根及其所联系的高能键,通过酶的作用,转给 ADP 而生成 ATP。供微生物发酵的基质通常是由多糖分解而得的单糖。其他一些化合物也可能被发酵。以单糖为底物进行代谢和产能的具体代谢途径将在糖的分解代谢过程中详细介绍。

(2) 呼吸

呼吸(respiration)是指基质在氧化过程中放出的电子通过一系列电子载体最终交给电子受体的生物学过程。

① 有氧呼吸

当环境中存在足量的分子 O_2 时,好氧微生物可将底物彻底氧化为 CO_2 和 H_2O,同时产生大量能量。能够进行有氧呼吸(aerobic respiration)的微生物是需氧菌和兼性厌氧菌。以葡萄糖分解为例,在有氧呼吸过程中,葡萄糖的氧化分解经历葡萄糖经 EMP 途径酵解,丙酮酸在丙酮酸脱氢酶系的催化下生成乙酰 CoA,乙酰 CoA 进入三羟酸循环产生 ATP、CO_2、$NADH+H^+$ 和 $FADH_2$ 三个阶段。

② 无氧呼吸

能够进行无氧呼吸的微生物主要是厌氧菌和兼性厌氧菌。以分子氧以外的物质作为氢和电子受体,例如:硝酸盐呼吸是以硝酸盐为电子受体;硫酸盐呼吸以硫酸盐为电子受体;延胡索酸呼吸是以延胡索酸为电子受体;碳酸盐呼吸是以 CO_2 为电子受体,产物为甲烷。基质在无氧呼吸过程中氧化不彻底,最终生成水、CO_2 和被还原的化合物,产生的能量低于有氧呼吸。

硝酸盐呼吸(nitrate respiration)又称异化型硝酸盐还原或反消化作用。在缺氧条件下,硝酸盐还原菌能以有机物为供氢体,以硝酸盐 NO_3^- 作为最终电子受体,不同的硝酸盐还原菌将 NO_3^- 还原的末端产物不同,如 N_2(包括 N_2O、NO)、NH_3 和 NO_2^-。

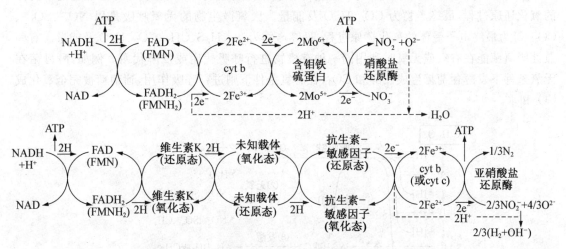

图 4-19　反消化副球菌硝酸盐、亚硝酸盐呼吸电子传递体系

硫酸盐呼吸(sulphate respiration)又称为异化型硫酸盐还原或反硫化作用。在无氧条件下硫酸盐还原菌以 SO_4^{2-} 为最终电子受体进行无氧呼吸。硫酸盐还原菌主要有无芽孢的脱硫弧菌属和形成芽孢的脱硫肠状菌属的微生物。

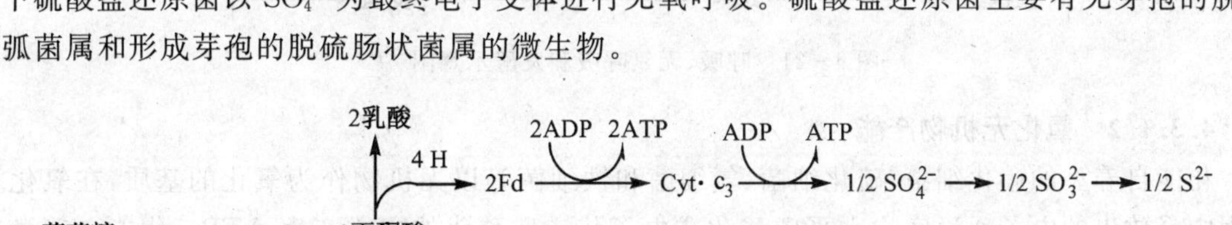

图 4-20　硫酸盐还原菌的乳酸和丙酸代谢

碳酸盐呼吸(carbonate respiration)又称产甲烷作用,进行碳酸盐还原的细菌称为产甲烷细菌(*Methanogens*)。

$$CO_2 + 4H_2 \longrightarrow CH_4 + 2H_2O + ATP$$

延胡索酸呼吸(fumarate respiration)是以延胡索酸为氢受体,产物为琥珀酸。能进行延胡索酸呼吸的微生物都是一些兼性厌氧菌,如埃希氏菌属、变形杆菌属、沙门氏菌属和克氏杆菌属等肠杆菌;一些厌氧菌如拟杆菌属、丙酸杆菌属和产琥珀酸弧菌等也能进行延胡索酸呼吸。近年来,又发现了几种类似于延胡索酸呼吸的无氧呼吸,它们都以有机氧化物作无氧环境下呼吸链的末端氢受体,可以将甘氨酸还原成乙酸,将二甲基亚砜(DMSO)还原成二甲基硫化物,将氧化三甲基胺还原成三甲基胺等。

(3) 呼吸与发酵的关系

厌氧微生物的发酵是以有机物氧化分解的中间代谢产物为最终电子受体的氧化还原过程,最终产物为有机酸、醇、CO_2、H_2及能量。好氧微生物的有氧呼吸是以O_2为最终电子受体的氧化还原过程,最终产物为CO_2、H_2O及能量。厌氧微生物的无氧呼吸是以NO_3^-、SO_4^{2-}、CO_3^{2-}等为最终电子受体的氧化还原过程,最终产物为N_2、H_2S、CH_4、CO_2、H_2O及能量。有些兼性厌氧菌能在有氧或无氧时利用同一种有机物进行呼吸代谢或发酵代谢。例如,酵母菌在无氧条件下发酵葡萄糖生成乙醇和CO_2,在有氧条件下则进行呼吸作用,葡萄糖被完全氧化成CO_2和水。

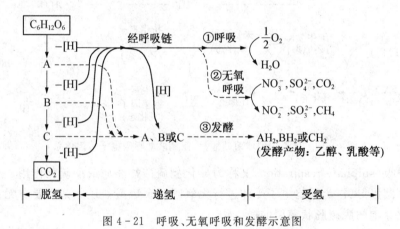

图 4-21　呼吸、无氧呼吸和发酵示意图

4.3.1.2　氧化无机物产能

化能自养型的硝化细菌、硫化细菌、氢细菌和铁细菌等以无机物作为氧化的基质,在氧化过程中释放出的电子通过底物水平磷酸化或电子传递磷酸化的方式产生 ATP。化能自养微生物广泛分布在水和土壤之中,能从无机物氧化中获得能量并以CO_2作为主要 C 源进行生长。它们在自然界物质循环中起着重要作用,与异养微生物一起共同完成自然界中 C、N、Fe、S 等元素的循环。

硝化细菌实际上是两类细菌的总称,一类是能够将NH_3氧化成NO_2^-的亚硝化细菌(又称氨氧化细菌)(图 4-22),另一类是能够将NO_2^-氧化成NO_3^-的硝化细菌(又称亚硝酸盐氧化细菌)(图 4-23)。

硫细菌是一群能在含有丰富的硫化物的环境中生长的细菌。它们利用 S 或硫化物在氧化过程中放出的能量进行生长,这类细菌分为光能自养硫细菌和化能自养硫细菌。化能自养硫细菌通常称为硫化细菌,主要包括硫杆菌属、硫化叶菌属、硫小杆菌属等。多数硫化细菌为专性化能自养菌,少数为兼性化能自养菌。

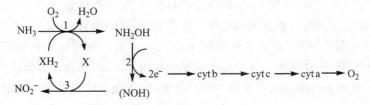

图 4 - 22　氨氧化为亚硝酸的示意图

1. 加氧酶反应(不与 ATP 的合成相偶联);2. 羟胺-细胞色素 C 还原酶,它与末端氧化酶偶联;

3. 假设的中间代谢物硝酰(NOH)氧化为亚硝酸及 XH_2 的再生,XH_2 是加氧酶反应的辅助底物。

cyt 为细胞色素

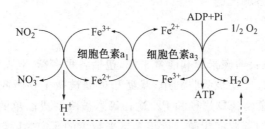

图 4 - 23　硝化细菌氧化 NO_2^- 成 NO_3^-

氢细菌是兼性化能自养菌,能利用 CO_2 为唯一碳源或主要碳源进行生长,也能利用其他有机物进行生长,同时能利用氢在氧化过程中释放出的能量。氢细菌在生长过程中发生两种氧化还原反应,一类是氢被氧化成水放出能量,另一类是利用氢还原 CO_2 合成细胞物质。

$$4H_2 + 2O_2 \longrightarrow 4H_2O$$
$$2H_2 + CO_2 \longrightarrow H_2O + [CH_2O]$$
$$\overline{6H_2 + 2O_2 + CO_2 \longrightarrow 5H_2O + [CH_2O]}$$

氢细菌主要有极毛杆菌属(*Pseudomonas*)、氢极毛杆菌属、分支杆菌属、放线菌属、微球菌属。少数氢细菌为厌氧或兼性厌氧,其中脱氢副球菌在厌氧条件下,氧化 H_2 时以 NO_4^- 为最终电子受体,进行彻底反硝化。

$$5H_2 + 2NO_4^- \longrightarrow N_2 \uparrow + 2OH^- + 4H_2O$$

在 Fe^{2+} 含量高的自然环境中存在着铁细菌,它们将 $Fe^{2+} \rightarrow Fe^{3+}$,并利用这个过程所产生的能量和还原力同化 CO_2 而进行生长。铁细菌分为丝状细菌和普通铁细菌两类,丝状铁细菌外壁有一层厚鞘物质包围,从营养类型上可分为严格自养型与兼性自养型。丝状铁细菌的代表是球衣细菌属中的一些细菌,通常与纤毛细菌属的细菌混杂在一起。普通铁杆菌中重要的有嘉利翁氏铁细菌和氧化亚铁杆菌,由于它们在 pH 高时使 Fe^{2+} 氧化成 Fe^{3+} 所放的能量不能形成 ATP,而在 pH 低时可以形成 ATP,因此这类细菌不能在 pH4 以上的环境中生长。

$$Fe^{2+} + H^+ + O_2 \longrightarrow Fe^{3+} + H_2O + 40 \text{ 千卡}$$

4.3.1.3 光合作用产能

以光能生成 ATP 的过程称为光合磷酸化作用,这种转变需要光和色素作媒介。光合作用(photosynthesis)是某些细菌利用其细胞本身,在可见光的照射下,将二氧化碳和水(细菌为硫化氢和水)转化为有机物,并释放出氧气(细菌释放氢气)的生化过程。

真核藻类,如红藻、绿藻、褐藻等和植物一样具有叶绿体,能够进行产氧光合作用。进行光合作用的细菌不具有叶绿体,而直接由细胞本身进行。属于原核生物的蓝藻(或者称"蓝细菌")同样含有叶绿素,和叶绿体一样进行产氧光合作用。事实上,目前普遍认为叶绿体是由蓝藻进化而来的。其他光合细菌具有多种多样的色素,称作细菌叶绿素或菌绿素,但不氧化水生成氧气,而以其他物质(如硫化氢、硫或氢气)作为电子供体。不产氧光合细菌包括紫硫细菌、紫非硫细菌、绿硫细菌、绿非硫细菌和太阳杆菌等。

4.3.2 微生物的物质代谢

4.3.2.1 微生物的分解代谢

4.3.2.1.1 糖的分解

1. 多糖降解为单糖

糖类是异养微生物主要的碳来源和能量来源,包括各种多糖、双糖和单糖。多糖只有在细胞外被相应的胞外酶水解,才能被吸收利用;双糖和单糖被微生物吸收后,立即进入分解途径(包括 EMP 途径、HMP 途径、ED 途径和 PK 途径等),被降解成简单的含碳化合物,同时释放能量,供应细胞合成所需的碳源和能源。近年来越来越多的研究表明,多糖具有较好的生物活性,如抗肿瘤、提高免疫力、降血糖、抗衰老等功效,在医药领域有很广的应用前景。由于未降解的多糖相对分子质量大、分子体积大、水溶性差,不利于生物吸收入体内发挥生物活性,若直接注入体内也有较大毒性,极大地限制了多糖的应用。多糖降解方法主要分为化学降解法、物理降解法和生物降解法。本书简要介绍淀粉、纤维素和果胶质等多糖分解为单糖的途径。

(1) 淀粉的分解

淀粉由 α-葡聚糖直链淀粉和支链淀粉组成,淀粉的来源不同这两种组分的比例也不同。直链淀粉主要为线状的 α-葡聚糖,含有大约 99% 的 α-(1-4) 和 1% 的 α-(1-6) 糖苷键,相对分子质量为 $1 \times 10^5 \sim 1 \times 10^6$。每条链含有 200~700 个葡萄糖残基,分子质量为 32400~113400 u。直链淀粉的大小、结构及其多分散性随植物来源不同而不同。能够分解淀粉的酶主要有 α-淀粉酶(EC3.2.1.1.)、β-淀粉酶(EC3.2.1.2.)、葡萄糖淀粉酶、极限糊精酶。α-淀粉酶能水解淀粉分子中的 α-1,4-葡萄糖苷键,能将淀粉切断成长短不一的短链糊精和少量的低分子糖类,从而使淀粉糊的黏度迅速下降,起到液化作用,所以又称液化酶。作用温度范围 60~90℃,最适作用温度 60~70℃,作用 pH 范围 5.5~7.0,最适 pH 6.0。Ca^{2+} 可提高酶活力的稳定性。产物为麦芽糖和少量葡萄糖(两者比例约为 6:1)。芽孢杆菌属、梭菌属和曲霉属中的很多菌种可以产生 α-淀粉酶,枯草芽孢杆菌(B. subtilis)的 α-淀粉酶已获得结晶。β-淀粉酶又称糖化酶,是从直链淀粉分子的外端(即非还原端)开始作用于 α-1,4 糖苷键,每次水解出一个麦芽糖分子。多黏芽孢杆菌(B. polymyx)、根霉、黑曲霉(A. niger)、米曲霉(A. oryzae)等都可产生大量 β-淀粉酶。葡萄糖淀粉酶是从淀粉分子的非还原端开始每次切割下一个葡萄糖分子,对 α-1,6 键作用缓慢,黑曲霉、米曲霉可产生这种酶。极限糊精酶可以专门分解 α-1,6 键,切下支链淀粉的侧支,黑曲霉和米曲霉也可产生极限糊精酶。

（2）纤维素和半纤维素的分解

纤维素和半纤维是世界上最丰富的碳水化合物。纤维素是由许多（9000 多）个葡萄糖分子以 β-1,4 糖苷键聚合成的长链大分子，自然界的纤维由许多纤维素分子组成纤维束，外面包有一薄层含有果胶和蜡的角质层，该保护层不能为纤维素酶所分解。纤维素酶是具有纤维素降解能力酶的总称，它们协同作用分解纤维素，所有能利用晶体纤维素的微生物都能或多或少地分泌纤维素酶，这些酶具有不同的特异性和作用方式。不同的纤维素酶能更有效地降解结构复杂的纤维素。纤维素酶主要来自真菌和细菌，真菌的纤维素酶产量较高（20g/L）。纤维素酶分为葡聚糖内切酶、葡聚糖外切酶或纤维二糖酶和 β-葡萄糖苷酶。葡聚糖内切酶能在纤维素酶分子内部任意断裂 β-1,4 糖苷键。葡聚糖外切酶或纤维二糖酶能从纤维分子的非还原端依次裂解 β-1,4 糖苷键释放出纤维二糖分子。β-葡萄糖苷酶能将纤维二糖及其他低分子纤维糊精分解为葡萄糖。实际上在分解晶体纤维素时任何一种酶都不能单独裂解晶体纤维素，只有这三种酶共同存在并协同作用方能完成水解过程。

噬纤维菌属（Cytophaga）、纤维单胞菌属（Cellulomonas）及芽孢杆菌属、梭菌属、克雷伯氏菌属（Klebsiella）和假单胞菌属中的一些细菌能分解纤维素。许多霉菌和木腐菌也可产生胞外纤维素酶。放线菌属（Actinomyces）中的一些种，如黑色旋丝放线菌、蔷薇色放线菌和纤维素放线菌等分解纤维素能力强。产生半纤维素酶的微生物主要有曲霉、根霉和木霉等。真菌的纤维素酶作用方式大多是任意切割的，产物是纤维二糖。细菌的纤维素酶多从纤维素分子一端切割，产物是纤维二糖或葡萄糖。

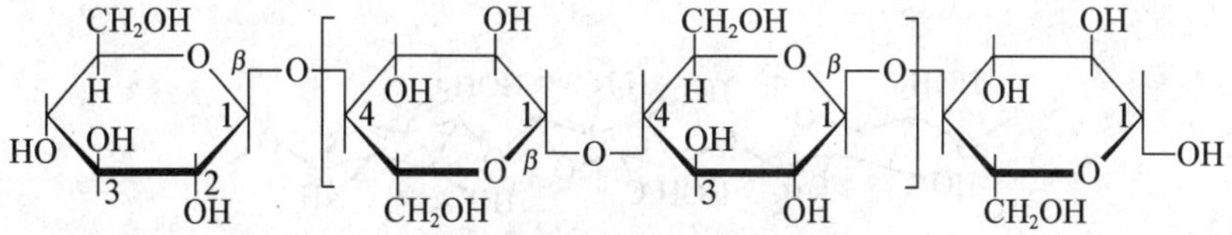

图 4-24　纤维素的分子结构

（3）琼胶的分解

琼胶（琼脂）是自然界中存在的重要碳源之一，是广泛存在于琼胶型红藻细胞壁中的一类多糖，琼胶、卡拉胶、褐藻胶并称为海藻工业的三大多糖，在食品、医药、生物技术等领域有着广泛的应用。琼胶由中性的琼胶糖（agarose）和离子性的硫琼胶（agaropectin）组成，琼胶糖是由 1,3 连接的 β-D-半乳吡喃糖和 1,4 连接的 3,6-内醚-α-L-半乳吡喃糖残基反复交替连接的链状中性糖；硫琼胶由长短不一的半乳糖残基多糖链组成，结构较复杂，其中包含有 D-半乳糖、3,6-半乳糖酐、半乳糖醛酸和多种取代基如丙酮酸、硫酸基、甲基等。琼胶作为天然多糖因其黏度高、溶解性低，影响了其在医药、动物保健、食品等领域的应用，降解后琼胶产生一定分子量和聚合度的琼胶寡糖，被证明具有良好的抗肿瘤、抗病毒、增强免疫等药理作用和生物活性。琼胶寡糖一般是指聚合度（degree of polymerization, DP）为 2～10 的低聚糖，包括胶寡糖和新胶寡糖。近年来对琼胶寡糖的研究发现，这些寡糖具有重要的生理功能。用微生物分泌的琼胶酶水解琼胶制备琼胶寡糖，不仅反应条件温和，能耗低，而且酶催化具有高效性和专一性，能选择性地切断糖苷键。根据酶降解作用方式，琼胶酶可为分 α-琼胶酶和 β-琼胶酶两类。α-琼

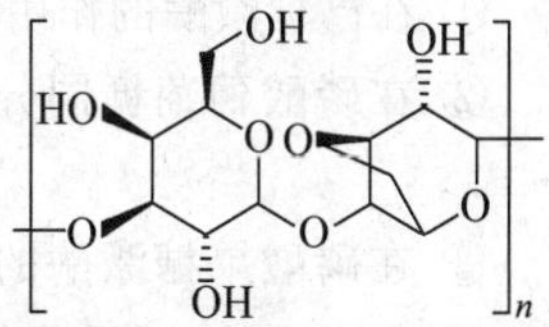

图 4-25　琼胶的分子结构

胶酶裂解琼胶糖的 α-1,3 糖苷键,生成以 β-D-半乳糖为非还原性末端和以 3,6-内醚-α-L-半乳糖为还原性末端的琼寡糖(agarooligosaccharides)系列。β-琼胶酶裂解琼胶糖的 β-1,4 糖苷键,生成以 β-D-半乳糖为还原性末端和以 3,6-内醚 α-L-半乳糖为非还原性末端的新琼寡糖(neoagarooligosaccharides)系列。

(4) 壳聚糖的降解

壳聚糖的降解产物壳寡聚糖具有水溶性好、易吸收等优点,还具有抗肿瘤、抗菌、免疫激活及保湿吸湿等特点,在医药领域有着广泛的应用前景。壳聚糖为几丁质脱乙酰化后的产物,是一种阳离子型多糖,也是目前唯一的商品化碱性多糖。壳聚糖是一种高分子阳离子絮凝剂,由于具有无毒、可被生物降解、良好的生物容性和成膜性等优良特性,在医药卫生、农业等方面得到广泛的应用。几丁质又名甲壳素、甲壳质,是 N-乙酰-D-葡萄糖胺以 β-1,4-糖苷键相连而成,是地球上仅次于纤维素的第二大类天然高分子化合物。壳聚糖酶和溶菌酶等可以降解壳聚糖。

壳聚糖酶主要存在于真菌和细菌细胞中,现已经从细菌、放线菌、真菌、病毒中发现壳聚糖酶的存在,并已从发酵液中纯化得到壳聚糖酶,其主要作用在于 β-(1,4)氨基葡糖苷键,以内切作用方式催化水解壳聚糖生成聚合度为 6~8 的低聚糖聚合物。壳聚糖酶最适 pH 值为4.0~6.8。溶菌酶广泛地分布于自然界中,在人的组织及分泌物中可以找到,动物组织中也有,以鸡蛋清中含量最多,其他植物组织及微生物细胞中也存在。溶菌酶催化壳聚糖降解是以内切方式作用于壳聚糖,断开糖链上的 β-(1,4)糖苷键。溶菌酶能大大提高壳聚糖的降解速率。

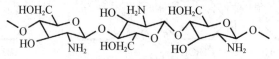

图 4-26　壳聚糖的分子结构

2. 单糖的分解代谢途径

微生物利用单糖进行代谢主要有 EMP 途径、HMP 途径、ED 途径和 PK 途径等,代谢途径不同,产物种类多种多样。

(1) EMP 途径

许多需氧菌、兼性厌氧菌和厌氧菌都按照 EMP 途径分解葡萄糖。葡萄糖经转化成 1,6-二磷酸果糖后,在醛缩酶催化下,裂解成两个 3 碳化合物,由此再转化成 2 分子丙酮酸。代谢途径见第 2 章所述。在此过程中还生成 2 分子 $NADH_2$,并净得 2 分子 ATP。其总反应式为:

$$C_6H_{12}O_6 + 2NAD + 2ADP + 2Pi \longrightarrow 2CH_3COCOOH + 2NADH_2 + 2ATP$$

1) EMP 的反应步骤如下:

① 在己糖激酶的作用下,葡萄糖磷酸化转化为 6-磷酸葡萄糖(G-6-P),消耗 1 mol ATP。

② 在磷酸葡萄糖同分异构酶的作用下,6-磷酸葡萄糖(G-6-P)转化为 6-磷酸果糖(F-6-P)。

③ 在磷酸果糖激酶的作用下,6-磷酸果糖转化为 1,6-二磷酸果糖(F-1,6-2P)。

④ 在 1,6-二磷酸果糖醛缩酶的作用下,1,6-二磷酸果糖裂解成 3-磷酸甘油醛和磷酸二羟丙酮。

⑤ 在磷酸丙糖异构酶的作用下,磷酸二羟丙酮可以转化为 3-磷酸甘油醛。

⑥ 在磷酸甘油醛脱氢酶的作用下,3-磷酸甘油醛转化为 1,3-二磷酸甘油酸磷酸。

⑦ 在磷酸甘油酸激酶的作用下,1,3-二磷酸甘油酸磷酸将磷酰基转移给 ADP 形成了 3-磷酸甘油酸和 ATP。

⑧ 在磷酸甘油酸变位酶的作用下,3-磷酸甘油酸转变为 2-磷酸甘油酸。

⑨ 在烯醇化酶的作用下,2-磷酸甘油酸脱水形成磷酸烯醇式丙酮酸。

⑩ 在丙酮酸激酶的作用下,磷酸烯醇式丙酮酸上的高能磷酸键转移给 ADP 形成 ATP 和烯醇式丙酮酸。

2) 丙酮酸的去路

根据微生物细胞种类的不同,EMP 途径产生的丙酮酸进入不同的代谢途径生成最终的产物。在有氧条件下丙酮酸进入线粒体变成乙酰 CoA 参加三羧酸循环(TCA 循环),最后氧化成 CO_2 和 H_2O。在无氧发酵的条件下,微生物进行发酵产生各种发酵产物。最终发酵产物有乙醇、乳酸、丙酸、混合酸、2,3-丁二醇发酵和丁酸等。

① 三羧酸循环(TCA 循环)(见第 2 章)

丙酮酸在丙酮酸脱氢酶系的作用下转化为乙酰辅酶 A($CH_3CO{\sim}CoA$)。丙酮酸脱氢酶系是个多酶体系,包括丙酮酸脱羧酶 E_1、二氢硫辛酸乙酰转移酶 E_2 和二氢硫辛酸脱氢酶 E_3 三种酶和焦磷酸硫胺素(TPP)、硫辛酸、FAD、NAD^+、CoA 和 Mg^{2+} 等辅助因素组装而成。

反应方程式为:

$$CH_3COCOOH + HS{-}CoA + NAD^+ \longrightarrow CH_3COCoA + CO_2 + NADH + H^+$$

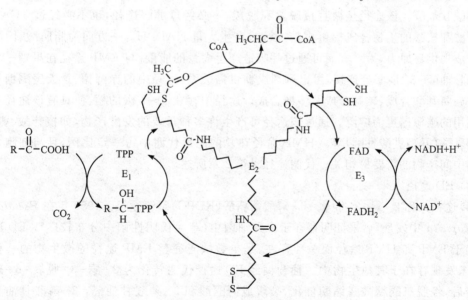

图 4-27　丙酮酸脱氢酶系的作用模式

三羧酸循环(TCA 循环)的反应步骤如下:

ⅰ)在柠檬酸合成酶的作用下乙酰辅酶 A 与草酰乙酸缩合形成柠檬酸。

ⅱ)在顺乌头酸酶的作用下柠檬酸异构化生成异柠檬酸。

ⅲ）在异柠檬酸脱氢酶的作用下异柠檬酸氧化脱羧生成 α-酮戊二酸。

ⅳ）在 α-酮戊二酸脱氢酶系的作用下 α-酮戊二酸氧化脱羧成为琥珀酰辅酶 A。

α-酮戊二酸脱氢酶系由 α-酮戊二酸脱氢酶 E_1、琥珀酰转移酶 E_2 和二氢硫辛酰脱氢酶 E_3 组成,需要 TPP、硫辛酸、CoA、FAD 和 NAD^+ 和 Mg^{2+} 六种辅助因子。

ⅴ）琥珀酰 CoA 转化成琥珀酸生成 GTP。

这是三羧酸循环中唯一底物水平磷酸化直接产生高能磷酸键的步骤。

ⅵ）在琥珀酸脱氢酶作用下琥珀酸脱氢生成延胡索酸。

ⅶ）在延胡索酸酶作用下延胡索酸被水化生成苹果酸。

ⅷ）在 L-苹果酸脱氢酶作用下苹果酸脱氢生成草酰乙酸。

三羧酸循环产生能量的水平很高,每氧化一分子乙酰 CoA,可产生 12 分子 ATP。每分子葡萄糖可以产生 2 分子丙酮酸,因此每分子葡萄糖经酵解、三羧酸循环和氧化磷酸化 3 个阶段共产生 36～38 分子 ATP。

三羧酸循环在一切分解代谢和合成代谢中占有枢纽地位,在动植物和微生物细胞中普遍存在,不仅是糖分解代谢的主要途径,也是脂肪、蛋白质分解代谢的最终途径,具有重要生理意义。三羧酸循环途径与微生物大量发酵产物如柠檬酸、苹果酸、琥珀酸和谷氨酸等的生产密切相关。

（2）HMP 途径

HMP 途径又称为磷酸戊糖途径或磷酸葡萄糖酸途径,该途径主要包括 6-磷酸葡萄糖脱氢生成 6-磷酸葡萄糖酸,再经脱羧基作用转化为磷酸戊糖,最后通过转移二碳单位的转羟乙醛酶和转移三碳单位的转二羟丙酮基酶等的催化作用,进行分子间基团交换,重复生成磷酸己糖和磷酸甘油醛。该途径是糖直接脱氢和脱羧,不必经过酵解途径,也不必经过 TCA 循环,为核苷酸和核酸的生物合成提供戊糖-磷酸;产生大量 $NADPH_2$,一方面为脂肪酸、固醇等物质的合成提供还原力,另一方面可通过呼吸链产生大量的能量;与 EMP 途径在果糖-1,6-二磷酸和甘油醛-3-磷酸处连接,可以调剂戊糖供需关系;途径中的赤藓糖、景天庚酮糖等可用于芳香族氨基酸合成、碱基合成及多糖合成。途径中存在 3～7 碳的糖,使具有该途径微生物所能利用的碳源谱更为广泛。通过该途径可产生许多种重要的发酵产物,如核苷酸、氨基酸、辅酶和乳酸(异型乳酸发酵)等。HMP 途径在总的能量代谢中占一定比例,且与细胞代谢活动对其中间产物的需要量相关。代谢途径见第 2 章所述。

（3）ED 途径

ED 途径又称 2-酮-3-脱氧-6-磷酸葡糖酸(KDPG)裂解途径。1952 年在 *Pseudomonas saccharophila* 中发现,后来证明存在于多种细菌中(革兰氏阴性菌中分布较广)。ED 途径可不依赖于 EMP 和 HMP 途径而单独存在,是少数缺乏完整 EMP 途径的微生物的一种替代途径,未发现存在于其他生物中。葡萄糖经 ED 途径代谢转化为 2-酮-3-脱氧-6-磷酸葡萄糖酸后,经脱氧酮糖酸醛缩酶催化,裂解成丙酮酸和 3-磷酸甘油醛,3-磷酸甘油醛再经 EMP 途径转化成为丙酮酸,结果是 1 分子葡萄糖产生 2 分子丙酮酸、1 分子 ATP。总反应式为:

$$C_6H_{12}O_6 + ADP + Pi + NADP^+ + NAD^+ \rightarrow 2CH_3COCOOH + ATP + NADPH + H^+ + NADH + H^+$$

ED 途径的特征反应是关键中间代谢物 2-酮-3-脱氧-6-磷酸葡萄糖酸(KDPG)裂解为

丙酮酸和 3 -磷酸甘油醛。ED 途径的特征酶是 KDPG 醛缩酶,反应步骤简单,产能效率低。此途径可与 EMP 途径、HMP 途径和 TCA 循环相连接,可互相协调以满足微生物对能量、还原力和不同中间代谢物的需要。好氧时与 TCA 循环相连,厌氧时进行乙醇发酵。

（4）磷酸酮解途径

磷酸酮解途径主要有磷酸戊糖酮解途径（PK）和磷酸己糖酮解途径（HK）。进行磷酸酮解途径的微生物缺少醛缩酶,所以它不能够将磷酸己糖裂解为 2 个三碳糖。磷酸酮解途径存在于某些细菌（如明串珠菌属和乳杆菌属中的一些细菌）中。兼有两种磷酸解酮酶系的微生物种类很少,且只在厌气条件下进入这种降解途径。

磷酸戊糖酮解途径（PK）是在己糖磷酸解酮酶的作用下转化 6 -磷酸果糖生成乙酰磷酸和 4 -磷酸赤藓糖。PK 途径分解 1 分子葡萄糖只产生 1 分子 ATP,相当于 EMP 途径的一半,几乎产生等量的乳酸、乙醇和 CO_2。

磷酸己糖酮解途径（HK）是在戊糖磷酸解酮酶的作用下转化磷酸木酮糖生成乙酸磷酸和 3 -磷酸甘油醛。有两个磷酸酮解酶参加反应。在没有氧化作用和脱氢作用的参与下,2 分子葡萄糖分解为 3 分子乙酸和 2 分子 3 -磷酸-甘油醛,3 -磷酸-甘油醛在脱氢酶的参与下转变为乳酸。乙酰磷酸生成乙酸的反应与生成 ATP 的反应相偶联。每分子葡萄糖产生 2.5 分子的 ATP。许多微生物（如双歧杆菌）的异型乳酸发酵即采取此方式。

4.3.2.1.2　脂肪的分解

微生物体内脂肪的分解代谢过程首先是在脂肪酶的催化下水解为甘油和脂肪酸。甘油可经糖酵解和三羧酸循环迅速地降解,并产生各种中间产物和能量。脂肪酸通过 β -氧化,形成乙酰 CoA,后者可进入 TCA 环或乙醛酸环。在有 O_2 条件下脂肪酸氧化很彻底释出大量能量。在厌氧条件下脂肪酸氧化不彻底生成甲基酮。能分解脂肪的微生物种类较少,主要有真菌中的青霉、曲霉、白地霉、镰刀霉和假丝酵母等,以及细菌中的假单胞菌属、分枝杆菌属（*Mycobacterium*）等。

（1）在脂肪酶、甘油二酯脂肪酶和单酯酰甘油单酯脂肪酶的作用下甘油三酯被水解生成甘油和脂肪酸。

（2）在甘油激酶和磷酸甘油脱氢酶的作用下甘油转化为磷酸二羟丙酮。

（3）脂肪酸的 β -氧化

① 脂肪酸的活化:脂肪酸进入细胞后在内质网脂酰辅酶 A 合成酶和线粒体脂酰辅酶 A 的作用下转化为脂酰辅酶 A,然后进入线粒体内进行氧化。

$$\underset{\text{O}}{\text{R}-\overset{\text{O}}{\overset{\|}{\text{C}}}-\text{O}^-} + \text{ATP} + \text{HS}-\text{CoA} \underset{\text{Mg}^{2+}}{\rightleftharpoons} \text{R}-\overset{\text{O}}{\overset{\|}{\text{C}}}-\text{SCoA} + \text{AMP} + \text{PPi}$$

② 脂酰辅酶 A 转运进入线粒体:中、短链脂肪酸可以直接穿过线粒体膜进入线粒体内膜。肉碱可以结合长链脂肪酸形成的脂酰辅酶 A 生成脂酰肉碱,以脂酰基形式从线粒体膜外转运到膜内。脂酰肉碱在移位酶的作用下通过线粒体内膜,脂酰基与线粒体基质中的辅酶 A 结合,重新产生脂酰辅酶 A 并释放肉碱。

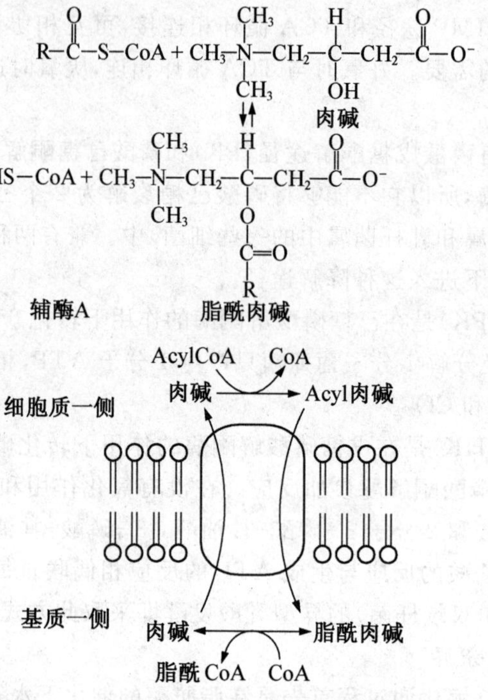

R—C(=O)—S—CoA + CH₃—N⁺(CH₃)—CH₂—CH(OH)—CH₂—C(=O)—O⁻ 肉碱

$$R-\overset{O}{\underset{}{C}}-S-CoA + CH_3-\overset{CH_3}{\underset{CH_3}{N^+}}-CH_2-\overset{H}{\underset{OH}{C}}-CH_2-\overset{O}{\underset{}{C}}-O^-$$

肉碱

$$HS-CoA + CH_3-\overset{CH_3}{\underset{CH_3}{N^+}}-CH_2-\overset{H}{\underset{O}{C}}-CH_2-\overset{O}{\underset{}{C}}-O^-$$

|辅酶A   脂酰肉碱

AcylCoA   CoA

细胞质一侧   肉碱 ⟶ Acyl肉碱

基质一侧   肉碱 ⟷ 脂酰肉碱

脂酰CoA   CoA

图 4 - 28　线粒体膜内外脂肪酸的运转机制

③ 脂酰辅酶 A 在线粒体基质中进行 β-氧化作用：在脂酰辅酶 A 脱氢酶的作用下脂酰辅酶 A 在 C2 和 C3（即 α、β 位）之间脱氢形成反式双链的脂酰辅酶 A（又称反式烯脂酰辅酶 A）。

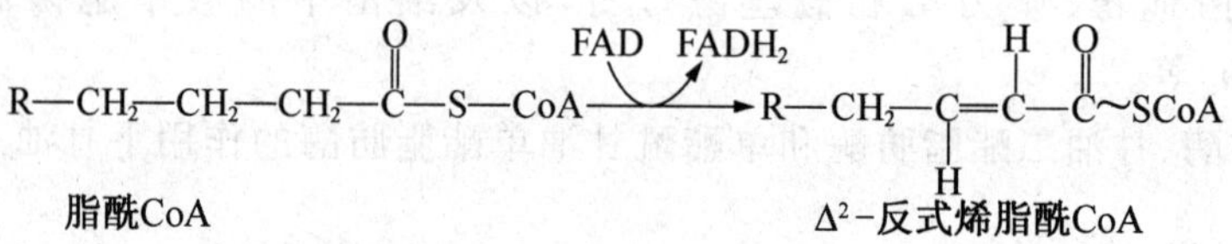

$$R-CH_2-CH_2-CH_2-\overset{O}{\underset{}{C}}-S-CoA \xrightarrow[\quad]{FAD\quad FADH_2} R-CH_2-\overset{H}{\underset{H}{C}}=\overset{H}{\underset{}{C}}-\overset{O}{\underset{}{C}}\sim SCoA$$

脂酰CoA   Δ²-反式烯脂酰CoA

在烯脂酰辅酶 A 水化酶的作用下反式烯脂酰辅酶 A 水化形成 L(+)-β-羟脂酰辅酶 A。

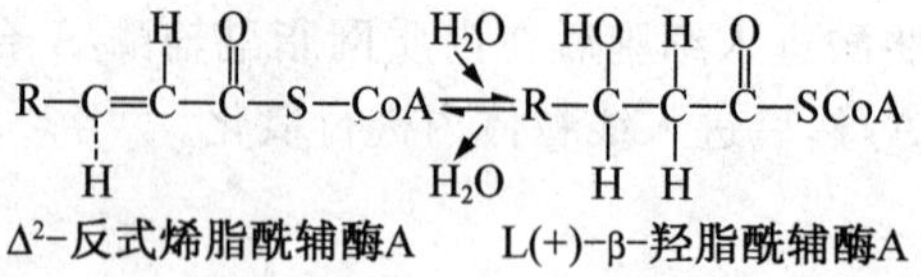

$$R-\overset{H}{\underset{}{C}}=\overset{H}{\underset{}{C}}-\overset{O}{\underset{}{C}}-S-CoA \underset{H_2O}{\overset{H_2O}{\rightleftharpoons}} R-\overset{OH}{\underset{H}{C}}-\overset{H}{\underset{H}{C}}-\overset{O}{\underset{}{C}}-SCoA$$

Δ²-反式烯脂酰辅酶A   L(+)-β-羟脂酰辅酶A

在 L(+)-β-羟脂酰辅酶 A 脱氢酶的作用下 L(+)-β-羟脂酰辅酶 A 脱氢氧化形成 β-酮脂酰辅酶 A。

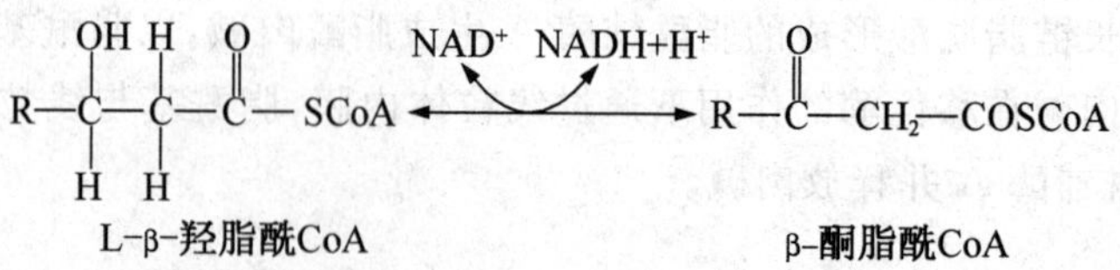

$$R-\overset{OH}{\underset{H}{C}}-\overset{H}{\underset{H}{C}}-\overset{O}{\underset{}{C}}-SCoA \xrightarrow[\quad]{NAD^+\quad NADH+H^+} R-\overset{O}{\underset{}{C}}-CH_2-COSCoA$$

L-β-羟脂酰CoA   β-酮脂酰CoA

在硫解酶的作用下 β-酮脂酰辅酶 A 被第二个辅酶 A 分子硫解产生乙酰辅酶 A 和比原来脂酰辅酶 A 少两个碳原子的脂酰辅酶 A。

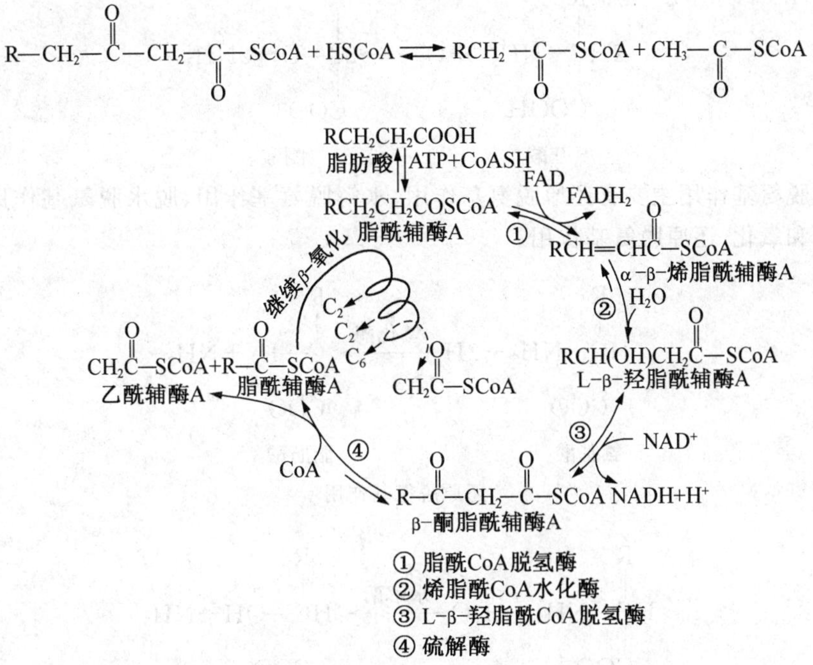

图 4-29　脂肪酸的 β-氧化

脂肪酸 β-氧化后形成的乙酰辅酶 A 进入三羧酸循环,最后形成二氧化碳和水。每生成一分子乙酰辅酶 A 产生 5 分子 ATP。

4.3.2.1.3　蛋白质的分解

蛋白质的分解产物为肽和氨基酸。细胞内催化蛋白质降解的是溶酶体中的各种蛋白质水解酶。蛋白质水解酶可以催化多肽或蛋白质水解,种类繁多。蛋白酶对机体的新陈代谢以及生物调控起重要作用,相对分子质量一般在 2 万～3 万。蛋白酶按水解底物的部位可分为内肽酶以及外肽酶,前者水解蛋白质中间部分的肽键,后者则自蛋白质的氨基或羧基末端逐步降解氨基酸残基。

蛋白酶(内肽酶)水解蛋白质中间部分的肽键,有一定专一性。蛋白酶对氧稳定,半胱氨酸等还原性物质易引起蛋白酶失活。蛋白酶主要是胞外酶,蛋白质必须在胞外水解成多肽和氨基酸后才易被吸收。肽酶(又称外肽酶)自蛋白质的氨基或羧基末端逐步降解氨基酸残基,也有一定专一性,例如氨肽酶、羧肽酶和二肽酶。肽酶是胞内酶或胞外酶,对氧不稳定,需有半酚氨酸等还原性物质维持其活性。

微生物降解氨基酸有脱氨基和脱羧基两种基本方式,当培养基的 pH 值偏碱时,进行脱氨作用,偏酸时则进行脱羧作用,因为微生物只有在培养基的 pH 值高于氨基酸的等电点时(此时氨基不解离)才生成脱氨酶,在 pH 值低于氨基酸的等电点时(此时羧基不解离)方生成脱羧酶。

脱氨基作用是指氨基酸失去氨基的作用,是机体氨基酸分解的第一个步骤。脱氨基作用有氧化脱氨基和非氧化脱氨基作用两类。氧化脱氨基作用普遍存在于动植物中,非氧化脱氨基作用大多数在微生物中进行。

氧化脱氨基作用是在氨基酸氧化酶的作用下将氨基酸转化为 α-酮酸和氨,每消耗 1 分子氧产生 2 分子 α-酮酸和 2 分子氨。

$$2\underset{\underset{\text{COOH}^-}{|}}{\overset{\overset{\text{R}}{|}}{\text{HC}}}-\overset{+}{\text{NH}_3} + O_2 \longrightarrow 2\underset{\underset{\text{COO}^-}{|}}{\overset{\overset{\text{R}}{|}}{\text{C}}}=O + 2NH_3$$

氨基酸　　　　　　　　　　酮酸

非氧化脱氨基作用主要有还原脱氨基作用、水解脱氨基作用、脱水脱氨基作用、脱硫氢基脱氨基作用和氧化-还原脱氨基作用。

$$\underset{\underset{\text{COO}^-}{|}}{\overset{\overset{\text{R}}{|}}{\text{HC}}}-\overset{+}{\text{NH}_3} + 2H \xrightarrow{\text{氢化酶}} \underset{\underset{\text{COO}^-}{|}}{\overset{\overset{\text{R}}{|}}{\text{C}}}-\text{H}_2 + NH_3$$

氨基酸　　　　　　　　　　脂肪酸

还原脱氨基作用

$$\underset{\underset{\text{COO}^-}{|}}{\overset{\overset{\text{R}}{|}}{\text{HC}}}-\overset{+}{\text{NH}_3} + H_2O \xrightarrow{\text{水解酶}} \underset{\underset{\text{COO}^-}{|}}{\overset{\overset{\text{R}}{|}}{\text{HC}}}-\text{OH} + NH_3$$

氨基酸　　　　　　　　　　羟酸

水解脱氨基作用

$$\underset{\underset{\text{COO}^-}{|}}{\overset{\overset{\text{CH}_2\text{OH}}{|}}{\text{HC}}}-\overset{+}{\text{NH}_3} \xrightarrow[-\text{H}_2\text{O}]{\text{L-丝氨酸脱水酶}} \underset{\underset{\text{COO}^-}{|}}{\overset{\overset{\text{CH}_2}{\|}}{\text{C}}}-\overset{+}{\text{NH}_3} \xrightarrow{\text{分子重排}} \underset{\underset{\text{COO}^-}{|}}{\overset{\overset{\text{CH}_3}{|}}{\text{C}}}=\overset{+}{\text{NH}_2} \longrightarrow \underset{\underset{\text{COO}^-}{|}}{\overset{\overset{\text{CH}_3}{|}}{\text{C}}}=O + NH_3$$

丝氨酸　　　　　　α-氨基丙烯酸　　　　　亚氨基丙酸　　　丙酮酸

脱水脱氨基作用

$$\underset{\underset{\text{COO}^-}{|}}{\overset{\overset{\overset{\overset{\text{SH}}{|}}{\text{CH}_2}}{|}}{\text{HC}}}-\overset{+}{\text{NH}_3} \xrightarrow[-\text{H}_\text{S}]{\text{脱硫氢基酶}} \underset{\underset{\text{COO}^-}{|}}{\overset{\overset{\text{CH}_2}{\|}}{\text{C}}}-\overset{+}{\text{NH}_3} \xrightarrow{\text{分子重排}} \underset{\underset{\text{COO}^-}{|}}{\overset{\overset{\text{CH}_2}{\|}}{\text{C}}}=\overset{+}{\text{NH}_2} \longrightarrow \underset{\underset{\text{COO}^-}{|}}{\overset{\overset{\text{CH}_3}{|}}{\text{C}}}=O + NH_3$$

L-半胱氨酸　　　　　α-氨基丙烯酸　　　　亚氨基丙酸　　　丙酮酸

脱硫氢基脱氨基作用

$$\underset{\underset{\text{COO}^-}{|}}{\overset{\overset{\text{R}}{|}}{\text{HC}}}-\overset{+}{\text{NH}_3} + \underset{\underset{\text{COO}^-}{|}}{\overset{\overset{\text{R}'}{|}}{\text{HC}}}-\overset{+}{\text{NH}_3} + H_2O \xrightarrow{\text{酶}} \underset{\underset{\text{COO}^-}{|}}{\overset{\overset{\text{R}}{|}}{\text{C}}}=O + \underset{\underset{\text{COO}^-}{|}}{\overset{\overset{\text{R}'}{|}}{\text{CH}_2}} + 2NH_3$$

酮酸　　有机酸

氧化还原脱氨基作用

机体内脱羧基作用是在脱羧酶的催化下完成的,这类酶的辅酶为磷酸吡哆醛。氨基酸脱羧酶的专一性高,一种脱羧酶催化一种氨基酸的脱羧作用,而且只作用与 L-构型的氨基酸脱羧。

微生物分解蛋白质的能力因菌种不同有很大差异。真菌水解蛋白质的能力较细菌强。细菌中只在芽孢杆菌、梭菌、假单胞菌、变形杆菌和肠杆菌等属中少数菌种才有分解力强的蛋白酶,它们只有在大量生长时才合成蛋白酶。因此,在开始生长时如果只供给纯蛋白质作为氮源,它们大多不能生长。加入少量可被迅速利用的氮源如蛋白胨,细菌得以大量生长繁殖并产生蛋白酶,分解蛋白质。细菌蛋白酶的生成需要钙离子,酸性条件对其生成不利。如果培养基中含有可被迅速利用的碳水化合物,就会阻抑细菌蛋白酶的生成。

4.3.2.2　微生物的合成代谢

微生物的合成代谢主要指与细胞结构、生长和生命活动有关的生物大分子物质的合成,包括初级代谢和次级代谢产物的合成。微生物细胞的合成代谢需要能量、还原剂($NADPH_2$ 或 $NADH_2$)和简单的无机物、有机物进行单糖、脂肪酸、氨基酸、核苷酸等物质的生物合成,进一步将这些前体物质合成多糖、核酸、蛋白质等高分子物质。

ATP 是微生物细胞中大多数酶能够利用的能量。ATP 作为一种短期的能量流通物质,如果没有被及时利用就会被水解为 ADP。外源生物大分子物质经过分解代谢会释放大量的能量供给生物细胞合成代谢之用。大多数生物能在细胞内形成淀粉、糖原和聚 β-羟基丁酸等有机聚合物储存在细胞内,这些物质被氧化即可生成 ATP 供细胞合成代谢使用。

细胞物质生物合成中的还原剂有两种,一种是还原型的烟酰胺腺膘呤二核苷酸——还原型辅酶 I($NADH_2$),另一种是还原型的烟酰胺腺膘呤二核苷酸磷酸——还原型辅酶 II($NADPH_2$)。$NADH_2$ 作为供氢体在有氧条件下通过呼吸作用产生 ATP,在无氧条件下则用于中间代谢产物的还原,生成相应的发酵产物。$NADPH_2$ 更多地是用于合成代谢过程中的还原反应。化能异养微生物在能量代谢过程中产生 $NAD(P)H_2$ 的步骤较多,例如 1 分子葡萄糖经 EMP 途径降解为丙酮酸时生成 2 分子的 $NADH_2$,1 分子葡萄糖经 HMP 途径降解时产生 12 分子的 NADPH,1 分子葡萄糖经 ED 途径降解时产生 1 分子 NADPH。化能自养微生物产生还原力的方式有直接偶联式和电子反向传递式两种。氢细菌在氢化酶的作用下将氢氧化的同时生成 $NAD(P)H_2$,氢氧化的放能反应直接与还原力生成的吸能反应相偶联的过程被称为直接偶联式。铁细菌和硫细菌等化能自养菌用作能源的无机物的氧化还原电位高于 $NAD(P)H$,在提供能量的前提下,使电子从氧化还原电位高的载体反向传给电位低的载体,最后传给 $NAD(P)^+$ 产生还原力。光能细菌可以从 H_2O、H_2S、H_2 等物质取得电子通过光合作用产生 $NADPH_2$。

小分子的无机物或有机物是直接用于合成生物大分子的原料。自养微生物自行制造所有的细胞物质,异氧微生物可以从外源营养物质的分解产物中摄取合成反应所需要的物质。下面以氨基酸、多糖、脂肪酸等物质的合成为例介绍初级代谢产物的生物合成。

1. 蔗糖的生物合成

在微生物细胞中,利用蔗糖磷酸化酶催化 1-磷酸-葡萄糖与果糖的反应生成蔗糖。

$$1\text{-磷酸-葡萄糖}+\text{果糖} \longrightarrow \text{蔗糖}+\text{Pi}$$

2. 淀粉的生物合成

在淀粉磷酸化酶的作用下,1-磷酸-葡萄糖与引物分子结合合成直链淀粉。引物作为葡萄糖的受体,是含 α-1,4 糖苷键的葡萄多糖,最小为麦芽三糖。葡萄糖分子结合在引物非还原末端 C4 的羟基上形成直链淀粉。

$$1-磷酸-葡萄糖 + 引物 \longrightarrow 直链淀粉 + Pi$$

3. 谷氨酸的生物合成

在 L-谷氨酸脱氢酶的作用下,α-酮戊二酸与游离氨反应合成谷氨酸。

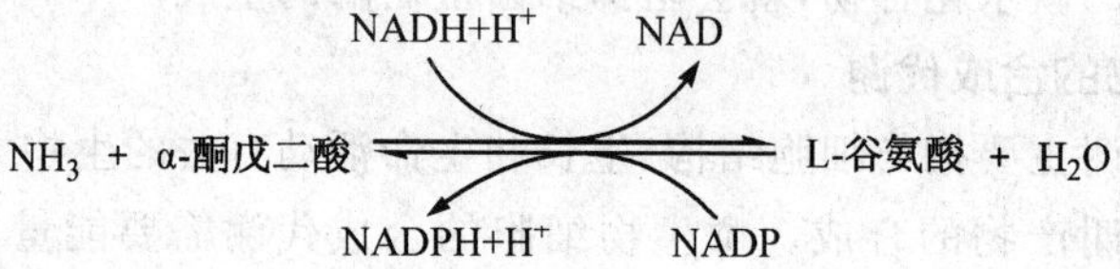

4. 脯氨酸的生物合成

先由 α-酮戊二酸形成谷氨酸,谷氨酸的 γ-羧基还原形成谷氨酸 γ-半醛,然后自发环化形成五元环化合物 Δ^1-二氢吡咯-5-羧酸,再由二氢吡咯还原酶催化还原形成脯氨酸。

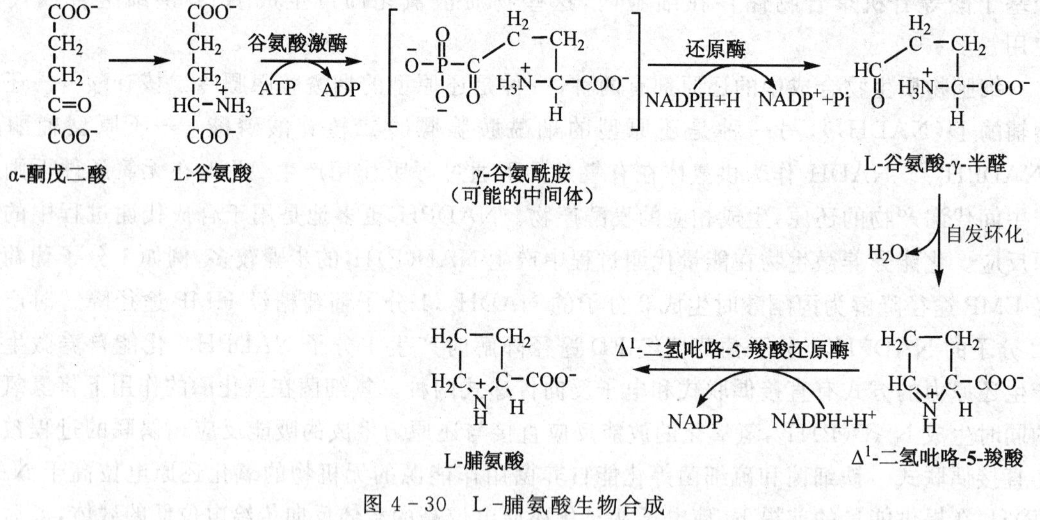

图 4-30 L-脯氨酸生物合成

5. 脂肪酸的合成

脂肪酸的合成是在细胞液中进行的,合成的碳源主要来源于糖酵解产生的乙酰辅酶 A,需要 CO_2 和柠檬酸的参加。大肠杆菌中脂肪酸的生物合成途径如图 4-29 所示。多数微生物的脂肪酸合成步骤仅限于合成软脂酸。

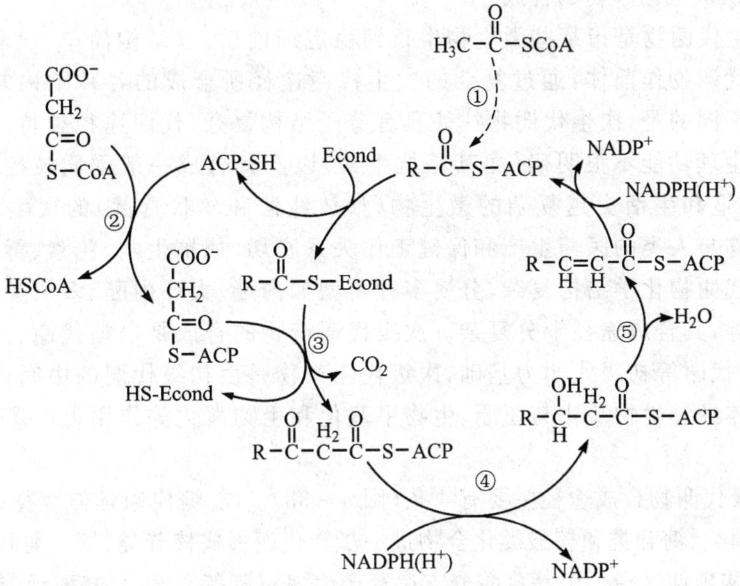

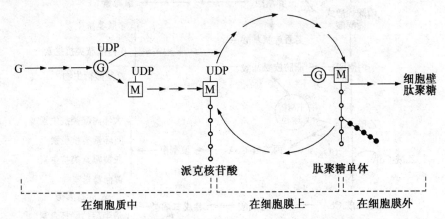

图 4-31　脂肪酸生物合成反应次序

① 乙酰 CoA-ACP 酰基转移酶；② 丙二酸单酰 CoA-ACP 酰基转移酶；③ β-酮脂酰-ACP
合成酶；④ β-酮脂酰-ACP 还原酶；⑤β-羟脂酰-ACP 脱水酶；⑥烯脂酰-ACP 还原酶

6. 肽聚糖的生物合成

肽聚糖是绝大多数原核微生物细胞壁所含有的独特成分，在细菌的生命活动中具有重要功能，尤其是许多重要抗生素如青霉素、头孢霉素、万古霉素、环丝氨酸（恶唑霉素）和杆菌肽等呈现其选择毒力（selective toxicity）的物质基础，是在抗生素治疗上有特别意义的物质。肽聚糖的合成分为三个阶段。第一个阶段是在细胞质中完成的，合成派克（Park）核苷酸。第二个阶段是在细胞膜上完成的，合成肽聚糖单体。第三个阶段是在细胞膜外实现的，通过交联作用形成肽聚糖。肽聚糖的合成机制复杂，步骤多，合成部位几经转移。合成过程中需要有能够转运与控制肽聚糖结构元件的载体（UDP 和细菌萜醇）参与。

图 4-32　肽聚糖合成的三个阶段及其主要中间代谢物

G：葡萄糖；Ⓖ：N-乙酰葡萄糖胺；Ⓜ：N-乙酰胞壁酸；派克核苷酸：UDP-N-乙酰胞壁酸五肽

7. 微生物次级代谢产物的合成

微生物次生代谢物是指某些微生物生长到稳定期前后,以结构简单、代谢途径明确、产量较大的初生代谢物作前体,通过复杂的次生代谢途径所合成的各种结构复杂的化合物。与初生代谢物不同的是,次生代谢物往往具有分子结构复杂、代谢途径独特、在生长后期合成、产量较低、生理功能不很明确(尤其是抗生素)以及其合成一般受质粒控制等特点。一般地说,形态构造和生活史越复杂的微生物(如放线菌和丝状真菌)的次生代谢物种类越多。次生代谢物与人类的医药生产和保健工作关系密切,如抗生素、色素、毒素、生物碱、信息素等。次生代谢物化学结构复杂,分属多种类型如内酯、大环内酯、多炔类、多肽类、四环类和氨基糖类等,其合成途径十分复杂。次级代谢产物的合成是以糖代谢、三羧酸循环、脂肪代谢、氨基酸代谢等初级代谢为基础,次级代谢产物是由初级代谢的中间体衍生而来的,初级代谢中间体经过生物氧化与还原、生物甲基化和生物卤化等作用可以形成各种次级代谢产物。

微生物次级代谢物合成途径主要有 4 条(图 4-33)。① 糖代谢延伸途径。由糖类转化、聚合产生的多糖类、糖苷类和核酸类化合物进一步转化而形成核苷类、糖苷类和糖衍生物类抗生素。② 莽草酸延伸途径。由莽草酸分支途径产生氯霉素等。③ 氨基酸延伸途径。由各种氨基酸衍生、聚合形成多种含氨基酸的抗生素,如多肽类抗生素、β-内酰胺类抗生素、D-环丝氨酸和杀腺癌菌素等。④ 乙酸延伸途径。可分 2 条支路,其一是乙酸经缩合后形成聚酮酐,进而合成大环内酯类、四环素类、灰黄霉素类抗生素和黄曲霉毒素。另一分支是经甲羟戊酸而合成异戊二烯类,进一步合成重要的植物生长刺激素——赤霉素或真菌毒素——隐杯伞素等。

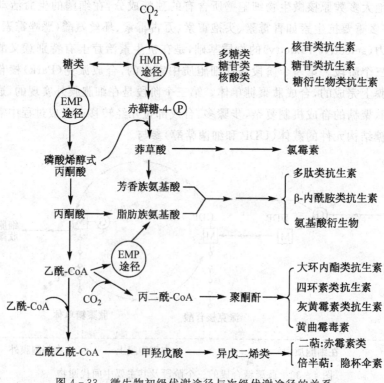

图 4-33   微生物初级代谢途径与次级代谢途径的关系

微生物产生的次级代谢产物在化学结构和生物活性方面多种多样,主要的产生菌类群包括放线菌、芽孢杆菌、粘细菌、假单胞菌、蓝细菌、真菌等,其中已知抗生素的三分之二以上是以链霉菌为代表的放线菌产生的。根据结构特点可以基本上将抗生素分为β-内酰胺、氨基糖苷、核苷、四环素、多肽、糖肽、大环内酯、安莎、聚醚和类萜等种类。以上多种多样抗生素的结构特点也决定了它们生物活性的多样性,除了可以抑菌杀菌外,还可以作为抗癌药、抗寄生虫药、除草剂、酶抑制剂、免疫调节剂、受体拮抗剂、低血胆固醇治疗剂等等,在医疗、工业、农牧渔业和环境保护等领域均发挥着重要作用。随着大量微生物次级代谢产物的分离,从自然界直接分离具有新结构、新活性化合物变得越来越困难,已知结构化合物分离的重复性很高。另一方面,临床上病原微生物的耐药性日益严重,伴随着多耐药性、高耐药性病原菌以及艾滋病、SARS、禽流感等新型疾病不断出现,如何利用已有资源,定向创造新结构、新活性化合物以及提高微生物次级代谢产物的产量,成为当务之急。

4.3.3　几种抗生素微生物合成实例

核苷类抗生素是以一个杂环核碱基为配基,以糖苷键与糖相结合而构成,具有特征性紫外-可见光吸收光谱,绝大多数由链霉菌产生,具有广泛不同的抗微生物、抗肿瘤、抗病毒和其他生理生化活性。按照糖苷键可进一步分为 N—C 糖苷或 C—C 糖苷两类。C—C 糖苷类主要有间型霉素、间型霉素 B、焦土霉素、吡唑霉素,鲕霉素等。N—C 糖苷类主要有嘌呤霉素、杀稻瘟菌素 S,多氧菌素、杀草菌素解虫草素、海绵腺苷、衣霉素、杀结核菌素等。

氨基糖苷类抗生素是指一类含有氨基糖的糖苷物质,又可称为氨基环醇类抗生素。可大致分为含 2-脱氧链霉胺(2-DOS)的抗生素和含链霉胺抗生素。这类抗生素绝大多数是由链霉菌和小单胞菌发酵产生的。这类抗生素的作用机制是,结合于细菌的核糖体上抑制蛋白质转录的初始以及转录过程中的移位作用导致密码子错读,从而抑制蛋白质的合成,达到杀菌的目的。

安普霉素

安普霉素是一种氨基糖苷类抗生素,由于分子中具有独特的辛二糖结构(图 3-34),因此对多种氨基糖苷类抗生素的耐药菌有抑制和杀灭作用,使用中不易产生交叉耐药性。研究发现安普霉素可能的生物合成途径如图 4-35 所示。

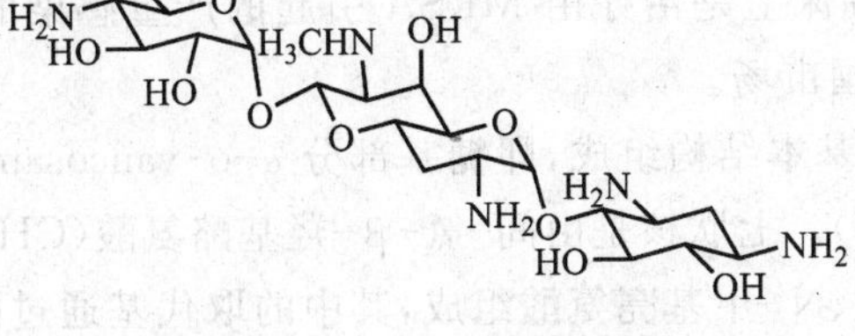

图 4-34　安普霉素结构

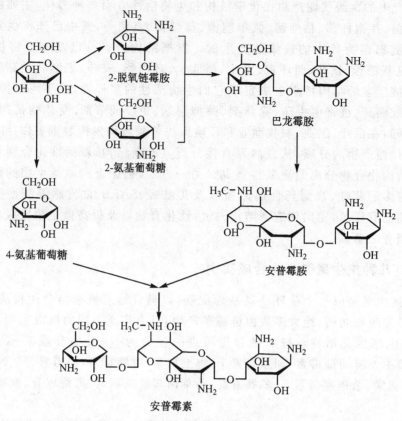

图 4-35　安普霉素生物合成途径

万古霉素

　　糖肽类抗生素主要有万古霉素、去甲万古霉素、替考拉宁(肽可霉素)等,这类抗生素主要来源于微生物的代谢产物。肠球菌和葡萄球菌是当今全世界每年医院感染的主要病原菌,具有多药耐药性,糖肽类抗生素通常是其唯一有效的治疗药物。然而,该类药物耐药菌的迅速出现,如万古霉素和替考拉宁耐药的肠球菌等,以及有关耐甲氧西林金葡菌(MRSA)对万古霉素敏感性下降的报道也日益增多,迫切需要新型抗菌药物的加速开发。

　　万古霉素是一种重要的糖肽类抗生素,是 1956 年从印度尼西亚土壤中筛选得到的一株被称为东方拟无枝酸菌(*Amycolatopsis orientalis*)的发酵液中分离得到的具有抗革兰氏阳性菌的一种糖肽类抗生素,在临床上是治疗由 MRSA 引起的严重感染的首选药物。1958 年美国开始使用,1988 年进入中国市场。

　　万古霉素分子由两个基本结构组成,即糖基部分 α-o-vancosamine-β-o-glucosyl 和肽基部分中心七肽核(图 4-36)。七肽核是由间-氯-β-羟基酪氨酸(CHT)单位、3,5-二羟基苯基甘氨酸(Dpg)单位、精氨酸、N-甲基亮氨酸组成,其中的取代基通过醚键或碳-碳键相连;糖基部分的双糖是由葡萄糖和氨基糖 vancosamine 组成。万古霉素糖苷配基中的芳香族氨基酸间-氯-β-羟基酪氨酸(CHT)及 4-羟基苯甘氨酸来源于酪氨酸,而七肽核主链中的非蛋白源氨基酸 3,5-二羟基苯基甘氨酸(Dpg)是由乙酸单位通过聚酮作用而生成。聚酮体酶 DpgA 只能以丙二酰 CoA 为唯一底物,逐步经过水合酶(DpgB 或 DpgD)、脱氢酶(DpgC)、转氨酶

(Pgat)的作用,生成3,5-二羟基苯基甘氨酸(Dpg)。七肽核主链中的非蛋白源氨基酸3,5-二羟基苯基甘氨酸(Dpg)可能的生物合成途径,如图4-37所示。

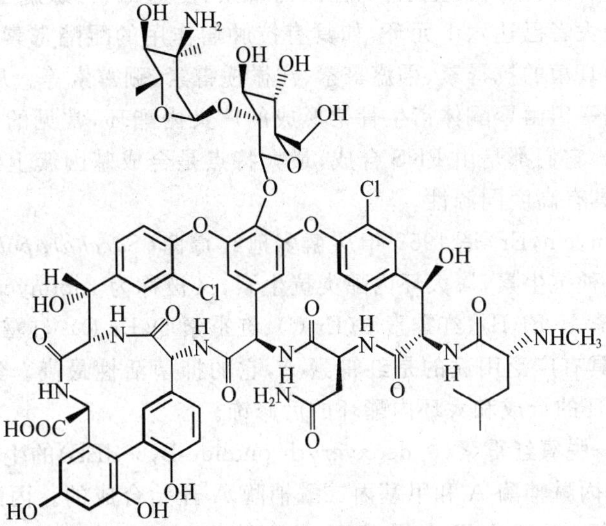

图 4-36　万古霉素结构

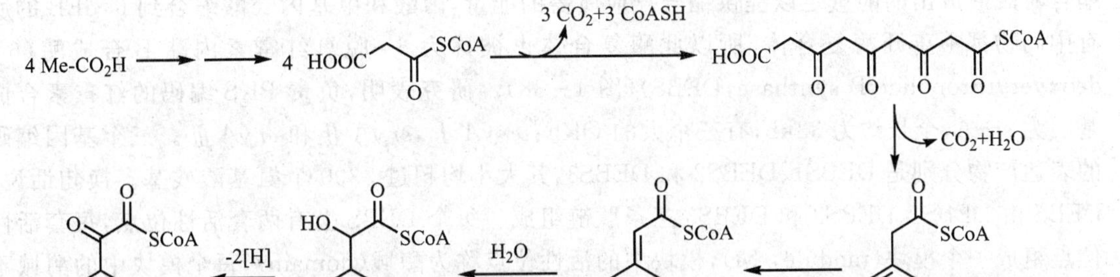

图 4-37　3,5-二羟基苯基甘氨酸(Dpg)可能的生物合成途径

红霉素

　　大环内酯类抗生素(macrolides antibiotics)是具有大环内酯的一类抗生素,多为碱性亲脂性化合物,对革兰氏阳性菌及支原体抑制活性较高。大环内酯基团和糖衍生物以苷键相连形成大分子抗生素,大环内酯类抗生素由链霉菌产生的一类弱碱性抗生素。广义的大环内酯类

抗生素系指微生物产生的具有内酯键的大环状生物活性物质,其中包括一般大环内酯(狭义的大环内酯)、多烯大环内酯、安莎大环内酯与酯肽等。一般大环内酯分为一内酯与多内酯。常见的一内酯有:十二元环大环内酯类抗生素(如酒霉素等)、十四元环大环内酯类抗生素(如红霉素等)和十六元环大环内酯类抗生素(如柱晶白霉素、麦迪霉素、螺旋霉素、乙酰螺旋霉素及交沙霉素等),至今最大者已达六十元环,如具有抗肿瘤作用的醌酯霉素 A1,A2,B1。多内酯中二内酯有抗细菌与真菌的抗霉素、稻瘟霉素、洋橄榄霉素、硼霉素等。从生物合成的角度看,大环内酯类抗生素是一组由聚酮体衍生骨架形成的广义内酯环,常见的有红霉素、螺旋霉素、麦迪霉素、泰洛星等。它们都是由 PKS 合成,最大特点是合成基因簇上编码同一功能的结构域有多个,且相互间具有高度同源性。

红霉素(erythromycin,Er)是 1952 年从糖多孢红霉菌(*Saccharopolyspora erytherus*)培养液中分离出来的一种抗生素,属大环内酯类抗生素,又被称为 robimycin 或 e-mycin,包括红霉素 A(Er A)、红霉素 B(Er B)、红霉素 C(Er C)、红霉素 D(Er D)、红霉素 E(Er E)和红霉素 F(Er F)。在临床上具有广泛用途的是红霉素 A,它的抑菌活性最高。红霉素生物合成包括两个方面:大环内酯环的合成和大环内酯环的后修饰。

大环内酯环即 6-脱氧红霉素(6-deoxyerythronolide B,6-dEB)的生物合成是由丙酸和甲基丙二酸的活性形式丙酰辅酶 A 和甲基丙二酰辅酶 A 开始合成的。丙酸和甲基丙二酸的来源是分支氨基酸分解,丙酸亦可由甲基丙二酸脱羧产生。在复合酶系——聚酮合成酶(polyketide synthase,PKS)的催化下,经缩合、酮还原、脱水和烯还原等多步循环完成。PKS 具有脱羧酶活性,丙酸和甲基丙二酸的缩合由 PKS 酶复合体催化完成,在丙酸和甲基丙二酸缩合时脱羧放出的能量足以提供缩合反应所需的能量,丙酸和甲基丙二酸缩合到 6-dEB 的所有中间物都不离开酶复合体,所以此酶复合体也被称为 6-脱氧红霉素内酯 B 合成酶(6-deoxyerythronolide B synthase,DEBS)(图 4-38)。研究表明,负责 PKS 编码的红霉素合成基因为 *eryA*,全长约为 33kb,有三个大的 ORF:*eryA* Ⅰ,*eryA* Ⅱ 和 *eryA* Ⅲ。三个基因编码的表达产物分别是 DEBS1、DEBS2 和 DEBS3,其大小均超过 3300 个氨基酸残基。换句话说,DEBS 由 DEBS1、DEBS2 和 DEBS3 三条肽链组成。每个 DEBS 上有两套活性位点,每套活性位点组成一个模块(module,M),模块中的活性位点称为酶域(domain),每个模块中的酶域不尽相同。M1、M2、M5 和 M6 中的酶域相同,都有相当于脂肪酸合成酶中的酰基-酰基载体蛋白合成酶(KS)、酰基转移酶(AT)、酮还原酶(KR)和酰基载体蛋白(ACP),M3 中只有 KS、AT 和 ACP,M4 中酶域最多,除 KS、KR、AT 和 ACP 外,还有脱水酶域(DH)和烯酰还原酶域(ER)。在 DEBS1 的 N 端有一个由 AT 和 ACP 组成的负载酶域(loading domain,LD)AT_L 和 ACP_L,它们负责选择和结合起始单元第一个小分子羧酸;在 DEBS3 的羟基端有一个硫酯酶酶域(thioesterase,TE),负责将合成的长链脂肪酸从 PKS 上水解下来,并与 PKS 的其他部位共同作用将产物环化成 6-dEB。PKS 以六聚体($\alpha_2\beta_2\gamma_2$)存在。

对大环内酯环的结构修饰包括:C6 位和 C12 位的羟基化,C3 位和 C5 位羟基的糖基化,C3 位糖基上 C3″羟基的甲基化。红霉素生物合成的一般途径见图 4-39。

6-dEB 在 C6 羟化酶的催化下,在 C6 位形成羟基,形成红霉素内酯(EB)。EB 在糖基转移酶的作用下,先在 C3 位上接上第一个脱氧糖 L-mycarose,然后在 C5 位上接上第二个脱氧糖 D-desosamine,从而形成了具有生物活性的红霉素 D(Er D),Er D 在 C12 羟化酶的作用下转化为红霉素 C(Er C)。Er C 进一步在甲基化酶催化下于 mycarose 的 C3 位形成醚,合成得到红霉素 A。

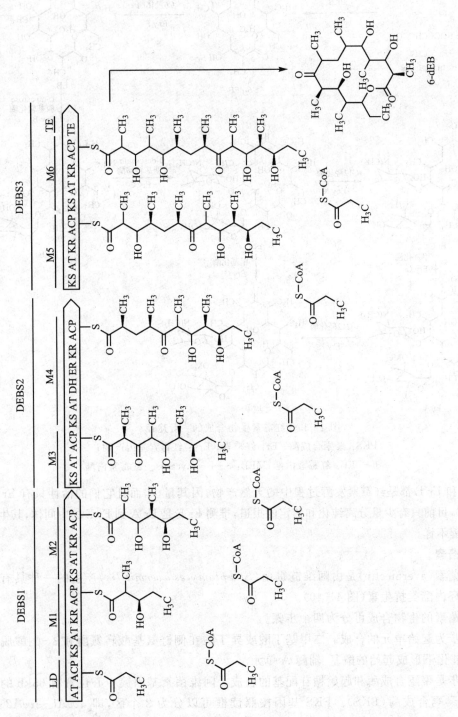

图4-38　6-dEB生物合成的模型

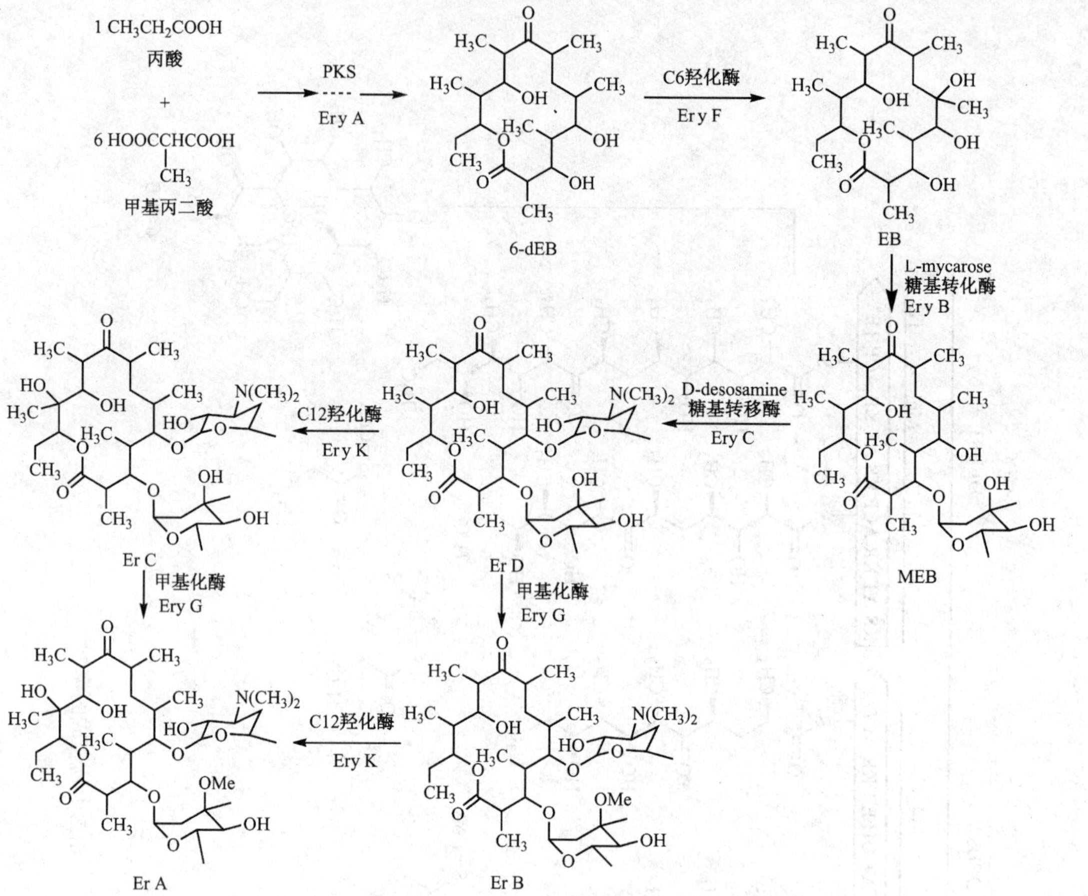

图 4 - 39　红霉素生物合成的一般途径

PKS：聚酮合成酶；Er：红霉素；Ery：红霉素基因产物；

6 - dEB：红霉素内酯；MEB：3 - L - mycarose -红霉素内酯

　　Er F 和 Er E 都是红霉素发酵过程中的天然产物，因其量少，而且它们的活性只有 Er A 的 1/8～1/10，目前只有少量分离纯化和鉴定的报道，推测 Er F 是 Er A 到 Er E 的中间体，其生物合成确切过程不详。

阿维菌素

　　阿维菌素（avermectin）是由阿维链霉菌（*Streptomyces avermitilis*）产生的一种具有杀虫活性的大环内酯类抗生素（图 4 - 40）。

　　阿维菌素的生物合成可分为四个步骤。

　　第一步为起始单元的合成。二甲基丁酸或异丁酸在侧链氨基酸转氨酶和 α -酮酸脱氢酶（BCDH）催化下形成起始的酰基-辅酶 A 单元。

　　第二步是聚酮合成酶和起始糖苷配基的合成。阿维菌素基因簇中心位置有 65kb 的基因片段编码聚酮合成酶（PKS）。PKS 基因按照读框可以分为 2 个区，即 *aveA1 -aveA2* 区和 *aveA3 -aveA4* 区。4 个较大的读框（*AVES1*、*AVES2*、*AVES3*、*AVES4*）负责编码 12 组具有酶活性的模块，每一组模件都催化一轮聚酮链的延伸。12 个模块中每个模块都有各自的活性中心结构域催化聚酮体化合物大环链的延伸，总共有 55 个类似于脂肪酸合成活性的结构域组成这种巨大的多功能酶的复合物(图 4 - 41)。缩合反应所需的活性中心包括：酰基转移酶(AT)、酰基载体蛋白(ACP)、β-酮基酰基合成酶。每一步缩合反应都会产生一个 β-酮基,在每一步缩合反应过后 β-酮基被酮基还原酶(KR)还原成羟基,羟基再由脱水酶(DH)脱水生成双键。因为在阿维菌素糖苷配基中没有饱和的 β-碳,所以阿维菌素糖苷配基的合成中不包含还原双键的烯酰基还原酶。仅含有酰基转移酶(AT)和酰基载体蛋白(ACP)的装载结构域位于AVES1 的 N-末端,此结构与红霉素的 PKS 非常相似,这也表明它们都是单羧酸加载的。一个硫酯酶结构域位于 AVES4 的 C-末端,它的作用是将完整的聚酮化合物从 PKS 上释放并形成内酯。在阿维菌素糖苷配基的 PKS 中,模块 10(module 10)中的酮基还原酶(KR10)和模块 7(module 7)中的脱水酶(DH7)是没有活性的。尽管从基因序列上看 KR10 和其他 KR 没有什么区别,但是 KR10 不可能有活性,因为 C7 必须有一个羰基的残基以便通过 C2 和 C7 之间的羟醛缩合形成环己烯环。由于 DH7 无活性使得 C13 位存在一个羟基。DH7 无活性是因为其含有一个无活性的氨基酸序列 YXXXGXXXS,有活性的 DH 这个结构域应该是 HXXXGXXXXP。位于模块 2 的脱水酶 DH2 具有部分脱水活性,这就导致了生成 C22-C23 双键(组分 1)和 C23 羟基(组分 2)的混合物,这是由于在 DH2 结构域 HXXXGXXXXS 中 S 替换了原来的 P。然而再重新替换为 P 却不能使 DH2 的活性完全恢复,这表明还有其他区域也对 DH2 的活性起作用。

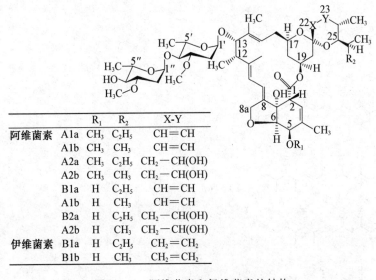

		R_1	R_2	X-Y
阿维菌素	A1a	CH_3	C_2H_5	CH=CH
	A1b	CH_3	CH_3	CH=CH
	A2a	CH_3	C_2H_5	CH_2—CH(OH)
	A2b	CH_3	CH_3	CH_2—CH(OH)
	B1a	H	C_2H_5	CH=CH
	A1b	H	CH_3	CH=CH
	B2a	H	C_2H_5	CH_2—CH(OH)
	A2b	H	CH_3	CH_2—CH(OH)
伊维菌素	B1a	H	C_2H_5	CH_2=CH_2
	B1b	H	CH_3	CH_2=CH_2

图 4 - 40 阿维菌素和伊维菌素的结构

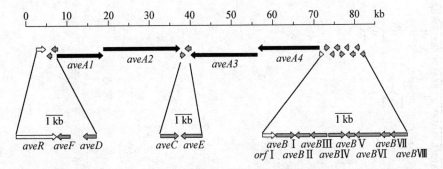

图 4 - 41 阿维菌素生物合成基因簇结构

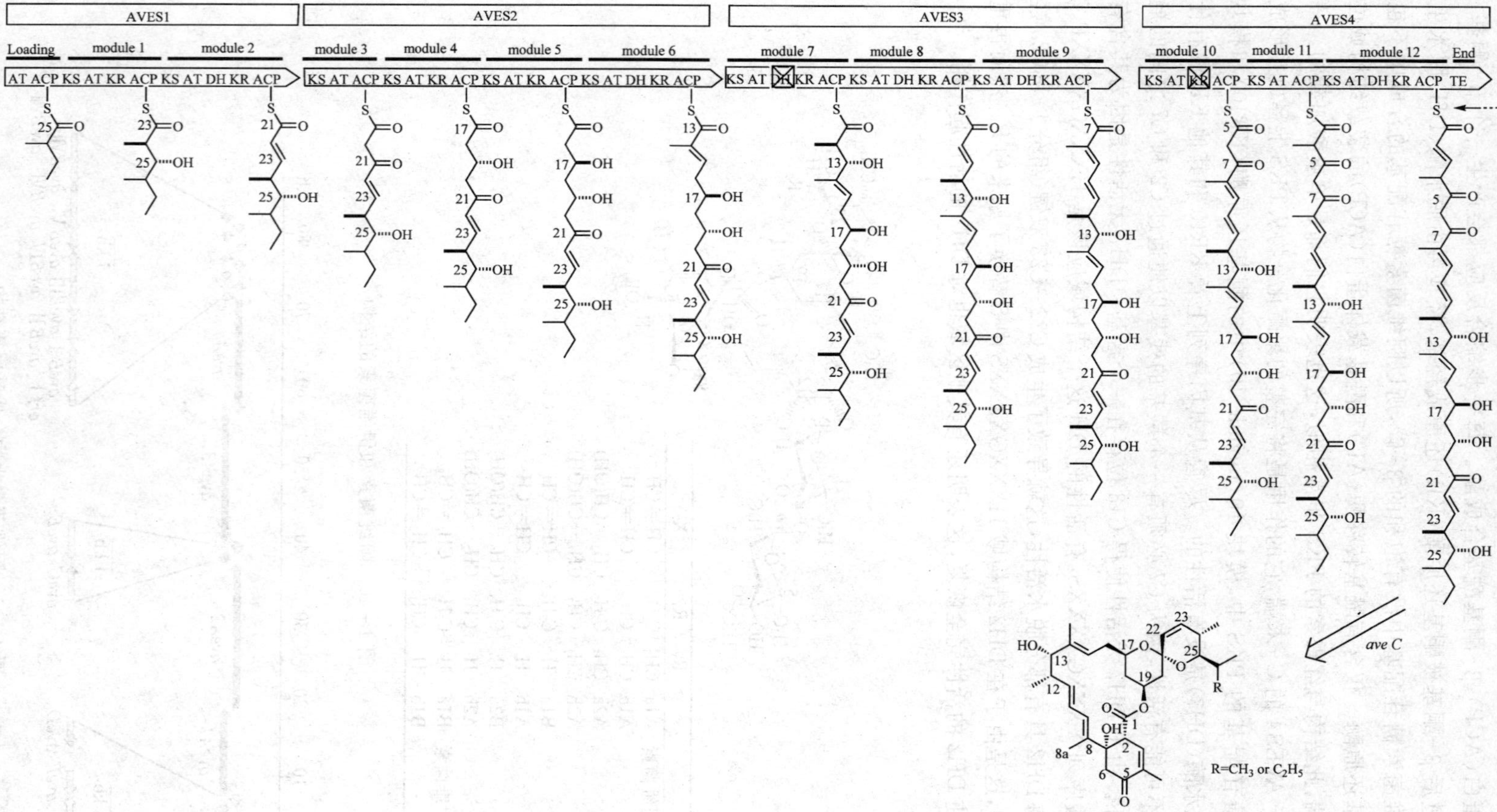

图4-42　阿维菌素聚酮合成酶产物((6,8a-开环-6,8a-脱第-5-氧)阿维菌素糖苷配基)的分子结构及形成过程

一条横线表示一个蛋白质亚基即模块(module)，每个模块催化脂肪链延伸的一个循环。
整个聚酮合成中模块7的DH结构域和模块10的KR结构域是没有功能的。

第三步是聚酮链的后修饰。PKS 的左侧有 3 个读框，涉及最初糖基的修饰。2 个读框在 *aveA1* 的上游，*aveD* 编码需要 S-腺苷-L-甲硫氨酸（SAM）的 C5-O-甲基转移酶，催化将 SAM 的甲基转移到 B 组分的 C5 位点。而 *aveC* 基因在调节 B1 与 B2 的比例上具有重要的作用。*aveE* 与 *aveA3*、*aveA4* 在同一个转录单元上，可能编码细胞色素 P450 脱氢酶，催化在起始羰基形成后和 C5 端的酮基被还原前这一段 C6 和 C8a 间呋喃环的形成，如图 4-50 所示。

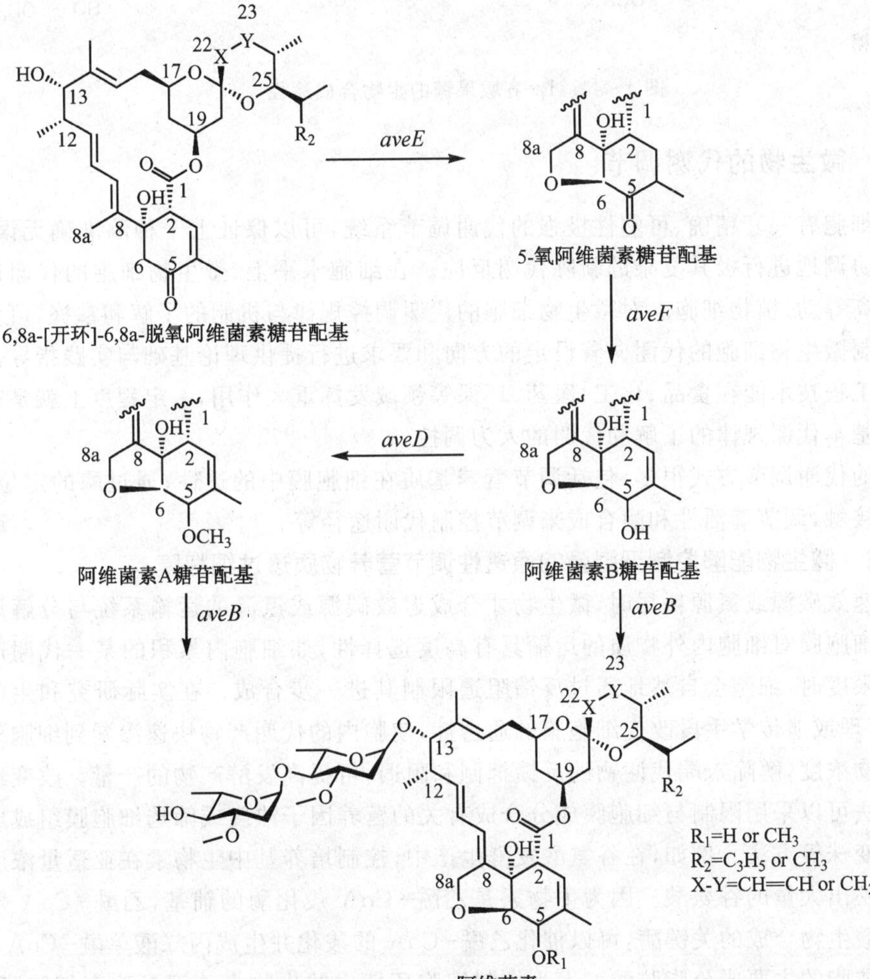

图 4-43　阿维菌素生物合成聚酮体后期修饰过程

第四步是阿维菌素糖苷配基的合成。在 PKS 基因的右边是一组设计齐墩果糖生物合成的基因，含 9 个读框，这些基因的序列与 dTDP-脱氧糖合成酶及转糖基酶基因有明显的相似性。ORF2 邻 *aveA4*，包含 1 个还原酶标志性序列，但它的阻断并不影响阿维菌素的合成。齐墩果糖的甲基化是在与糖苷配基结合之前进行的，修饰后的糖苷配基再转移到聚酮链上，如图 4-44 所示。

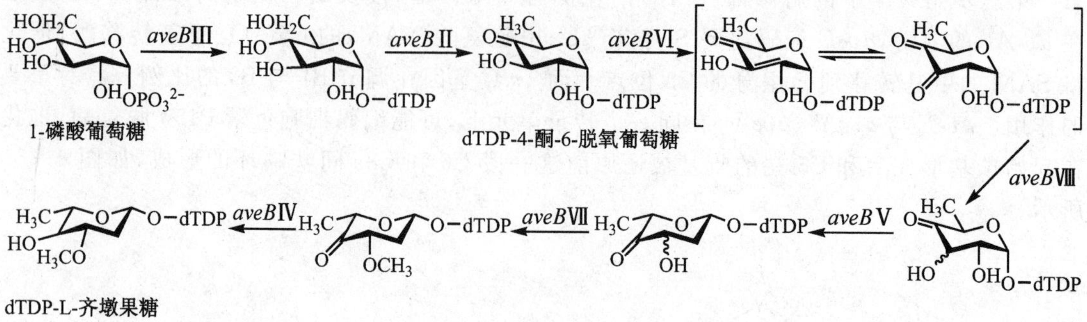

图 4-44   L-齐墩果糖的生物合成途径

4.3.5   微生物的代谢调节

微生物细胞有一套精确、可塑性极强的代谢调节系统,可以保证上千种酶准确无误、有条不紊和高度协调地进行极其复杂的新陈代谢反应。在细胞水平上,微生物细胞的代谢调节能力明显超过高等动、植物细胞。对微生物细胞的代谢调控规律与机制的了解和掌握,可为更好地改变或控制微生物细胞的代谢向着设定的方向和要求进行提供理论基础与实践指导。现代微生物发酵工程技术能在食品、化工、医药、环保等领域发挥重大作用,一定程度上就是得益于对微生物的基本代谢规律的了解和代谢的人为调控。

微生物的代谢调节方式很多,包括调节营养基质在细胞膜中的透性;通过酶的定位,控制酶与底物的接触,调节酶活性和酶合成来调节控制代谢途径等。

4.3.5.1   微生物能够控制细胞膜的通透性调节营养物质透过细胞膜

只有当速效碳源或氮源耗尽时,微生物才合成迟效碳源或氮源的运输系统与分解该物质的酶系统。细胞膜对细胞内外物质的运输具有高度选择性,如细胞内累积的某一代谢产物浓度超过一定限度时,细胞会自然地通过反馈阻遏限制其进一步合成。在实际研究和生产过程中,可采取生理或遗传学手段改变细胞膜的通透性,使胞内的代谢产物快速渗漏到细胞外降低细胞内代谢物浓度,解除末端代谢物的反馈抑制和阻遏,可提高发酵产物的产量。改变细胞膜通透性的方法可以采用限制与细胞膜成分合成有关的营养因子浓度或筛选细胞膜组成成分合成缺陷型突变株等方法。例如,在谷氨酸发酵生产中,控制培养基中生物素在亚适量浓度可以促使细胞分泌出大量的谷氨酸。因为生物素是乙酰-CoA 羧化酶的辅基,乙酰-CoA 羧化酶是细胞脂肪酸生物合成的关键酶,可以催化乙酰-CoA 的羧化并生成丙二酸单酰-CoA ,进而合成细胞膜磷脂的主要成分脂肪酸。人为控制细胞环境中的生物素浓度可改变细胞膜组分,从而改变细胞膜通透性,增强细胞对谷氨酸的分泌,克服细胞因胞内谷氨酸浓度较高而引起的反馈调节与合成抑制。

4.3.5.2   通过酶的定位控制酶与底物的接触

真核微生物酶定位在相应细胞器上,各个细胞器行使其特异的功能。原核微生物在细胞内划分区域集中某类酶行使功能,例如与呼吸产能代谢有关的酶位于膜上,蛋白质合成酶和移位酶位于核糖体上。

4.3.5.3   调节酶活性和酶合成来调节控制代谢途径

微生物细胞的代谢途径中的生化反应都是在酶的催化下完成的,酶量的有无或多少、酶活的高低等是反应能否进行与反应速率高低的决定性因素。对催化某个具体反应的酶的合成与活性的调节,可以调控该步生化反应。反馈阻遏和阻遏解除是在基因水平上发生的调节酶的有无或多少的调节手段。酶活性的调节包括酶的激活和抑制两个方面,是在酶分子结构水平上对酶活性的调节。酶的激活是指在分解代谢途径中,后步反应可以被较前面的中间产物所促进。酶活性的抑制主要指代谢过程中发生的反馈抑制(feedback inhibition),表现在某个代谢途径的末端产物过量时,该产物反过来直接抑制该途径中关键酶的活性,反馈作用直接、快速,当末端产物浓度降低时反馈抑制自行解除。

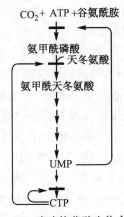

图 4 - 45　嘧啶核苷酸生物合成的
反馈控制

大肠杆菌中嘧啶核苷酸生物合成的调节机制见图4-45。嘧啶核苷酸的生物合成受到终产物反馈控制,合成途径中的氨甲酰磷酸合成酶受到 UMP 的反馈抑制,天冬氨酸转氨甲酰酶和 CTP 合成酶受到 CTP 的反馈抑制。

反馈抑制对代谢途径的调节主要包括单一终端产物途径的反馈抑制、多个终端产物对共同途径同一步反应的协同反馈抑制、不同分支产物对多个同工酶的特殊抑制和连续反馈控制等控制方式。单一终端产物途径的反馈抑制是指合成途径的终端产物抑制合成途径中第一个反应中酶的催化活性。多个终端产物对共同途径同一步反应的协同反馈抑制是指合成途径的终端产物 E 和 H 既抑制在合成过程中共同途径的第一步反应的第一个酶,也抑制在分支后第一个产物的合成酶。不同分支产物对多个同工酶的特殊抑制,也称酶的多重性抑制(enzyme multiplicity)。如 A 形成 B 由两个酶分别合成,两个酶分别受不同分支物的特殊控制。两个分支产物又分别抑制其分道后第一个产物 E 和 F 的形成。连续反馈控制是指反应途径的终端产物 E 和 H 只分别抑制分道后分支途径中第一个酶 e 和 f 的活性。

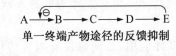
单一终端产物途径的反馈抑制

多个终端产物对共经途径同一步反应的协同反馈抑制

不同分支产物对多个同工酶的特殊抑制

连续反馈控制

图 4 - 46　反馈抑制的方式

共经途径的终端产物 D 抑制全合成过程第一个酶的作用。这种抑制的特点是由于 E 对 e 酶的抑制致使 D 产物增加，D 的增加促使反应向 D→F→G→H 方向进行，而使产物 H 增加，而 H 又对酶 f 产生抑制，结果也造成 D 物质的积累，D 物质反馈抑制 a 酶的作用，而使 A→B 的速度减慢（图 4 - 46）。

初级代谢和次级代谢途径是紧密相连的，初级代谢中发生的反馈调节也会影响次级代谢产物的合成，形成次级代谢途径中的反馈调节。如初级代谢产物缬氨酸自身反馈抑制乙酰羧酸合成酶的活性，从而减少了缬氨酸与青霉素合成的共同中间体，降低了青霉素的产量（图 4 - 47）。

随着基因工程技术的发展，将基因工程技术应用到代谢调控领域产生了代谢工程——20 世纪 90 年代以来的热点研究领域。代谢工程（metabolic engineeirng）又称途径工程，是指利用基因工程技术有目的地对细胞代谢途径进行精确的修饰、改造或扩展，构建新的代谢途径来改变微生物原有代谢特性，并与微生物基因调控、代谢调控及生化工程相结合提高目的代谢产物活性或产量、或合成新的代谢产物的工程技术。

1991 年著名生化工程专家 Bailey JE 首先提出了代谢工程的概念，他将代谢工程描述为"采用重组 DNA 技术，操纵细胞的酶、运输及调节功能，达到提高或改善细胞活性的目的"。代谢工程注重以酶学、化学计量学、分子反应动力学及现代数学的理论及技术为研究手段，在细胞水平阐明代谢途径与代谢网络之间局部与整体的关系、胞内代谢过程与胞外物质运输之

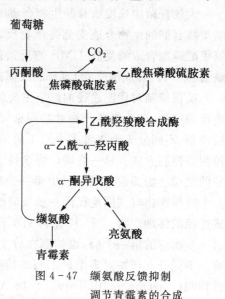

图 4 - 47　缬氨酸反馈抑制
调节青霉素的合成

间的偶联以及代谢流流向与控制的机制，并在此基础上通过工程和工艺操作达到优化细胞性能的目的。它综合了基因工程、生物化学、生化工程等的最新成果，使生物学科与多门交叉学科息息相关。

考虑到人类对微生物细胞的实际应用，活细胞自身固有的代谢网络遗传特性并非是最佳的，为了大量积累某种代谢产物，必须打破微生物原有的状态平衡，对细胞的代谢途径进行修饰，这种修饰要以代谢网络为基础。把细胞的生化反应看做一个整体，对细胞进行代谢流分析，假定细胞内的物质、能量处于稳态，通过测定不同途径或不同条件下胞外物质浓度，根据所有细胞内主要化学计量模型及物料平衡计算细胞内的代谢流向，得到细胞完整的代谢流分布图，包括细胞代谢的整个网络以及网络中主要节点代谢物的流量精细分布，并针对细胞内外环境的不稳定性揭示细胞代谢的动态变化规律，为改善细胞培养工艺以及相应的基因操作提供重要依据。

在对细胞的整个代谢网络代谢流进行定性、定量分析的基础上，代谢工程设计主要有改变代谢流、扩展代谢途径和构建新的代谢途径三种方法。① 改变代谢途径是指改变分支代谢途径的流向，阻断其他代谢产物的合成，以达到提高目标产物的目的。改变分支代谢途径流向是指提高代谢分支点的某一代谢途径酶系的活性，在与另外的分支代谢途径的竞争中占据优势，可以提高目的末端代谢产物的产量。除了通过基因操作的方法改变代谢流以外，还可以改变能量代谢途径或电子传递系统去影响或改变细胞的代谢流。② 扩展代谢

途径是指在引入外源基因后,使原来的代谢途径向后延伸,产生新的末端产物;或使原来的代谢途径向前延伸,利用新的原料合成代谢产物。在宿主菌中克隆、表达外源基因改变代谢调控,使宿主菌能够利用自身的酶系消耗原来不消耗的底物,延长代谢途径,生产新的代谢物,提高产率,利用新底物,改变蛋白质的性质等。③ 构建新的代谢途径转移或构建新的代谢途径是指将催化一系列反应的多个酶基因,克隆到不能产生某种新的化学结构的代谢产物的微生物中,使之获得产生新的化合物的能力,从而克隆表达合适的外源基因将自身的代谢产物转化为新的代谢物,或克隆表达异于自身次级代谢物的基因生产具新结构的代谢产物,或利用基因工程手段克隆少数基因使细胞中原来无关的两条代谢途径联结起来形成新的代谢途径,产生新的代谢产物。

米根霉(*Rhizopus oryzae*)是工业发酵中一种重要的生物,作为好氧真菌依靠呼吸产能并提供合成菌体的中间产物,其发酵属混合酸发酵。它经由 EMP 途径生成丙酮酸,然后进入三羧酸循环,副产物是丙酮酸、延胡索酸或其他一些有机酸。由于它能在低营养状态下将淀粉直接转化为单一的 L-乳酸,在乳酸生产中具有一定的优势。因为 L-乳酸的产量是建立在总碳水化合物消耗的基础上,所以其产量比较低。传统的物理、化学等方法可以成功地用于改善真菌的代谢及酶的生产能力。如 Longacre 等通过紫外诱变得到葡萄糖转化率达 $75\% \sim 86\%$ 的菌株,其乳酸产量为 30g/L,比出发菌株的乳酸产量提高 65%,并且乙醇产量有所减少。Skory 对米根霉进行了研究,以葡萄搪作为代谢底物,发现乳酸的转化率基本上为 $60\% \sim 80\%$,多余的葡萄糖则用于乙醇发酵。利用基因工程方法构建了含有不同长度 *ldhA* 基因片段的 3 种质粒 pLdhA71Ⅹ,pLdhA48Ⅺ,LdhA89Ⅶ,并转入米根霉中进行表达,结果发现含有 3.3 kb 长度的 pLdhA48Ⅺ质粒增加了细胞的稳定性,但没有提高乳酸产量。含有 7.1 kb 的质粒 pLdhA71Ⅹ 比含有小片段基因的质粒 pLdhA48Ⅺ 乳酸产量高。而含有最长基因片断的 LdhA89Ⅶ质粒在乳酸产量上达到了最高值,从而证明了所含乳酸脱氢酶基因越长乳酸产量就越高的构想,但是这 3 种质粒却比对照组的产量都低。

20 世纪 70 年代起,新的抗生素和工业发酵产品的发现速度已明显下降,代谢工程以基因工程技术为基础,采用已知的生物并对其进行基因修饰以获得较高产量或新代谢产物,应用前景十分广阔。代谢工程为传统产业的改造和生物高技术的发展带来了新的机遇。代谢工程的发展将会对我国国民经济产生重要影响,对于全面提升我国传统产业的技术水平和大力促进新兴生物技术产业的发展具有战略意义。

【参考文献】

[1] 赵敏,范瑾. 氨基糖苷类新抗生素的筛选思路与依替米星的开发. 中国抗生素杂志,2000,25(3):229~232.

[2] 姜怡,徐平,娄恺,徐丽华,刘志恒. 放线菌药物资源开发面临的问题与对策. 微生物学通报,2008,35(2):272~274

[3] 戴玉成,杨祝良. 中国药用真菌名录及部分名称的修订. 菌物学报,2008,27(6):801~824

[4] 李林玉,金航,张金渝,李荣春. 中国药用真菌概述. 微生物学杂志,2007,27(2):57~61

[5] 徐锦堂. 中国药用真菌学. 北京:北京医科大学,中国协和医科大学联合出版社,1997.

[6] 黄年来. 中国最有开发前景的主要药用真菌. 食用菌,2005,1:3~4.

[7] Kim H M, Han S B, Oh G T, *et al*. Stimulation of humoral and cell mediated immunity by polysaccharides from mushroom Phellinus linteus. Int J Immunopharmac, 1996, 18(5):295.

[8] Lim Y W, Jung H S. *Irpex hydnoides* sp. nov. is new to science, based on morphological, cultural and molecular characters. Mycologia, 2003, 95: 694~699.

[9] Mau J L, Tsai S Y, Tseng Y H, Huang S H. Antioxidant properties of hot water extracts from *Ganoderma tsugae Murrill*. Lebensmittel - wissenschaft und Technologie, 2005, 38: 589~597

[10] Dai Y C, Xu M Q. Studies on the medicinal polypore *Phellinus baumii and its kin P. linteus*. Mycotaxon, 1998, 67: 191~200.

[11] Wu S H, Ryvarden L, Chang T T. *Antrodia camphorata* ("niu - chang - chih") new combination of a medicinal fungus in Taiwan. Taiwan Botanical Bulletin of Academia Sinica, 1997, 38: 273~275.

[12] 黄永春,曹仁林,彭祎.紫外诱变吸水链霉菌选育高产农用抗生素菌株.安徽农业科学,2008, 36 (16): 6847~6848.

[13] 刘新梅,高宇,董明盛.原生质体紫外诱变选育纳豆激酶高产菌株.食品科学,2005, 26(11): 69~72.

[14] 陈亮,蒋诗评,万里飚,马晓东,李妹芳.曲酸生产菌的同步辐射软 X 射线诱变选育和发酵动力学研究.辐射研究与辐射工艺学报,2006,24(5): 308~312.

[15] 汪文俊,周蓬蓬,何璞,余龙江. ^{60}Co γ 射线诱变选育高产虾青素红发肤酵母突变株.激光生物学报,2005,14(3): 901~904.

[16] 索晨,梅乐和,黄俊,盛清. ^{60}Co γ 射线诱变选育聚谷氨酸高产菌株及培养条件初步优化.高校化学工程学报,2007, 21(5): 820~825.

[17] 刘路.快中子诱变育种提高洁霉素菌种的生产能力.安徽化工,2000,105: 11~12.

[18] 田三德,孙鹏,任红涛.超声波对酿酒酵母诱变作用的初探.北京工商大学学报,2004, 22(1): 12~14.

[19] 杨胜利,王金宇,杨海麟,王武.超声波对红曲菌的诱变筛选及发酵过程在线处理.微生物学通报,2004, 31(1): 45~49.

[20] 卢文玉,闻建平,陈宇,刘铭辉.激光诱变选育耐酸产氢菌产气肠杆菌.化工进展,2006,25(7): 799~802.

[21] 张久明,黄乐平,装月湖,田黎.利用微波诱变技术提高菌株 B1 抑菌活性的研究.中国海洋药物杂志,2005,24(6): 1~5.

[22] 张宁,虞龙,沈以凌.氮离子注入番茄红素产生菌诱变选育的研究.辐射研究与辐射工艺学报,2008, 26(5): 285~288.

[23] 周剑,刘颖,方东升,江红,张引,高悟岩.氮离子注入玫瑰孢链霉菌选育达托霉素高产菌株的研究.辐射研究与辐射工艺学报,2008, 26(5): 317~320.

[24] 周德庆.微生物学教程(第二版).北京: 高等教育出版社, 2004.

[25] 李海生,覃婷婷.生化药物发展概况与基因工程药物质量标准的若干内容及方法.天津药学,2005, 17(5): 48~53.

[26] 陈涛,董文明,李晓静,武秋立,陈洵,赵学明.核黄素基因工程菌的构建及其发酵的初步研究.高校化学工程学报,2007, 21(2): 356~360.

[27] 尚广东,戴剑漉,王以光.生技霉素稳定型基因工程菌的构建.生物工程学报,1999,15(2): 171~175.

[28] 缪伏荣,李忠荣.琼胶的降解及其产物的开发应用.现代农业科技,2007, 2: 125~128.

[29] 白林泉,邓子新.微生物次级代谢产物生物合成基因簇与药物创新.中国抗生素杂志,2006,31(2): 80~86.

[30] 郝伟丽,刘景芝,赵宝华.微生物代谢工程原理与应用.生物技术通报,2007, 5: 18~23.

[31] 王海燕,刘铭,王化军,曹竹安.乳酸生产中的微生物代谢工程.过程工程学报,2006,6(3): 512~516.

第 5 章

生物转化合成药物

5.1 生物转化合成药物的基本概念

5.1.1 生物转化合成药物的概念

生物转化又称生物催化,是指利用生物酶或者生物有机体(全细胞、细胞器、组织等)作为催化剂对天然化合物或有机化合物的某一或几个特定部位进行修饰和改造,使其转化成结构类似但具有更高活性和价值的新化合物,是由生物有机体或生物酶参与的化学变化,其本质是利用生物细胞在代谢过程中产生的酶对外源底物进行的催化反应,或者直接采用特定的生物酶进行催化反应。直接来源于生物细胞初级代谢或次级代谢的药物(如用于临床的氨基酸和酶、天然抗生素和维生素等)通常不属于此范畴。生物转发的含义更强调的是:用生物细胞或酶来进行药物合成过程中的一步或几步反应。简言之,生物转化合成是一种利用生物有机体或生物酶合成有机物技术。这些具有生物催化剂作用的酶大多数对其生物有机体的生命过程也是必需的。由于生物细胞产生的这些酶能够对外源添加的底物进行非天然反应(unnatural reactions)的催化,因而生物转化可以认为是有机化学反应中的一个特殊分支。

生物转化技术广泛地应用于医药、环保、食品、化工等领域,尤其在医药领域的应用对于推动医药工业的发展具有积极意义。生物转化技术环境友好、成本低廉、选择性好,是有机化合物的绿色生产技术。到目前为止,已经发现了 3000 余种能够催化各种化学反应的酶,其中有些酶的催化效果比化学催化剂好。生物种类的多样性和生理生化特性的多样性,使人们有可能找到某种生物或酶来催化所期望的化学反应。

5.1.2 生物转化合成药物的优势

在生命体中进行的化学反应大多是在酶催化下完成的。一方面,多数酶催化的反应环境友好且其条件相当温和,如室温、pH 为中性或近似中性的水相、多官能团的反应物不需要对某官能团进行预先保护,而且多个酶可以在同一体系中同时或先后催化多个反应,另一方面,酶催化的反应特点是化学选择性、区域选择性、非对映及对映选择性非常高,最终得到产率优异、结构复杂的产物。这种简洁高效、多步多组分、具有优异选择性且环境友好的串联反应正是有机合成化学家渴望实现的理想反应。在生产小分子的药物及中间体时，生物转化和传统的化学方法最显著的区别就是非常有效地不对称合成手性化合物。与化学催化反应相比，生物转化有着特殊的优势，已成为医药研究发展最快的研究手段，特别是与现代的分离和筛选技术结合，使其已经不单单局限于某些化合物的转化，而是广泛应用于天然化合物的生物合成，药物及药物前体化合物的转化，催化不对称合成，光学活性化合物的拆分，活性成分的筛选及新药开发、药物代谢研究等领域。世界经合组织（OECD）指出："生物（酶）催化技术是工业可持续发展最有希望的技术"。

5.1.2.1　独特、高效的专一性和选择性

生物转化可通过对底物的特异性识别，实现反应高度专一的立体、区域选择性。例如，酶对脂肪酮（如：乙基丙基酮）的高立体选择性还原产生手性醇；而化学催化剂只有在羰基两侧基团相差很大时才能实现高选择性还原，或者在特殊的昂贵的催化剂催化下反应。这些在手性药物或手性药物中间体的制备上具有极大的优势。

5.1.2.2　反应条件温和、反应安全性强

生物催化比化学催化具有更强的安全性，因为生物催化作用条件温和，基本上在常温、中性和水相等环境中完成。使用的原材料也具有较好的安全性。例如：在生物还原反应时我们多以乙醇和葡萄糖等替代易燃易爆的氢气作为氢源，且在常温下反应就能正常进行，而化学反应大多需在极端条件下（高温和高压等）才能反应。

5.1.2.3　无毒、无污染、低能耗、高效率。

生物催化是生物技术的第三次浪潮，也是实现绿色化学的重要途径。绿色化学要求采用无毒无害的原料，在无毒害的反应条件下进行，具有"原子经济性"，即反应具有高选择性，极少副产品，甚至"零排放"。生物转化（生物催化）生产药物大量利用生物可再生资源为原料，环境友好的、过程高效。

5.1.3　生物催化剂的来源

生物转化的关键是催化反应的催化剂。生物转化的生物催化剂是指各种动植物细胞、微生物来源的酶或微生物菌体（如图 5-1 所示）。生物催化剂主要有两种：全细胞和游离酶，两者的实质都是酶，但前者酶保留在细胞中，后者酶则已从细胞中分离纯化，对于需要利用一种以上的酶和辅酶的复杂反应或酶不能游离使用的反应，通常采用全细胞的生物转化，否则为了简单起见则选择游离酶。当前制约工业生物催化发展的因素就是商品化的生物催化剂种类不够多、适用的反应类型有限、底物耐受浓度、反应速度、转化率、手性拆分效率、对有机溶剂耐受性等性质难以十全十美，这就需要更大规模地从自然界（包括微生物、植物、动物和基因组文库等）筛选具有特定功能的新催化剂，并加以改造。

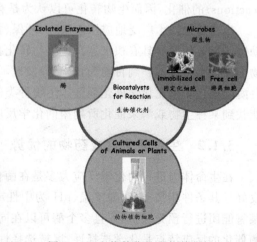

图 5-1　生物催化的生物催化剂

5.2 生物转化在药物合成中反应类型

生物催化几乎能应用于所有化学反应,甚至对于某些目前用化学催化方法很难进行、不能进行的化学反应也能应用。据推测,自然界中约有 25000 种酶,其中已被确认的有 300 多种。根据酶催化的反应类型,国际酶学委员会根据各种酶所催化反应的类型,把酶分为 6 大类,即氧化还原酶类、转移酶类、水解酶类、裂合酶类、异构酶类和连接酶类,这些在生物细胞中具有的酶已涉及羟基化、环氧化、脱氢、氢化等氧化还原反应,以及水解、水合、酯化、酯转移、脱水、脱羧、酰化、胺化、异构化和芳构化等各类化学反应。

5.2.1 氧化反应

氧化反应是向有机化合物分子中引入功能基团的重要反应之一。化学氧化法一般缺少立体选择性、副反应多,且金属氧化剂会造成环境污染。采用生物催化法就可避免这些问题。

生物催化氧化反应主要由单加氧酶、双加氧酶和氧化酶三类酶催化。单加氧酶和双加氧酶能直接在底物分子中加氧,而氧化酶则是催化底物脱氢,脱下的氢再与氧结合生成水或过氧化氢。从表面看氧化反应是加氧或脱氢,其本质是电子的得失。其催化反应机理如图 5-2 所示。

$$\text{Sub} + \text{NAD(P)H} + \text{H}^+ + \text{O}_2 \xrightarrow{\text{单加氧酶}} \text{SubO} + \text{NAD(P)}^+ + \text{H}_2\text{O}$$

辅酶循环

$$\text{Sub} + \text{O}_2 \xrightarrow{\text{双加氧酶}} \text{SubO}_2$$

$$\text{O}_2 + 2\text{e}^- \xrightarrow{\text{氧化酶}} \text{O}_2^{2-} \underset{}{\overset{+2\text{H}^+}{\rightleftharpoons}} \text{H}_2\text{O}_2$$

$$\text{O}_2 + 4\text{e}^- \xrightarrow{\text{氧化酶}} 2\text{O}^{2-} \underset{}{\overset{+4\text{H}^+}{\rightleftharpoons}} 2\text{H}_2\text{O}$$

图 5-2 生物催化氧化反应机理

5.2.1.1 单加氧酶催化的氧化反应

单加氧酶(monooxyenase,又称混合功能氧化酶),在多种代谢途径中作为催化剂将一个羟基整合入底物的酶类。此类反应中,氧气分子的两个原子分别被还原为一个羟基以及一个分子水,并同时伴随 NADH 或 NADPH 的氧化。例如,P450 酶系中七种不同 CYP153 酶进行羟基化和环氧化反应,结果显示其中有五种酶在羟基化和环氧化反应中表现出较好的催化能力,一种酶的环氧化产物构型以 R-型为主,其余四种酶的环氧化产物构型以 S-型为主,具体反应类型如图 5-3 所示。

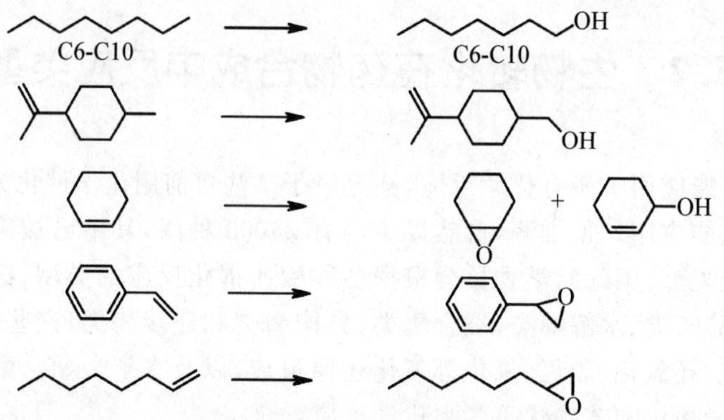

图 5-3　七种不同 CYP153 酶进行羟基化和环氧化反应

5.2.1.2　双加氧酶催化的氧化反应

使氧分子中的两个氧原子全部与底物结合的加氧酶，称为双加氧酶(dioxygenase)。反应通常也消耗 NADH 或者 NADPH,并同样可能依赖于 FAD 或 Fe^{2+}。双加氧酶催化反应有芳香环双羟基化和环裂开。

例如,芳香烃双加氧酶能够催化只含碳和氢的芳香烃类化合物的氧化,甲苯双加氧酶和萘双加氧酶是这类酶的代表。David Gonzalez 等人构建了一株高表达甲苯双氧化酶的基因工程菌,该工程菌可将联苯类化合物转化为相应连二醇类化合物,如图 5-4 所示。

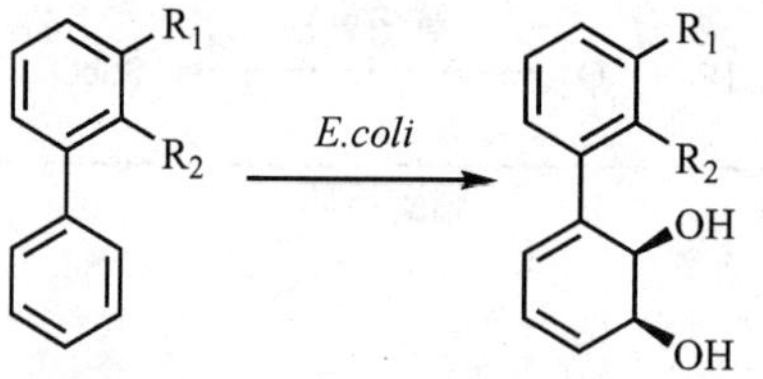

图 5-4　甲苯双氧化酶的基因工程菌催化联苯类化合物转化为相应连二醇类化合物

5.2.1.3　氧化酶催化的氧化反应

氧化酶(oxidase)是细胞中过氧化物酶体中的主要酶类,直接以分子氧作为电子受体生成水,催化底物氧化的酶。氧化酶均为结合蛋白质,辅基常含有 Cu^{2+},如细胞色素氧化酶、酚氧化酶、抗坏血酸氧化酶等。

如毕赤酵母(*Pichia pastoris*)醇氧化酶催化甲醇氧化与 *Coprinus cinereus* 过氧化物酶催化苯甲硫醚的氧化偶联,构成双酶体系,生成产物(S)-甲基-苯基-亚砜,分离产率达 72%,ee 值可达 75%。

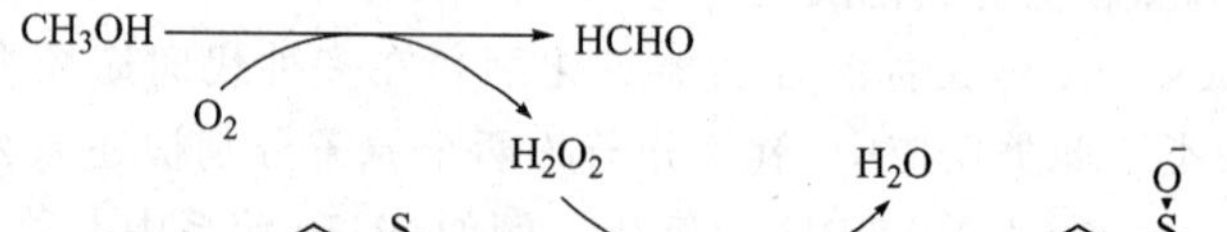

图 5-5　*Pichia pastoris* 醇氧化酶与 *Coprinus cinereus* 过氧化物酶催化生成(S)-甲基-苯基-亚砜

5.2.2 还原反应

脱氢酶（dehydrogenases）是一类催化物质氧化还原反应的酶，在酶学分类中属于第一大类。反应中被氧化的底物叫氢供体或电子供体，被还原的底物叫氢受体或电子受体。当受体是 O_2 时，催化该反应的酶称为氧化酶，其他情况下都称为脱氢酶。其中以催化供体中醇基团（—CH_2OH）、醛、酮基团（—HCO 或—RCO）及烷基团（—CH_2—CH_2—）脱氢的为最常见。天然受体主要有烟酰胺腺嘌呤二核苷酸（NAD^+）、烟酰胺腺嘌呤二核苷酸磷酸（$NADP^+$）和细胞色素。不同的脱氢酶几乎都根据其底物的名称命名，例如可的松还原酶等。生物催化的还原反应在手性合成中有着重要的应用。脱氢酶被广泛用于醛、酮烯烃碳碳双键的还原。

其催化反应机理如图 5-6 所示。

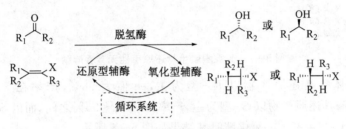

图 5-6 脱氢酶催化反应机理

表 5-1 生物转化中常用的脱氢酶

脱氢酶名称	反应所需的辅酶	商品化*
酵母醇脱氢酶	NADH	+
马肝醇脱氢酶	NADH	+
布氏热厌氧菌醇脱氢酶	NADPH	+
羟基甾体醇脱氢酶	NADH	+
弯孢菌脱氢酶	NADPH	—
乳杆菌属的 *Lactobacillus kefir* 醇脱氢酶	NADPH	+
爪哇毛霉醇脱氢酶	NADPH	—
甲单胞菌属醇脱氢酶	NADPH	—

*："+"表示已商品化，"—"表示尚未商品化。

5.2.2.1 醛酮的还原

醛酮的还原产物是许多有价值的药物或药物中间体。其中羰基还原是获得光学活性手性醇的最有效方法，在一些药物中间体的合成中起很重要的作用。

单酮及其衍生物还原

酮能跟亲核试剂发生羰基的加成反应。酮加氢可还原成相应的仲醇。从有机化学反应来看，酮不如醛活泼，不容易被较弱的氧化剂（如多伦试剂、费林试剂）氧化，遇强氧化剂（如高锰酸钾、硝酸）时被氧化，碳链断裂而生成碳原子数较少的羧酸。但还原酶可以较好地将羰基还原成醇，更吸引人们的是由此反应产生的手性源。

近来报道了许多极高的对映选择性还原简单的脂肪酮及芳香酮的生物催化还原反应。例如：使用整细胞还原会出现 R-型乙基化作用；使用重组体碳酰还原酶还原芳香基 β-羰基腈。

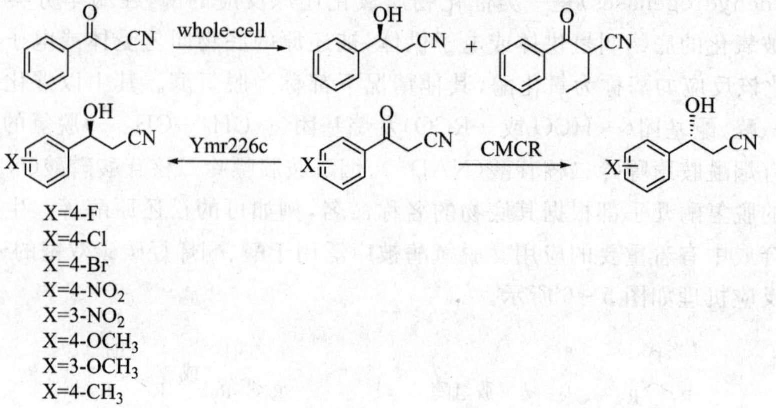

图 5-7 芳香酮腈生物还原手性无芳香醇腈

CMCR 重组体酶其还原产物以 R-型为主，ee 值为 98%，产率在 85%～92% 之间，Ymr226c 重组体酶其还原产物以 S-型为主，产率在 75%～90% 之间，而以 SSCR 和 Ymr226c 重组体酶还原 4,4-二甲基-3-氧戊腈时其结果如图 5-8 所示。

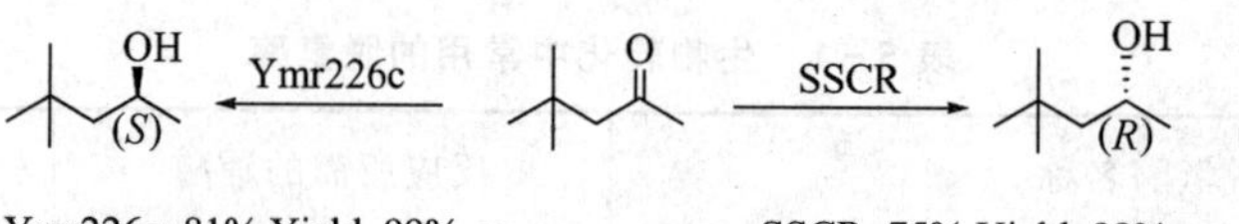

Ymr226c: 81% Yield, 99% *ee*   SSCR: 75% Yield, 99% *ee*

图 5-8 SSCR 和 Ymr226c 重组体酶还原 4,4-二甲基-3-氧戊腈

Itoh N 和 Matsuda W 等人使用同化苯乙烯的棒状菌 ST-10 产生的 PAR 反应，可有效合成手性醇，这种具有广泛底物范围的酶可还原各种潜手性芳酮和 β-酮酯。经表达 PAR 基因的大肠杆菌重组细胞能高效生产（产率＞86%）以下重要药物中间体。

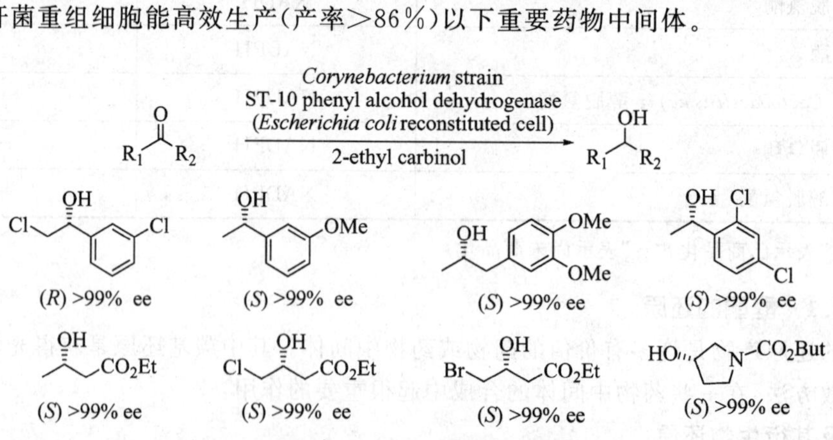

图 5-9 重组细胞催化潜手性芳酮和 β-酮酯高选择性还原

Cristina Pinedo-Rivilla 等人对五种真菌对 4-乙基环己酮，发现 *E. lata* 产率最高为 46%～47%，且有较强的对映选择性 *cis/trans* 3:97。*B. cinerea* 和 *C. crasslpes* 只生成 *trans*-构型，但产率很低。*T. viride* 的产率和对映选择性都不高 *cis/trans* 65:35。*Xylaria sp.* 无还原能力。

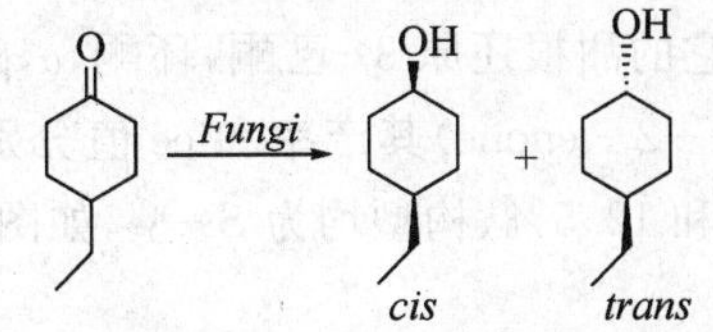

图 5-10 真菌对 4-乙基环己酮选择性催化还原

植物组织和植物细胞催化还原的研究证实了许多植物细胞对芳香酮具有还原作用。如将赤豆作为生物催化剂用于不对称还原芳酮反应,发现赤豆不仅有很高的对映选择性(ee>98%),且其对底物的耐受性也很强(100mmol/L)。另外,此反应所需辅酶为 NADPH,可通过加入葡萄糖实现再生。

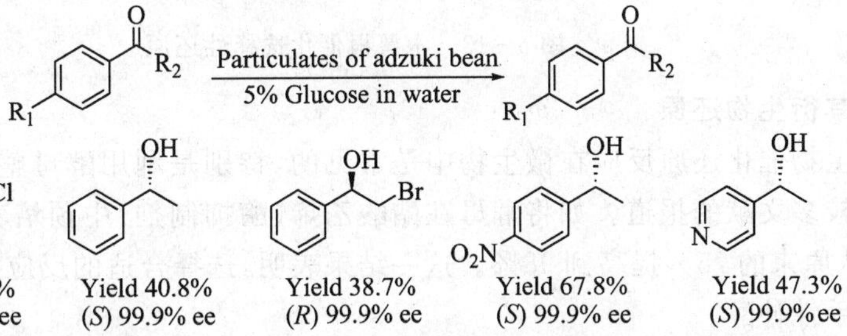

图 5-11 赤豆组织细胞和细胞催化芳香酮选择性还原反应

利用植物组织还原芳香醛酮及其衍生物的研究表明其立体的选择性较强。图 5-12 显示的是胡萝卜根须和木薯的选择性还原得到的产物构型以及反应的得率、ee 值。

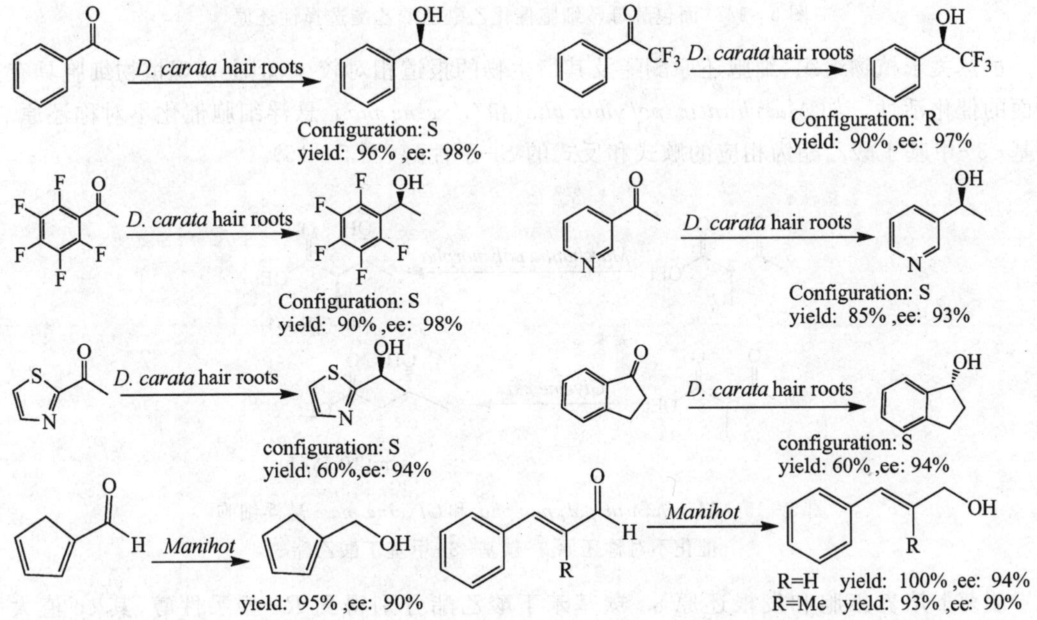

图 5-12 胡萝卜根须和木薯的选择性还原芳香醛酮

同样研究发现多种植物组织和细胞对直链脂肪酮和环酮及其衍生物的不对称还原能力。例如：以木薯果实(可食用部分)和它的甜根还原 3 - 己酮,环酮,α,β - 不饱和环酮(如：2 - methyl - 5 - (prop - 1 - en - 2 - yl)cyclohex - 2 - enone)其产率和 ee 值分别为 97.5% 和 96.7%,92.3% 和 93.4%,12.6% 和 14.9%,11.5% 和 12.5%,构型均为 S - 型,如图 5 - 13 所示。

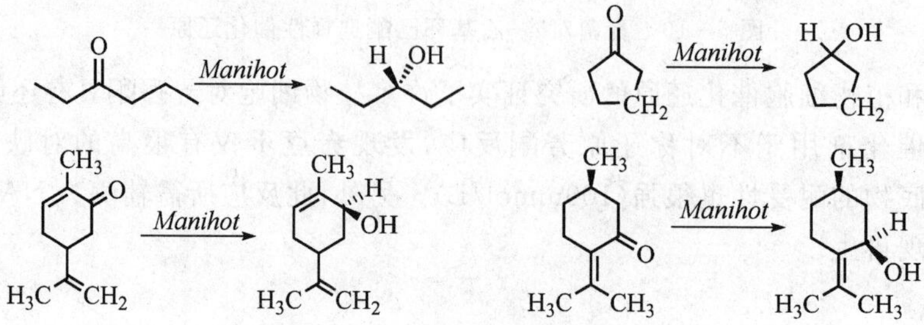

图 5 - 13   木薯根催化选择性还原

酮酯及其衍生物还原

酮酯的生物催化还原反应在微生物中是常见的,特别是利用酵母整细胞转化一些酮酯类化合物已有较多文献的报道。如将酵母在醋酸乙烯(酶抑制剂)中预培养 1 小时后,再进行反应,ee 值可从原来的 75% 提高到 98%。这一结果表明,选择合适的反应条件,天然面包酵母能大规模生产手性仲醇。

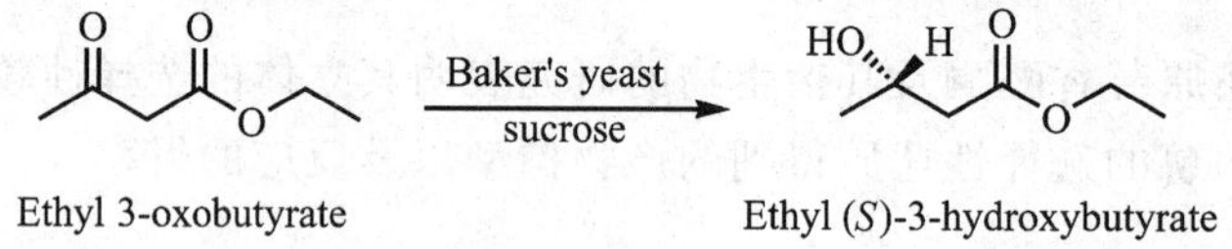

图 5 - 14   面包酵母整细胞催化乙酰乙酸乙酯选择性还原

虽然关于植物组织、细胞还原酮酯及其衍生物的报道相对较少,但也显现植物细胞具有此方面的催化活性。如 *Marchantia polymorpha* 和 *Glycine max* 悬浮细胞催化不对称还原 β - 羰基 - 3 - 甲基丁酸乙酯为相应的顺式和反式的 S - 手性醇(图 5 - 15)

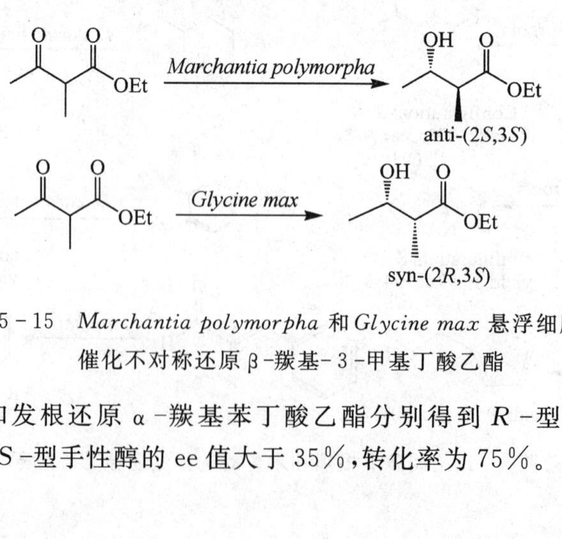

图 5 - 15   *Marchantia polymorpha* 和 *Glycine max* 悬浮细胞
催化不对称还原 β - 羰基 - 3 - 甲基丁酸乙酯

胡萝卜培养细胞和发根还原 α - 羰基苯丁酸乙酯分别得到 R - 型手性醇,其 ee 值大于 99%,转化率为 100%,S - 型手性醇的 ee 值大于 35%,转化率为 75%。

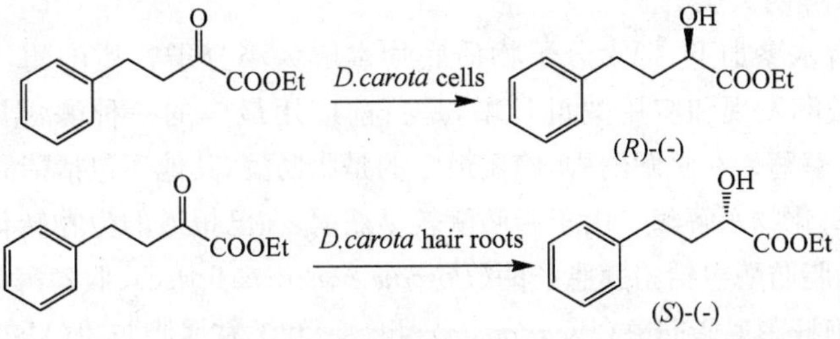

图 5-16　胡萝卜培养细胞和发根还原 α-羰基苯丁酸乙酯

胡萝卜发根组织分别不对称还原 1-氯-β-羰基丁酸乙酯和 β-羰基丁酸乙酯上 β-羰基为 R-醇和 S-型醇,其得率和 ee 值分别为 65%,62% 和 35%,96%。

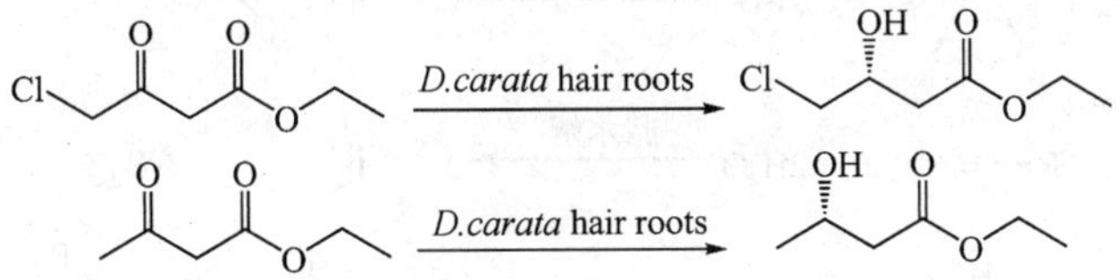

图 5-17　胡萝卜发根组织不对称还原 1-氯-β-羰基丁酸乙酯和 β-羰基丁酸乙酯

5.2.2.2　碳碳双键的还原

化学法催化碳碳双键的还原常采用催化加氢和过渡金属作为催化剂,一方面需要加压等比较苛刻的反应条件,另一方面反应得到的是大量的混旋的产物。以微生物整细胞催化有效地改善这些不利的因素。如常温下面包酵母催化还原二烯,烯丙醇中 C=C 双键可被还原生成手性醇。

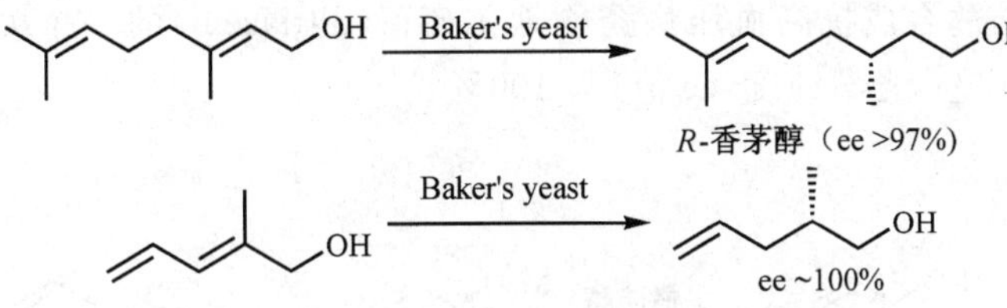

图 5-18　面包酵母催化碳碳双键还原生成手性醇

5.2.2.3　氮杂基团还原

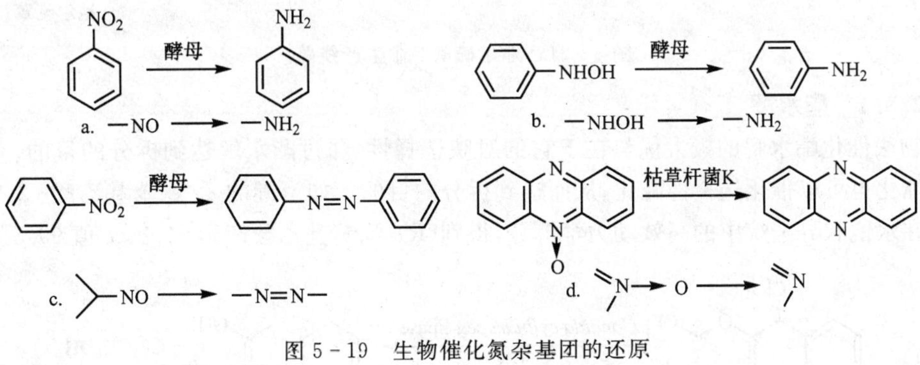

图 5-19　生物催化氮杂基团的还原

5.2.3　水解反应

水解酶是最常用的生物催化剂,其中生物催化的水解反应类型主要有酯水解、环氧化物水解、腈水解和酰胺水解四大类。

　　水解酶是指在有水参加下,把大分子物质底物水解为小分子物质的酶,大多不可逆,一般不需要辅助因子。此类酶发现和应用数量日增,是目前应用最广的一种酶,据估计,生物转化利用的酶约三分之二为水解酶。在水解酶中,使用最多的是脂肪酶,其他还包括酯酶、蛋白酶、酰胺酶、腈水解酶、磷脂酶和环氧化物水解酶。由于脂肪酶较易获得,在已报道的生物转化过程中约有 30% 与脂肪酶有关。常用的脂肪酶包括猪胰脂肪酶(*Porcine pancreas* lipase)、假丝酵母属脂肪酶(*Candida rugosa* lipase)、假单胞杆菌属脂肪酶(*Pseudomonas* lipase)和毛霉属脂肪酶(*Mucor sp*. lipase)。

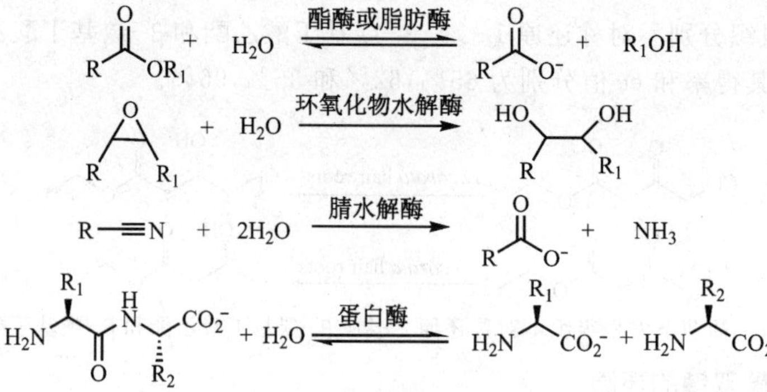

图 5-20　生物催化部分水解反应

　　酶法拆分也已广泛应用于制药工业,此方面脂肪酶是一个较好的代表。由于假单胞菌脂肪酶催化反应具有高立体选择性、底物专一性和位置选择性,因此被用于消旋药物的生物法拆分。如用固定化脂肪酶合成抗高血压病药物地尔硫䓬(diltiazem)的一个关键中间体,目的产物的产率为 40%~43%,光学纯度(ee 值)为 100%。

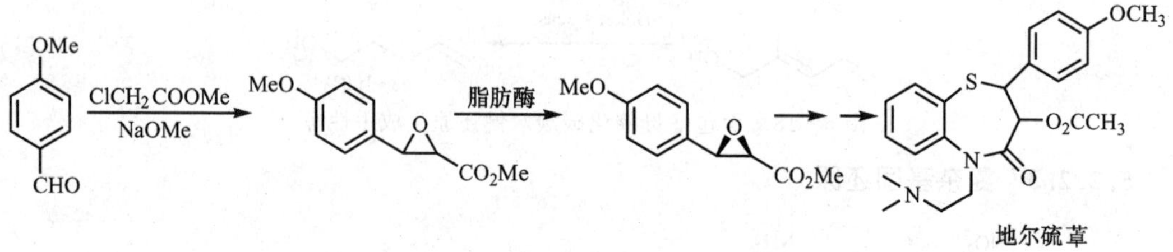

图 5-21　地尔硫䓬工业生产线路

5.2.3.1　酯水解

　　生物法催化酯水解的极大优势在于它的对映选择性,通过酯水解达到拆分的目的。同样其逆反应酯化也可以催化选择性酯化,从而达到拆分的目的。如消旋的 α-氯苯基乙酸-2,2,2-三氟乙酯在水饱和异辛烷中的高效动力学拆分,得到(R)-氯苯基乙酸产率 94%,ee 值 99.5%。

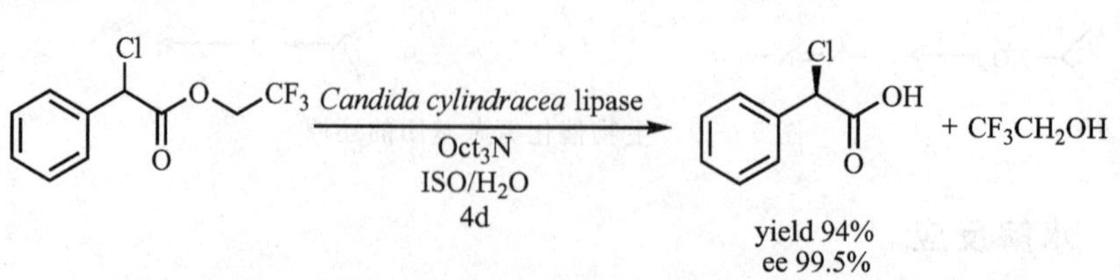

图 5-22　脂肪酶催化 α-氯苯基乙酸-2,2,2-三氟乙酯水解动力学拆分

芽孢杆菌中酯酶能立体选择性催化乙酸仲醇酯水解得到 α-羟基醛缩丙二硫醇衍生物。

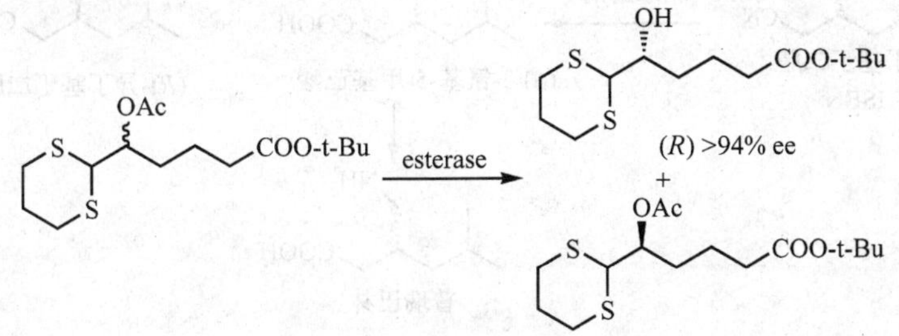

图 5-23　酯酶催化乙酸仲醇选择性水解

5.2.3.2　环氧化物水解

内消旋环氧化合物的不对称开环与外消旋末端环氧化合物的水解动力学拆分与开环反应在不对称合成与手性药物领域的应用以及在工业上应用具有广阔的前景。环氧化合物水解酶是一组催化环氧化合物水解为相应邻位二醇的酶类,在哺乳动物、植物、昆虫和微生物体内广泛存在。通过环氧化合物水解酶促立体选择性水解反应得到的光学活性环氧化合物和邻位二醇,不仅是有机合成中重要的手性合成子,而且是多种药物、农业化学品如白三烯、昆虫的信息激素、甾类物质、艾滋病病毒蛋白酶抑制剂等合成的关键中间体,具有特殊的生物活性,展现了极其广泛的应用前景。

从 HTCC2654 杆菌中得到的环氧化物水解酶(REH)在重组大肠杆菌中进行表达和纯化。纯化后得到的 REH 酶优先水解(S)1,2-环氧-3-苯氧基丙烷((S)-GPE),产物(R)-GPE 的产率和 ee 值分别达到 34% 和 99.9%

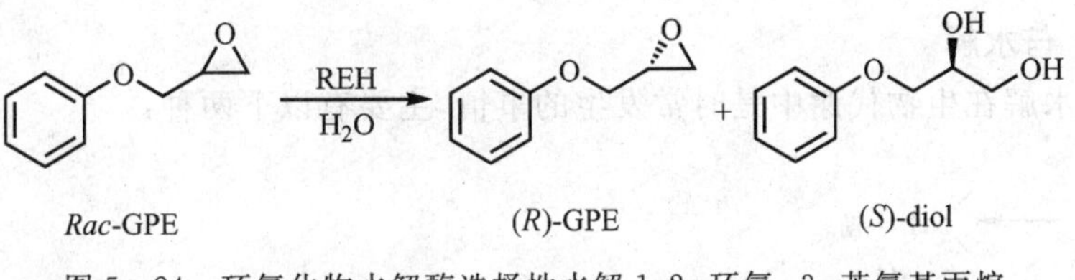

图 5-24　环氧化物水解酶选择性水解 1,2-环氧-3-苯氧基丙烷

5.2.3.3　腈水解

腈在合成中是一种非常重要的功能基团。腈水解制备羧基酸和氨基化合物是非常重要的反应。但是在一般苛刻的反应条件下不可能发生区域、化学和立体选择性反应。如强酸或强碱水解可能会破坏其他功能基团或者分子的手性中心。然而利用酶催化就可以在温和的条件下容易进行。通常认为有两种途径可以达到腈的水解:一是使用水合酶将腈水解成氨基化合物,再使用酰胺酶将氨基化合物水解为羧基酸;二是直接用腈酶将腈水解为羧基酸。两种方法对腈进行区域选择性水解的机制不一样,都可以达到通过腈水解进行动力学拆分的目的。但是有研究认为只存在第一种方法,第二种方法并不存在。

(S)-3-氰基-5-甲基己酸是制备用于治疗末梢神经痛和癫痫的 γ-氨基丁酸(GABA)类似物普瑞巴林的重要中间体,它是利用 AtNit 1 拟南芥中的区域选择性和立体选择性腈水解酶从异丁基丁二腈(ISBN)制备得到的,具有很好的立体选择性,产品 ee 值达到 98%,转化率 45%。

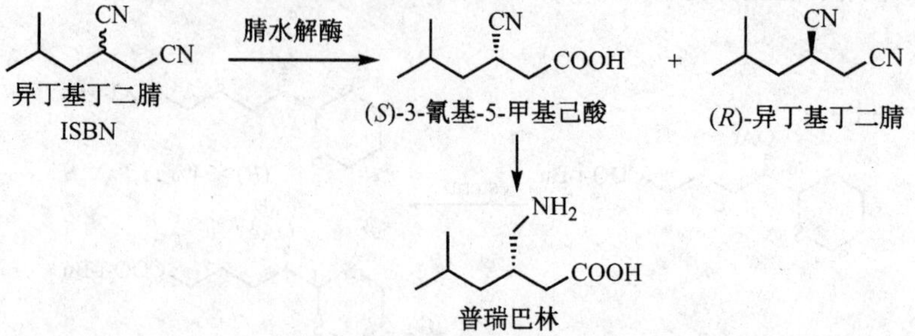

图 5-25　腈水解酶催化异丁基丁二腈制备(S)-3-氰基-5-甲基己酸

5.2.3.4　酰胺水解

氨基酸以其可用于合成手性物质以及多种活性物质等功效一直受到青睐,被认为是一种最有价值的化合物。而作为手性辅助添加剂的特殊用途需要,D-型氨基酸和L-型氨基酸的制备显得十分重要。然而,这一过程还只限于 α-氨基酸的水解。酶法生产L-氨基酸的最好办法是用酰化酶对 N-乙酰基-D,L-氨基酸的外消旋物进行拆分。N-乙酰-L-氨基酸被水解,产生 L-氨基酸,而 N-乙酰-D-氨基酸不反应。

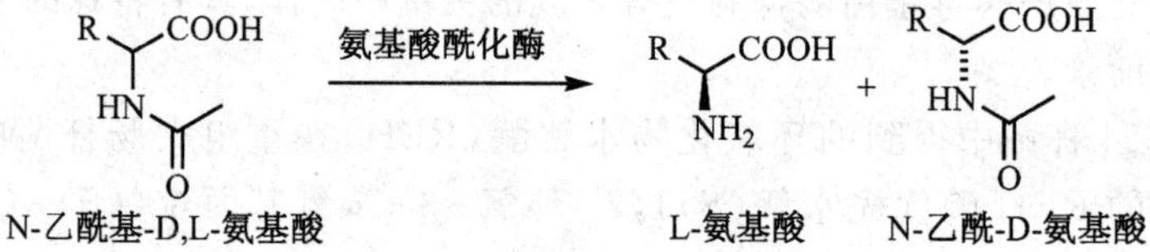

图 5-26　酰化酶选择性水解拆分氨基酸

5.2.3.5　苷水解

糖苷键的水解在生物代谢中是时常发生的事情,主要有以下两种:

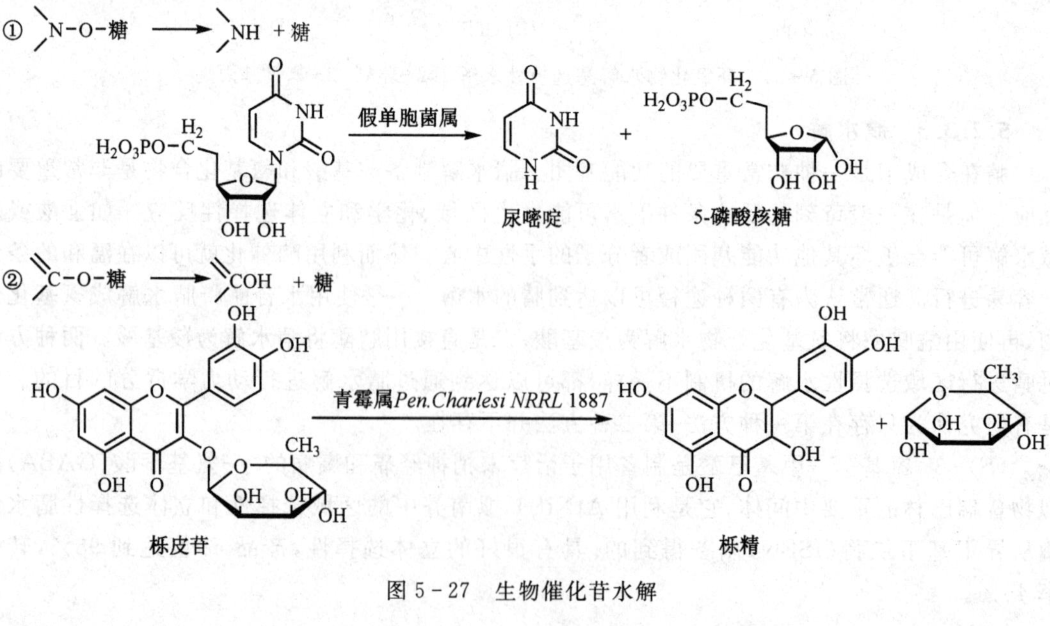

图 5-27　生物催化苷水解

5.2.4　裂合反应

在利用酶催化进行有机合成领域中,越来越受人关注的一项就是碳碳键的生成。通过缩合反应形成新的碳碳。催化底物除去某个基团而残留双键的反应、或通过逆反应将某个基团加到双键上去的反应往往是由裂合酶完成的,这类酶包括醛缩酶、水合酶和脱羧酶等。

5.2.4.1　缩合反应

所谓生物催化缩合反应是指在相关生物酶的催化下两个或多个有机分子相互作用后以共价键结合成一个大分子,同时失去水或其他比较简单的无机或有机小分子的反应。缩合反应可以是分子间的,也可以是分子内的。有时两个有机化合物分子互相作用形成一个较大的分子而并不放出简单分子也称缩合。缩合作用是非常重要的一类有机反应,在有机合成中应用很广,是由较小分子合成较大分子有机化合物的重要方法,特别是不对称羟醛缩合(Aldol)反应。

由于生物转化反应的高度立体选择性,它催化形成新的碳-碳键在有机不对称合成中极为重要,是手性药物合成中不可缺少的一项技术。

羟腈裂解酶 HbHNL 可以催化硝基烷立体选择地加到醛上,生成 S 型产物,这与该酶已知的选择性是一致的。这是利用另一个碳亲核试剂置换 HCN 的第一个例子,它拓宽了这种生物催化转化的合成范围。已经证明将硝基甲烷添加到不同的醛中可以得到良好的产率和立体选择性。

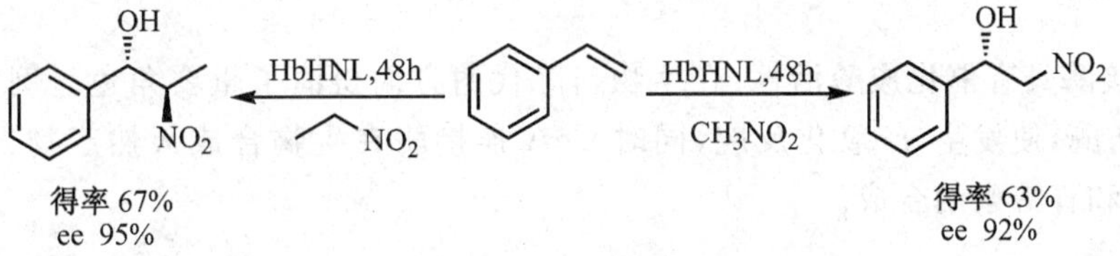

图 5-28　羟腈裂解酶 HbHNL 催化硝基烷立体选择性反应

5.2.4.2　裂解反应

凡能催化底物分子中 C—C(或 C—O、C—N 等)化学键断裂,断裂后一分子底物转变为两分子产物的酶,均称为裂解酶(lyases)。这类酶催化的反应多数是可逆的,从左向右进行的反应是裂解反应,由右向左是合成反应,所以又称为裂合酶。醛缩酶(aldolases)是糖代谢过程中一个很重要的酶,广泛存在于各种生物细胞内,是一个较为常见的裂合酶,它催化 1,6-二磷酸果糖裂解为磷酸甘油醛与磷酸二羟丙酮,此外,常见的裂解酶还有脱羧酶(decarboxylases)、异柠檬酸裂解酶(citrate lyase)、脱水酶(dehydratases)、脱氨酶等。

3-酮-井冈羟胺 A C—N 裂解酶又称 3-酮-井冈羟胺 C-N 裂解酶,系统名为 4-硝基苯-3-酮-井冈霉胺 4-硝基苯胺裂解酶。该酶催化的反应式如下:

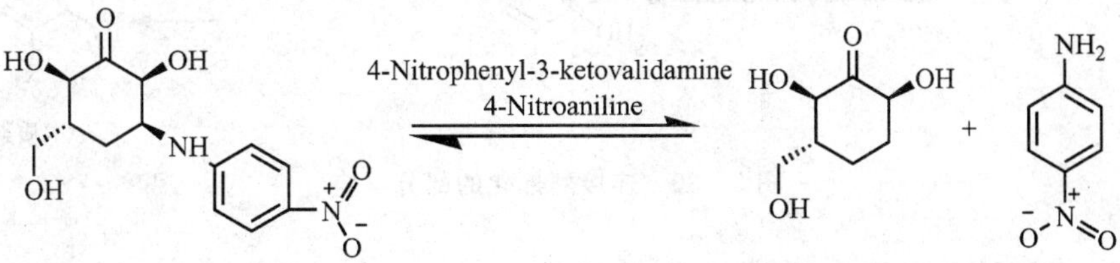

图 5-29　井冈羟胺 A C-N 裂解酶的催化反应

5.2.5　转移酶催化基团转移反应

转移酶为一类常见的生物催化剂,其主要催化的底物有氨基酸、酮酸、核苷酸和糖等化合物,例如转甲基酶、转氨酶、己糖激酶、磷酸化酶等。其催化的转移反应如下:

$$X—Y+Z \underset{}{\overset{转移酶}{\rightleftharpoons}} X+Z—Y$$

转移酶一般包含氨基转移酶、糖基转移酶、糖苷酶和磷酸化酶。例如氨基转移酶,也称为转氨酶,是催化把 α-氨基酸上的氨基转移给 α-酮酸形成新的酮酸和氨基酸的酶类之总称,D. Needham(1927)在鸽胸肌中发现了氨基转移作用,后来 A. E. Braunstein 和 M. G. Kritzmann 等研究了此酶的性质,发现几乎在所有生物中都存在着这种酶。已知有谷氨酸氨基转移酶和天冬氨酸氨基转移酶等各种氨基酸特异的氨基转移酶,反应是可逆的,参与氨基酸的生物合成。(此部分可参阅第 3 章细胞代谢基础的相关内容。)

5.2.6　连接酶催化分子间的联合

连接酶是一种催化两种大分子以一种新的化学键结合一起的酶,一般会涉及水解其中一个分子的基团。如 DNA 连接酶是将脱氧核糖核酸(DNA)片段连接起来。有时连接酶名称包括"合成酶",因为这些酶是用作合成新的分子,或当它们是将二氧化碳加入一个分子时则称为"羧化酶"。

CoA 连接酶具有催化羧酸活性,在生物新陈代谢方面扮演了重要角色。例如,CoA 连接酶能活化脂肪酶,使发生 β-氧化反应,同时 CoA 连接酶在生物合成天然产物方向也同样重要,如木质素和青霉素的合成。

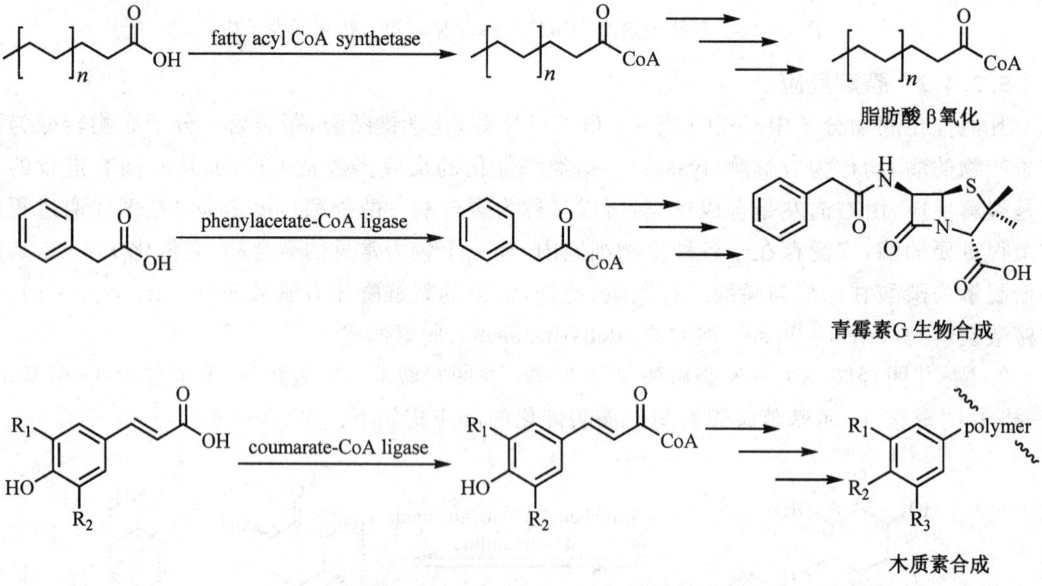

图 5-30　连接酶催化的部分反应

5.2.7　异构酶催化生成异构体的反应

异构酶是催化生成异构体反应的酶之总称,是酶分类上的主要类别之一。根据反应方式而分类。① 结合于同一碳原子的基团的立体构型发生转位反应(消旋酶、差向异构酶),如 UDP 葡萄糖差向酶(生成半乳糖);② 顺反异构;③ 分子内的氧化还原反应(酮糖-醛糖相互转化等),如葡萄糖磷酸异构酶(生成磷酸果糖);④ 分子内基团的转移反应(变位酶),如磷酸甘油酸变位酶;⑤ 分子内脱去加成反应(数字为酶编号的第 2 位数字)。其作用方式多种多样,已知与各种辅酶参与。例如,Buetusiwa Thomas Menavuvu 等研究发现 D-果糖在固定化 D-TE,D-AI 异构酶作用下合成 D-阿茸糖,具体反应如图 5-31 所示。

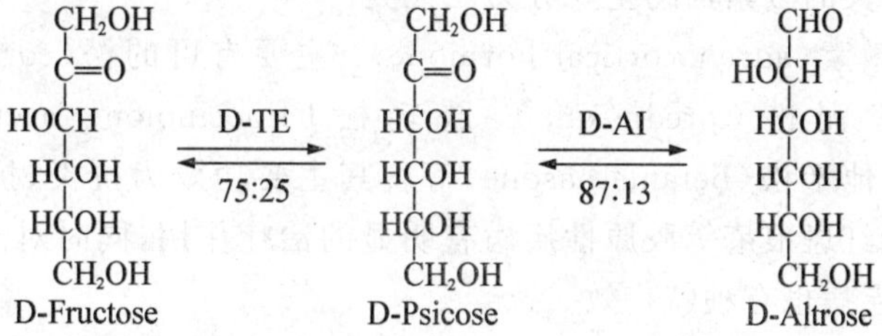

图 5-31　固定化 D-TE,D-AI 异构酶作用下合成 D-阿茸糖

5.3　生物转化药物合成的原理和应用

生物转化是利用生物细胞或其代谢过程中产生的胞内或胞外酶将一种无效或低效的化合物转化为有效或高效的化合物来满足常规化学合成方法所难以实现的化学反应。生物转化反应几乎包括了所有的有机化学反应类型,如氧化反应、还原反应、水解反应、缩合反应、胺化反应、酰基化反应、脱羧反应和脱水反应等。

生物转化有多种分类方法,若按照细胞来分有微生物细胞生物转化、植物细胞生物转化。按照转化的底物来分可分为甾体类、黄酮类、三萜类、萜内酯类、糖苷类、皂苷类等。分类方法的不同,其转化原理也不相同。以下根据不同的药物和药物中间体来进行说明。

5.3.1　甾体药物的生物转化

5.3.1.1　甾体药物及其生物转化概述

甾体类化合物(steroids)是一类含有环戊烷多氢菲核(17 个碳)的化合物,普遍存在于动植物组织内,其结构通式见图 5-1 所示。它是由三个六元环和一个五元环组成的四环基本骨架,分别称为 A、B、C、D 环。母核在 C_{10} 和 C_{13} 位上有甲基(—CH_3),在 C_3、C_{11} 及 C_{17} 位上可能有羟基(—OH)或酮基(—C=O),A 环和 B 环中可能有部分双键,C_{17} 有长短不一的侧链。由于甾体母核上取代基、双键位置或立体构型的不同,形成了一系列具有独特生理功能的化合物。

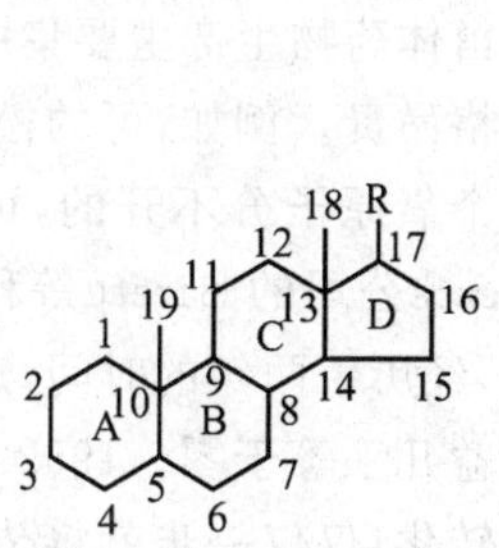

图 5-32　甾体化合物母核的基本结构

甾体药物对肌体起着非常重要的调节作用,如肾上皮质激素能治疗或缓解胶原性疾病、过敏性休克等疾病;也是治疗阿狄森氏等内分泌疾病不可缺少的药物。各种性激素是医治雄性气管衰退和妇科疾病的主要药物,是治疗乳腺癌、前列腺癌的辅助治疗剂,也是近年需求量很

大的口服避孕药的主要成分。自 20 世纪 50 年代以来,随着甾体药物的不断发展和在临床应用的日益广泛,使其已成为产量仅次于抗生素的第二大类药物。另外,甾体类药物还被开发成为麻醉药、抗心率失常药、抗细菌药、抗胆碱酯酶药、抗凝血剂、抗真菌药、抗肿瘤药、抗原生动物药、胆汁分泌剂、诊断剂、神经调节阻断剂、胆石分散剂、止血剂、钙调节剂、脂调节剂、神经病治疗药、泻药、安定药等。由于甾体药物不可取代的用途及其治疗适应证的不断扩大,越来越引起人们的重视。

与甾体化合物有关的激素药物主要分为三大类:

1. 肾上腺皮质激素(adrenocortical hormone):主要有可的松(cortisone)、氢化可的松(hydrocortisone)、泼泥松(prednisone)、肤轻松(fluocinolone acetonide)、地塞米松(dexamethasone)、倍他米松(betamethasone)等。其主要功效为抗炎、抗毒、抗过敏,对风湿性、类风湿性关节炎、红斑狼疮等胶原性疾病有明显的治疗作用,同时对支气管炎、哮喘、严重皮炎、阿狄森内分泌疾病也有独特疗效。

2. 性激素(sex steroids):主要有孕酮(progesterone)、雌酮(oestrone)、睾酮(testosterone)、炔诺酮(norethisterone)等。临床上主要用于性功能不全所致的各种疾病、避孕或抗肿瘤等。

3. 蛋白同化激素(anabolic steroids):主要有 17α - 甲基去氢睾丸素(17α - methyldehydrotestosterone)、苯丙酸诺龙(nandrolonehylpropionate)等,主要用于促进蛋白质合成和抑制蛋白质异化,恢复和增强体力等。

自从 Sohngen 等在 1913 年第一次发现微生物可以降解胆固醇和植物甾醇以来,已经发现诸如节杆菌(*Arthrobacter*)、棒状杆菌(*Corynebacterium*)、诺卡菌(*Nocardia*)、假单胞菌(*Pseudomonas*)、分枝杆菌(*Mycobacterium*)等微生物都能以甾醇化合物作为唯一碳源生长。1944 年 Turfitt 发现 *Nocardia erythropolis* 能降解胆固醇及 β-麦固醇得到 C_{19} 甾体激素,并首次分离得到了胆固醇氧化酶。1949 年,Hench 发现可的松对风湿性关节炎具有突出的疗效,而且证实可的松和氢化可的松都属于肾上腺皮质激素,这使得人们认识到甾体皮质激素可能成为具有高疗效和高经济价值的药物,从而将甾体药物的合成推向高潮,Hench 本人因此荣获诺贝尔奖。甾体激素药物最初是从动物的肾上腺提取的,这显然无实际应用意义。早期的甾体药物生产主要集中在化学合成,但是单一应用化学方法时,往往合成步骤繁多,得率低,价格昂贵。例如,可的松类抗炎激素之所以有卓越的抗炎活力,主要与甾体母核 11 位上导入一个氧原子分不开的,可是化学合成上最大的困难也就是在 11 位上导入氧原子。1946 年,Merck公司的 Sarett 等科学家曾经尝试这项艰难的工作,他们一共用了 1270 磅脱氧胆酸作原料,经历了两年的时间,通过 30 余步的化学反应,但最终仅合成了 938mg 的醋酸可的松,经济效益几乎等于零。1952 年 Mullray 和 Peterson 应用了黑根霉(*Rhizopus nigricans*)对孕酮进行转化,仅仅一步就将孕酮 11 位上导入了一个羟基,使从孕酮合成皮质酮只需三步,并且收率高达 90%,这样才使可的松问世,大量在临床上应用。这样专一、快速的转化反应的研究成功,引起了许多微生物学者、有机化学家和药物学家们的极大兴趣,开展了大量的微生物转化甾体的研究工作。目前,利用微生物对甾体化合物进行 11 位羟基化已经应用到工业生产。工业化的甾体生物转化产品如表 5-2 所示。

表 5 - 2　工业上重要的甾体药物生物转化反应

底　物	产　物	反应类型	微生物
黄体酮	11α-羟基黄体酮	11α - OH	黑根霉（*Rhizopus nigricans*）
化合物 S	氢化可的松	11β - OH	新月弯孢霉（*Curvularialunata*） 蓝色犁头霉（*Absidia coerulea*）
9α -氟氢可的松	9α -氟 - 16α -羟基 -氢可的松	16α - OH	玫瑰产色链霉菌（*Stretomyces roseochromogenus*）
化合物 S	19 羟甲基化合物 S	19 - OH	球墨孢霉（*Nigraspora spherica*） 芝麻丝核菌（*Corticcum sasakii*）
氢化可的松	氢化泼泥松	C1,2 -脱氢	简单节杆菌（*Arthrobacter simplex*）
19 -去甲基睾丸素	雌二醇	A 环芳构化	睾丸素假单孢杆菌（*Pseudomonas festosreronl*）
21 -醋酸妊辰醇酮	去氧皮质醇	水解反应	中毛棒杆菌（*Corynebacterum mediolanum*）
胆固醇	ADD	侧链降解	分枝杆菌（*Mycobaererium spp.*）

　　自从微生物转化应用于生产后,甾体药物生产一般采用以化学法和微生物转化法相结合的方法,这具有以下优点:

　　(1) 减少合成步骤,缩短生产周期。如利用化学法从孕酮合成可的松需 30 多步反应,而微生物法转化只要 3 步就可完成。

　　(2) 提高收率,减少副反应。如用微生物法一步即可将 19 -羟基-雄甾- 4 -烯- 3,17 -二酮转化成雌酚酮,得率达 80% 以上,而化学法需三步才能完成,收率仅 15%～20%。

　　(3) 比较复杂和难以进行的有机化学反应,采用微生物转化法往往可以非常专一、迅速地完成。

　　(4) 微生物转化的优点是反应具有立体选择性和区域选择性。如羟基化反应可以专一地在 11 位羟基化,α 位或 β 位的转化都可以选择合适的微生物来实现。

　　(5) 避免或减少使用强酸、强碱和一些有毒原料,改善操作条件。

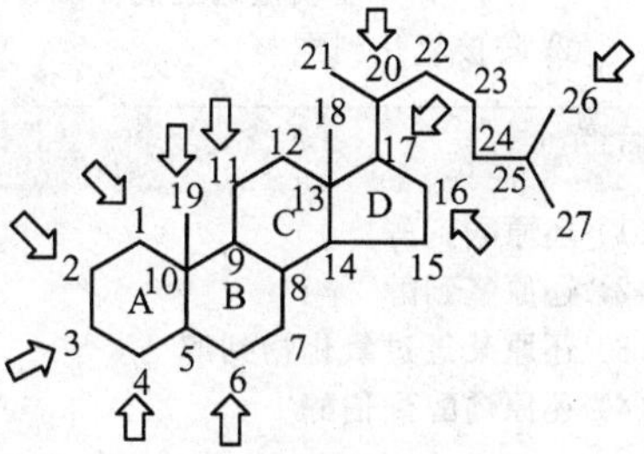

　　生物对甾体类化合物进行转化的反应类型是比较多的,如微生物细胞几乎可以对甾体母核的每一个位置的原子或基团进行转化,主要分为:

图 5 - 33　甾体化合物微生物转化的位点

　　(1) 氧化:主要是将 $C_{3\alpha}$ 或 $C_{3\beta}$ 羟基氧化为 C_3 -酮基;

　　(2) 羟基化:微生物对甾体的重要羟基化位点有 $C_{9\alpha}$、$C_{11\alpha}$、$C_{11\beta}$、$C_{16\alpha}$、$C_{16\beta}$ 和 $C_{17\alpha}$;

　　(3) 脱氢:微生物对甾体脱氢经常发生在 A 环的 C_1、C_2 和 C_4、C_5 位之间;

　　(4) 芳构化:微生物转化甾体时,芳构化主要发生在 A 环上;

　　(5) 环氧化:环氧化经常发生在 C_9、C_{11}、C_{14}、C_{15} 和 C_{16}、C_{17} 位上;

　　(6) 酮基还原成羟基:主要是在 C_3、C_{17} 和 C_{20} 位上的酮基被还原;

　　(7) 双键的氢化:常发生在 A 环上的 C_1、C_2 和 C_4、C_5 以及 B 环上的 C_5、C_6 双键的还原;

（8）边键的降解：微生物对甾体边链的降解始于边链 C_{26} 位上羟基化，经 β 氧化，最终截断于 C_{17} 和 C_{22} 位。

除了在上述反应类型外，还有许多反应类型，见表 5-3 所示。

表 5-3　甾体化合物微生物转化的反应类型

氧化反应	（5）双键饱和
（1）羟基化 　① 所有甾体母核和角甲基位置均可被羟基化 　② 能在边链上若干位置上羟基化 （2）醇基氧化 　① 氧化饱和链上醇基至酮基 　② 氧化丙烯基或高丙烯基至 α,β-不饱和酮 （3）环氧化作用 （4）碳-碳键的裂开 　① 氧的插入形成酯、醇、酮、内酯和酸 　② 逆醛醇缩合反应 　③ 碳键裂开产生非官能团化的产物 （5）双键的导入反应 　① 饱和 3-酮和 $\triangle^4$-3-酮甾体的 1 位脱氢 　② 饱和 3-酮和 $\triangle^4$-3-酮甾体的 4 位脱氢 　③ 伴着 A 环芳香化的 1 位脱氢 　④ $\triangle^{1(10)5}$-3β-甾醇的芳香化 　⑤ 羟基、酯或过氧化合的消除 （6）过氧化反应 　① 5,7-双烯间形成 $5\alpha,8\alpha$-表二氢化合物 　② 氢过氧化 （7）杂原子氧化 　① 立体专一性氧化硫醚到亚砜 　② 胺被氧化到酮	① 还原 $\triangle^{1,4}$-3-酮到 $\triangle^4$-3-酮 　② 还原 $\triangle^4$-3-酮到饱和 3-酮 　③ 还原 $\triangle^{4,6}$-3-酮到 $\triangle^4$-3-酮 　④ 还原 $\triangle^{1,6}$-20-酮到饱和 20-酮 　⑤ 厌氧性脱羟基
	异构化反应
	（1）$\triangle^6$-3-酮异构化成到 $\triangle^4$-3-酮 （2）D 环-高环化 （3）反频哪酮重排 （4）醇差向（立体）异构 （5）5α-8α-表二氢化合物重排到桥氧醇
	结合
	（1）羟基乙酰化 （2）糖苷化 （3）酚醚形成 （4）胺的乙酰化 （5）甾体生物碱与碳酸结合
	水解反应
	（1）酯化 　① 碳酸酯 　② 内酯 　③ 硫酸酯 （2）醚开裂 　① 烯醇醚开裂为酮 　② 酚醚开裂为酚 　③ 苷开裂为醇
还原反应	
（1）还原酮到醇 （2）还原醛到醇 （3）还原某氢过氧化物到醇 （4）还原烯醇到伯醇	
	引入杂原子
	（1）氮：由 21 位醇基甾体形成 21-乙酰胺甾体 （2）卤素：卤过氢化酶催化导入

在这些反应中最重要的是羟基化反应，因为在不同位置或不同空间经羟基化形成的甾体药物对人体不同的细胞受体产生的亲和力不同，其药效也各不相同。在甾体母核 4 个环结构上带有许多相同的次甲基，羟基化反应时化学方法无法区别，而微生物进行催化时，来源于不同微生物的轻化酶，能区域选择性地对某次甲基进行羟基化或非对映体选择性将对该次甲基中的"氢"氧化成 α 或 β 羟基。

5.3.1.2　甾体药物生物转化的反应及机理

甾体类药物的生物转化主要分两类：① 将天然原料转化为生产甾体化合物的普通中间

体。如植物皂苷羟基化生成皂角苷配基及降解甾醇边链生成有用的甾体化合物中间体,雄甾-4-烯-3,17-二酮(androst-4-ene-3,17-dione, AD)和雄甾-1,4-二烯-3,17-二酮(androst-4-ene-3,17-dione, ADD)。②转化成特殊甾体化合物中间体,以生产所希望得到的产物,如甾体 11α、11β 及 16α 羟基化、Δ^1 脱氢及甾体边链降解。涉及到的反应包括氧化、还原、酯化、水解、酰化、异构化、重排及边链降解等。

5.3.1.2.1　反应类型

(1) 羟基化反应

羟基化反应是利用生物转化(尤其是微生物转化)甾体药物的重要反应之一,许多甾体药物的合成都需要羟基化反应的参与。传统的化学方法除了在 C_{17} 位引入羟基比较容易外,其余位置都很难。来源于不同微生物的羟化酶选择性地对甾体母核上的次甲基进行羟基化,同时非对映体选择性地把该次甲基上的一个氢催化成 α 或 β 羟基,例如赭曲霉(*Aspergillus ochraceus*)对 6β 孕酮羟基化时,能选择性地将 C(区域选择性)环中的 11 位上的次甲基的 α-氢(非对映体选择性)进行催化生成 6β,11α-羟基孕甾;青霉属 *Penicillium* 对 5α-孕甾双酮羟基化时,能选择性地将 D(区域选择性)环中的 15 位上的次甲基的 α-氢(非对映体选择性)催化生成 15α-羟基-5-孕甾双酮。羟基化反应主要包括 9α 羟基化、11α 羟基化、11β 羟基化、16α 羟基化、17α 羟基化和 19α 羟基化等。

① C-11α 羟基化反应

C-11α 羟基化反应是微生物转化甾体的最重要反应,因为人体及哺乳动物体内的酶均不能将甾体 C-11α 羟基化,因此,C-11α 羟基化反应是微生物专有的转化反应。由于微生物能够高效地将皮质类激素羟基化,从而增加了皮质类激素抑制炎症的效应。黑根霉能够将孕酮 11α 羟基化(图 5-34),但此羟基化与温度密切相关,超过 32℃,只大量生长菌丝而不进行 11α 羟基化。除黑根霉外,放线菌、棒状杆菌和诺卡氏菌等都能对孕酮进行 11α 羟基化,但同时也可以将孕酮降解,或将母核降解,对生产毫无意义。

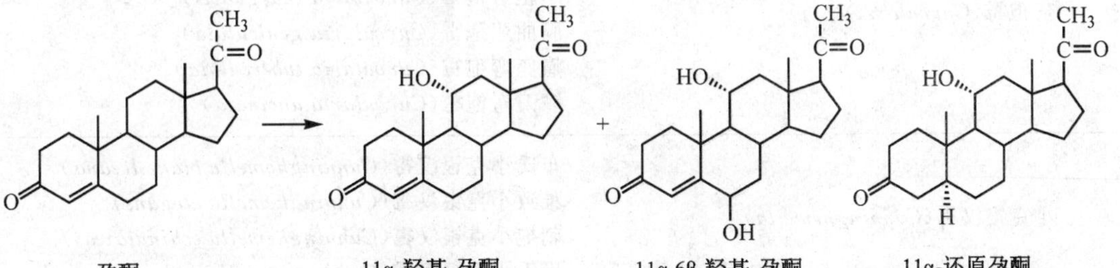

图 5-34　黑根霉对孕酮的 11α 羟基化反应

② C-11β 羟基化反应

11β 羟基化是微生物转化甾体的另一个有价值的反应。很多激素类药物之所以有很强的抗炎作用,主要是在甾体母核的 C-11β 位引入羟基的缘故。最典型的生产实例就是氢化可的松(11β,17α,21-三羟基孕甾-4-烯-3,20-二酮)。利用新月弯孢霉能够将 Reichstein S 化合物 11β 羟基化生成氢化可的松(图 5-35)。然而在这个转化过程中会出现 7 位和 14 位的羟基化副产物,此副反应可以通过 17 位和 21 位的双乙酰化修饰来避免。此外,布氏小克银汉霉、弗氏链霉菌、蓝色犁头霉以及一些极毛杆菌也能对甾体进行 11β 羟基化。表 5-4 中列举了多种具有 11β 羟基化能力的微生物,其中以霉菌居多。目前工业上应用的微生物主要有国外普遍采用的新月弯孢霉和我国采用蓝色犁头霉两种,两者各有特点。

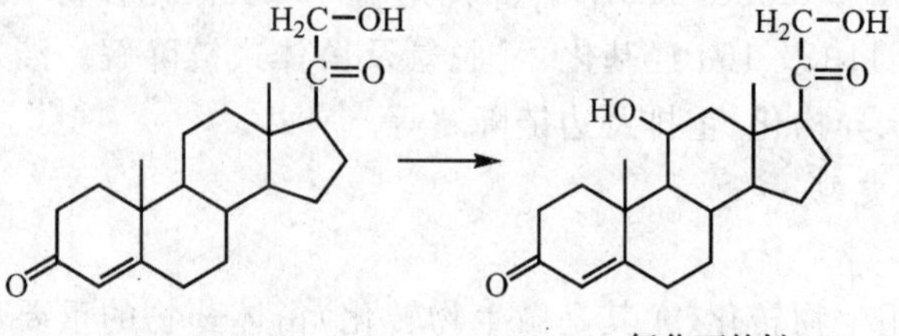

图 5-35　新月弯孢霉对 Reichstein S 的 11β 羟基反应

表 5-4　具有 C-11β 羟基化作用的微生物菌种

属　　名	种　　名
假单胞杆菌(*Pseudomonas*)	假单胞杆菌(*Pseudomonas*)
链霉菌(*Streptomyces*)	弗氏链霉菌(*Streptomyces fradiae*)
薄膜菌(*Pellicularia*)	丝状薄膜菌(*Pellicularia filamentosa*)
聚端孢霉(*Trichothecium*)	粉红聚端孢霉(*Trichothecium roseum*)
葡萄孢霉(*Botrytis*)	灰葡萄孢霉(*Botrytis cinerea*)
伏革菌(*Corticium*)	屈木伏革菌(*Corticium sasakii*)
犁头霉(*Absidia*)	蓝色犁头霉(*Absidia coerulea*) 淡紫犁头霉(*Absidia orchidis*)
弯孢霉(*Curvularia*)	新月弯孢霉(*Curvularia lunata*) 短刺弯孢霉(*Curvularia blakesleeana*) 不正弯孢霉(*Curvularia inaegualis*) 膝曲弯孢霉(*Curvularia geniculata*) 瘤座弯孢霉(*Curvularia tuberculata*) 镰刀弯饱霉(*Curvularia uncinata*)
小克银汉霉(*Cunninghemella*)	布氏小克银汉霉(*Cunninghemella blakesleeana*) 雅致小克银汉霉(*Cunninghemella elegans*) 刺抱小克银汉霉(*Cunninghemella echinulawas*) 班氏小克银汉霉(*Cunninghemellaja ponica*)
丝核菌(*Rhizoctonia*)	佐佐木丝核菌(*Rhizoctonias*)

新月弯孢霉(*Curvularialunata*)属于半知菌类,丛梗孢目,暗梗孢科,多孢亚科,弯孢霉属。分生孢子梗深褐色,单枝或分枝,顶端多弯曲,70~270μm×2~5μm;分生孢子淡褐色,梭形,弯曲,有 3 个隔膜,从基部向上数第三个细胞特大,色也特深。两端细胞颜色浅,19~30μm×8~9μm,孢子在分生孢子梗上多轮状着生,有性世代属于旋孢腔菌。菌落在马铃薯-葡萄糖琼脂培养基上向四周蔓延,近棉絮状,暗灰绿色,背面蓝黑色。菌丝分隔,多分枝,绿褐色,直径3~16μm。

蓝色犁头霉(*Absidac oerulea*),单细胞,真菌门,藻状菌纲,毛霉目,毛霉科,梨头霉属。菌体单细胞或丝状,无隔膜,多核,无性繁殖产生不能活动的孢囊孢子,有性生殖大多属于异宗结合。有匍匐枝和假根,不与假根对生,孢子囊顶生,多呈洋梨形,孢子囊基部有明显的囊托,接合孢子着生在匍匐枝上。孢子囊洋梨形,有明显的中轴基,孢囊轴梗大多 2～5 成簇,常呈轮生或不规则絮状,灰白色至淡蓝色,分枝繁多,生长旺盛。

新月弯孢霉的羟基化酶专一性较强,转化率高,副产物少,菌种易于改造,但投料浓度没有蓝色犁头霉高。蓝色犁头霉生长繁殖速度快,生产周期短,投料浓度高,但酶的专一性较差,副产物多,菌种不易于改造。在发酵条件控制良好的情况下,一般生成 5～7 个副产物,给氢化可的松的分离精制带来很大困难,收率仅为 45%～48%,严重影响氢化可的松的转化率和收率。

表 5-5　C-11β 羟基化反应的工业化生产菌株

菌　　株	应用国家	底　　物*	投料浓度	转化周期	收　　率
Absidia coerulea AS3.65	中国	RSA	0.25%	28～36 h	45%～48%
Curvularia lunata VFM F-4	俄罗斯	RS	0.02%～0.1%	48～168 h	52%～72.4%
Curvularia lunata	荷兰	RS-17α-醋酸酯	0.05%	12 h	82%
		RS-17α,21-二醋酸酯	0.05%	36 h	87.4%
Curvularia lunata CL366/102	波兰	RS	0.05%	6 h	65%
Curvularia lunata MCI1690	日本	RS	1%	6 d	90%
		RS-17α-醋酸酯	1%	8 d	84%
		Δ^1-RS-17α-醋酸酯	1%	8 d	97.9%

* RS：17α-羟基-孕甾-4-烯-3,20-二酮；RSA：17α-羟基-孕甾-4-烯-3,20-二酮-2,1-醋酸酯

③ C-9α 羟基化反应

C-9α 羟基化是甾体药物合成的一个关键步骤,不仅涉及甾体边链的选择性降解,还为甾体药物皮质激素的合成提供了一个关键中间体。若在 C_9 位上引入羟基,C_9 和 C_{10} 之间引入双键就变得容易,随后可以进一步形成 C-11β 羟基或导入氟原子。例如,利用分枝杆菌(*Mycobacterium sp.*)或马红球菌(*Rhodococcus equi*)能转化雄甾-4-烯-3,17-二酮生成 9α-羟基-雄甾-4-烯-3,17-二酮。

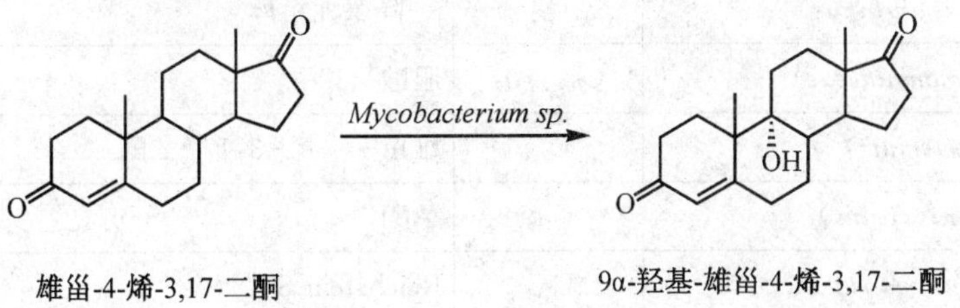

雄甾-4-烯-3,17-二酮　　　　　　　9α-羟基-雄甾-4-烯-3,17-二酮

图 5-36　雄甾-4-烯-3,17-二酮的 9α 羟基化反应

④ C-16α 羟基化反应

C-16α 羟基化反应是皮质甾体类药物合成的另一个重要反应。6 位上羟基化后,既可以使抗炎及糖代谢作用保持不变,又可以使药物受电解质影响的副作用消失。例如,抗炎活性很

高的 9α-氟氢可的松和 9α-氟去氢可的松在 $C_{16\alpha}$ 羟基化后不仅高度抗炎、消炎作用未降低,且使两者强力贮盐副作用消失。$C_{16\alpha}$ 羟基化一般是以放线菌为好。

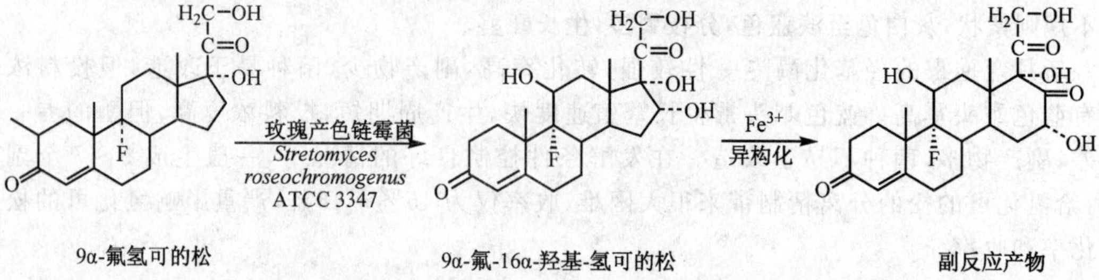

图 5-37 雄甾-4-烯-3,17-二酮的 9α 羟基化反应

副反应是由于培养基中存在铁离子所诱导产生的,可以通过在发酵液中适当添加 0.5% 磷酸盐就可以防止。

⑤ 其他羟基化反应

17α,19α 羟基化作用也是甾体药物合成的重要反应。当在甾体母核上的 17 位上引入羟基后,能增加甾体药物的抗炎和糖代谢作用。19α 羟基化是制备 19-失碳甾体化合物的重要中间体,19-失碳甾体化合物比羟基化前甾体具有更高的生理活性,例如 19-失碳孕酮比孕酮活性提高了 4~8 倍。19α-羟基-4,6-雄甾-二烯-双酮具有升高血压作用。

除了上述重要的羟基化反应之外,还有一系列的微生物在很多位置对甾体具有羟基化作用(表 5-6)。

表 5-6 部分微生物对甾体羟基化作用的位置

微生物	羟化位置	底 物
棒曲霉(Aspergillus clavatus)	$C_{1\alpha}$	17α-乙炔基-11α-羟基-18-甲基-4,5-二烯雌烷三酮
R. muneraff	$C_{6\alpha,6\beta}$	5α-羟基胆固醇
根霉(Rhizopus)	$C_{6\beta}$	Reichstein S
粗糙脉孢菌(Neurospora crassa)	$C_{6\beta,9\alpha,14\alpha}$	雄甾-4-烯-3,17-二酮
少根根霉(Rhizopus arrhizus)	$C_{7\alpha}$	β-降睾丸甾醇
假单胞菌(Pseudomonadaceae)	$C_{7\alpha,12\alpha,12\beta}$	胆酸
分支杆菌(Mycobacterium)	$C_{9\alpha}$	雄甾-4-烯-3,17-二酮
黑根霉(Rhizopus nigricans)	$C_{11\alpha}$	孕酮
新月弯孢霉(Curvularia lunata)	$C_{11\beta}$	Reichstein S
弗氏链霉菌(Streptomyces fradiae)	$C_{11\beta}$	3-酮基娠烷
盾壳霉(Coniothyrium minitans)	$C_{12\beta}$	Reichstein S
蜡样芽孢杆菌(Bacillus cereus)	$C_{14\alpha}$	孕酮

续　表

微生物	羟化位置	底　物
支顶孢霉（*Acremonium Hansfordii*）	$C_{15\alpha}$	雄甾-4-烯-3,17-二酮
巨大芽孢杆菌（*Bacillus magaterium*）	$C_{15\beta}$	孕酮
玫瑰产色链霉菌（*Stretomyces roseochromogenus*）	$C_{16\alpha}$	9α-氟氢化可的松
绿色木霉（*Trichoderma viride*）	$C_{17\alpha}$	孕酮
短杆菌（*Bacillus brevis*）	$C_{21\alpha}$	20-甲基娠烷

⑥ 甾体化合物羟基化机理

甾体化合物羟基化究竟是直接取代原来碳骨架上的氢的位置还是通过形成烯的中间体来完成的呢？根据同位素追踪试验的结果表明，转化到甾体上的羟基是直接取代原来碳骨架上的氢的位置，并且在取代过程中并没有发生立体构象的改变。也就是说，羟基的立体构象是由原来氢原子所占的空间位置所决定的。分别经过 $^{18}O_2$，D_2O 和 H_2O^{18} 实验发现，羟基化反应的氧不是来自水中的氢氧根而是来自空气中的氧。这一点也从理论上解释了为什么工业上黑根霉在 11α 羟化时需要大量的氧气。Hoyam 等将孕酮 C_{11} 和 C_{12} 上的 α 位氢用 H^3 标记，用黑根霉进行 11 α 羟化，结果证明甾体的酶促羟化反应是羟基化位置上的氢被直接取代（图 5-38）。

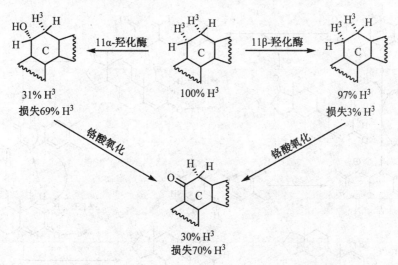

图 5-38　黑根霉（*Rhizopus nigricans*）对孕酮 C_{11} 位羟基化原理

（2）脱氢反应

微生物对于甾体母核的 1,2 位、4,5 位、7,8 位、9,11 位等都有能进行脱氢反应的活性，其中 1,2 位脱氢反应尤为重要。利用 1,2 位脱氢酶在抗炎类激素雄甾-4-烯-3,17-二酮的 1,2 位上引入双键成雄甾-1,4-烯-3,17-二酮，如此能够大大增加抗炎效果。有研究者在醋酸可的松的 1,2 位上引入双键形成醋酸脱氢可的松，抗炎作用增加了 4 倍左右。应用微生物在 1,2 位的脱氢反应实现了甾体药物的生物法生产，其中以糖皮质激素居多，包括氢化泼尼松、甲泼尼松、曲安西龙、地塞米松、倍他米松、氟轻松、氟可龙等等。

① C$_{1,2}$位脱氢反应的机制

早期关于 C$_{1,2}$位脱氢反应的机制的研究认为：母核的 C$_1$ 和 C$_2$ 位上存在羟基，经脱水引入双键。1959 年，Levy 的研究推翻了这种理论。他通过雄甾烷假单胞菌（*Pseudomonas cunninghamiae* Li et A1）产生的酶对 Δ^4-3-酮甾体及 1-羟基-Δ^4-3-酮甾体的 C$_{1,2}$ 位脱氢进行比较性实验，认为微生物的脱氢转化反应不是先经过羟基化脱水的过程而是直接脱去 C$_{1,2}$ 位氢。1963 年，Ringold 等进一步研究芽孢杆菌对 Δ^4-3-酮甾体的 C$_{1,2}$ 位脱氢，他认为 C$_{1,2}$ 位脱氢是 1α,2β 位氢原子的反式消除，其可能的过程见图 5-39 所示。

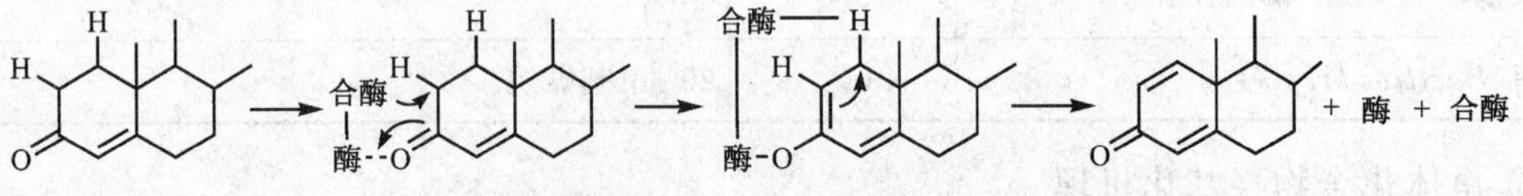

图 5-39　芽孢杆菌对 Δ^4-3-酮甾体的 C$_{1,2}$ 位脱氢

1992 年，Itagaki E 等人在研究诺卡菌产生 C$_{1,2}$ 位脱氢酶在催化甾体 C$_{1,2}$ 位脱氢反应时发现需要底物在 3 位上含有酮基。C$_{1,2}$ 位脱氢酶在无氧条件下，可以催化从 3-酮-4-烯-甾体到 3-酮-1,4-二烯甾体的转氢反应，并提出了甾体 C$_{1,2}$ 位脱氢酶的催化机制。研究结果认为甾体 3 位上的酮基与酶的亲电残基发生强烈的相互作用，造成了 C$_2$(β)氢键的断裂，随后蛋白质中的碱基将这个氢原子以质子形式转移到亲核残基上。此后，底物变成了一个碳负离子，而 C$_1$(α)成为氢阴离子，最后形成 3-酮-1,4-二烯甾体。

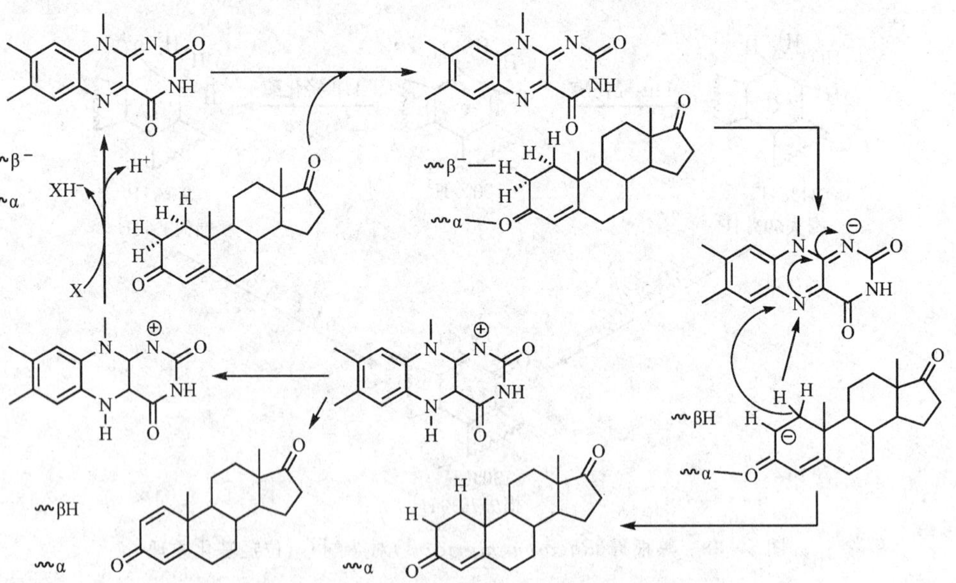

图 5-40　甾体 C$_{1,2}$ 脱氢酶的催化原理

② 有关甾体脱氢转化的微生物

催化甾体羟基化与脱氢反应的微生物是不同的，细菌的脱氢能力比真菌大，特别是棒状杆菌和分枝杆菌活力最大。具有在甾体母核 A 环上脱氢能力的微生物主要有节杆菌属（*Arthrobacter*）、棒状杆菌（*Corynebacterium*）、假单胞菌（*Pseudomonas*）、分枝杆菌属（*Mycobactcrium*）、诺卡氏菌（*Nocadia*）等，其中 C$_{1,2}$ 脱氢的主要微生物见表 5-7 所示。

表 5-7　具有催化 $C_{1,2}$ 脱氢的主要微生物

属　名	种　名
节杆菌（*Arthrobacter*）	简单节杆菌（*Arthrobacter simplex*）
	球形节杆菌（*Arthrobacter globiformis*）
假单胞菌（*Pseudomonas*）	荧光假单胞杆菌（*Pseudomonas fluorescens*）
	睾酮假单胞杆菌（*Comamonas pseudomonas testosteroni*）
	德阿昆哈假单胞杆菌（*Pseudomonas dacunhae*）
芽孢杆菌（*Bacillus*）	蜡状芽孢杆菌（*Bacillus cereus*）
	缓慢芽孢杆菌（*Bacillus lentus*）
	球形芽孢杆菌（*Bacillus sphaericus*）
棒状杆菌（*Corynebacterium*）	简单棒杆菌（*Corynebacterium simplex*）
分枝杆菌属（*Mycobactcrium*）	革分枝杆菌（*Mycobacteria leather*）
	耻垢分枝杆菌（*Mycobacterium smegmatis*）
	偶发分枝杆菌（*Mycobacterium fortuitum*）
产碱杆菌（*Alcaligenes*）	粪产碱杆菌（*B. alcaligenes metalcaligenes*）
游动放线菌（*Actinoplanaceae*）	密苏里游动放线菌（*Actinoplanes missouriensis*）
诺卡氏菌（*Nocardia*）	光泽诺卡氏菌（*Nocardia lucida*）
	珊瑚诺卡氏菌（*Nocardia corallina*）
	不透明诺卡氏菌（*Nocardia opaca*）

（3）环氧化反应

在甾体母核上引入环氧基团与甾体的羟基化有关。能进行 11β -羟基化的新月弯孢霉或布氏小克银汉霉均可将 17α，21 -二羟基- $4,9(11)$ 孕甾二烯- $3,20$ -二酮转换成 $9\beta,11\beta$ -环氧化合物。诺卡氏菌则可以在 $C-6,9$ 位上引入环氧基团。

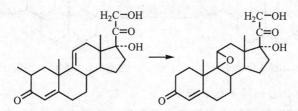

图 5-41　新月弯孢霉催化甾体母核环氧化反应

（4）氧化反应

甾类化合物的氧化反应主要是利用氧化酶催化羟基转化成酮基，最常见的是将 $C_{3\alpha}$ 或 $C_{3\beta}$ 羟基转化成 C_3 酮基以及将 $C_{17\alpha}$ 羟基转化成 C_{17} 酮基。微生物来源的氧化酶主要是胆固醇氧化酶，主要包括节杆菌属（*Arthrobacter*）、棒状杆菌属（*Corynebacterium*）、诺卡氏菌属（*Nocardia*）、红球菌属（*Rhodococcus*）、假单胞菌（*Pseudomonas*）、短杆菌（*Brevibacterium*）和

链霉菌属（*Streptomyces*）等。胆固醇氧化酶催化 3 -羟基甾体化合物转化成 3 -酮基甾体化合物，见图 5-42。

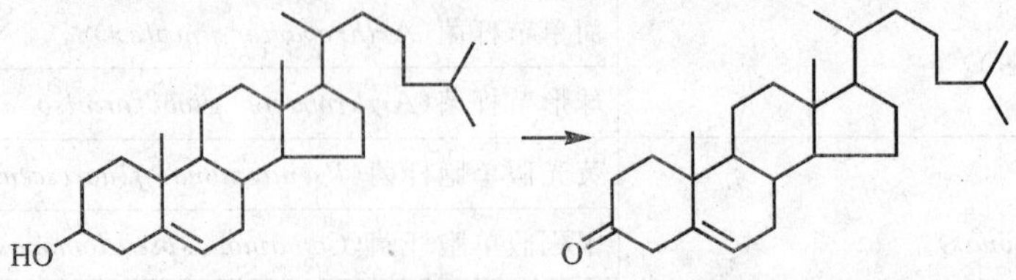

图 5-42　3-羟基甾体化合物氧化成 3-酮基甾体化合物

（5）选择性侧链降解

微生物对甾体的降解通常包括两个方面：一是甾体母核的降解；二是对侧链降解。其中选择性侧链降解是制备甾体类药物的关键途径。许多有生理活性的甾体药物的母核基本都是通过将从动植物中提取的甾体化合物进行选择性边链降解而获得的，生产各种甾体类药物的天然资源主要是薯蓣皂苷元，而且利用化学法去除甾体化合物的侧链，步骤多，副产物多，收率低，仅 15% 左右。随着薯蓣皂苷元的日益枯竭，各国都在积极寻找新的资源或新方法。胆固醇和植物甾醇（β-谷甾醇、大豆甾醇和菜籽甾醇等）作为新的资源为甾体工业注入了新的生命力。两者可以从一些废油脂的下脚料和各类农作物中获得，并可以通过微生物选择性边链降解获得重要的甾体药物中间体：雄甾-4-烯-3,17-二酮（androst-4-ene-3,17-dione，AD）、雄甾-1,4-二烯-3,17-二酮（androst-1,4-diene-3,17-dione，ADD）和 3-氧-联降甾醇-1,4-二烯-22-酸（3-oxo-bisnor chola-1,4-dine-22-oic acid，BDA）等。AD 和 ADD 是甾体激素类药物不可替代的中间体，因为目前几乎所有甾体激素药物都是以 AD 或 ADD 作为起始原料进行生产的。如用于生产性激素、孕激素、蛋白同化激素及皮质激素，又可用于合成氢化可的松、氧化泼尼松、黄体酮、雌烯醇、地塞米松等 100 余种药物，也是直接用于生产抗早孕米非司酮和各类计划生育用药的必不可少的基本原料。

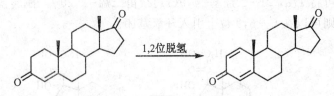

雄甾-4-烯-3,17-二酮(AD)　　　　　　　　　雄甾-1,4-二烯-3,17-二酮(ADD)

5.3.1.2.2　甾体化合物降解的机理

许多微生物都能够以胆固醇或者植物甾醇为唯一碳源来生长，最终将甾体母核和侧链一起降解成 CO_2 和 H_2O。

（1）微生物对甾体母核降解机理

甾醇在降解开始前先在 C_3 进行酯化，3β-氧化后接着 Δ^5 双键被异构酶催化转位为 Δ^4 双键得到 3-酮-4-烯化合物。在 9α-羟化酶催化下 9α-羟基化。随后 $C_{1,2}$ 脱氢，A 环芳香化，最终导致 B 环开裂并降解，见图 5-42 所示。

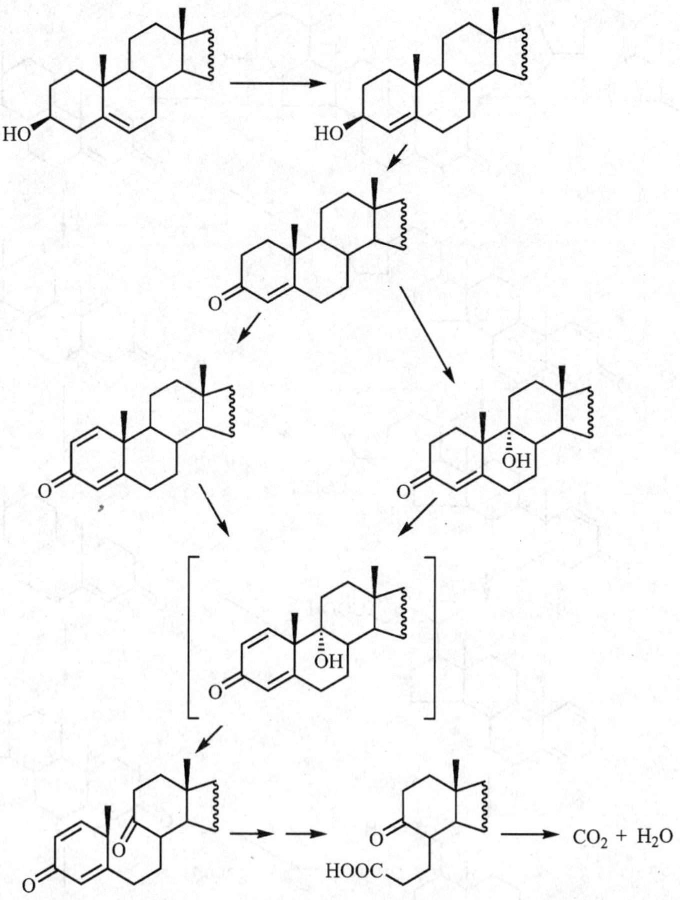

图 5 - 42　甾醇母核的降解途径

（2）侧链选择性降解机理

早在 1964 年 Whitmarsh 等人就已经对诺卡氏菌代谢胆固醇的途径进行了研究，提出了侧链降解的机理。随后 1968 年 Sih 等人对胆固醇的微生物代谢途径进行了详细的研究。

甾体侧链降解机理与脂肪酸的 β 氧化途径相似，微生物首先产生胆甾酮，此后分成两个路径，其中一个路径首先将胆固醇 C_{27} 羟基化，然后氧化成羧基，然后通过 β 氧化去掉一个丙酸、一个乙酸，最后再失去一个丙酸，形成 AD；另一个路径是先将胆甾酮 C_1 和 C_2 之间脱氢，然后通过 β-氧化形成 ADD，同时形成的 AD 也可以脱氢形成 ADD，其具体的途径如图 5 - 43 所示。

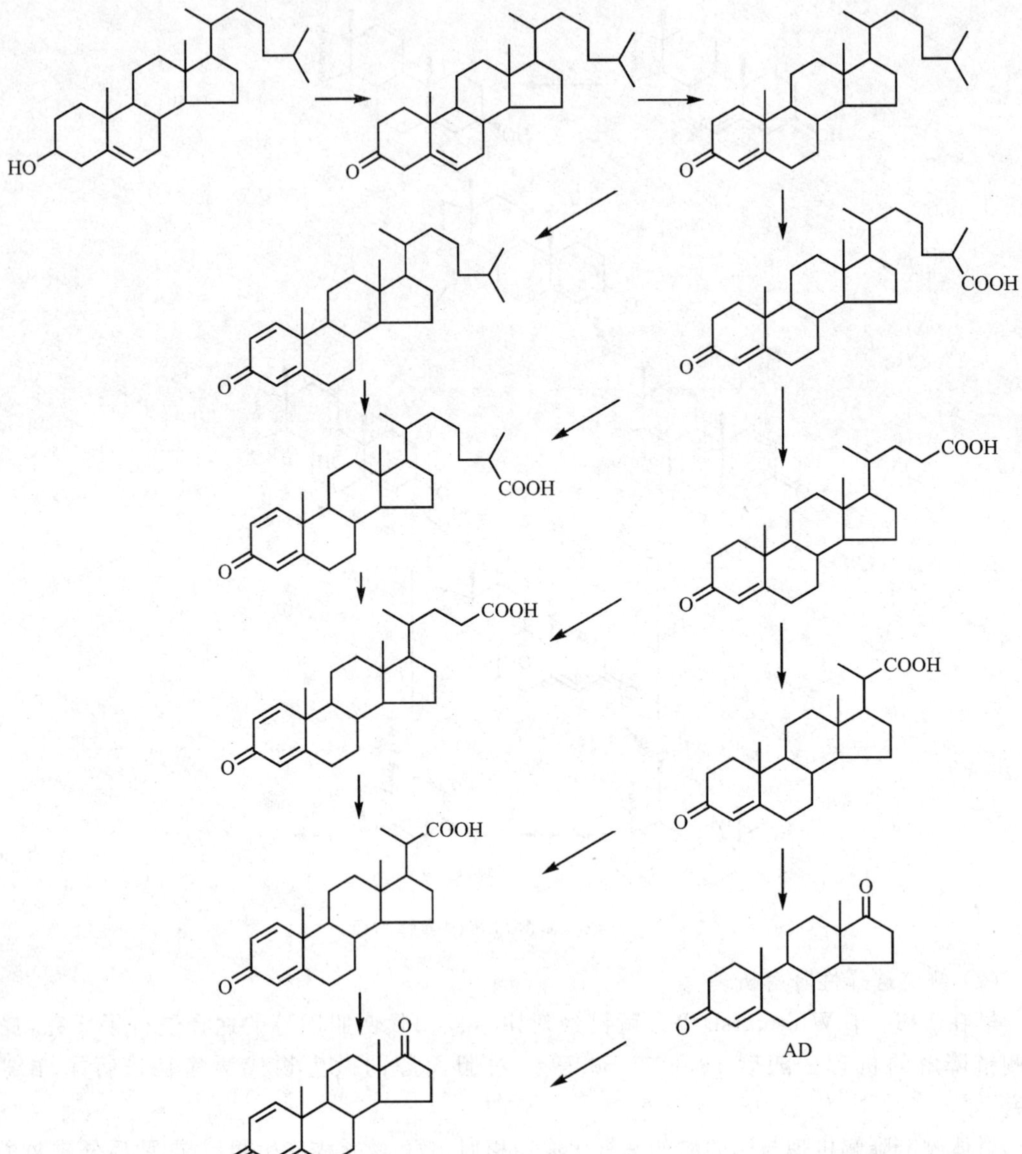

图 5 - 43　甾醇侧链降解途径

　　从上述侧链和母核的降解机理可以看出,要获得目标产物 AD 和 ADD 关键是必须防止甾体母核的降解,以达到选择性降解侧链的目的。

　　5.3.1.2.3　降解甾体化合物侧链的微生物种类

　　自 1931 年 Butenandt 首先从人的尿液中分离得到 AD 和 1934 年 Ruzicka 等人通过选择性的氧化还原反应将胆固醇转化成 AD 和 ADD 及 1937 年 Mamoli 和 Vercelloni 利用酿酒酵母将 AD 转化成睾丸激素等研究之后,AD 和 ADD 成为大量的有价值的甾体药物起始物。然而 AD 和 ADD 的来源问题阻碍了这一领域的进一步发展。到了 1944 年,第一次发现利用分枝杆菌可以将胆固醇和植物甾醇转化成 AD 和 ADD,从此,人们翻开了微生物降解甾体化合物边链的新篇章。随后利用不同的微生物将不同来源的不同甾体化合物进行侧链降解有了陆续的报道。表 5 - 8 简述了一些微生物降解不同的底物制备 AD 和 ADD。

表 5 - 8　微生物降解不同底物生产 AD 和 ADD

底　　物	微　生　物	产　　物
胆固醇	分枝杆菌 NRRL B 3805(*Mycobacterium sp.* NRRL B 3805)	AD
胆固醇	简单节杆菌(*Arthrobacter simplex*)	AD
胆固醇	分枝杆菌 NRRL B 3683(*Mycobacterium sp.* NRRL B 3683)	ADD
胆固醇	马红球菌(*Rhodococcus equi*)	ADD
胆固醇	分枝杆菌(*Mycobacterium sp.*)	AD,ADD
胆固醇	耻垢分枝杆菌(*Mycobacterium smegmatis*)	AD,ADD
胆固醇	副偶发分枝杆菌 MC1 - 0801(*Mycobacterium parafortuitum* MC1 - 0801)	AD,ADD
胆固醇	溶脂短杆菌(*Brevibacterium lipolyticum*)	AD,ADD
胆固醇	诺卡氏菌(*Nocardia ahena*)	AD,ADD
谷甾醇	分枝杆菌 NRRL B 3683(*Mycobacterium sp.* NRRL B 3683)	ADD
谷甾醇	简单节杆菌(*Arthrobacter simplex*)	AD,ADD
谷甾醇	母牛分枝杆菌(*Mycobacterium vaccae*)	AD
谷甾醇	假单胞杆菌 NCIB 10590(*Pseudomonas sp.* NCIB 10590)	AD
谷甾醇	偶发分枝杆菌(*Mycobacterium fortuitum*)	AD,ADD
谷甾醇	黄色分枝杆菌(*Mycobacterium flavum*)	ADD
茄解定	分枝杆菌 NRRL B 3805(*Mycobacterium sp.* NRRL B 3805)	AD
孕甾 - 4 - 烯 - 3,20 - 二酮	曲霉(*Aspergillus aureofulgens*)	AD
孕甾 - 4 - 烯 - 3,20 - 二酮	新月弯孢霉(*Curvularia lunata*)	ADD
胆固醇、谷甾醇、豆甾醇、麦角固醇	分枝杆菌 NRRL B 3805(*Mycobacterium sp.* NRRL B 3805)和分枝杆菌 NRRL B 3683(*Mycobacterium sp.* NRRL B 3683)	AD, ADD
谷甾醇	分枝杆菌 VKM Ac - 1815D(*Mycobacterium sp.* VKM Ac - 1815D)	ADD

5.3.1.2.4　微生物选择性降解甾体侧链的方法

控制选择性降解甾体侧链可采取以下几个方法来防止母核的降解：

(1) 对底物-甾体化合物的结构进行修饰

甾体化合物中使 A 环形成芳香核,这样就不再导致母核的破裂。

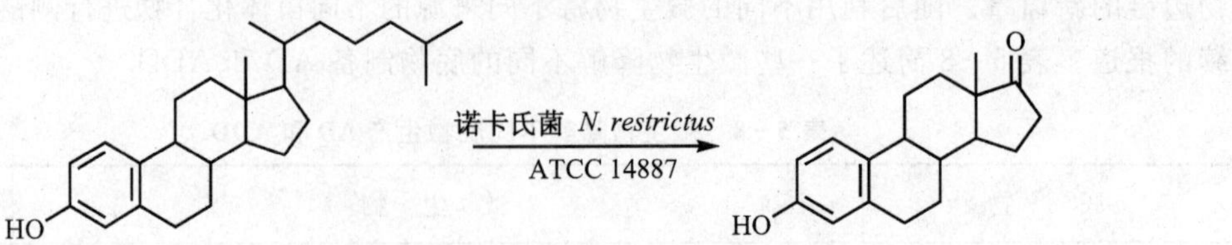

图 5-44　甾体化合物 A 环芳构化稳定母核

$C_{6\beta-19}$氧桥阻碍了 $C_{1,2}$ 间双键的导入,从而保护了甾体母核不被微生物进一步降解。

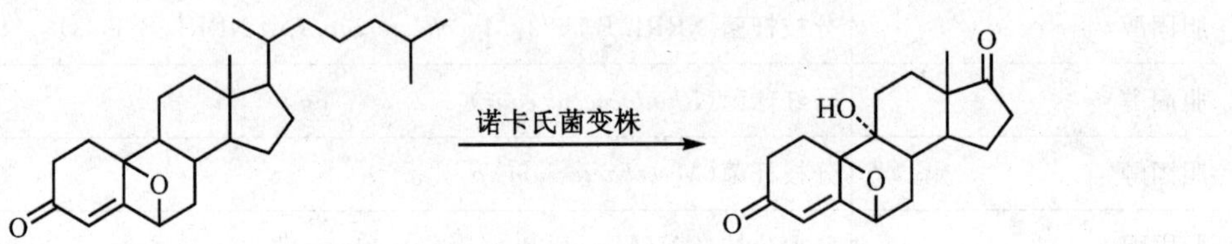

图 5-45　甾体化合物 B 环氧桥稳定母核

（2）在微生物降解过程中添加相关的酶抑制剂

在微生物降解甾体边链的过程中,导致甾体母核破裂的主要原因是 9α-甾体羟化酶的存在,因此抑制 9α-甾体羟化酶的活性就能够防止甾体母核的破裂。由于 9α-羟化酶是由数十个蛋白组成的单加氧酶,并且需要金属离子的辅助,所以在反应体系中添加金属离子的化学试剂,如金属络合剂,或者寻找一些性质相似又能取代这些金属离子的无活性基团来抑制 9α-羟化酶的活性,详见表 5-9。

表 5-9　几类对甾体母核降解有抑制作用的化合物

作用机理	化合物
对 Fe^{2+} 络合物	α,α'-联吡啶,1,10-二氯杂菲,8-羟基喹啉,5-硝基-11,10-二氯杂菲,二苯基硫卡巴粽,二乙基硫氨基甲酸酯,邻苯二胺,4-异丙基-芳庚酚酮
取代 Fe 金属离子	Ni^{2+},Co^{2+},Pb^{2+}
阻碍 SH 功能	SeO_3^{2-},AsO_2^{-}
还原氧化染料	次甲蓝,刀天青

（3）通过诱变技术获得能够选择性侧链降解的突变株

通过诱变技术获得能够选择性降解边链且不导致甾醇母核环开环的突变株,一般选用紫外线、N,N'-甲基亚硝基胍等。

利用基因技术如基因敲除技术将 1,2 位脱氢酶敲除,从而获得唯一产物 AD,也有利于产物回收;或者将 9α 羟化酶敲除,这样也可以保护母核,获得 AD 和 ADD 两种产物。

由于突变株中酶的缺失导致甾体降解不完全,使发酵液中能大量积累所需的中间体 AD、ADD 或 BDA 等。

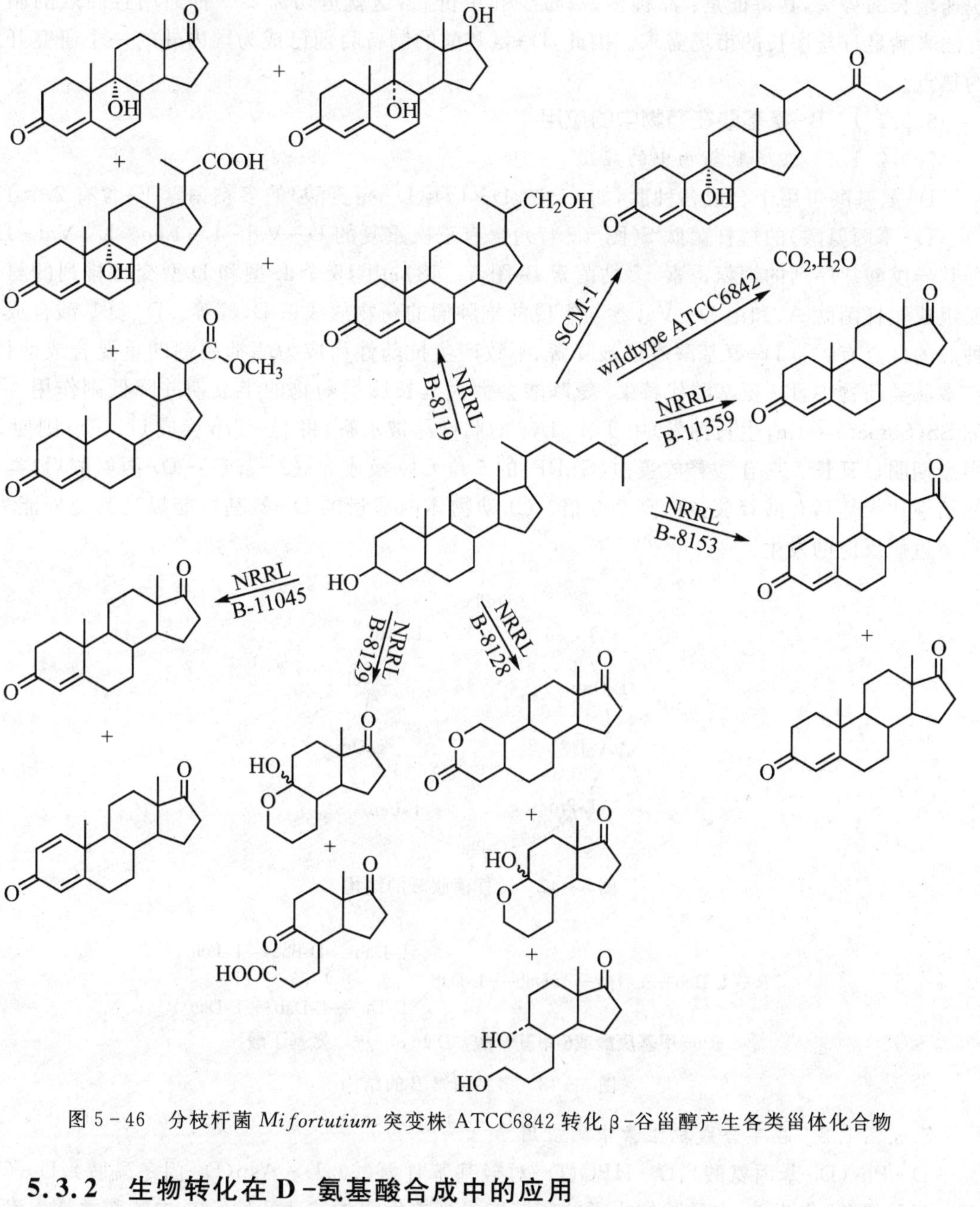

图 5-46　分枝杆菌 *Mifortutium* 突变株 ATCC6842 转化 β-谷甾醇产生各类甾体化合物

5.3.2　生物转化在 D-氨基酸合成中的应用

氨基酸广泛存在于自然界中,有 D 型氨基酸和 L 型氨基酸两种异构体,它们在生物体内发挥着不同的生理作用。近代研究表明,人体的一些疾病与体内 D-氨基酸的含量有关,因此 D-氨基酸对研究某些疾病和衰老机制十分重要。动物实验研究表明,超量的 D-氨基酸会阻断一些重要生物物质的合成,从而抑制细胞、生物体等的生长。虽然 D-氨基酸的种类较少,只占自然界已经发现的 400 多种氨基酸的 10% 左右,但它具有的特殊性质和功效是 L-氨基酸所不可替代的。由于 D-氨基酸的独有的特性,已被用于合成抗生素和生理活性肽,并在医药、食品、农药等方面发挥了越来越重要的作用。近年来在药物领域已出现对 D-氨基酸需求快速增长的势头,其特征是:品种多、数量少和单价高,这就迫切需要一种通用且高效的制备方法来满足日益增长的市场需求。因此,D-氨基酸的制备目前已成为国内外的一个研究开发的热点。

5.3.2.1 D-氨基酸在药物中的应用

5.3.2.1.1 在多肽药物中的应用

D-氨基酸可用于合成各种肽,如:含有D-Leu(D-亮氨酸)的多粘菌素E;含有2个D-Phe(D-苯丙氨酸)的短杆菌肽S(图5-47);含有三次重复的D-Val-L-Leu-L-Val-D-羟基异戊酸盐序列的缬氨霉素,多粘菌素B(图5-48);由15个L型和D型交替排列的氨基酸组成短杆菌肽A,和由D-Val参与组成的抗肿瘤的药物放线菌D,等等。D-氨基酸合成各种肽的优点有:① D-氨基酸难以被降解、不致产生抗药性而成为酶抑制剂的重要合成前体。在多肽类药物中,D-氨基酸代替L-氨基酸会大大延长肽类药物的半衰期并降低副作用。比如SS(Somatostatin,生长抑素)中Tip-Lys的肽键易被水解,将L-Trp换成D-Trp则使SS半衰期明显延长。鸟苷酸释放蛋白(GnRF)的5位Gly换成3-(2-奈基)-D-丙氨酸后,类似物活性比天然鸟苷酸释放蛋白高200倍。② 动物体内适量的D-氨基酸能提高其免疫能力,延缓过敏反应的发生。

D-Phe
L-Leu
L-Pro
L-Orn
L-Val
V-Val
L-Orn
L-Pro
L-Leu
D-Phe

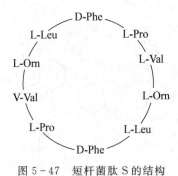

图5-47 短杆菌肽S的结构

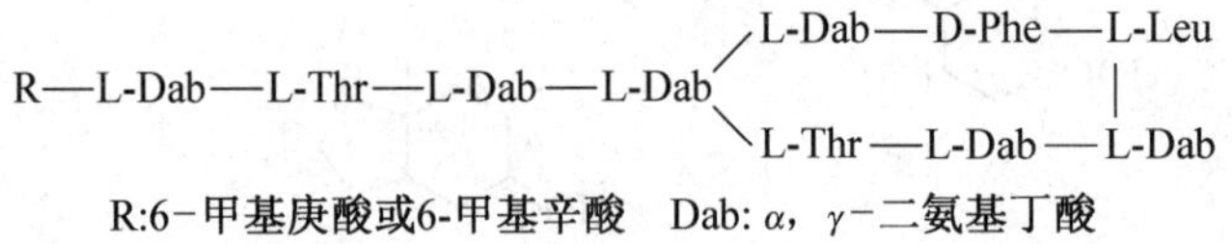

R—L-Dab—L-Thr—L-Dab—L-Dab
L-Dab—D-Phe—L-Leu
L-Thr—L-Dab—L-Dab
R:6-甲基庚酸或6-甲基辛酸 Dab: α, γ-二氨基丁酸

图5-48 多粘菌素B的结构

5.3.2.1.2 在半合成抗生素中的应用

D-Phe(D-苯丙氨酸)、D-HPG(D-对羟基苯甘氨酸)、D-Asp(D-门冬酰胺)、D-Cys(D-半胱氨酸)作为β-内酰胺抗生素的侧链能提高抗生素的抗菌活性。β-内酰胺类抗生素能够干扰构成细胞壁的重要组分的合成,而对哺乳类动物细胞的合成没有影响。其药效高、毒性低,但长时间使用后致病菌抗药性不断增强,因此用药剂量增大,效果下降。20世纪50年代末和60年代初,Sheehan和Morin等人制得的6-氨基青霉烷酸(6-APA)和7-氨基头孢烷酸(7-ACA),并以其为母核,化学加成侧链形成半合成青霉素和头孢菌素,为新抗生素的开发开拓了新途径。

药理研究表明β-内酰胺类抗生素的侧链对于其药理功能起着非常重要的作用。以D-HPG或D-PG为侧链的半合成抗生素,因其肽键很难被β-内酰胺酶作用从而具有较高的稳定性,而且具有抗菌谱广、毒性小、过敏性低、吸收快、血浓度高、药力持续时间长、口服效果好等远优于青霉素 G 的药理性能。而利用 D-HPG 合成的抗生素又较利用 D-PG 合成的抗生素药理性能更优越。以头孢羟氨苄为例,药理研究表明因为其在苯环的对位上引入了羟基,能够增强血药浓度和延长药物在血中的半衰期,头孢羟氨苄对溶血性链球菌及草绿色链球菌的抗菌作用较头孢羟苄强 3～4 倍;对沙门菌属和志贺菌属的抗菌作用,是头孢羟苄的 2 倍。若在头孢菌素的侧链引入 L-HPG,所形成的抗生素的活性将降低约 100 倍。Jorge 等人以 D-Asp 为前体合成 D-天冬氨酸-β-羟胺(DAH)。DAH 是一种治疗病毒感染的药物,尤其对一些逆转录病毒具有抗性,因此可用来治疗爱滋病(AIDS)、肿瘤等疑难病症。

5.3.2.1.3　止痛镇痛药

1978 年,Morgan 等人合成了一类多肽,其通式为:$RR_1NCH(CH_2C_6H_4OH-p)CO-X-Gly-Phe-R_2$,X 可用 D-Ala 代替。此类肽用途广泛,可用作麻醉剂、肌肉松弛剂、肾上腺素神经阻断剂、α-受体激动剂、麻醉性兴奋剂。同年,德国科学家合成了 $H-Tyr-X-Gly-Phe-X_1-YR$,X 可用 D-Ala 代替,可作吗啡样镇痛剂。值得注意的是二肽麻醉性兴奋剂 $R-X-D-Ala-R_1$,可与麻醉镇痛剂如吗啡、海洛因一同使用以降低它们的临床不良效应。研究者并对其进行了药理学实验,测定了其与大鼠脑组织中鸦片受体的亲和性以及其镇痛活性。

20 世纪 70 年代,科学家成功地从大脑内分离出内源性阿片肽,包括脑啡肽(enkephalin)、内啡肽(endorphin)及强啡肽(dynorphin)。大量的研究证明,促使 β-内啡肽、脑啡肽等内源性阿片肽物质的大量释放,可达到较好的镇痛作用。阿片肽参与体液和细胞免疫,T、B 淋巴细胞上均存在阿片受体。内源性脑啡肽在细胞介导的免疫功能中起重要作用。氨肽酶和羧肽酶在体内会分解脑啡肽,研究证实,D-Phe 是上述两种酶的抑制剂,故 D-Phe 具有很好的镇痛作用。在电针镇痛研究中发现,使用 250 mg/kg 剂量的 D-Phe 能增强电针镇痛效应,而且能消除镇痛效应的个体差异性。电灸时同时注射 D-Phe,可能通过体内阿片肽水平的提高,进而调节 NK 细胞的活性。其机理可能是内源性阿片样物质与 NK 细胞上的阿片受体结合而激活 NK 细胞,通过激活淋巴细胞,进而影响呦胞的活性。

5.3.2.2　生物转化法 D-氨基酸的制备及原理

制备 D-氨基酸的方法报道很多,但大多数都针对某一具体品种。D-氨基酸的制备方法主要有化学合成法、对映体拆分法、不对称化学合成以及生物法,一般认为生物法制备 D-氨基酸是一种较为理想的方法,它包括拆分、发酵和生物转化等。由于 D-氨基酸属"非天然"氨基酸,常规的发酵法显然是不可取的。虽然现代基因工程技术和蛋白质工程技术为 D-氨基酸的发酵制备显示了前景,但要设计并表达用于 D-氨基酸合成的系列酶蛋白,其代价较为昂贵且研究开发周期较长,拆分的方法收率低(最大的理论收率为 50%)。相比之下,生物转化法具有立体选择性强、反应条件温和等优点,其中生物法尤其是生物转化法已经显示出广阔的前景。

在生物转化中微生物转化尤为突出。微生物转化可用完整的微生物细胞或从微生物提取的酶作为生物催化剂。其技术的关键在于获得转化反应所需的菌株或酶。

5.3.2.2.1　生物拆分法制备 D-氨基酸

消旋化的氨基酸的 α-氨基经乙酰化(或羧基酰胺化)后,采用蛋白水解酶如酰化酶、羧肽酶或氨肽酶等选择性水解,由于水解酶只能识别并水解由 L -氨基酸形成的酰胺键,因此,可以将 L -氨基酸游离出来;蛋白酶不能水解的 D -氨基酸形成的酰胺键,仍以乙酰氨基酸或羧基酰化氨基酸的形式存在,从而达到分离的目的。

(1) 酰化酶催化拆分

几乎所有氨基酸的酰基衍生物均可与氨基酰化酶作用而有选择性地脱乙酰基得到相应的光学纯的氨基酸,剩下的对映体酰化氨基酸经水解就可得到相应的氨基酸。其拆分原理如图 5 - 49。

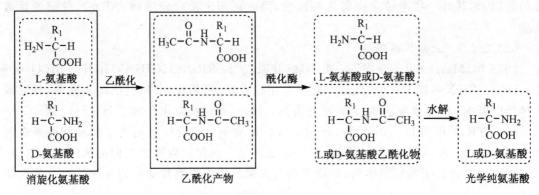

图 5 - 49 酰化酶拆分消旋氨基酸原理图

最初有研究人员用植物淀粉酶和动物肾组织中提取的酰化酶拆分了 N -乙酰- DL -色氨酸;日本的钱钿一郎等用发酵培养的米曲霉或青霉菌中提取的氨基酰化酶拆分了多种氨基酸的酰化衍生物,以获得光学纯氨基酸。Tripathi 等人研究了从 *Alcaligenesde nitrificans* 和 *Alcaligenesfa ecalis* 中诱导产生 D -氨基酸酰化酶,利用培养产生的完整细胞可将各种 N -乙酰- D -氨基酸转化为 D - Met,D - Val,D - Phe 和 D - Leu。D - Phe 和 D - Val 的产率最高,分别为 94.3% 和 84.7%。

在国内,王晓平等人进行了米曲氨基酰化酶的纯化、固定化酶法拆分 DL - Ala 的工作,D -Ala 的收率达到 83.5%。谢志东等人利用猪胰脂肪酶在苯中实现了 DL -苯丙氨酸酯的拆分,对 DL -氨基酸而言,D 型收率达 40%,L 型收率达 30%,酶活力回收率在 95% 以上。姚文兵等人从猪、牛肾中分离得到的氨基酰化酶来拆分 DL - Ala 制得 D -Ala。牛肾氨基酰化酶的拆分率和 D -Ala 得率最高分别为 45% 和 42%,而猪肾氨基酰化酶的拆分率和 D -Ala 得率分别为 44.9% 和 33.1%。此法是目前国内厂家生产光学活性氨基酸的主要方法。韩沽元等人用米曲霉 602 菌种发酵后制备固定化酸化氨基酸水解酶。此酶对脂肪族和芳香族酰化氨基酸均有较快水解速度,重复使用后酶活力损失较少,对酰化氨基酸的立体专一性较高,已用于 L 型和 D 型氨基酸的制备。从 3.8kg 乙酰- DL -色氨酸制得 L - Trp 1.14kg,收率 38%。从 600g 乙酰-色氨酸得到 D - Trp 320g,收率 64%。有文献报道在酰基水解酶的作用下选择性水解乙酰- DL -色氨酸可将其拆分成 L -和 D - Trp,收率分别为 40.9%(光学纯度为 98.8%)和 38.0%(光学纯度为 99.2%)。

图 5 - 50 显示了采用固定化青霉素酰化酶拆分 N -苯乙酰- DL -丙氨酸制备 D -丙氨酸的过程。此过程利用了固定化技术大大提高了酶的使用效率,产率高,所制备的 D -丙氨酸光学纯度高,有很好的技术经济价值。

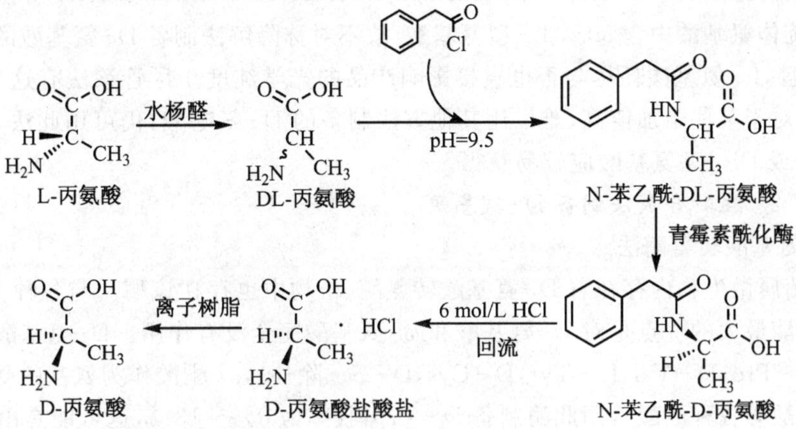

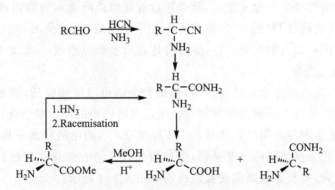

图 5-50　D-丙氨酸的制备

（2）羧肽酶催化拆分

羧肽酶催化拆分原理与酰化酶催化拆分的原理是一样的。

应用此法获得 D-氨基酸的最成功实例是荷兰 DSM 公司采用恶臭假单胞菌（*Pseudomonas putida*）L-羧肽酶拆分及 L-羧基肽化氨基酸，以生产半合成青霉素和头孢菌素类抗生素的重要侧链 D-PG 和 D-pHPG。拆分过程中生成的 L-型氨基酸继续酯化、酰氨化，再消旋后被重复利用。不反应的 D-对映体可通过与等量苯甲醛形成水不溶酰胺的 Schiff 碱复合物，再水解得 D-氨基酸，反应过程如图 5-51 所示。

图 5-51　L-羧肽酶拆分 DL-羧基酰胺基酸制备 D-氨基酸

（3）酶不对称降解法

研究表明一些酶对不同的手性异构体有着不同的催化反应能力，利用这一点可以达到将两个手性异构体拆分的目的。例如，麦芽假丝酵母 1504（*Candida maltosa* JCM1504）降解 L-Ala 的速度比降解 D-Ala 快 10 倍，这样可以利用麦芽假丝酵母不对称降解 DL-丙氨酸，除去 L-丙氨酸，积累 D-丙氨酸。基于此开发出了麦芽假丝酵母不对称降解 DL-丙氨酸制备 D-丙氨酸的实用工艺：在 30℃、pH6.0 和 1200 r/min 的最适条件下，经过 40 h 后 L-丙氨酸完全降解。经分离后，最终得 99.0% 的化学纯和 99.0% 光学纯度的 D-丙氨酸。

有报道利用细菌与 DL-氨基酸消旋体的作用，不对称降解 L-型氨基酸而获得 D-型氨基酸。以此法制备了 D-Met，D-Val，D-Leu，D-Ile 和 D-His，所制得的氨基酸都为 100%

光学纯。所用的细菌属于 *Proteus*，*Providencia*，*Micrococcus*，*Achromobacter* 等菌属。

由于消旋体氨基酸中含 50% L-型氨基酸，故不对称降解法制各 D-氨基酸的理论收率只有 50%。而且，L-氨基酸耗尽与否也直接影响产品的光学纯度。尽管该法有这些缺点，但由于简单易行，对于某些附加值高、难以用其他方法制备的 D-氨基酸，仍可用此法，其前提条件是相应的 L-或 DL-型氨基酸应较易获得。

5.3.2.2.2 生物合成法制备 D-氨基酸

(1) D-氨基酸转氨酶法

枯草杆菌属微生物内存在着 D-氨基酸转氨酶，植物中也存在该酶。与各种 L-氨基酸转氨酶比较，该酶最大的优点是对 L-氨基酸和 ω-氨基酸完全没有作用。D-氨基酸可作为氨基的供体（但 D-Pro，D-Val，D-Tyr，D-Cys，D-Ser 除外），α-酮酸作为氨基的受体（如 α-酮戊二酸、丙酮酸等各种酮酸），用此酶制备 D-Trp，收率为 8%~13%，这可能是由于吲哚丙酮酸与 D-丙氨酸转氨酶的结合能力较差。

(2) 海因酶法

海因酶是一类能催化海因（hydantoin，乙内酰脲）或 5-单取代海因（5-monosubstituted hydantoin，5-SuH）的海因环水解反应的酶，在 EC 命名法中被归类于环酰胺酶（EC3.5.2），并将其分为四种不同的海因水解酶：二氢嘧啶酶（EC3.5.2.2）、尿囊素酶（EC3.5.2.5）、羧甲基海因酶（EC3.5.2.4）和 N-甲基海因酶（EC3.5.2.14）。另外，还有一些尚未分类的海因酶，包括一些已知其生理功能的（例如亚胺酶和羧乙基海因酶等）和一些未知其生理功能的酶。但是其中的尿囊素酶具有高度的底物特异性，一般只能水解尿囊素，且对映选择性很差。羧甲基海因酶催化嘧啶降解途径中的分支反应，至今还没有证明此酶能水解海因或 5-取代海因。N-甲基海因酶能催化依赖 ATP 的 5-单取代海因的水解反应，而且是 L-型特异的。所以大部分时候把海因酶等同于二氢嘧啶酶。D-海因酶是表示水解海因或 5-单取代海因生成 N-氨甲酰-D-氨基酸的一类酶。

研究结果表明，海因酶是金属依赖性的，使用螯合剂可以使酶失活，而添加不同的金属可以增加酶的活性或使螯合失活的酶恢复活性。通过对海因酶的原子吸收光谱和诱导偶联等离子/原子发射光谱下检测显示每摩尔亚基含 2.5 摩尔 Zn^{2+}，酶中的锌离子具有催化、稳定结构和调节功能。通过化学修饰酶的方法证明，组氨酸参与了与有催化作用的锌离子的结合。根据海因酶结构的研究，推测海因酶催化反应机制如图 5-52 所示。

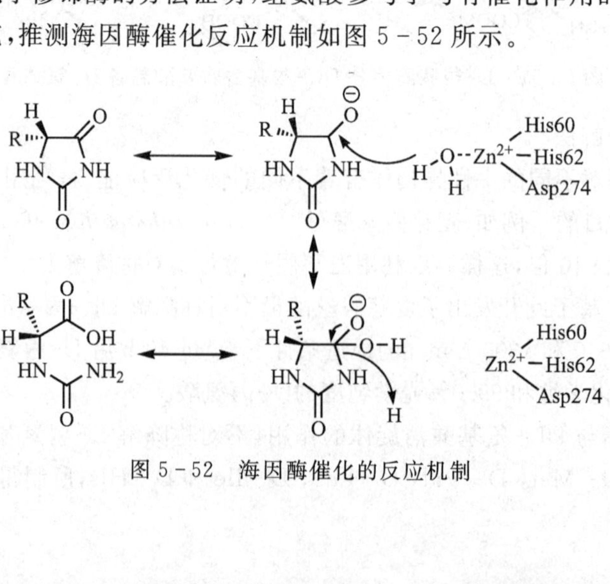

图 5-52 海因酶催化的反应机制

　　1970 年,在研究 5 -苯海因(5 - PH)及其 3 -乙基和 3 -甲基衍生物的代谢机理时,Dudley 等人发现,5 - PH 特异性地转化为 N -氨甲酰- D -苯甘氨酸(N - PG),就是说,D -海因酶只催化 D -型海因、嘧啶水解,生成 N -氨甲酰- D -氨基酸。此外,发现还存在一个自发的不参与水解的过程:L - PH 发生消旋生成了 D - PH。研究还发现,许多 5 -单取代海因在反应条件下可以自发消旋。也可以用酶促加速消旋,这样利用此过程可以进一步将海因消旋而使其 100％地转化为光学纯的 D -氨基酸。这使这一反应具有很高的应用价值。

　　另外,日本一学者在多种微生物中发现了一种新型的 D -脱氨基甲酰酶(N -氨甲酰- D -氨基酸),这种酶能够立体专一性地水解 N -氨甲酰- D -氨基酸。化学方法通常是在酸性条件下用等质量的亚硝酸盐处理 N -氨甲酰- D -氨基酸,使其脱去氨基甲酰得到 D -型的氨基酸。

　　利用海因酶以不同的消旋的 5 -单取代海因为原料可以制备不同的光学纯 D -氨基酸的反应过程如图 5 - 53 所示。

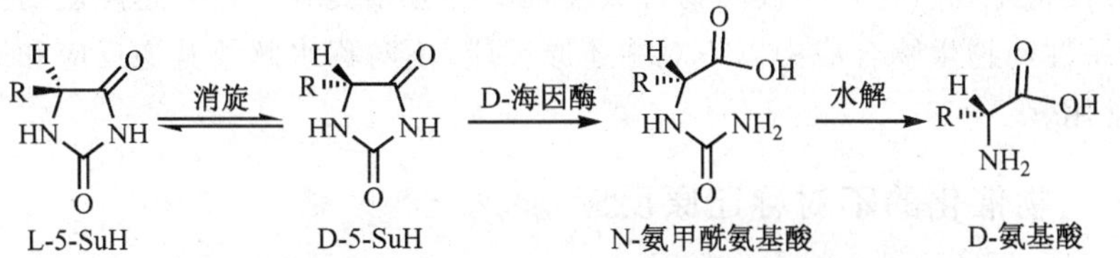

图 5 - 53　酶法水解 5 -单取代海因制备 D -氨基酸的反应过程

　　D -对羟基苯甘氨酸及其衍生物是制备半合成青霉素和头孢菌素的重要的侧链。其制备方法是,由 DL - 5 -取代乙内酰脲,在海因酶的催化下水解后得到 D -对羟基苯甘氨酸。其过程就是:外消旋氨基酸先生成其衍生物如外消旋酯、酰胺,然后被酶或微生物选择性水解成光学纯的氨基酸。

　　利用恶臭假单胞菌产生的 D -海因酶催化制备 D -对羟基苯甘氨酸的工艺路程:经合成反应制备 DL - 5 -单取代乙内酰脲,然后用恶臭假单胞菌的 D -海因酶催化选择性水解为 N -氨甲酰- D -氨基酸,再经化学或酶法脱氨甲酰基得 D -氨基酸。结果:由 DL - 5 -取代乙内酰脲生产 D -对羟基苯甘氨酸,收率达 92％(图 5 - 54)。

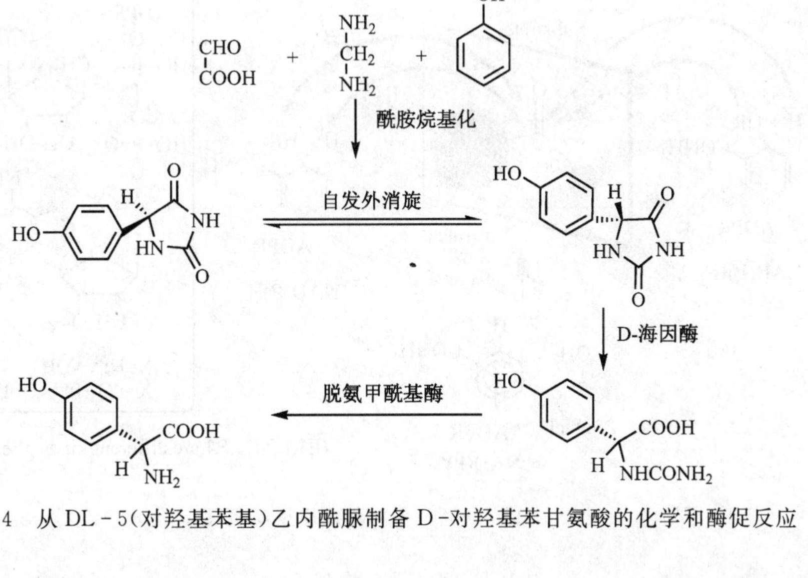

图 5 - 54　从 DL - 5(对羟基苯基)乙内酰脲制备 D -对羟基苯甘氨酸的化学和酶促反应

5.4 生物转化与手性药物及药物中间体

手性药物及手性药物中间体的制备关键技术是不对称合成技术。一直以来,有机化学家在不断开发用化学方法进行不对称合成的技术,取得了令人震惊的成绩,为药物的合理利用作出了巨大的贡献。但是生物转化生产手性药物或手性药物中间体有着化学合成无法比拟的优势:① 转化底物某一基团的专一性强,即对不需要被转化的基团无需保护;② 通过对用于某一转化反应的微生物进行特殊的改造和转化条件的优化,可得到极高的光学纯度和转化率;特别是近年来 DNA 重组技术的应用和新的转化系统的开发应用,使得原本使用化学方法进行不对称合成的化合物有可能被生物转化方法所替代;③ 生物转化反应的条件温和,对环境友好。这些优势使得生物转化在手性药物合成过程中的应用受到了越来越广泛的关注。

目前,在手性药物生物合成中以不对称还原反应,不对称水解及其逆反应和不对称环氧化等反应较为常用。

5.4.1 生物催化的不对称还原反应

用于不对称还原反应的氧化还原酶须有辅酶的参与,所需的辅酶绝大多数是 NAD(H)及其相应的磷酸酯 NADP(H),辅酶的价格昂贵而且回收代价高,所以一般利用全细胞(如酵母)反应,其特点如下:① 微生物细胞含有可以接受广泛非天然底物的各种脱氢酶,所有必须的辅酶和再生途径,辅酶循环由细胞自动完成;② 只须加入少量廉价碳源即可;③ 酶和辅酶均保护于细胞环境中。

目前,手性药物和药物中间体的生物转化主要体现在生物法拆分和生物法不对称合成。

生物催化不对称还原反应中有一类反应是比较受关注的,那就是生物催化羰基还原合成单一光学活性的手性醇。手性醇是手性合成中引入手性中心的一类常见方式。

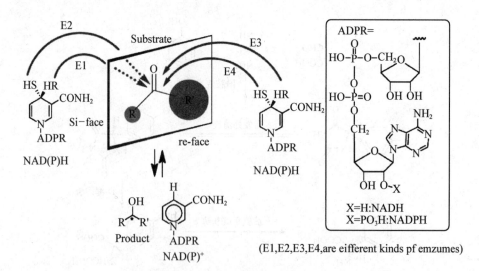

图 5-55 不对称还原反应机理

美国 Elilily 公司开发的一种可口服的苯并二氮杂䓬,能有效地治疗神经系统退化性疾病的药物就是利用微生物催化还原进行手性药物合成的一个例子,见图 5-56。此化合物只有一个手性中心,而且其(-)-异构体更有效。利用接合酵母菌(*Zygosaccharomyces rouxii* ATCC 14462)催化立体选择性还原酮得到手性醇。通过底物吸附到 XAD-7 树脂上,保证了底物酮的浓度低于 6 g/L 的毒性限度。为了使反应液中底物酮的投量达到 80 g/L,必须加入足量的树脂。这样,在水相中从树脂上解附的底物酮被限定在接近 2 g/L 的一个平衡浓度下,很好地低于毒性浓度。还原结束后,从反应液细胞中分出树脂 XAD-7,再用丙酮洗涤树脂即可得到近乎光学纯的手性醇产物,该法可减少污染,保护生态环境,该项研究获 1999 年美国总统绿色化学挑战奖。

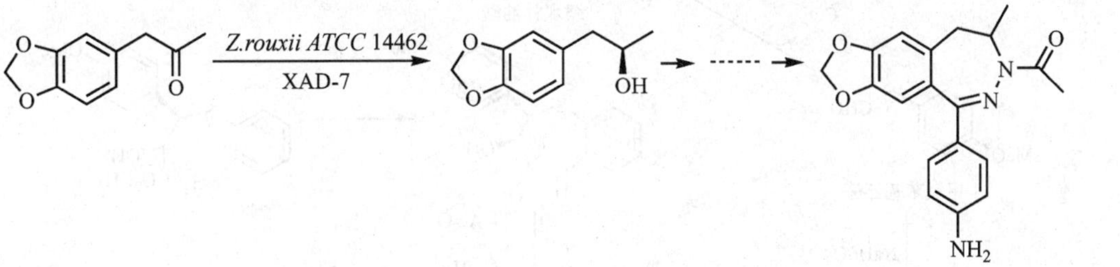

图 5-56　接合酵母菌催化不对称还原制备手性醇

近几年就不对称还原的研究很多,也取得了不少有价值的研究成果。植物组织和细胞催化不对称还原的研究显示出了生物细胞生物转化(催化)合成手性化合物的普遍性。Hideo Kojima 等人发现在使用植物烟草培养细胞不对称还原酮的反应中,通过对 CO_2 浓度的控制可以影响反应的对映选择性。在高浓度 CO_2 及光照条件下酮还原成相应的 L-醇,而在低浓度 CO_2 及黑暗条件下生成 D-醇。

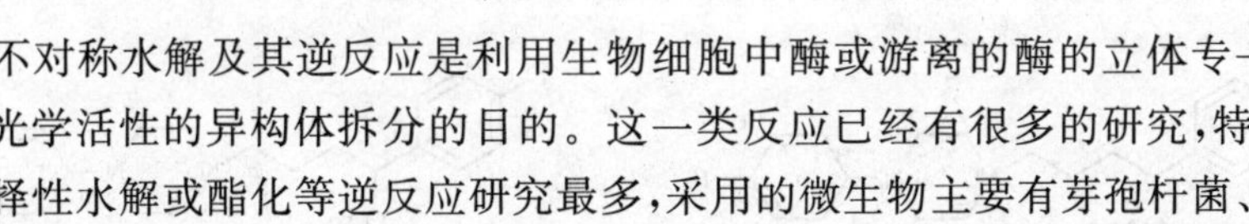

图 5-57　植物烟草培养细胞不对称还原酮

5.4.2　生物催化的不对称水解

生物催化不对称水解及其逆反应是利用生物细胞中酶或游离的酶的立体专一性,通过反应来达到对不同光学活性的异构体拆分的目的。这一类反应已经有很多的研究,特别是微生物整细胞的催化选择性水解或酯化等逆反应研究最多,采用的微生物主要有芽孢杆菌、红酵母等。

在目前所使用的酶中,大部分都是水解酶,水解酶中尤以脂肪酶用途最为广泛,而且不需辅酶便可以直接对反应起催化作用。现应用较多的是用脂肪酶的水解反应或酯交换反应对醇或酸进行动力学拆分,其原理是:酶或微生物催化外消旋化合物中两个对映体水解反应或酯交换反应的速度不同,从而拆分获得两个光学活性产物。地尔硫䓬(Diltiazem)又名硫氮䓬酮,是一种钙通道拮抗剂,临床用于各种类型的心绞痛和轻、中度高血压的治疗。地尔硫䓬分子中含有 2 个手性中心,化学合成法可得 4 种异构体,其中仅有顺式(+)异构体作用最强。在化学-酶法生产工艺中,采用脂肪酶拆分消旋体反式-4-甲氧苯基缩水甘油酸甲酯得到(2R,3S)-4-甲氧苯基缩水甘油酸甲酯,后者作为起始合成原料可以直接合成手性顺式(+)地尔硫䓬。

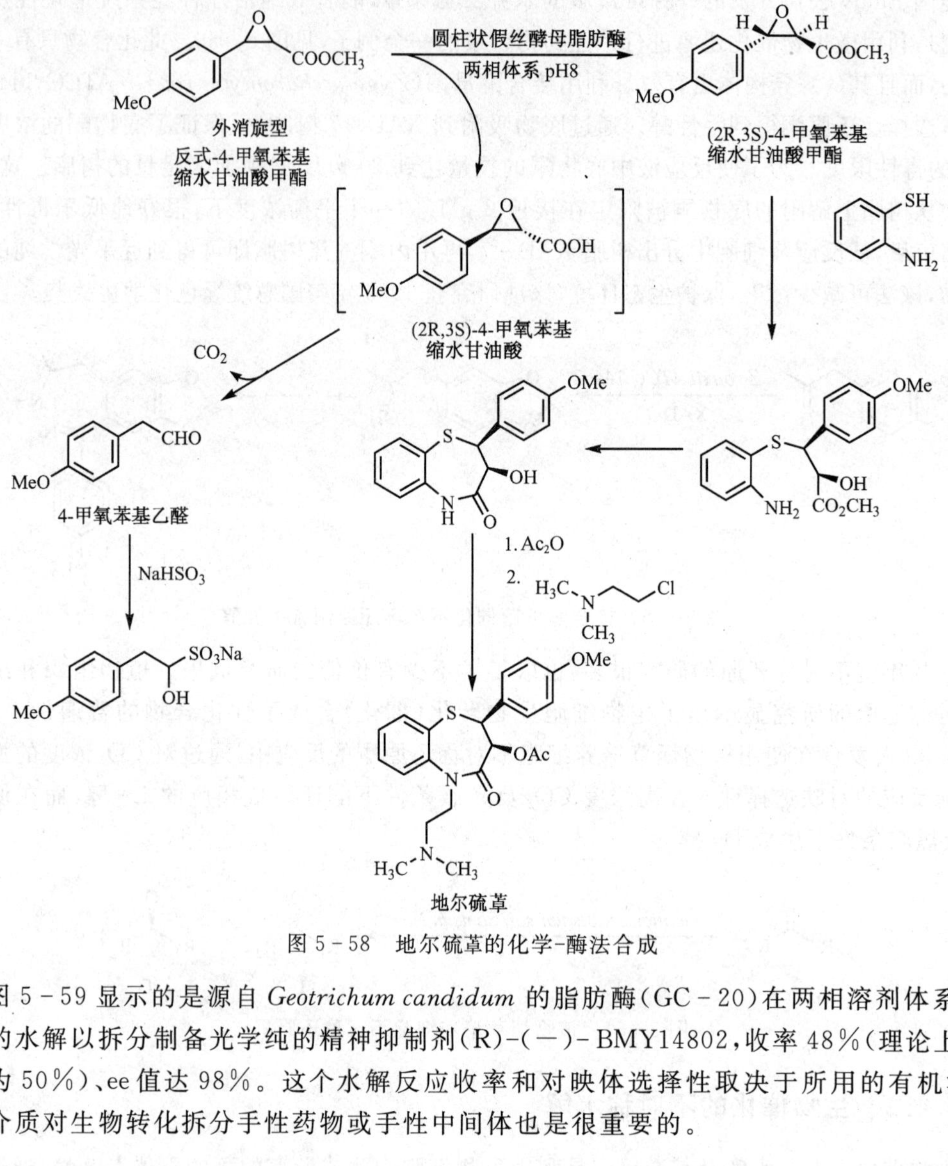

图 5-58　地尔硫䓬的化学-酶法合成

　　图 5-59 显示的是源自 *Geotrichum candidum* 的脂肪酶（GC-20）在两相溶剂体系中催化酯的水解以拆分制备光学纯的精神抑制剂（R）-（-）-BMY14802，收率 48％（理论上最高收率为 50％）、ee 值达 98％。这个水解反应收率和对映体选择性取决于所用的有机溶剂，可见介质对生物转化拆分手性药物或手性中间体也是很重要的。

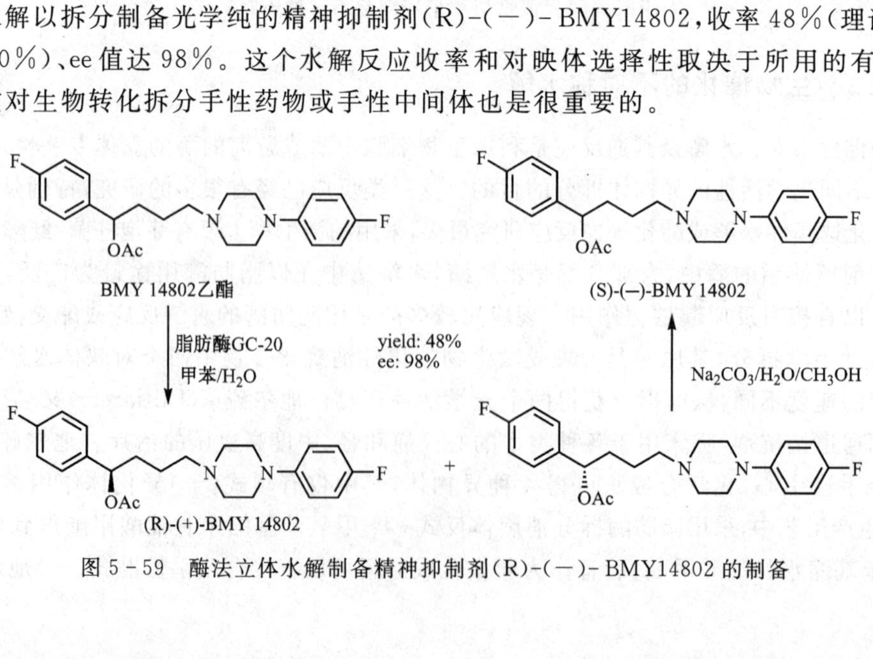

图 5-59　酶法立体水解制备精神抑制剂（R）-（-）-BMY14802 的制备

5.4.3　生物催化的不对称环氧化

手性环氧化合物是非常重要的手性中间体,这些中间体在手性药物、新型高效农药等方面有着广泛的应用价值。目前已发现以下几种酶,可以催化形成环氧化合物,它们是血红素单氧化酶(即细胞色素 P450)、ω-羟化酶、甲烷单氧化酶、卤素过氧化物酶。除此之外,还有一些微生物也可以催化形成手性环氧化物。

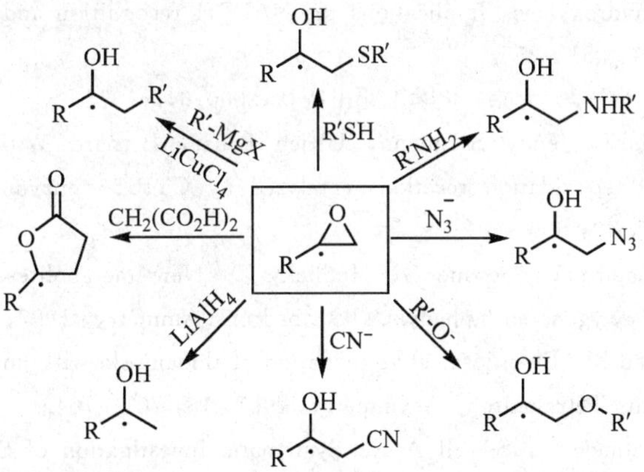

图 5-60　手性 1,2-环氧化合物的转化

细胞色素 P450 系列是一类非常重要的氧化酶,它们广泛存在于各种生物细胞内并参与多种有害物质的降解。细胞色素 P450 酶系进行的环氧化过程中和羟基化过程都是通过同一单氧合酶催化进行。有研究小组在研究恶臭假单胞菌(*Pseudomonas putida*)来源的细胞色素 P450 时发现:这种原用于羟基化樟脑中不活泼碳原子的生物酶同样也可以立体选择地环氧化顺-β-甲基苯乙烯。

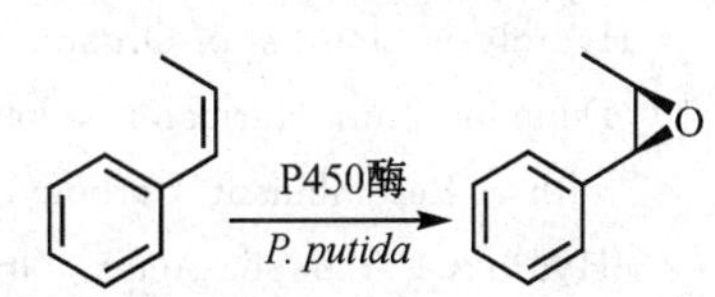

ω-羟化酶广泛存在于许多微生物中,可以同时催化羟基化和环氧化反应。例如,1973 年 Abbott 等人发现食油假单胞菌(*Pseudomonas oleovorans*)能够进行脂

图 5-61　恶臭假单胞菌(*P. putida*)细胞色素 P450 对顺-β-甲基苯乙烯的立体选择环氧化

肪烃分子的 ω-羟基化,同时也能对末端烯烃进行不对称环氧化。Shell 和 Gist-Brocades 公司应用微生物的 ω-羟化酶对丙烯醚进行不对称环氧化,生成了具有极高光学活性的(S)-环氧化物。通过这些手性合成块可进行(S)-美托洛尔(Metropolol)和(S)-阿替洛尔(Atenolol)的工业合成。

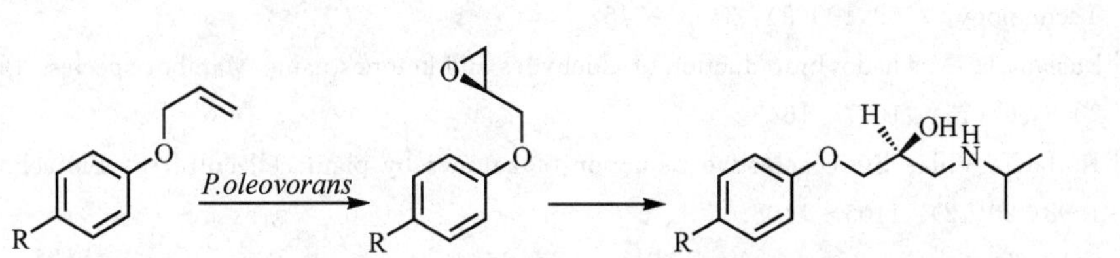

R=CH₃OCH₂CH₂:Metropol　　98.4% ee
R=NH₂COCH₂:　Atenolol　　97% ee

图 5-62　微生物催化不对称环氧化在合成(S)-美托洛尔和(S)-阿替洛尔中的应用

【参考文献】

[1] Volkers G, Palm G J, Weiss M S, Wright G D, Hinrichs W. Structural basis for a new tetracycline resistance mechanism relying on the TetX monooxygenase. FEBS Lett,2011, 585(7): 1061~1066.

[2] Harayama S, Kok M, Neidle E L. Functional and evolutionary relationships among diverse oxygenases. Annu Rev Microbiol, 1992, 46: 565~601.

[3] Schreuder H A, van Berkel W J, Eppink M H, Bunthol C. Phe161 and Arg166 variants of p - hydroxybenzoate hydroxylase. Implications for NADPH recognition and structural stability. FEBS Lett, 1999,443(3): 251~255.

[4] 褚志义. 生物合成药物学. 北京：化学工业出版社,2000;647~675.

[5] Enrico G. Funhoff, Jenny Salzmann, Ulrich Bauer, Bernard Witholt, Jan B. van Beilen. Hydroxylation and epoxidation reactions catalyzed by CYP153 enzymes. Enzyme and Microbial Technology, 2007, 40: 806~812

[6] Gonzalez D, Schapiro V, Seoane G, Hudlicky T. New metabolites from toluene dioxygenase dihydroxylation of oxygenated biphenyls. Tetrahedron: Ammetry, 1997, 8(7): 975~977.

[7] PezzottiF, Therisod M. Enantioselective oxidation of thioanisole with an alcohol oxidase/peroxidase bienzymatic system. Tetrahedron: Asymmetry, 2007, 18: 701~704.

[8] Kaluzna I A, Matsuda T, Sewell A K. Systematic Investigation of Sac - charomyces cerevisiae Enzymes Catalyzing Carbonyl Reductions. Journal of the American Chemical Society, 2004,126(40): 12827~12832.

[9] Haribabu Ankati, Dunming Zhu, Yan Yang. Asymmetric Synthesis of Both Antipodes of β - Hydroxy Nitriles and β - Hydroxy Carboxylic Acids via Enzymatic Reduction or Sequential Reduction/Hydrolysis. Journal of Organic Chemistry, 2009,74(4): 1658~1662.

[10] Dunming Zhu, Haribabu Ankati, Chandrani Mukherjee. Asymmetric Reduction of α - Ketonitriles with a Recombinant Carbonyl Reductase and Enzymatic Transformation to Optically Pure α - Hydroxy Carboxylic Acids. Organic Letters, 2007, 9(13): 2561~2563.

[11] Itoh N, Matsuda M, Mabuchi M. Chiral alcohol production by NADH - dependent phenylacetaldehyde reductase coupled with in situ regeneration of NADH. European Journal of Biochemistry, 2002,269(9): 2394~2402.

[12] Cristina Pinedo - Rivilla, Mariana Carrara Cafêu, Josefina Aleu Casatejada. Asymmetric microbial reduction of ketones: absolute configuration of trans - 4 - ethyl - 1 - (1S - hydroxyethyl) cyclohexanol. Tetrahedron: Asymmetry, 2009, 20(23): 2666~2672.

[13] Xie Yan, Xu Jian - He, Lu Wen - Ya. Adzuki bean: A new resource of biocatalyst for asymmetric reduction of aromatic ketones with high stereoselectivity and substrate tolerance. Bioresource Technology, 2009,100(9): 2463~2468.

[14] Luciana L. Machado,Bioreduction of aldehydes and ketones using Manihot species. Phytochemistry, 2006, 67(15): 1637~1643.

[15] Raffaella Villa. Stereoselective reduction of ketones by plant cell cultures. Biotechnology Letters, 1998, 20(12): 1105~1108.

[16] Caron Dave, Coughlan Andrew, Simard Mathieu. Stereoselective reduction of ketones by Daucus carota hairy root cultures. Biotechnology Letters, 2005, 27(10): 713~716.

[17] Jhillu S. Yadav. Daucus carota and baker's yeast mediated bio - reduction of prochiral ketones. Tetrahedron: Asymmetry, 2007, 18(6): 717~723.

[18] Renato Bruni, Giancarlo Fantin, Silvia Maietti. Plants - mediated reduction in the synthesis of homochiral secondary alcohols. Tetrahedron: Asymmetry, 2006,17(15): 2287~2291.

[19] Alejandro A. Orden, Fabricio R. Bisogno, Oscar S. Giordano. Comparative study in the asymmetric bioreduction of ketones by plant organs and undifferentiated cells. Journal of Molecular Catalysis B: Enzymatic, 2008, 51(1 - 2): 49~55.

[20] Renato Bruni, Giancarlo Fantin, Alessandro Medici. Plants in organic synthesis: an alternative to baker's yeast. Tetrahedron Letters, 2002, 43(18): 3377~3379.

[21] João V. Comasseto, Álvaro T. Omori, André L. M. Porto. Preparation of chiral organochalcogeno - α - methylbenzyl alcohols via biocatalysis. The role of Daucus carota root. . Tetrahedron Letters, 2004, 45(3): 473~476.

[22] Yadav J S, Nanda S, Thirupathi R P. Efficient Enantioselective Reduction of Ketones with Daucus carota Root. Journal of Organic Chemistry, 2002,67(11): 3900~3903.

[23] Wanda K. Mazczka. Enantioselective reduction of bromo - and methoxy - acetophenone derivatives using carrot and celeriac enzymatic system. Tetrahedron: Asymmetry, 2004,15(13): 1965~1967.

[24] Renato Bruni. Plants - mediated reduction in the synthesis of homochiral secondary alcohols. Tetrahedron: Asymmetry, 2006,17(15): 2287~2291.

[25] Hideo Kojima, Akiko Okada, Satomi Takeda. Effect of carbon dioxide concentrations on asymmetric reduction of ketones with plant - cultured cells. Tetrahedron Letters, 2009, 50(50): 7079~7081.

[26]. Nakamura K, Miyoshi H, Sugiyama T. Diastereo - and enantio - selective reduction of ethyl 2 - methyl - 3 - oxobutanoate by plant cell cultures. Phytochemistry, 1995, 40(5): 1419~1420.

[27] Chadha A, Manoha M. , Soundm'arajun T. Asymmetric Reduction of 2 - Oxo - 4 - Phenylbutanoic Acid Ethyl Ester By Daucus carota Cell Cultures. Tetrahtdron: Asymmetry, 1996, 7 (6): 1571~1572.

[28] Jung - Hee Woo, Ji - Hyun Kang,1 Young - Ok Hwang. 1 Jang - Cheon Cho, Sang - Jin Kim, Sung Gyun Kang, Biocatalytic resolution of glycidyl phenyl ether using a novel epoxide hydrolase from a marine bacterium, Rhodobacterales bacterium HTCC2654. Journal of Bioscience and Bioengineering, 2010, 109(6): 539~544.

[29] Zhiyi Xie, Junli Fenga, Erin Garciaa, Matthew Bernetta, Daniel Yazbecka, Junhua Tao. Cloning and optimization of a nitrilase for the synthesis of(3S)- 3 - cyano - 5 - methyl hexanoic acid. Journal of Molecular Catalysis B: Enzymatic, 2006,41(3 - 4): 75~80.

[30] Andreas S. Bommarius, Bettina R. Riebel 著. 生物催化——基础与应用. 孙志浩,许建和译. 北京: 化学工业出版社,2006

[31] 何碧波,陈小龙,郑裕国,沈寅初. 胺基裂解酶及其在医药中间体生产中的应用. 微生物学通报, 2008, 35(7): 1113~1118.

[32] Svetlana A. Borisova, Lishan Zhao, Charles E. Melancüon III, Chai - Lin Kao, and Hung - wen Liu. Characterization of the Glycosyltransferase Activity of DesVII: Analysis of and Implications for the Biosynthesis of Macrolide Antibiotics. Journal of America Chemistry Society, 2004, 126: 6534~6535.

[33] Martijn J. Koetsier, Peter A. Jekel, Hein J. Wijma, Roel A. L. Bovenberg , Dick B. Janssen. Aminoacyl - coenzyme A synthesis catalyzed by a CoA ligase from Penicillium chrysogenum. FEBS Letters, 2011,585: 893~898

[34] Buetusiwa Thomas Menavuvu, Wayoon Poonperm, Kosei Takeda, Kenji Morimoto, Tom Birger Granström, Goro Takada, Ken Izumori. Novel Substrate Specificity of D - Arabinose Isomerase

from Klebsiella pneumoniae and Its Application to Production of D – Altrose from D – Psicose. Journal of Bioscience and Bioengineering，2006，102(5)：436～441.

［35］郭勇. 生物制药技术. 北京：轻工业出版社，2000.

［36］Kieslieh K. Steroideonversions. In：Eeonomic amaicrobiology. Rose A H（eds.）. New Yoek：Academic Press，1980.

［37］杨顺楷，易奎星，杨亚力，张天智. 甾体微生物转化 C11β -羟基化的研究进展. 生物加工过程，2006，4：7～15.

［38］Donova M V，Gulevskaya S A，Dovbnya D V，Puntus I E. Mycobacterium sp. mutant strain producing 9 alpha-hydroxyandrostenedione from sitosterol. Appl Microbiol Biotechnoi，2005，67：671～678.

［39］Kim Y U，Han J，Lee S S，Shimizu K，Tsutsumi Y，Kondo R. Steroid 9α – Hydroxylation during Testosterone Degradation by Resting Rhodococcus equi Cells. Arch Oharm Chem Lifesci，2007，340：209～214.

［40］Xiong Z，Wei Q，Chen H，Chen S，Xu W，Qiu G，Liang S，Hu X. Microbial transformation of androst – 4 – ene – 3，17 – dione by Beauveria bassiana. Steroids，2006，71：979～983.

［41］Capek A，Hanc O. Microbial transformation of steroids. XVII. Transformation of progesterone by various species and strains of Penicillium. Folia Microbiol(Praha)，1962，7：121～125.

［42］Catroux G，Foumier J C，Blachere H. Importance of the crystalline form of cortisone acetate for the C – 1 dehydrogenation by Arthrobacter simplex. Can J Biochem，1968，46：537～542.

［43］Levy H R，Talalay P. Bacterial oxidation of steroids. II. Studies on the enzymatic mechanisms of ring A dehydrogenation. Biol Chem，1959，234(8)：2014～2021.

［44］Malaviya A，Gomes J. Androstenedione production by biotransformation of phytosterols. Bioresour Technol，2008，99：6725 – 37.

［45］李天童，刘鹏刚，刘茜，焦庆才. 青霉素酰化酶法制备 D -丙氨酸. 精细化工，2008，25（11）：1066～1069.

［46］Malaviya A，Gomes J. Enhanced biotransformation of sitosterol to androstenedione by Mycobacterium sp. using cell wall permeabilizing antibiotics. J Ind Microbiol Biotechnol，2008，35：1235～1239.

［47］Sripalakit P，Wichai U，Saraphanchotiwitthaya A. Biotansformation of various natural sterols to androstenones by Mycobacterium sp. and some steroid – converting microbial strains. J Mol Catal B：Enzym，2006，41：49～54.

［48］Lee C Y，Chen C D，Liu W H. Production of androsta – 1，4 – diene – 3，17 – dione from cholesterol using two – step microbial transformation. Appl. Microbiol. Biotechnol，1993. 38：447～452.

［49］Donova M V，Dovbnya D V，Sukhodolskaya G V，Khomutov S M，Nikolayeva V M，Kwon I，Han K. Microbial conversion of sterol – containing soybean oil production waste. J. Chem. Technol. Biotechnol，2005：80：55～60.

［50］Donova M V，Egorova O V，Nikolayeva V M. Steroid 17β – reduction by microorganisms – a review. Process Biochem，2005，40：2253～2262.

［51］Donova M V，Gulevskaya S A，Dovbnya D V，Puntus I F. Mycobacterium sp. mutant strain producing 9α -hydroxy and rostenedione from sitosterol. Appl. Microbiol. Biotechnol，2005，67：671～678.

［52］Yin B D，Chen Y C，Lin S C，Hsu W – H. Production of D – amino acid precursors with permeabilized recombinant Escherichia coli with D – hydantoinase activity. Process Biochemistry，2000，35(9)：915～921.

［53］Umemura I，Yanagiya K，Komatsubara S，Sato T，Tosa T. D – Alaninep roduction from DL –

alanine by Candida maltosa with asymmetric degrading activity. Appl Microbial Biotechnol,1992,36(6): 722~726.

[54] Yanakada S,Yonehara T. Fermentative manufacture of D – alanine with Brevibacterium species. JP 5 276965,1992

[55] Olivieri R,Fascetti E,Angelini L,Degen L. Enzymatic conversion of N carbamoyl – d – amino acids to d – amino acids. Enzyme and Microbial Technology,1979,1(3): 201~204.

[56] Morin A,Leblanc D,Paleczek A,Hummel W,Kula M – R. Comparison of seven microbial d – hydantoinases. Journal of Biotechnology,1990,16: 37~47.

[57] Kojima H,Okada A,Takeda S. Effect of carbon dioxide concentrations on asymmetric reduction of ketones with plant – cultured cells. Tetrahedron Letters,2009,50: 7079~7081.

[58] Kaluzna I A,Matsuda T,Sewell A K. Systematic investigation of Saccharomyces cerevisiae enzymes eatalyzing earbonyl eeductions. Journal of the American Chemical Society,2004,126(40): 12827~12832.

[59] 张宝泉.生物制药技术.北京：化学工业出版社,2006.

[60] 张景红.微生物在药物研究中的应用.北京：化学工业出版社,2011.

[61] 张玉彬.生物催化的手性合成.北京：化学工业出版社,2001.

[62] 李祖义，金浩,石俊.生物催化合成光学活性环氧化物.有机化学,2001,21(4): 247~251.

[63] Hanson R L,Banerjee A,Comezoglu F T,Mirfakhrae D,Patel R N,Szarka L J. Resolution of α – (4 – fluorophenyl)– 4 –(5 – fluoro – 2 – pyrimidinyl)– 1 – piperazinebutanol(BMS 181100) and α –(3 – chloropropyl) 4 – fluorobenzenemethanol using lipase – catalyzed acetylation or hydrolysis. Tetrahedron: Asymmetry,1994,5: 1925~1934.

第6章

组合生物合成与药物开发

6.1　组合生物合成的概念

　　以天然产物为基础获得新化合物一直是新药开发领域的研究热点。化学合成作为增加化合物结构多样性的主要手段,组合化学合成又极大地丰富了化合物合成的数量。但由于合成的目标化合物特异性不强,没有给新药筛选带来所期望的亮点。自人类基因计划实施以来,药物研发进入到一个崭新的发展时期,特别是后基因组学时代的到来,使人们对于生物合成的认识从酶的层次上升到基因的层次,通过应用基因工程技术、代谢工程技术、基因组学、蛋白质组学及细胞分子生物学等等多学科和技术,使得药物生物代谢的路径和生物代谢相关的生物合成基因不断得到阐明。人们发现,尽管生物药物的结构多样,但是形成这些产物的主要生化反应机制却基本相同,它们通常是由非常简单的化学物质如小分子氨基酸或小分子羧酸等作为合成的起始单元,由一系列的基因编码的多酶体系参与的生物化学反应形成的。这些多酶体系是由多个结构明显的功能区域所组成的,而参与这类小分子生物合成的基因通常是特征性地成簇分布于生物染色体的某一区域而构成基因簇。通过生物信息学和微生物遗传学手段可确定基因簇中的各模块或结构域的功能,如将这些模块或结构域进行组合后,就能产生母核、支链以及分子量各异的新型“非天然的天然产物”。组合生物合成技术由此诞生并得到迅速发展。

　　组合生物合成(Combinatorial Biosynthesis)或称组合生物学(Combinatorial Biology)是指应用生物信息学和基因重组技术等技术,认识生物合成途径和重新调整组合药物分子合成的基因簇(gene cluster)产生一些新的非天然的基因簇,定向合成所需的一系列化合物,例如新抗生素或其他一些新的生理活性物质。它与组合化学的主要区别是在基因水平上由生物合成各种各样的化合物。随着人们发现的各种生物合成基因模块(gene blocks)的不断增多,通过组合生物合成技术可人工设计非天然的天然化合物(unnatural natural compounds)。

　　虽然,目前开展的有关组合生物合成的研究还局限于微生物来源的一些复杂天然产物,但是应用该方法建立的化合物结构类似物库已经为筛选新药提供了更加广阔的空间。天然产物在结构上的多样性是其生物活性多样化的基础,而化合物结构多样性的产生则来源于生物合成机制的多样化,组合生物合成就是从天然产物的生物合成的机制出发,来创造非天然的天然化合物。

组合生物技术的出现无疑给药物的研发带来了新的契机。与传统的提取和化学全合成方法相比,组合生物技术可以实现各种酶的定点修饰,从而有效避免了多种副产物的产生。利用基因技术改造替换相应的基因来实现产物的创新,同时也为一些药用价值极高但代谢含量又低的天然药物的开发提供了新的思路和方法。

开展组合生物合成创制新型药物研究同样具有现实意义:

① 利用组合生物合成体系完成化学方法不能完成或难以完成的活性化合物的合成。如抗癌药物紫杉醇(taxol)等,这类活性化合物在自然界中含量少,需要量大,价格高,而且通常化学合成困难(成本高、难度大、环境污染严重)。通过组合生物合成来使它们具最终的商业价值是一个极具潜力的手段。例如,与抗癌药物紫杉醇作用相似的埃博霉素(epothilone)已在链霉菌中通过组合生物合成方法获得表达。

② 对一些现有的结构复杂的天然产物如青蒿素或银杏内酯等有效组分进行定向合成,对临床用抗生素品种进行有针对性的修饰和改造。如对红霉素进行改造产生酮内酯型的大环内酯类抗生素,获得对临床耐药菌具有活性的抗生素衍生物或者通过对现有天然产物或抗生素的结构改造,获得具有全新活性的或理化性能有明显改善的天然产物或新抗生素。

③ 组合生物合成产生新化合物的潜力很大,化合物数是以可操作基因的指数方式形成,如设 R 为可利用的基因数,n 是每个基因的不同等位形式(即不同天然产物来源的数目),从理论上讲经过基因组合可得到 R^n 种排列组合,即得到 R^n 个化合物。通过组合生物合成,获得一大批新化合物,作为高通量药物筛选样品库的来源之一。

④ 由于多基因组合操作的平台是以易于大规模生产的微生物体系为基础,使创制新型药物的研究便于产业化。

⑤ 组合生物合成的研究必将推动我国在基因水平对天然资源的利用,更好地利用植物代谢产物挖掘目前实验室条件下无法进行培养的生物体,包括海洋中的生物体。随着研究和应用的发展,植物和海洋生物次级代谢产物的组合生物学研究也将蓬勃发展起来。

6.2　组合生物合成技术的原理和策略

6.2.1　组合生物合成技术原理

与组合化学不同,组合生物合成主要是在基因水平上由微生物合成各种各样的化合物。组合化学也称组合合成,是利用组合论的思想,将各种化学构建单元通过化学合成衍生出一系列结构各异的分子群体,并从中进行优化筛选。组合生物合成的研究是建立在各种化合物在生物体内的生物合成途径的基础上。能利用组合生物合成的化合物需满足结构不同但生物合成途径相似,生物合成基因(包括结构基因、调节基因和抗性基因)之间可以进行重组、组合或互补后产生非天然的天然产物。从合成制备的角度来说,相比于传统的化学合成法,组合生物合成技术利用重组微生物菌株的大量发酵得到产物,成本低,环境污染较小,为建立供高通量筛选的天然化合物(特别是源自微生物的天然产物)库提供了有力支持。

　　尽管生物药物的结构多样,但形成这些产物的主要生化反应机制却基本相同,它们通常是由非常简单的化学物质,如小分子羧酸或某些氨基酸作为合成起始单位和延伸单位,由一系列基因编码的多酶体系参与的生物化学反应而形成的,参与的多酶体系是由多个结构明显分开的功能区域所组成。研究表明,这类小分子生物合成的基因通常是特征性地成簇分布于微生物染色体的某一区域而构成一个基因簇,这为基因的克隆和操作提供了方便,同时由于参与次级代谢生物合成酶系对底物的特异性、专一性要求不是很严格,对结构相类似的底物均可识别,这一特点为不同基因组合产生新的化合物创造了条件。因此,有针对性地对某些基因进行操作,如替换、阻断、重组以及添加、减少组件等,均有可能改变其生物合成途径而产生新的代谢旁路,继而形成新的化合物。

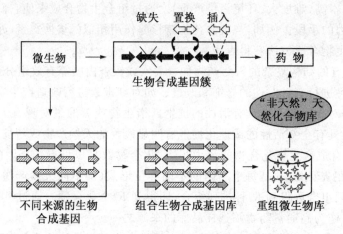

图 6-1　微生物组合生物合成技术的原理

　　组合生物合成或组合生物学是在生物级代谢产物生物合成基因和酶学研究基础上形成的。其核心是利用基因克隆和操作技术,对某些生物基因进行操作,如置换、阻断、插入重组以及添加、减少组件等等,形成重组后的基因簇,筛选得到改变其生物合成途径而产生的新的组合合成产物的基因簇,进而产生新的组合合成产物。另一方面,将不同来源的天然产物生物合成的基因簇进行重组,在微生物体内建立组合的新型代谢途径,由此,重组微生物库,也可以产生批量的新型天然产物。所以,探索未知功能的基因簇、异源表达生物合成基因簇、重组基因簇结构域或模块这些方面都是组合生物合成技术的研究范畴。总之,组合生物合成是一种扩展天然产物结构多样性、以满足药物发现和发展的新方法。它以微生物作为"细胞工厂",通过对天然产物代谢途径的遗传控制来生物合成新型复杂化合物,并采用微生物发酵的方式达到大量生产的目的:一方面特异性地遗传修饰天然产物的生物合成途径,以此获得基因重组菌株,生产所需要的天然产物及其结构类似物;另一方面,将不同来源的天然产物生物合成基因进行重组,在微生物体内建立组合的新型代谢途径,由此重组微生物库所产生的新型天然产物构成的类似物库,有利于从中发现和发展更具有应用价值的药物。图 6-1 是微生物组合生物合成技术的原理简图。

6.2.2　合成酶基因簇与组合生物合成的分子机制

　　生物次级代谢产物的生物合成是由多酶体系参与的,这些多酶体系中的各个酶系按照一定的组织结构协调起作用。随着大规模测序技术的不断发展,使人们逐步认清了许多与生物合成药物有关的基因信息,许多隐含的代谢路线或者以前尚未研究的代谢路线的开发得以成为可能。也使人们可以从已经揭示的相关基因获得相关的遗传信息,以此来发现新的有价值的化合物。另外,通过对基因等生物信息的加工处理可以发现新的合成酶,进而可以设计相应的生物合成路径得到结构新颖的生物活性大的化合物。所以对生物信息的处理是我们认清如何开展工作的第一步。通过对全基因组进行生物信息学分析就有可能有的放矢地进行基因的重组、合成更多的化合物。

目前已报道的微生物天然产物有数千种,其中聚酮类(polyketides)和非核糖体聚肽类(non-ribosomal peptides)占据相当大的比例,这两种化合物骨架的合成分别以聚酮合成酶(polyketide synthase,PKS)和非核糖体肽合成酶(nonribosomal peptide synthase,NRPS)和杂合的聚酮/非核糖体肽合成酶(nonribosomal peptide synthase-polyketide synthase,NRPS-PKS)来催化。

6.2.2.1　聚酮合成酶基因簇与组合生物合成

聚酮类化合物是由聚酮类化合物生物合成途径合成的化合物总称,包括大环内酯类、四环素类、蒽环类、聚醚类的化合物。由于生物合成途径中构件的改变及其组合方式的千变万化,可形成的化合物的数量极其庞大。结构的多样性导致了生物活性的多样性。通过研究聚酮生物合成途径而发展起来的组合生物合成近几年得到了很大的发展,是获取生物多样性的重要手段,成为新药开发的重要策略之一。

聚酮物质可分为多环芳香族聚酮和大环聚酮;两者虽然化学结构不同,但却拥有一个由聚酮合酶(polyketide synthase,PKS)催化的基本相似的生物合成机制,均由多酶体系(PKS)催化。这种性质为利用途径操作技术定向组合聚酮生物合成模块,开发一系列杂合新型生物活性物质奠定了良好基础。对于聚酮合酶的研究在组合生物合成中比较透彻的一类酶,目前已经揭示的聚酮合酶大致可以分为三类:Ⅰ型、Ⅱ型和Ⅲ型,基本区别见表6-1。

表 6-1　三种类型 PKS 的区别

名称	存在形式	主要功能
PKSⅠ	模块形式存在,每一模块含独特的、非重复使用的催化功能域	催化合成大环内酯、聚烯及聚醚类化合物,如红霉素糖苷6-脱氧红霉素(6-EB)
PKSⅡ	含重复使用单位的多酶复合物,至少包含β-酮酰基硫酯合成酶(KS,由 Ksα 和 KSβ 组成)和酰基载体蛋白(ACP)	催化芳香族聚酮化合物的生物合成,如四环素
PKSⅢ	可重复使用的同源双亚基蛋白,属于查尔酮合成酶	在不需要 ACP 的情况下直接催化泛酰辅酶 A 间的缩合,主要负责单环或双环芳香类聚酮化合物的生物合成,如黄霉素

①　Ⅰ型 PKS。

Ⅰ型 PKS 是一类具有模块结构的多功能巨型酶,也是目前报道最多和研究较为透彻的一个。它是由几个多功能的多肽组成,每一个多肽上都分别携带有参与聚酮生物合成所必需的各种酶的结构域(domain),每个结构域只参与整个聚酮碳链构建中的一步生化反应。

而参与一轮聚酮生物合成反应的所有结构域称为一个合成酶单位(synthase unit,SU),编码这个合成酶单位的 DNA 称为一个模块(module)。Ⅰ型模块结构的 PKS 就犹如在轨道上行驶的一列火车,在起点,由特定的"搬运工"——酰基转移酶(acyl transferase,AT)把不同的起始单位装车后,通过"装配工"——酮脂酰-ACP 合成酶(ketoacyl-ACP synthase,KS)经过缩合反应将不同的"原料"——羧酸起始或延伸单位进行组装,随着火车的运行,不断地从一个"装配停靠站"——酰基载体蛋白(acyl carrier protein,ACP)到下一个"停靠站",聚酮链也不断地得到延伸,中途根据模块组成的不同和指令要求,在其他不同的"特殊工种装配工"——脱水酶(dehydratase,DH)、烯醇还原酶(enoyl reductase,ER)的作用下相应地进行还原(形成 β-羟酯键)、脱水(形成 α,β-烯醇酯键)或进一步还原(形成饱和的亚甲基),直至到达终点。在终点"装卸工"——硫酯酶(thioesterase,TE)的帮助下,完成最后的工序并将聚酮前体产物从 PKS 上卸载下来。可以看出 KS,AT 和 ACP 是合成分子链的延伸反应的"最小 PKS"。由 AT 选择一个延伸单元(extending unit),通常是乙酸或丙酸,连接到链上,KS 催化缩合反应,ACP 载着链并接受 AT 来的延伸单元以备下一步缩合反应。属于 PKS Ⅰ的聚酮产物包括红霉素、雷帕霉素、利福霉素和阿维菌素,以及较新研究的洛伐他汀和埃波霉素。图 6-2 是红霉素合成中 6-脱氧红霉素合成酶(6-deoxyerythromycin B synthase,DEBS)Ⅰ型 PKS 模块结构图。

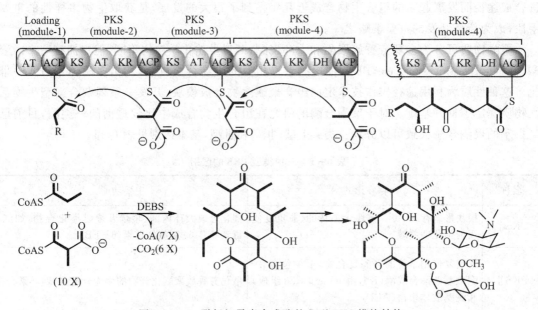

图 6-2 6-脱氧红霉素合成酶的Ⅰ型 PKS 模块结构

AT:酰基转移酶;ACP:酰基载体蛋白;KS:酮脂酰-ACP 合成酶

KR:酮脂酰-ACP 还原酶;DH:脱水酶

这种 PKS 模块结构的发现有其非同寻常的意义。尽管各种聚酮化合物结构各异,PKS 模块的底物特异性决定了Ⅰ型 PKS 对起始单位和延长单位的选择,而 PKS 每个模块上还原结构域的种类则使聚酮产物得到不同程度的还原。复合聚酮化合物结构的多样性来自聚酮骨架组成单位的多样性和每个碳单位的不同还原程度,这就意味着聚酮链的结构具有相当大的可塑性。因此,可通过模块内或模块间的合理重组,设计出新基因(簇)组成或新的生物合成途径,这也是Ⅰ型 PKS 作为组合生物学主要研究对象的重要原因之一。

其催化过程类似于脂肪酸合酶(fatty acid synthase,FAS)催化的脂肪酸生物合成,即通过酰基-CoA 活化的底物之间的重复脱羧缩合而合成,但两者在合成单位的选择(包括起始单位和延伸单位)、链装配过程中每个酮基还原程度的控制、以及芳香聚酮或复合聚酮链长的决定等方面也存在着明显的差异,主要体现在:① FAs 一般以乙酸作为起始单位,而PKS 往往使用不同的起始单位,最为常用的有乙酸、丙酸,此外还有丁酸,杀假丝菌素(candicidin)使用的对氨基苯甲酸等,而 avermectin 所利用的起始单位可多达 40 余种;② FAS 一般只用乙酸为链延伸单位,而 PKS 除了利用乙酸作为链伸长单位外,还可利用丙酸或丁酸,在终产物中相应生成甲基或乙基侧链;③ PKS 可以通过酮基选择性地还原和脱水,从而在终产物的相应位置形成酮基、羟基、双键或亚甲基等功能团,同时也决定了手性中心的立体化学构型。

②Ⅱ型 PKS

Ⅱ型 PKS 是一个多功能酶复合体,只含一套可重复使用的结构域。每一结构域在重复的反应步骤中被多次地用来催化相同的反应。PKS Ⅱ也称迭代或芳香(iterative)类 PKS,大部分 PKS Ⅱ型基因由编码最小单位 PKS 的 3 个阅读框架组成,它们是 KS/AT,ACP 和 CLF(链长决定因子),在生物合成芳香族化合物过程中它们重复被使用,因此称为迭代型 PKS(iterative PKS);此外还有 KR,芳香化酶(aromatase)、环化酶(cyclase)的参与。

属于 PKS Ⅱ的聚酮化合物有放线紫红素(actinorhodin,act)、特曲霉素(tetracenomycinc,tcm)和富伦菌素(frenolicin,fren)等。图 6-3 是显示特曲霉素(tetracenomycin)的生物合成中Ⅱ型 PKS,它是由一组多次反复的多功能酶组成的。

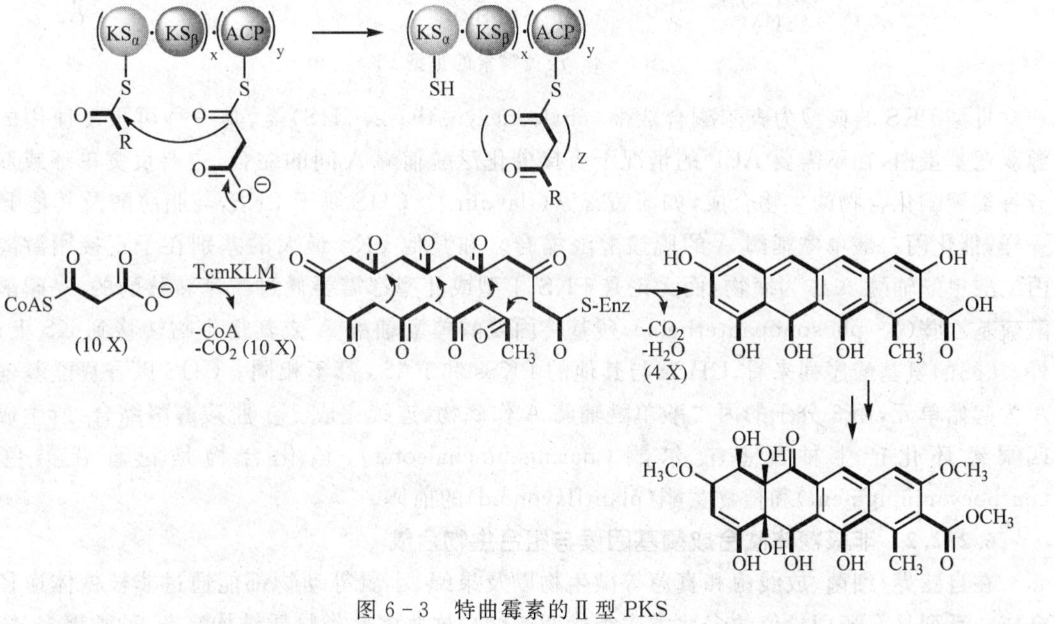

图 6-3　特曲霉素的Ⅱ型 PKS

对Ⅱ型 PKS 的研究没有Ⅰ型 PKS 来得那么深入,但近年来也取得了一些进展。如对柔红霉素(daunomycin)产生菌波赛链霉菌(*Streptomyces peucetius*)的研究结果显示,dpsC 基因决定了生物合成的起始单位,DpsC 专一性地使用丙酰-CoA 为起始单位,一般来说,Ⅱ型

PKS 的起始单位均为乙酰-CoA。另外,有研究者找到了 Ⅰ 型 PKS 和 Ⅱ 型 PKS 的链长因子之间的共同点,这是 Ⅰ 型和 Ⅱ 型 PKS 有机联系的一个切入点。研究发现 Ⅰ 型 PKS 的 KSQ (被认为可能是 Ⅰ 类 PKS 的链长因子)及 Ⅱ 型 PKS 的 CLF 和 Ⅰ 型 PKS 的 KS 结构域类似,唯一的区别是 KS 的活性中心残基半胱氨酸被高度保守的谷氨酰胺代替,这个氨基酸对这一结构域的脱羧酶活性以及聚酮化合物的合成具有重要的作用。和 Ⅰ 型 PKS 相比较,Ⅱ 型 PKS 在起始单位和延长单位的选择方面变化不大,所以它的结构多样性主要来自聚酮合成后的修饰步骤。

③ Ⅲ 型 PKS

Ⅲ 型 PKS 和其他两种 PKS 迥然不同,它们不依赖于作为酰基载体的 ACP 及其上的 4'-磷酸泛酰巯基乙胺。Ⅰ 型和 Ⅱ 型 PKS 常常通过 ACP 活化酰基-CoA 的底物,而 Ⅲ 型 PKS 直接作用于酰基-CoA 活化的简单羧酸。尽管结构和机制不相同,但所有类型的 PKS 都是通过酰基-CoA 的脱羧缩合和 KS 结构域或亚基催化 C–C 键的形成。

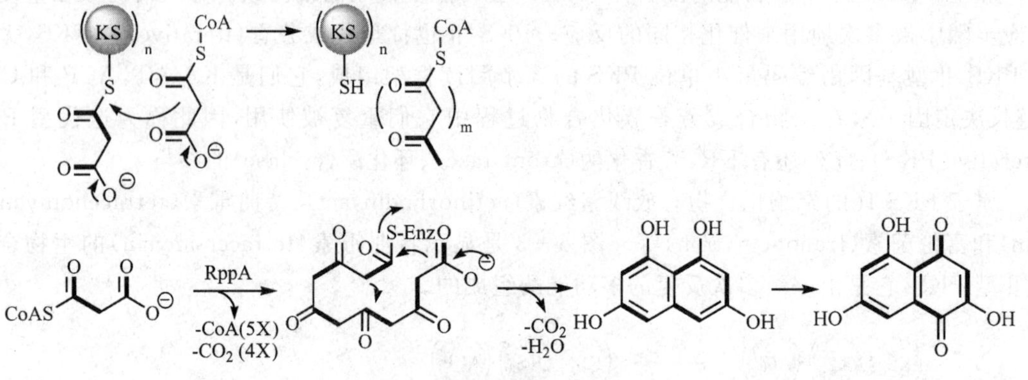

图 6-4　淡黄霉素的 Ⅲ 型 PKS

Ⅲ 型 PKS 的典型为查尔酮合成酶(chalconesyn. thase,CHS)类,是一种可重复使用的同源双亚基蛋白,在不需要 ACP 的情况下直接催化泛酰辅酶 A 间的缩合,主要负责单环或双环芳香类聚酮化合物的生物合成,如淡黄霉素(flavolin)。CHS 属于 PKS,与脂肪酸及其他 PKS 一样,催化丙二酸单酰辅酶 A 的脱羧醇醛缩合。和其他 PKS 最大的差别在于直接用游离的丙二酸单酰辅酶 A 作为底物,而无论是 PKS Ⅰ 型或 Ⅱ 型都需要通过酰基转移酶的 4-磷酸泛酰巯基乙胺(4-phosphopantetheine)残基将丙二酸单酰辅酶 A 或其衍生物转移到 KS 上;另外,从酶的氨基酸序列来看,CHSs 与其他的 PKSs 和 FASs 都不相同。CHS 以香豆酰基辅酶 A 为起始单元,用 3 分子的丙二酸单酰辅酶 A 作底物,连续完成 3 步脱羧醇醛缩合,所生成的四酮经环化产生柚配基查尔酮(naringeninchalcone),该化合物是花青苷类色素(anthocyaninpigment)和植物黄酮(plantflavonoid)的前体。

6.2.2.2　非核糖体肽合成酶基因簇与组合生物合成

在自然界,细菌、放线菌和真菌等微生物以及果蝇、小鼠等动物都能通过非核糖体途径来合成一系列具有药用价值的多肽类次级代谢产物。这些多肽类物质结构复杂、种类繁多,统称为非核糖体肽(nonribosomal peptides,NRP)。如免疫抑制剂环孢菌素、抗 MRSA 抗生素托大霉素等等。NRPs 的生物合成是由非核糖体肽合成酶(nonribosomal peptide synthetases,NRPS)、聚酮合成酶(polyketide synthases,PKS)、NRPS/PKS 杂合酶等多功能蛋白复合体完成。其中,NRPS 是 NRP 生物合成的主要酶。与核糖体途径不同,NRPS 合成的产物多为短肽,一般在 2～48 个氨基酸之间,分子中常常含稀有氨基酸(non proteinogenic amino acids),肽链结构往往是环状、有分枝,与其他分子杂合。

非核糖体肽合成酶(NRPS)是目前所发现的最大酶系,由多个模块(module)组成,按特定的空间顺序排列组成,大多数 NRPS 的模块数为 3～15 个,最高可达 50 个,模块数量、种类和排列顺序决定了其最终的产品。各模块的特定结构域具有特定的酶活性。模块的特异结构域具有特定的酶活,催化相应单体结合到新生链肽中。这些结构域主要包括腺苷酰化结构域(adenylation,A 结构域)、肽酰载体蛋白[peptidly carrier protein,PCP 结构域,也称为巯基结构域(thiolation,T 结构域)]、缩合结构域(condensation,C 结构域)等,也包括不同酶系的差向异构结构域(E 结构域)和甲基化结构域(M 结构域)。

A 结构域从可利用的底物池中选择同源的氨基酸,合成相应的氨酰基- AMP,氨酰基-AMP 随后转移到相邻 PCP 结构域的磷酸泛酰巯基乙胺(Ppant)长臂上,形成氨酰基- S -酶中间产物,其中 Ppant 辅基是在磷酸泛酰巯基乙胺转移酶(PPtases)催化下从乙酰 CoA 转移到 PCP 结构域上的。氨酰基- S -酶中间产物随后从 A 结构域转移到 C 结构域与上游的氨酰基-S - PCP 结构域复合物、脂酰 CoA 或肽酰基- S - PCP 结构域复合物发生缩合反应,形成肽键,新合成的肽酰基中间产物被 PCP 结构域转移到下游 C 结构域,这样模块中的 C - A - PCP 基本单位引入氨基酸等单体而合成肽链(详见本书第 3 章相关章节)。已经发现 NRPSs 产物中的稀有氨基酸多达 300 个,它们主要来源于差向异构结构域(E 结构域)的差向异构化、甲基化结构域(M 结构域)的 N -甲基化和其他结构域的酰基化、糖基化及杂环化修饰,这也是这类代谢产物多样化的原因。

如图 6 - 5 所示,万古霉素的 NRPS 基因簇包含缩合结构域 C、腺苷酰化结构域 A 和肽酰载体蛋白 PCP。其合成路线包括:① PCP 的 T 位点活化,T - OH 活化为 T - SH;② 模块识别各自编码的底物,包括酪氨酸、β -羟基酪氨酸、预苯酸、β -羟基预苯酸、苯甘氨酸、丙二酰辅酶和 3,5 -二羟基苯甘氨酸;③ 肽链起始、延伸和终止;④ 新合成的前体环化、糖基化和卤素取代等结构修饰,并卸载产物。

6.2.2.3　杂合 NRPS - PKS 与组合生物合成

随着越来越多微生物产生的聚酮类和多肽类代谢产物的生物合成基因簇被分离,PKS 和NRPS 的结构及其作用机制不断被揭示,近年来发现许多代谢产物的合成需要 PKS 和 NRPS共同参与。这为了解两类酶之间的相互作用,为进一步揭开生物代谢产物的合成机制奠定基础,也为克隆、分析此类化合物合成基因簇提供更多的理论指导。

雷帕霉素是吸水链霉菌(*Streptomyces hygroscopicus*)产生的含有一分子哌可酸的三烯大环内脂类抗生素,是器官移植中新的强效抗排斥药物和自身免疫疾病的有效治疗药物。1995 年英国剑桥大学 Leadlay 等人报道了雷帕霉素合成基因簇结构,基因簇含有三个典型的PKS 编码基因 rap A、rap B 和 rap C,相应的三个 PKS 亚基 Rap A,Rap B 和 Rap C 分别含有4、6 和 4 个延伸模块,总共有 70 个催化活性域。这 14 个模块的 A 活性域识别的底物分别是 7个丙二酰辅酶 A 和 7 个甲基丙二酰辅酶 A。此外,第一个 PKS 亚基上还有一个起始结构域(loading domain),它识别莽草酸衍生物并以此作为雷帕霉素内酯环碳链合成的起始基团。基因簇序列分析发现雷帕霉素 PKS 最后一个模块 C 端没有 TE 活性域,即 PKS 合成的聚酮链不是通过硫酯酶活性域作用来脱离酶分子。但是在雷帕霉素基因簇的 rap A 和 rap C 之间发

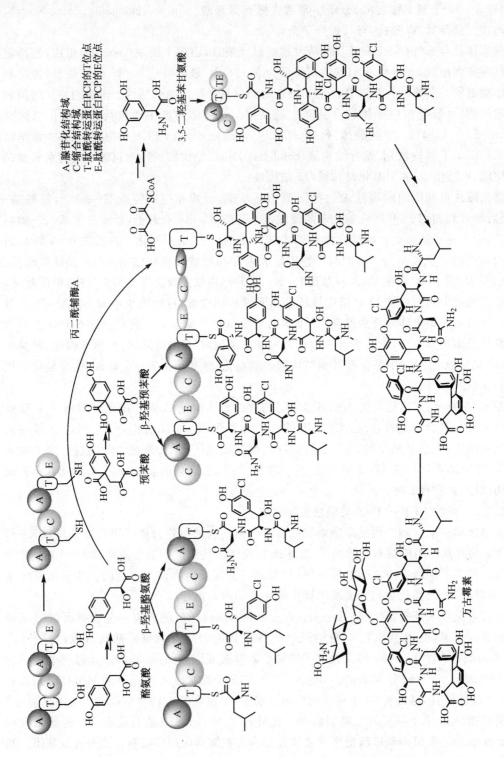

图6-5 万古霉素的NRPS模块结构

现含有一个编码基因 rap P。rap P 是典型的 NRPS 结构基因,它编码的蛋白质 Rap P 含有 C、A、PCP 和 C 四个活性域,通过异源宿主基因表达活性分析发现其中 A 活性域识别并活化的底物是由 L-赖氨酸脱氨环化形成的哌可酸,推测雷帕霉素内酯环的合成是 PKS/NRPS 复合酶共同催化合成的,具体合成过程如下:雷帕霉素 PKS 以环己烷酸衍生物为起始物,通过 14 步连续的脱羧缩合引入 7 个乙酰基和 7 个丙酰基,期间在某些延伸模块上聚酮链 β 位酮基被还原为羟基、烯健或饱和烷基,最终合成的聚酮链结合于 RapC 最后一个模块的 ACP 上,形成 acyl-S-ACP;与 PKS 杂合的 NRPS 的 A 活性域腺苷化哌可酸并结合于 PCP(又称 T)上,N 端 C 活性域催化哌可酸酰基与上述 RapC 最后一个模块上已合成的聚酮链缩合,完成聚酮链与哌可酸的结合,NRPS 的另一个 C 活性域催化分子内酯化形成内酯环而使雷帕霉素前体物脱离 PKS/NRPS(图 6-6)。总之,雷帕霉素合成酶的结构是 PKS 之后紧接着 NRPS,在聚酮链合成之后引入一个氨基酸并通过两个 C 活性域与 PKS 联系起来并使合成完成的主碳链从合成酶上脱离下来。这是首次报道发现 PKS 与 NRPS 相互杂合共同催化合成微生物代谢产物。

6.2.3　合成酶基因簇与组合生物合成的操作战略

模块是 PKS、NRPS 各种活性的基本结构单位。在模块编码序列水平上将它们可以重新编码,可以产生新的聚酮类化合物、新的肽类化合物等;缺失某个或者多个模块可以改变链长;与来自其他 PKS(或 NRP)的异源模块交换可增加最终产物结构的多样性;通过在链增长过程中渗入不同延伸单位或者修饰加工程度,也同样可以达到改变最终化合物的结构和性质的目的。同样,改变参与生物次级代谢合成的基因簇中部分合成基因中的特定结构域,将会导致模块的编码的不一样,就会导致产生与原代谢产物不同的新化合物及衍生物。

6.2.3.1　对生物合成基因簇实施突变

从基因技术和分子生物学的角度来看,有多种方法来实施对生物合成酶基因簇的突变。基因敲除和替代是通过一定的途径使机体特定的基因失活或缺失。通常意义上的基因敲除主要是应用 DNA 同源重组原理,用设计的同源片段替代靶基因片段,从而达到基因敲除的目的。随着基因敲除技术的发展,除了同源重组外,新的原理和技术也逐渐被应用,比较成功的有基因的插入突变和 iRNA,它们同样可以达到基因敲除的目的。

当通过同源重组将微生物次级代谢产物生物合成基因中特定的结构域敲除或替代时,突变菌株将产生与原代谢产物不同的新化合物。在基因敲除过程中,使用含有待敲除区域上下游序列的特定质粒转化为工程菌,质粒进入工程菌后即可与菌株中基因组发生同源双交换,上下游间序列由此被完全敲除,从而使合成酶失去被敲除基因的功能,导致其在合成次级代谢产物时的某个催化步骤消失,产物结构因而发生变化。

同理,在基因替代过程中,使用含有被替代区域上下游序列的特定质粒,其上下游序列之间的原有基因片段被其他生物合成基因片段(其可来自于被替换区域所属化合物生物合成基因簇的其他部分,亦可为另一个化合物的生物合成基因簇)所替代,若这种质粒被转化入工程菌后与基因组发生同源双交换,上下游间的序列被另一种基因替换,原来的合成酶便由此失去被替换基因的活性,转而具有了整合基因的活性。

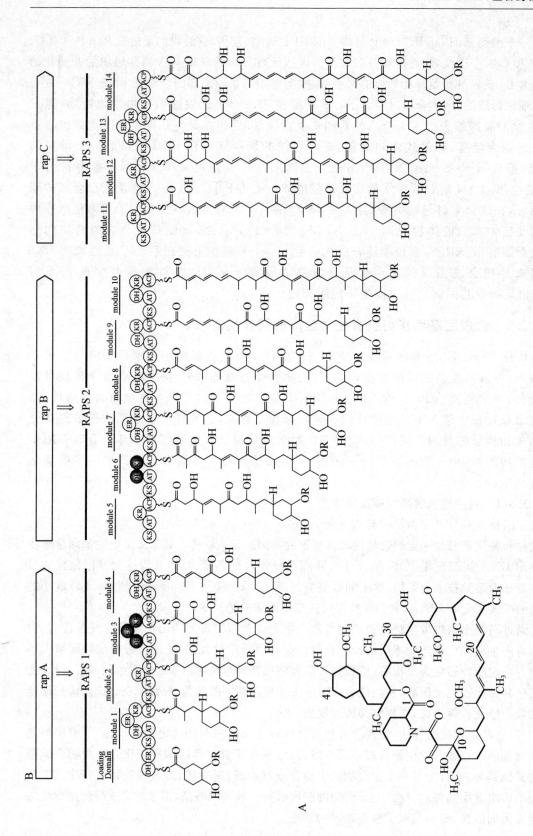

图6-6 雷帕霉素(rapamycin)的杂合NRPS-PKS聚合酶模块状结构

　　上述两种突变,可发生在某种化合物生物合成基因簇的某个结构域,也可同时发生在 2～3 处结构域,从而使化合物生物合成过程中的多个步骤发生催化活性的缺失或催化方式改变,而这种催化方式的改变具有多样性,故工程菌具备了次级代谢产物多样性的基础。例如,对含有红霉素生物合成基因簇 eryA1、eryA2 和 eryA3 的质粒 pCK7 进行改造,分别以雷帕霉素聚酮合成酶(rapamycin polyketide synthase,RAPS)中有关结构域替换 6-去氧红霉素内酯合成酶(6-deoxyerythronolide B synthase,DEBS)中部分模块的结构域,即将 DEBS 中模块 2、5、6 上的酰基转移酶(acyltransferase, AT)替换为 RAPS 模块 2 中的丙二酸单酰辅酶 A 转移酶(rapAT2)、酮基还原酶(ketoreduetase,KR)替换为 RAPS 模块 4 中的脱水酶/酮基还原酶结构域(rapDH/KR4)或 RAPS 模块 1 中的脱水酶/烯酰还原酶/酮基还原酶结构域(rapDH/ER/KR1);或者直接 KR 敲除,结果发现产物母核上的支链发生不同方式的催化(图 6-7),并在此基础上进行了 18 个单突变、21 个双突变或三点突变,获得了 100 个以上的新红霉素类似物,这些修饰发生在 6-去氧红霉素内酯的 2、3、4、5、10 和 11 位上。

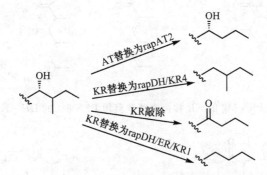

图 6-7　对 6-去氧红霉素内酯合成酶基因簇进行
部分替换或敲除后所导致的结构改变

　　表 6-2 及图 6-8、6-9、6-10、6-11 所示的是红霉素 PKS 改造后取得的结果。

表 6-2　红霉素 PKS 功能域组合生物合成改造

改造位置	改造方案	结果和意义
M6,KR 基因中的 2 个 NcoⅠ酶切位点	双酶切后将中间部分去掉以灭活 KR 的功能	得到 5 位酮基的新化合物(图 6-8)
M3 中的 KR	将红霉素 PKS 的模块 3 的 KR 替换为来自于西罗莫司 PKS 的模块 4 的 DH-KR	得到一个含有 C=C 双键的化合物(图 6-9)
M7 中的 AT	将红霉素 PKS 模块 7 的 AT 替换为来自于西罗莫司 PKS 的模块 3 的 AT	产生缺少一个甲基的新化合物(图 6-10)
合成途径的第一步	设计了红霉素 PKS 合成途径中第一步缩合步骤被阻断的突变子,后通过外加不同的人工合成的小分子化合物	结果得到不同的聚酮化合物(图 6-11)

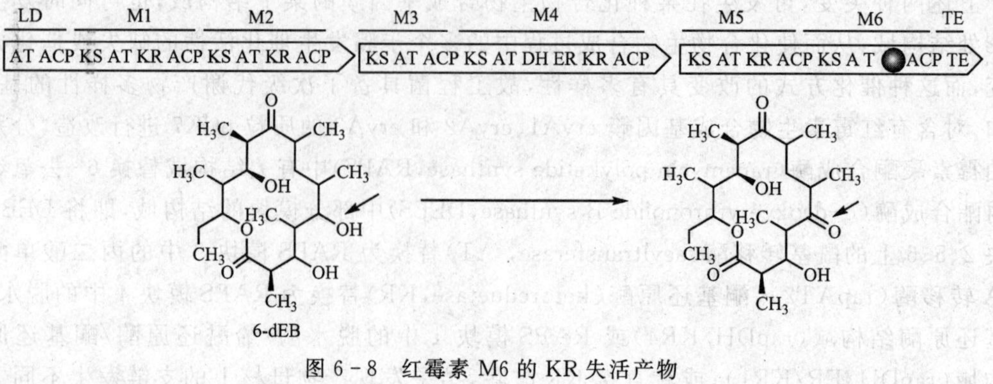

图 6-8 红霉素 M6 的 KR 失活产物

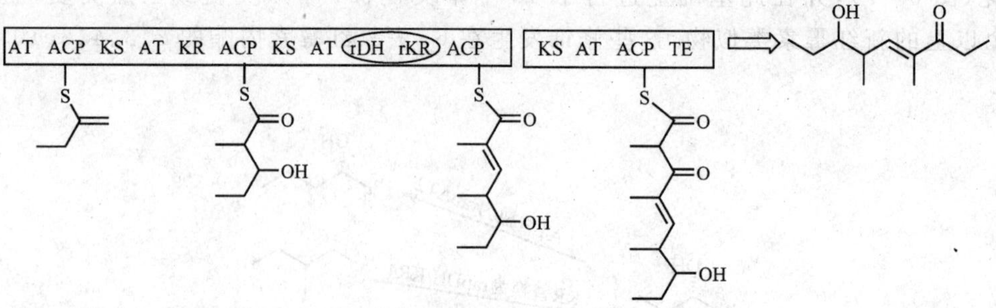

图 6-9 红霉素 PKS M2 的 KR 替换为西罗莫司 PKS M4 的 DH－KR 产生的化合物

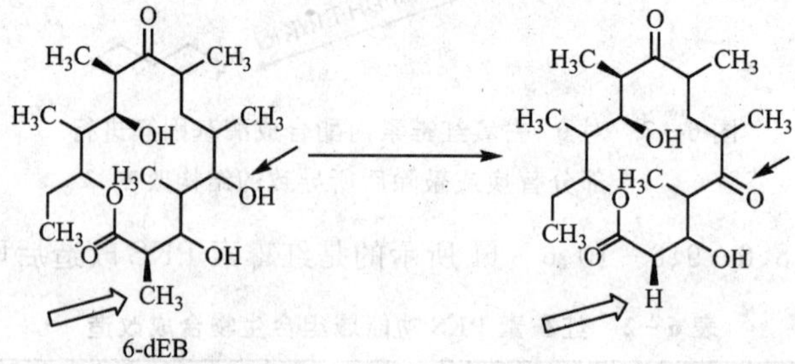

图 6-10 红霉素 PKS M7 的 AT 替换为西罗莫司 PKS 的 AT 产生的化合物

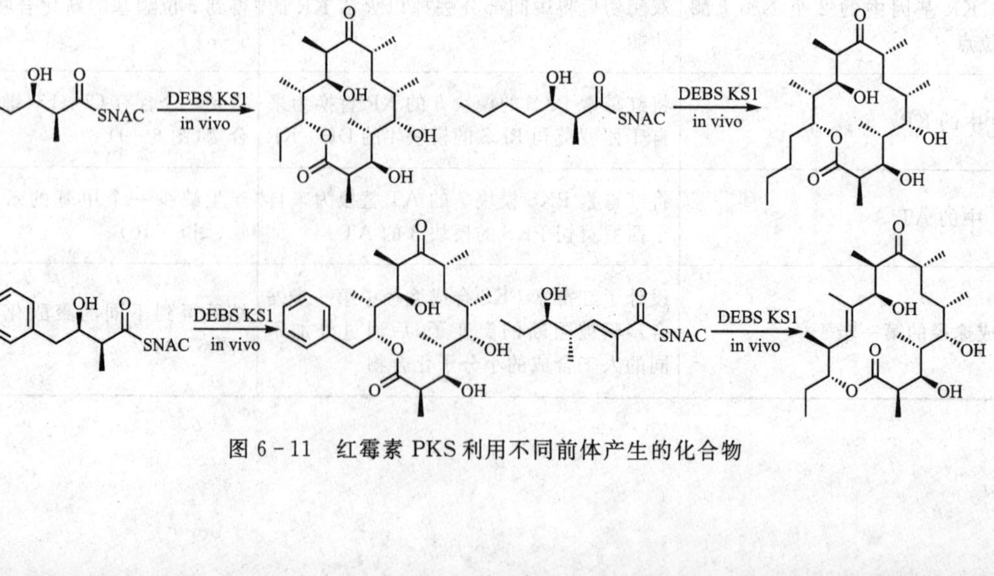

图 6-11 红霉素 PKS 利用不同前体产生的化合物

6.2.3.2　异源表达生物合成基因簇

随着生物合成基因簇全克隆技术的日趋成熟，人们已成功实现了次级代谢产物在异源宿主中的表达，例如在含抗生素生物合成基因簇的质粒中插入大肠杆菌（$E.\ coli$）的复制子后，该基因簇即可在 $E.\ coli$ 中复制和表达，产生相应化合物。近些年来的研究热点是通过使上述合成酶基因簇突变改变其催化方式，进而建立新化合物库。但往往这些催化过程不是在原化合物产生菌中进行的，而是采用了其他表达体系如模式链霉菌、大肠杆菌以及假单胞菌等菌株等，异源表达修饰后的生物合成基因簇，以此得到结构新的、活力高的化合物。

红色糖多胞菌的 6-脱氧红霉内酯 B 生物合成基因簇已在天蓝色链霉菌中表达，重组细菌能有效地将添加的前体掺入 6-脱氧红霉素内酯 B 中，所合成的衍生物含有一个甲基侧链，而在红色糖多胞菌中是乙基侧链。这个结果证明了异源基因表达产生了一个具有功能的酶。6-脱氧红霉素内酯 B 是红霉素 A 生物合成的一个重要的中间体，它的异源合成在此表明抗生素的合成基因不仅可以从天然产生菌中克隆出来，而且经体外改造后能在新的缩主细胞中表达出相应的新功能。

有研究构建了一种基于红霉素生物合成基因簇的三质粒系统，将 3 个各含一段 PKS 突变体基因的质粒转化同一宿主菌，并在宿主菌中表达各自的 PKS 模块。这些模块组成了完整的红霉素生物合成基因簇突变体，分别由质粒 pKOS021-30（pRM1-tsr）、pKOS025-143（pRM1-hyg）和 pKOS010-153（pSET-apm）携带 PKS 的 3 段基因：eryA1（含模块 1、2）、eryA2（含模块 3、4）和 eryA3（含模块 5、6）。当这 3 个质粒发生突变（如基因敲除或基因替代）时，每种质粒都会产生数个突变体。另外，也通过在宿主菌内导入不同的质粒，得到不同的组合，产生更多新化合物。这种利用质粒转化的方法比直接进行基因组突变更为灵活，所构建的库中化合物数量也更加庞大。使用与上述同样的替换策略，通过改造 ery1 得到 4 个突变体，改造 ery2 得到 1 个突变体，改造 ery3 得到 8 个突变体，故理论上可得 90 个新化合物 $[(4+1)\times(1+1)\times(8+1)=90]$，虽然实际上仅得到 48 个新化合物，但可见该法在组合化合库构建上的巨大开发潜力。

Miao 等人和 Nguyen 等人于 2006 年报道了在脂肽类抗生素家族的 3 个化合物——达托霉素（daptomycin）、环脂肽（cycle lipopeptide）和钙依赖抗生素（calcium dependent antibiotic）各自的 NRPS 基因簇之间，使不同的模块互相替换组合，构建异源表达质粒，产生新的聚肽化合物的方法。

吲哚咔唑（indolocarbazole）类化合物具有良好的抗肿瘤活性，研究人员分析了其中 4 个化合物：蝴蝶霉素（rebeccamycin）、星形孢菌素（staurosporine）、AT2433 和 K252a 的生物合成途径，确定了参与催化吲哚咔唑类化合物生物合成的关键酶，并选择性地将其异源表达，进而得到一个由 57 个新衍生物组成的吲哚咔唑类化合物库。

糖基的存在与否往往会影响天然次级代谢产物的药效和毒性。据此，利用前述手段对具有潜在抗肿瘤作用的化合物阿雷西霉素（aranciamycin）的生物合成基因簇进行克隆和测序，发现了其中 1 个新的可催化多种底物的糖基转移酶 AraGT，并通过在白色链霉菌（$Streptomyces\ albus$）、弗氏链霉菌 TU2717（$Streptomyces\ fiadiae$ TU2717）以及淀粉酶产色链霉菌 TU6028（$Steptomyces\ diastatochromogenes$ TU6028）中的异源表达，得到 10 个阿雷西霉素的衍生物，其中 2 种显示出良好的体外抗乳腺癌活性。

抗肿瘤候选药物埃博霉素（epothilone）被称为"后紫杉醇药"，具有较强的抗肿瘤活性。埃博霉素的生物合成基因由多个功能模块编码的多酶复合体组成，同时含有聚酮合酶和非核糖体多肽合成酶的大操纵子。埃博霉素的生物合成包括聚酮链的引发、链合成的起始和噻唑环的形成、链的延伸和转移、链合成的终止释放和环化以及产物的后修饰 5 个阶段，如图 6-12

所示。2006 年 Mutka 研究小组将纤维堆囊菌（*Sprangium cellulosum*）中埃博霉素生物合成基因 epoA、epoB、epoC、epoD、epoE 和 epoF 克隆到大肠杆菌 K207-3 中表达，同时将环化酶基因敲除掉，直接得到了埃博霉素 C(EpoC) 和埃博霉素 D(EpoD)。当将聚酮类化合物的前体 SNAC[(E)-2-甲基-3-(2-甲基噻唑-4-烃基) 丙烯酸] 作为底物培养时，只表达克隆有 epoD、epoE 和 epoF 基因的大肠杆菌，结果同样产生了 EpoC 和 EpoD。

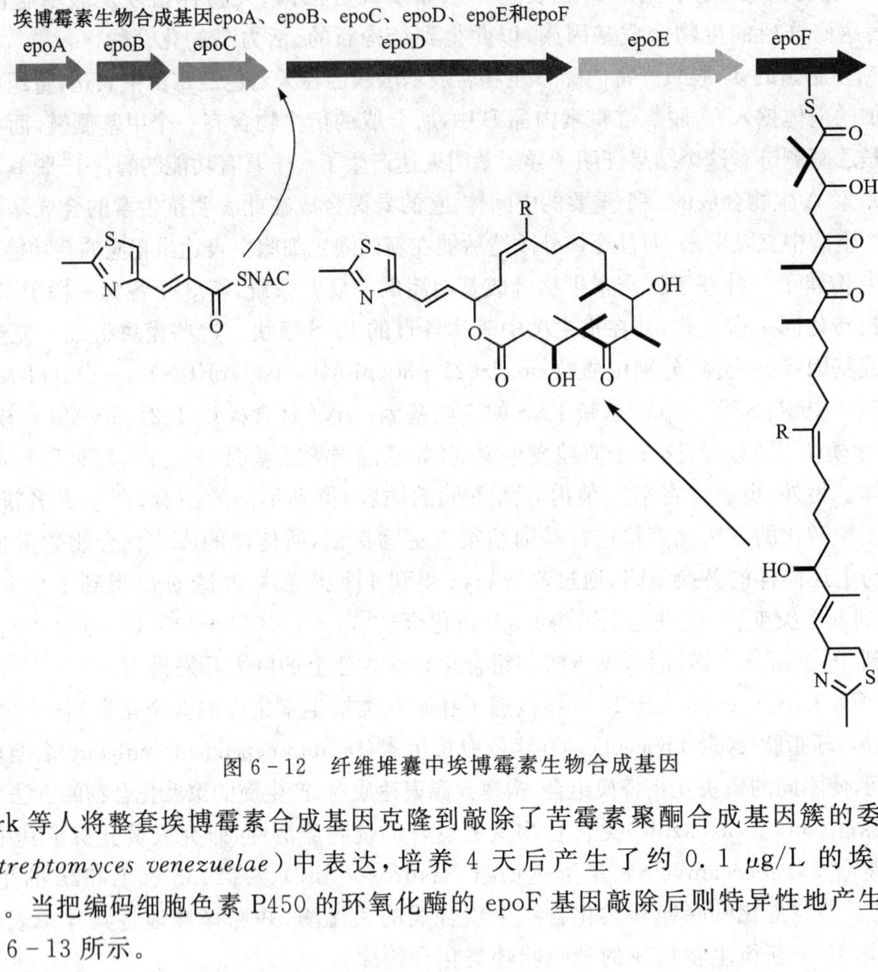

图 6-12   纤维堆囊中埃博霉素生物合成基因

Park 等人将整套埃博霉素合成基因克隆到敲除了苦霉素聚酮合成基因簇的委内瑞拉链霉菌（*Streptomyces venezuelae*）中表达，培养 4 天后产生了约 0.1 μg/L 的埃博霉素 B (EpoB)。当把编码细胞色素 P450 的环氧化酶的 epoF 基因敲除后则特异性地产生埃博霉素 D，见图 6-13 所示。

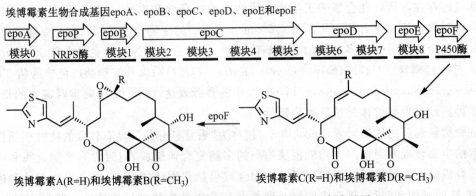

图 6-13   委内瑞拉链霉菌中埃博霉素生物合成基因

6.2.3.3　重组结构域或模块

2009 年日本 Sueharu 研究小组在研究通过将不同黄酮类化合物合成相关的结构域组合来提高黄酮衍生物的数量时成功地构建了多功能结构域的质粒,质粒的构建分别包括三方面的结构域信息:① 底物合成相关结构域,包括起始底物 pCDF 和延伸底物 pCDF 基因;② 多聚肽合成相关结构域 Pe;③ 多聚肽修饰相关结构域 pACYC,重新组合构建为一个多功能质粒,通过 pET - PT7 - 4GS 或 pRSF - ACC 载体,组成大肠杆菌重组菌,利用构建好的重组菌分别以呋喃、噻吩、吡啶、萘乙醚、丙烯酸为前体底物,结果产生了多种二氢黄酮类或者二苯乙烯类化合物,见图 6 - 14 所示。其催化过程包括:① 先由 4 - 香豆酸辅酶 A 连接酶(4CL)催化羧酸转化为乙酰辅酶 A,再由 ACC 合成乙酰辅酶 A 转化为丙二酸辅酶 A;然后丙二酸辅酶 A 分别在典型 PKS Ⅲ 聚酮合酶、查尔酮合成酶 CHS 或 1,2 - 二苯乙烯合成酶(stilbene synthases, STSs)催化下,形成黄酮或二苯乙烯类化合物;② 克隆植物枳实(*Citrus species*)中 F3H/FLS 基因构建 pACYC 质粒,并通过 pET - PT7 - 4GS 和 pRSF - ACC 载体,导入大肠杆菌(*E. coli*)组成重组菌,形成黄酮化合物,山奈酚或高良姜黄素;③ 克隆植物欧芹(parsley, *Petroselinum hortense*)中 FNS 基因构建 pACYC 质粒,并通过 pET - PT7 - 4GS 和 pRSF - ACC 载体,导入大肠杆菌(*E. coli*)组成重组菌,形成黄酮醇化合物,芹菜素或白杨素。由此说明重组后的大肠杆菌可以通过表达多种催化方式催化各种底物,产生多种不同的代谢产物。

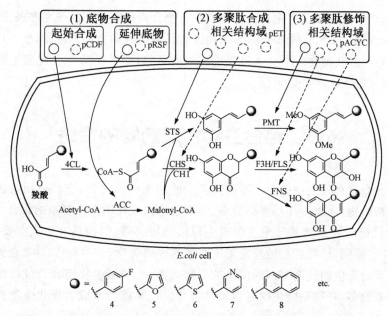

图 6 - 14　多功能质粒合成黄酮和二苯乙烯类化合物的生物合成路线

(1) 底物合成相关结构域,包括起始底物 pCDF 基因和延伸底物 pCDF 基因;(2) 多聚肽合成相关结构域 pET;(3) 多聚肽修饰相关结构域 pACYC,羧酸为前体药物;4～8 为羧酸的延伸前体药物

6.2.3.4　聚酮内和聚酮间接头设计

PKS 中的每一个模块对它们的底物之间具有明显的选择性,因此限制了模块的组合潜能,在实际应用过程中往往表现为杂合酶的低活性甚至没有活性。然而,最新的研究结果表明,如果在 PKS 中的模块与模块之间以及结构域与结构域,人为地设计和组装一些氨基

酸序列短小可变的接头片段,则能在很大程度上改善单个模块对聚酮的接受能力,从而突破模块组合的限制因素。例如,在模块内接头存在的条件下,异源的 rif PKS 模块 5 置换 DEBS 模块 2,可以产生预期的 6 - DEB 三酮内酯衍生物(图 6 - 15)。rif PKS 模块 5 的作用方式与 DEBS 模块 2 相似,而且 DEBS 模块 2 和模块 3 之间的多肽内接头允许聚酮链从 rif PKS 模块 5 到 DEBS 模块 3 进行正常的移动。由此可见,对存在于多肽内部或多肽之间的接头重新设计和加工,将能有效促进生物合成中间体在非天然连接的模块之间转移。NRPS 也一样。

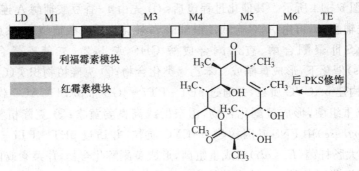

图 6 - 15　异源模块的工程融合

从过去的 20 年在以聚酮类化合物为代表的生物合成机制方面的研究进展来看,不远的将来人们能够对天然的 PKS 结构和 NRPS 结构进行任何精确和方便的修饰,这不仅能促进人们对大环类抗生素和多肽类物质的合成过程更深刻的理解,更重要的是大规模生物合成新型聚酮、多肽等类似物将进入产业化阶段。

6.3　组合生物合成药物的策略

原核细菌和低等真核生物拥有丰富而又复杂的次级代谢途径,它们使用与初级代谢途径相同的小分子初始物,合成的却是种类更多、结构远比初级代谢产物复杂的化合物。以抗生素为代表的次级代谢产物虽然并非缩主细胞生理活动所必需,但却具有极其重要的应用价值。在 1940—2006 年期间,已经成功地开发了 175 种抗肿瘤药物,其中有 42% 来自天然药物及其衍生物。近年来随着生物代谢基因簇信息的不断被揭示,利用生物组合合成技术发现或者新合成的药物越来越多,特别是微生物基因簇组合合成。这项技术成为现代生物技术研究开发药物的重点之一。

图 6 - 16 显示的是 Carlos 综述放线菌基因簇合成抗肿瘤药物的基本研发策略,具有组合生物合成技术开发具有抗肿瘤活性代谢物产物的流程的基本属性,同时也具有组合生物合成技术开发药物的基本属性。主要包括:

① 利用基因组信息研究生物基因簇的特性,特别是对于一些潜在的途径的挖掘,发现新的代谢物的生物合成途径。这也是第三代基因工程——途径工程的重要内容。

② 敲除或失活部分前体的代谢途径基因簇,或降低其表达水平,使共同前体代谢物尽可能地"流经"目标产物代谢途径,提高目标产物的相对量。

③ 修饰部分涉及生物合成基因,外源导入的其他基因簇,产生新代谢产物。

④ 前体的代谢途径基因和其他代谢途径的基因异源重组或非宿主表达。

⑤ 敲除或失活部分前体的代谢途径的关键基因簇,阻断前体的代谢途径,建立非前体代谢途径。

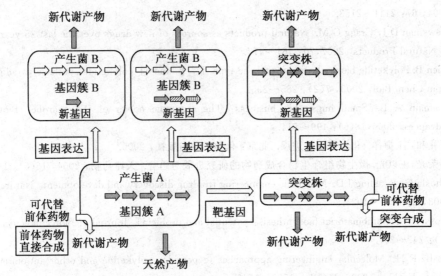

图 6 - 16　组合生物合成技术开发具有抗肿瘤活性代谢物产物的流程

组合生物技术的出现无疑给药物的研究和新药的开发带来了新的契机。与传统的提取和化学全合成方法相比,组合生物技术可以实现各种酶的定点修饰,从而有效避免了多种副产物的产生,也就是利用基因技术改造基因来实现产物的创新,同时也为一些药用价值极高但代谢含量又低的天然药物的开发提供了新的思路和方法。上述 PKS、NRPS 及杂合 PKS - NRPS 酶催化反应的发现和深入研究搭建了一个较为完整的生物化学平台,人们利用这些酶催化反应可以很好地理解聚酮、聚肽及杂合聚酮-聚肽类天然产物的生物合成机制。然而,天然产物生物合成的复杂程度远远超过人类现有的认识。某些特殊的生物合成机制被逐渐发现,例如,典型的 Ⅰ 型 PKS 以模块形式存在,在催化过程中是非重复使用的。然而,在烯二炔类(enediyne)化合物的生物合成途径中却发现了一类重复催化使用了 7 次的新型 PKS;另外,在大环内酯疏螺体素(borrelidin)的生物合成研究中也发现了 Ⅰ 型 PKS 中的一个模块被重复使用了 3 次。

由于组合生物合成的方法运用于新药研发的关键在于复杂天然产物生物合成机制的阐明和理解,特殊生物合成机制(如特殊 PKSs 和非线性 NRPSs)的发现意味着众多化合物分子结构和独特的酶催化反应等待人们去探索,应用组合生物合成的方法开发具有显著生物活性的新药仍然具有巨大的潜力。另外,伴随着特殊生物合成机制的研究,克隆生物合成基因簇的策略也不断改进,通过 PCR 扩增同源性基因等克隆基因簇的新方法不断提出,然而从高达 9Mbp 的基因组中克隆、定位并证实目标基因簇无疑仍然是一个挑战。在天然产物产生菌中建立有效的遗传转移系统是进行体内 DNA 重组、实现代谢工程和组合生物合成的前提条件,如何有效地建立遗传转移系统,甚至如何优化异源表达的宿主-载体系统,仍然是实现代谢工程和组合生物合成需要面对的问题。

【参考文献】

[1] Newsman D J, Cragg G M, Snader K M. Natural products as sources of new drugs over the period 1981—2002. Journal of Natural Products，2003,66：1022~1037.

[2]. Butler M S. The role of natural product chemistry in drug discovery. Journal of Natural Products，2004，67：2141~2153.

[3] Newsman D J, Cragg G M. Natural products as sources of new drugs over the last 25 years. Journal of Natural Products, 2007,70：461~477.

[4] Shen B. Polyketide biosynthesis beyond the type Ⅰ, Ⅱ and Ⅲ polyketide synthase paradigms. Curr Opin Chem Biol, 2003, 7(2)：285~295.

[5] Demain A L. Small bugs, big business：The economic power of the microbe. Biotechnology Advances, 2000,18(6)：499~514.

[6] 张礼和,王梅祥. 化学生物学进展. 北京：化学工业出版社,2005.

[7] 邵荣光,王以光.微生物组合生物合成药物的研究进展与趋势. 天津药物, 2004, 16(6)：1~3.

[8] Khosla C, Keasling J D. Metabolic engineering fro drug discovery and development. Nature Reviews, 2003, 2：1019~1025.

[9] Floss H G. Combinatorial biosynthesis：potential and problems. Journal of Biotechnology, 2006,124 (1)：242~257.

[10] Baltz R H. Molecular engineering approaches to peptide, polyketide and other antibiotics. Nature Biotechnology, 2006,24(12)：1533~1540.

[11] Madduri K, Kennedy J, Rivola G, et al. Production of the antitumor drug epirubicin (4′-epidoxorubicin) and its precursor by a genetically engineered strain of Streptomyces peucetius. Nature Biotechnology, 1998, 16：69~74.

[12] Donia M S, Hathaway B J, Sudek S, et al. Natural combinatorial peptide libraries in cyanobacterial symbionts of marine ascidians. Nature Chemical Biology, 2006,2：729~735.

[13] Liou G F, Khosla C. Building - block selectivity of polyketide synthases. Current Opinion in Chemical Biology,2003,7：279~284.

[14] Tang L, Shah S, Chung L, et al. Cloning and heterologous expression of the epothilone gene cluster. Science, 2000, 287：640~642.

[15] Liou G F, Lau J, Cane DE, et al. Quantitative analysis of loading and extender acyltransferases of modular polyketide synthases. Biochemistry, 2003, 42：200~207.

[16] 孙宇辉,邓子新.聚酮化合物及其组合生物学. 中国抗生素杂志, 2006, 31(1)：6~18.

[17] Recktenwald J, Shawky R, Puk O, et al. Nonribosomal biosynthesis of vancomycin - type antibiotics：a heptapeptide backbone and eight peptide synthetase modules. Microbiology, 2002, 148：1105~1118.

[18] Schwecke T, Aparacio J, Molnár I, et al. The biosynthetic gene cluster for the polyketide immunosuppressant rapamyein. Proc Natl Acad Sci USA, 1995, 92：7839~7843.

[19] 张景红.微生物在药物研究中的应用. 北京：化学工业出版社,2011.

[20] Cheng Y R, Fang A, Demain A L. Effect of amino acids on rapamycin biosynthesis by Streptomyces hygroscopicus. Appl Microbiol Biotechnol, 1995, 43：1096~1098.

[21] Aparicio J F, Molnar I, Schwecke T, et al. Organization of the biosynthetic gene cluster for rapamycin in Streptomyces hygroscopieust analysis of the enzymatic domains in the modular polyketide synthase. Gene, 1996, 169：9~16.

[22] Sueharu Horinouchi. Combinatorial biosynthesis of plant medicinal polyketides by microorganisms. Current Opinion in Chemical Biology, 2009, 13(2): 197~204.

[23] Markus Nett, Haruo Ikeda, Bradley S. Moore. Genomic basis for natural product biosynthetic diversity in the actinomycetes. Natural Product Reports, 2009, 26(11): 1362~1384.

[24] Carlos Olano, Carmen Méndez and José A. Salas. Antitumor compounds from actinomycetes: from gene clusters to new derivatives by combinatorial biosynthesis. Natural Product Reports, 2009, 26 (5): 628~660.

[25] 王岩, 虞沂, 赵群飞, 等. 天然产物的生物合成和组合生物合成研究进展. 国外医药抗生素分册, 2008, 29(6): 275~282

[26] Beck Z Q, Burr D A, Sherman D H. Characterization of the beta-methylaspartate-alpha-decarboxylase(CrpG) from the cryptophycin biosynthetic pathway. Chem biochem, 2007, 8(12): 1373~1375.

[27] 刘文, 唐功利. 以生物合成为基础的代谢工程和组合生物合成. 中国生物工程杂志, 2005, 25: 1~5.

[28] Liu W, Christenson S D, Standage S, et al. Biosynthesis of the enediyne antitumor antibiotic C-1027. Science, 2002, 297: 1170~1173.

[29] Kwon H J, Smith W C, Scharon A J, et al. C-O bond formation by polyketide synthases. Science, 2002, 297: 1327~1330.

[30] Gregory N. Stephanopoulos, Aristos A. Aristidou, Jens Nielsen. Metabolic Engineering: Principles and Methodologies. New York: Academic Press, 1998

附录

缩写表

[22] Sucharia H macromolecu. Combinatorial biosynthesis of plant medicinal polyketides by microorganisms. Current Opinion in Chemical Biology, 2009, 13 (1): 37~45.

Marina Meng, Hanno H eds. Brettar S, M org. Greening basis for nature product biosynthesis: diversity in the plant cell. Natural product reports, 2004, 20 (1): 1362~138.

gene clusters to new derivatives by combinatorial biosynthesis. Natural Product Reports, 2006, 23 (6): 622~650.

Rossi, Beni, Weng Y, 等. 天然产物生物合成基因簇调控与次级代谢. 微生物学报, 2004, 44: 275~282.

Boer, DEA, Seaman, G H. Characterization of the beta-terpinyl pyrophos-phate C1 cyclization. The isoprenoid biosynthetic pathway. J Chem Biochem, 2006, 8 (18): 2463~2478.

等. 微生物次级代谢基因簇调控. 微生物学报, 等合成基因簇的异源表达和文库构建. 2003, 20.

Weng, 等. 微生物. Biosynthesis of nucleoside antibiotics. 2003.

Kwon H, Smith. C1 and homologation of polyketides. 2002 (1): 2463~2478.

缩　写	英文名	中文名
ACEI	angiotensin – converting enzyme inhibitors	血管紧张素转换抑制酶
ACP	acyl carrier protein	酰基-载体蛋白
AMP	adenine nucleotide	腺嘌呤核苷酸
B_i	base	广义碱
CTL	cytotoxic T lymphocyte	细胞毒性 T 淋巴细胞
DAHP	3 – deoxy – D – arabino – heptulosonate –7 –phosphate	3 -脱氧-D-阿拉伯糖型庚酮糖酸-7 -磷酸
DMAPP	dimethylallyl pyrophosphate	二甲基烯丙基焦磷酸酯
Enz	enzyme	酶
EPSP	5 – enolpyruvyl – shikimate – 3 – phosphate synthase	5 -烯醇式丙酮酸莽草酸- 3 -磷酸合成酶
FAD	flavin adenine dinucleotide	黄素腺嘌呤二核苷酸
FADH	reduced flavin adenine dinucleotide	还原型黄素腺嘌呤二核苷酸
FMN	flavin mononucleotide	黄素单核苷酸
$FMNH_2$	reduced flavin mononucleotide	还原型黄素单核苷酸
GPP	geranyl diphosphate	香叶基焦磷酸酯
GGPP	geranylgeranyl pyrophosphate	焦磷酸香叶基焦磷酸酯
HA	acid	广义酸
HETPP	hydroxyethylthiamine diphosphate	羟乙基二磷酸硫胺素
HMG – CoA	β – hydroxy – β – methylglutaryl – CoA	β -羟基-β-甲基戊二酸单酰辅酶 A
HSCoA	Coenzyme A	辅酶 A
IMP	hypoxanthine nucleotide	次黄嘌呤核苷酸

续　表

缩　写	英文名	中文名
IPP	isopentenyl pyrophosphate	异戊烯基二磷酸
LAK	lymphokine activated killer cells	淋巴因子激活的杀伤细胞
LT	leukotriene	白三烯
NAD	nicotinamide adenine dinucleotide	烟酰胺腺嘌呤二核苷酸
NADH	reduced nicotinamide adenine dinucleotide	还原型烟酰胺腺嘌呤二核苷酸
NADP	nicotinamide adenine dinucleotide phosphate	烟酰胺腺嘌呤二核苷酸磷酸
NRPS	nonribosomal peptide synthase	非核糖体肽合成酶
PAP	para amino phenol	对氨基苯酚
PAPB	para aminobenzoic acid	对氨基苯甲酸
PBPs	pheromone binding proteins	青霉素结合蛋白
PEP	phosphoenolpyruvate	磷酸烯醇式丙酮酸
PLP	pyridoxal phosphate	磷酸吡哆醛
PG	prostaglandin	前列腺素
PRPP	5 - phosphoribosyl 1 - pyrophpsphate	5 -磷酸核糖焦磷酸
PKS	polyketide synthase	聚酮合成酶
SAM	S - adenosylmethionine	S -腺苷甲硫氨酸
SU	synthase unit	合成酶单位
TPP	thiamine diphosphate	二磷酸硫胺素
UMP	urid ylic acid	尿嘧啶核苷酸
UDP	uridine diphosphate	尿苷二磷酸
UTP	uridine triphosphate	尿苷三磷酸

图书在版编目(CIP)数据

生物药物合成学/杨根生主编. —杭州：浙江大学出版社，2012.8
ISBN 978-7-308-09512-9

Ⅰ.①生… Ⅱ.①杨… Ⅲ.①生物制品—生物合成—高等学校—教材 Ⅳ.①TQ464

中国版本图书馆 CIP 数据核字（2011）第 279374 号

生物药物合成学

杨根生　主编

丛书策划	阮海潮　樊晓燕
责任编辑	阮海潮(ruanhc@zju.edu.cn)
封面设计	俞亚彤
出版发行	浙江大学出版社
	（杭州市天目山路 148 号　邮政编码 310007）
	（网址：http://www.zjupress.com）
排　　版	杭州大漠照排印刷有限公司
印　　刷	浙江省邮电印刷股份有限公司
开　　本	787mm×1092mm　1/16
印　　张	15.75
字　　数	403 千
版 印 次	2012 年 8 月第 1 版　2012 年 8 月第 1 次印刷
书　　号	ISBN 978-7-308-09512-9
定　　价	36.00 元